环境污染与健康研究丛书·第二辑

名誉主编○魏复盛　丛书主编○周宜开

POLLUTION

空气颗粒物与健康

主编○邓芙蓉

长江出版传媒　湖北科学技术出版社

图书在版编目(CIP)数据

空气颗粒物与健康/邓芙蓉主编. --武汉:湖北科学技术出版社，2019.10

(环境污染与健康研究丛书 / 周宜开主编. 第二辑)

ISBN 978-7-5706-0341-1

Ⅰ. ①空… Ⅱ. ①邓… Ⅲ. ①空气污染—影响—健康 Ⅳ. ①X510.31

中国版本图书馆 CIP 数据核字(2018)第 119700 号

策　　划：冯友仁
责任编辑：李　青　　封面设计：胡　博

出版发行：湖北科学技术出版社　　电话：027—87679447
地　　址：武汉市雄楚大街 268 号　　邮编：430070
　　　　　(湖北出版文化城 B 座 13—14 层)
网　　址：http：//www.hbstp.com.cn

印　　刷：武汉立信邦和彩色印刷有限公司　　邮编：430023

---

889 ×1194　1/16　13.25 印张　320 千字
2019 年 10 月第 1 版　　2019 年 10 月第 1 次印刷
定价：98.00 元

本书如有印装质量问题 可找承印厂更换

《空气颗粒物与健康》

编　委　会

序

像保护眼睛一样保护生态环境，像对待生命一样对待生态环境。人因自然而生，人不能脱离自然而存在，人与自然的辩证关系，构成了人类发展的永恒主题。

生态文明建设功在当代、利在千秋，是关系中华民族永续发展的根本大计。党的十八大以来，我国污染治理力度之大、制度出台频度之密、监管执法尺度之严、环境质量改善速度之快前所未有，无疑是我国生态文明建设力度最大、举措最实、推进最快、成效最好的时期。

在这样的时代背景下，我国的环境医学科学研究工作也得到了极大的支持与发展，科学家们满怀责任与使命，兢兢业业，投入到我国的环境医学科学研究事业中来，并做出了许多卓有成效的工作，这些工作是历史性的。良好的生态环境是最公平的公共产品，是最普惠的民生福祉，天蓝、地绿、水净的绿色财富将造福所有人。

本套丛书将关注重点落实到具体的、重点的污染物上，选取了与人民生活息息相关的重点环境问题进行论述，如空气颗粒物、蓝藻、饮用水消毒副产物等，理论性强，兼具实践指导作用，既充分展示了我国环境医学科学近些年来的研究成果，也可为现在正在进行的研究、决策工作提供参考与指导，更为将来的工作提供许多好的思路。

加强生态环境保护、打好污染防治攻坚战，建设生态文明、建设美丽中国是我们前进的方向，不断满足人民群众日益增长的对优美生态环境需要，是每一位环境人的宗旨所在、使命所在、责任所在。本套丛书的出版符合国家、人民的需要，乐为推荐！

中国工程院院士 魏复盛

前　言

随着我国国民经济的快速增长和城市化进程的加快，近几十年来，空气污染问题在我国集中爆发。与此同时，人们对环境保护的需求却在不断增长，因此，环境质量与健康已成为当前公众关心的焦点问题，其中，空气污染特别是空气颗粒物已跃居我国居民疾病死因的第四位，是继营养、高血压和吸烟之后危害我国人群健康的又一重要危险因素。此外，随着现代生活方式的改变，人们在室内停留的时间越来越长，室内颗粒物对健康的影响也不容小觑。

本书的作者都是在空气污染与健康领域一线从事科学研究或疾病预防控制的优秀中青年工作者。在编写过程中，全体编写人员围绕目前有关空气颗粒物的热点问题，力求将室内外空气颗粒物与健康领域的最新学术思想，特别是将我国学者近年来的科研成果系统全面地展现出来。全书内容既包括空气颗粒物的人群暴露评价、健康影响生物标志、人群疾病负担计算和健康风险评价等方法学的概述，也包括空气颗粒物对各系统的健康影响如呼吸系统、心血管系统、神经系统和生殖系统等的研究进展，还特别增加了空气颗粒物组分的健康影响和人群干预研究的内容，力求深入、全面系统地阐述我国近十几年来室内外颗粒物对人体健康的影响现状、机制和干预，指出目前研究发展中可能存在的一些问题，并提出一些该领域未来的研究展望。

本书可供本领域科研机构、高等院校预防医学专业的本科生和研究生参考使用，也可供从事环境医学、环境保护和环境管理工作的人员和对环境与健康有兴趣的公众阅读使用。由于编者的水平有限，时间仓促，书中不足之处在所难免，热忱欢迎广大读者批评指正。

编　者

2019 年 8 月

目　录

第一章　我国空气颗粒物污染及其健康影响概况

第一节　空气颗粒物的污染水平和特征

气溶胶中散在的各种固态粒子称为颗粒物，是主要的空气污染物类别之一。近年来我国经济社会发展迅速，城镇化率从 1990 年至 2016 年实现翻番，从 26.4%增长到 57.3%。截至 2016 年底，我国城镇常住人口达 7.93 亿人。城镇人口的迅速增长促进了我国城市化和工业化的发展，特别是机动车保有量及能源消耗量的快速增长（图 1-1）。上述以资源消耗为主的粗放式经济增长方式导致大量污染物排入大气，特别是其中直接排放和间接生成的颗粒物数量巨大，严重影响我国空气质量。颗粒物污染以京津冀、长江三角洲和珠江三角洲等经济发达地区较为显著，以大范围的区域性雾霾天气为典型代表性事件。雾霾期间，大气 $PM_{2.5}$浓度显著超过我国《环境空气质量标准》（GB 3095－2012），造成了严重的人群健康危害。此外，我国室内燃料使用类型多样，在城市主要以天然气、煤气、液化石油气等为主，造成的室内污染相对较轻，而在广大农村地区则以固体燃料如煤、柴草为主，可造成严重的室内颗粒物污染，由此对暴露人群造成的不良健康影响也是我国面临的主要公共卫生问题之一。

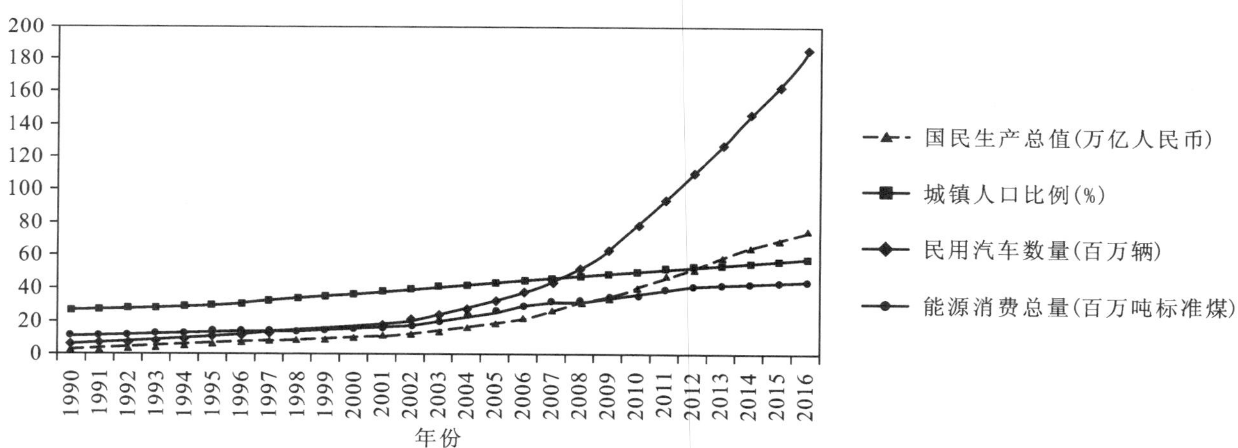

图 1-1　我国 1990—2016 年国民生产总值、城镇人口比例、民用汽车数量及能量消费总量变化趋势

目前颗粒物已经成为我国多数城市，特别是中东部地区城市的首要大气污染物，其污染特征及健康危害等成为国内学界研究的重点问题，也是社会公众关注的热点。国内学者近年针对空气颗粒物尤其是 $PM_{2.5}$的排放特征、质量浓度特征、化学组成特征、污染源特征、输送特征等进行了广泛深入的研究，为治理空气颗粒物污染及评价其健康影响奠定了良好基础。相关研究建立了我国包括电力、工业、民用和交通四大类、745 个排放源在内的大气 $PM_{2.5}$及其前体物的人为源排放清单数据库，为有目的性地控制相关污染排放提供了重要依据。

针对严峻的空气颗粒物污染形势，环境保护部设立了新的环境空气质量标准并在全国逐步开展大气 $PM_{2.5}$监测，相关监测数据向社会公开发布。部分研究者也对重点区域及城市的颗粒物及其前体物的

质量浓度特征进行了深入细致的观测，揭示了污染变化的深层规律。

空气颗粒物的化学组成特征随区域性排放源及气象条件的不同而有差异。研究发现二次污染成分（铵根、硫酸根和硝酸根）和有机物是我国城市 $PM_{2.5}$ 中最重要的两类成分，二者共同贡献比例为54%～85%。此外颗粒物中还含有一些水溶性离子、无机形式的碳元素及数量可观的地壳物质和痕量元素（包括近40种金属及非金属元素）等。

2014—2015年，由环境保护部组织，北京、天津、石家庄、上海、南京、杭州、宁波、广州和深圳9个城市完成并公布了本市 $PM_{2.5}$ 来源解析结果，发现污染主要由本地排放主导，机动车、燃煤、工业生产和扬尘是这些城市 $PM_{2.5}$ 的主要来源。

形成区域性雾霾的主要原因是大气排放量过量。研究发现雾霾污染范围及出现频率受到大气系统的制约，后者在空间和时间上包含多尺度的复杂系统，导致了区域性环境污染形成不同形式的污染物输送通道。

除此之外，近年针对我国广大农村地区的室内颗粒物污染及其健康影响也开展了一些研究。本章将对我国空气颗粒物的污染特征、近年来我国开展的颗粒物对健康影响的研究进行综合分析和阐述，并对未来的发展方向进行展望。

一、理化及生物学特征

（一）物理性质

1. 形态 颗粒物的形态包括颜色、形状、表面特征等，可因颗粒物来源不同而有所差异。电镜分析可见，燃煤排放的颗粒物一般呈灰褐色，表面比较光滑，含有硫、硅、铁、铝等元素，形状以球形居多；冶金工业排放的颗粒物呈红褐色，表面具有金属光泽，富含锰、铁、镍等金属元素，形态不规则；而建筑行业排放的颗粒物，通常呈灰色，表面暗淡，富含钙元素，形状多变。

2. 比表面积 颗粒物的表面积与体积之比，称为颗粒物的比表面积。颗粒物的粒径越小，其比表面积越大。小粒径颗粒物常常表现出更显著的物理和化学活动性，如氧化、溶解、蒸发、吸附以及生理效应等都可因比表面积大而被加速。比表面积大的颗粒物也易于吸附空气中其他有毒有害物质，从而增加颗粒物的可能健康危害。

3. 空气动力学直径 颗粒物的粒径通常采用空气动力学直径Dp（particle diameter）表示。空气动力学直径可以表征颗粒物在空气中的停留时间、沉降速度、进入呼吸道的可能性以及在呼吸道沉积的部位等特点，因此在国际上得到了广泛应用。根据颗粒物空气动力学直径与人体健康的关系，可将颗粒物分为以下几种类型。

（1）总悬浮颗粒物（total suspended particle，TSP）。空气动力学直径≤100 μm的颗粒物，是气溶胶中各种悬浮颗粒物的总称，为既往评价空气质量的常用指标之一。

（2）可吸入颗粒物（inhalable particle，IP）。空气动力学直径≤10 μm的颗粒物，又称 PM_{10}，可直接被人体吸入呼吸道。

（3）细颗粒物（fine particle，$PM_{2.5}$）。空气动力学直径≤2.5 μm的颗粒物，可直接被人体吸入呼吸道深部甚至肺泡区。由于 $PM_{2.5}$ 粒径小、比表面积大、吸附性强，易于携带空气中的有毒有害物质，因此 $PM_{2.5}$ 比 PM_{10} 对人体健康的危害更大。

（4）超细颗粒物（ultrafine particle，UFP）。又称 $PM_{0.1}$，指空气动力学直径≤0.1 μm的颗粒物。由于 $PM_{0.1}$ 更易被人体吸入呼吸道深部并渗透至肺部组织，因此其对人体健康的危害大于同等质量较大粒径的颗粒物。对其相关性质及人体健康危害的认识目前仍在探索之中。

（二）化学组成

颗粒物是一种化学成分复杂的混合物，其化学组成主要包括含碳组分、水溶性离子和无机多元素（包括地壳元素和微量元素）三大类。

1. 含碳组分 含碳组分是空气颗粒物的重要化学成分，一般占 $PM_{2.5}$ 浓度的 20%～60%。含碳组分主要包括有机碳（organic carbon，OC）和元素碳（element carbon，EC）。

（1）有机碳。有机物颗粒物中的有机成分主要来源于化石燃料燃烧、生物质燃烧、垃圾焚烧、烹调油烟和烟草燃烧等高温过程，具体成分包括成百上千种不同物质，如多环芳烃、苯系物、持久性有机污染物等常见化合物。通过测定颗粒物中的 OC，乘以一定系数补偿分子中的氢、氧、氮等元素含量可得出颗粒物中有机物的大致含量，一般占其总质量的 20%～40%。

污染源直接排放的有机物多以 VOCs 形式存在，经光氧化过程和气态/粒子态均分过程形成二次有机物，是构成颗粒物的重要成分之一。全球模型模拟的结果显示，在中纬度地区，二次有机物平均可以占到总颗粒有机物的一半左右。由于二次有机颗粒物有很强吸水性、光学性质和反应活性等特点，对区域空气质量、人体健康、气候变化均有重要影响。

（2）元素碳。元素碳又称黑碳（black carbon，BC），是由化石燃料和生物质等含碳物质的不完全燃烧发生热解的产物，含有纯碳、石墨碳以及黑色、不挥发的高分子量有机物质（如焦油、焦炭等）。大气环境中的 EC 尤其是城市地区大气中的 EC 主要来源于化石燃料的不完全燃烧，尤其是柴油的燃烧，因此是交通相关空气污染的指示成分。

2. 水溶性离子 颗粒物中的水溶性离子主要包括铵根（NH_4^+）、硫酸根（SO_4^{2-}）和硝酸根（NO_3^-），此外还含有少量氯（Cl^-）、钾（K^+）、镁（Mg^{2+}）等。空气中的氨气（ammonia，NH_3）、二氧化硫（sulfur dioxide，SO_2）和氮氧化物（nitrogen oxides，NO_X）气体经氧化还原反应生成铵根、硫酸根和硝酸根，与其他阴离子或阳离子组合形成盐类。铵根与硫酸根或硝酸根相互组合形成的盐类是颗粒物中比较常见的二次污染成分，包括 $(NH_4)_2SO_4$、NH_4HSO_4 和 NH_4NO_3 等。

3. 无机多元素 包括地壳元素和微量元素。

（1）地壳元素。颗粒物中的地壳元素主要为钾、钠、钙、镁、铝、硅、铁、锰等。其中铝和硅元素通常主要由土壤源贡献，其他元素则具有相对广泛的排放来源，如矿山开采、冶金、炼钢、水泥生产等过程也可大量排放上述金属元素。

（2）微量元素。除了上述地壳元素外，颗粒物中还含有铜、铬、钒、钼、镍、铅、钡、砷、硒、锡、锑等多种金属及类金属微量元素，广泛来源于交通排放、工业生产和扬尘等。

（三）生物性质

颗粒物表面附着有多种微生物以及孢子、花粉、菌丝等活性生物成分，可能来源于道路扬尘、水滴、植物碎片、人或动物体表的干燥脱落物、呼吸道的分泌物和消化系统的排泄物等。颗粒物表面附着的微生物包括细菌、真菌、病毒、放线菌、藻类以及原生动物等多种微生物群落。因为颗粒物中通常缺乏可直接利用的营养物质，微生物不能在其上繁殖生长，所以颗粒物中的微生物群落通常并不固定。吸附或黏附于颗粒物表面的微生物可以随着颗粒物进入人体呼吸道，诱发呼吸道感染性疾病。微生物代谢产生的毒性物质（如内毒素）附着在颗粒物表面，也会对颗粒物的生物学效应产生重要影响。颗粒物上附着的生物成分具有明显的季节性，例如春季颗粒物中含有较多的花粉和孢子，人体接触后容易发生哮喘和皮肤过敏症等疾病。

二、近年总体污染水平及变化趋势

目前我国城市空气颗粒物污染水平总体较高。根据国家统计局公布的《中国统计年鉴》的数据，

21 世纪前 10 余年全国 31 个省会城市的大气 PM_{10} 年平均浓度总体水平均保持在 90 μg/m³ 以上，接近或超过国家原《环境空气质量标准》（GB 3095－1996）中二级标准 100 μg/m³。随着近年来我国对大气污染问题的逐渐重视，政府采取了一系列控制措施，大气 PM_{10} 浓度有逐年降低的趋势。然而近年来 $PM_{2.5}$ 进入公众视线，成为当前我国大气污染控制面临的主要问题。$PM_{2.5}$ 是导致雾霾的主要污染物。近年来我国多次发生大范围的雾霾事件，尤其以 2013 年 1 月涉及我国整个华北及华东地区的雾霾事件为代表，其持续时间之长、覆盖范围之广、受影响人数之多均为历史罕见。

为应对大气 $PM_{2.5}$ 污染的严峻形势，政府出台了一系列控制措施，于 2012 年颁布实施了《环境空气质量标准》（GB 3095－2012），新增 $PM_{2.5}$ 为重要监测污染物，并在我国各城市逐步开展 $PM_{2.5}$ 的监测工作。2012 年在京津冀、长江三角洲城市群、珠江三角洲城市群等重点区域以及直辖市和省会城市开展 $PM_{2.5}$ 监测，2013 年在环境保护重点城市和环保模范城市开展 $PM_{2.5}$ 监测，2015 年在所有地级以上城市开展 $PM_{2.5}$ 监测，2016 年全国各地均按照新标准监测和评价 $PM_{2.5}$，并向社会发布监测结果。监测结果显示，我国空气颗粒物污染水平呈现逐年改善趋势，其中 74 个新标准第一阶段监测实施城市 2013 年 $PM_{2.5}$ 平均浓度（范围）为 72 μg/m³（26～160 μg/m³），2016 年 $PM_{2.5}$ 平均浓度（范围）降至 50 μg/m³（21～99 μg/m³）（图 1-2）。

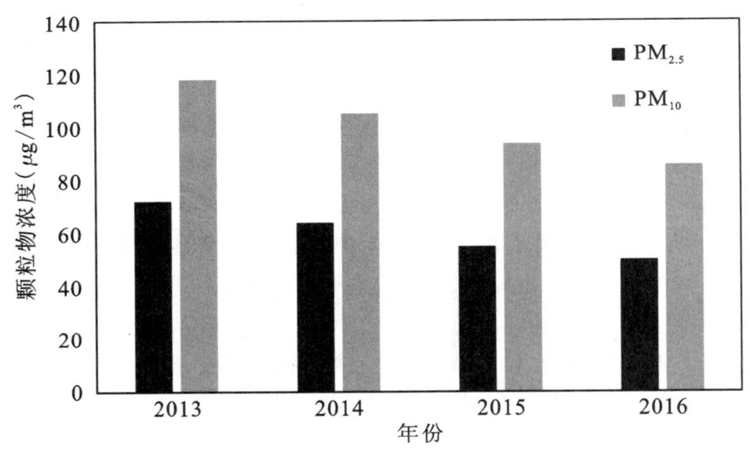

图 1-2　全国 74 个新标准第一阶段监测实施城市 2013—2016 年空气颗粒物年均浓度变化趋势

虽然我国政府采取了一系列大气污染治理措施，取得了一定成效，然而大气污染的总体形势仍然不容乐观。环境保护部公布的《2016 中国环境状况公报》显示，2016 年全国 338 个地级及以上城市中有 254 个城市环境空气质量超标，占比 75.1%。338 个城市平均超标天数比例为 21.2%，其中发生重度污染 2464 天次，严重污染 784 天次，以 $PM_{2.5}$ 为首要污染物的天数占重度及以上污染天数的 80.3%。此外，我国大气污染存在区域性差异，东部经济发达及人口密集地区的 $PM_{2.5}$ 污染水平总体上高于国内其他地区，提示颗粒物污染与人为因素密切相关。我国空气颗粒物污染同时也有明显的季节性特征，总体上秋冬季节污染水平高于春夏季节。这与我国北方秋冬季节因采暖导致污染排放严重，且气象条件不利于污染物扩散有关。雾霾事件也主要发生在采暖期，影响范围较大。

室内颗粒物污染方面，目前尚无全国范围的常规监测网络，多数已有的室内颗粒物数据来源于不同研究者的零星报道，缺乏系统性。我国近年研究报道的室内 PM_{10} 浓度范围在 145～450 μg/m³，$PM_{2.5}$ 浓度范围在 55～300 μg/m³，总体污染水平严重。这与农村地区多使用传统旧炉灶，热效率低，且使用的炉灶没有加排污烟道有关。与室外颗粒物污染相似，室内颗粒物污染也是冬季高于夏季，这与冬季采暖导致固体燃料使用量增加且房屋密闭性增强有关。

三、污染的区域分布特征

我国城市空气颗粒物污染水平分布与社会经济发展程度和人口密集程度紧密相关，同时受北方秋冬季节采暖政策的影响，总体上呈现东部高于中西部、北方高于南方的趋势。按照环境空气质量综合指数评价，2016 年 74 个新标准第一阶段监测实施城市（包括京津冀、长江三角洲城市群、珠江三角洲城市群等重点区域地级城市及直辖市、省会城市和计划单列市）环境空气质量最差的 10 个城市包括衡水、石家庄、保定、邢台、邯郸、唐山、郑州、西安、济南和太原，其中除西安和太原为中部城市外，其余均为东部城市，且上述 10 个城市均为北方城市。74 个城市中空气质量最好的 10 个城市包括海口、舟山、惠州、厦门、福州、深圳、丽水、珠海、昆明和台州，均为南方城市。

京津冀、长江三角洲城市群和珠江三角洲城市群三个重点区域近年来的空气颗粒物污染水平变化与全国类似，呈现逐年改善趋势（图 1-3）。重点区域中，京津冀区域 13 个城市 2016 年平均超标天数比例为 43.2%，其中以 $PM_{2.5}$ 和 PM_{10} 为首要污染物的天数占污染总天数的 63.1%和 10.8%；长江三角洲城市群地区 25 个城市 2016 年平均超标天数比例为 23.9%，其中以 $PM_{2.5}$ 和 PM_{10} 为首要污染物的天数占污染总天数的 55.3%和 3.4%；珠江三角洲城市群地区 9 个城市 2016 年平均超标天数比例为 10.5%，其中以 $PM_{2.5}$ 为首要污染物的天数占污染总天数的 19.6%，未出现以 PM_{10} 为首要污染物的污染天。从上述三个重点区域的情况可见我国颗粒物污染水平从北至南呈现逐渐降低的趋势。

此外，2018 年 1 月，环境保护部公布了 2017 年 1—12 月全国和重点区域的空气质量状况，结果显示全国 338 个地级及以上城市 PM_{10} 和 $PM_{2.5}$ 的年平均浓度分别为 75 $\mu g/m^3$ 和 43 $\mu g/m^3$，同比下降 5.1%和 6.5%，提示我国空气质量持续改善。京津冀地区 2017 年 1—12 月大气 PM_{10} 和 $PM_{2.5}$ 年平均浓度分别为 119 $\mu g/m^3$ 和 73 $\mu g/m^3$，仍超过全国平均水平一半以上，1—12 月全国平均优良天数比例为 78.0%，而京津冀地区优良天数比例仅为 56.0%，提示京津冀地区的空气颗粒物污染水平仍然较高。从污染最严重城市排名中看，石家庄、邯郸、邢台、保定、唐山、太原、西安、衡水、郑州和济南排在我国污染最严重城市的前 10 位，其中 6 座城市位于京津冀地区，且均位于河北省境内。

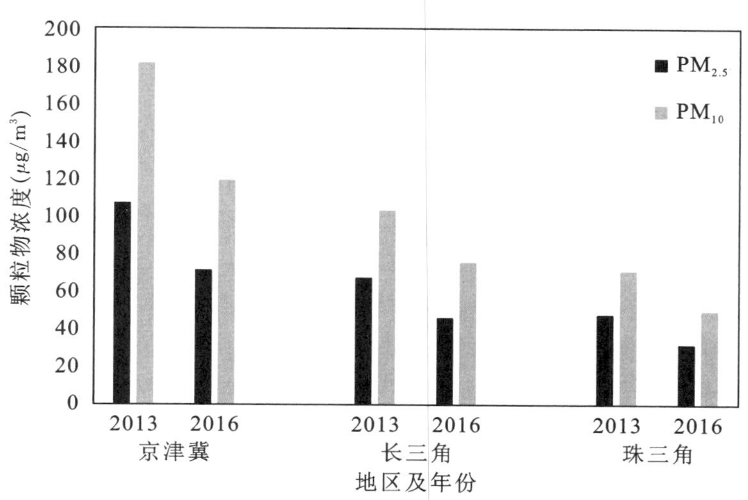

图 1-3　京津冀、长江三角洲城市群、珠江三角洲城市群城市 2013—2016 年空气颗粒物年均浓度变化趋势

室内颗粒物方面，不同区域之间的污染水平差异相对不明显。污染程度与当地使用的固体燃料类型有较大关系，不同类型燃料的家庭室内颗粒物水平是燃煤＞木柴和秸秆＞沼气。

四、污染来源

空气颗粒物的污染来源包括自然来源和人为来源两大类。其中自然来源包括土壤风化、火山爆发、森林火灾、海盐溃溅、宇宙尘埃等，而人为来源主要指人类的生产生活活动，包括燃煤排放、交通排放、工业生产过程、扬尘和生物质燃烧等。其中人为来源是城市地区颗粒物污染的主要来源。与颗粒物相关的主要污染来源主要包括以下几类。

（一）燃煤排放

我国是世界煤炭生产和消费的第一大国。2016 年我国能源使用总量达 43.6 亿吨标准煤当量，其中煤炭消费量占能源消费总量的 62%，达世界煤炭消费总量的一半左右。然而我国能源消费结构不合理，用于发电的煤炭量仅占总量的一半左右，其他煤炭则用于工业和民用燃烧，燃烧效率低下。在我国北方城镇地区的冬季采暖季节，采暖锅炉通常使用煤炭作为燃料，由于燃烧技术和除尘设施不完善，容易造成采暖期室内外颗粒物污染加重。

（二）交通排放

近年我国城市交通快速发展，机动车保有量迅速增长。2000—2016 年，全国民用汽车保有量从 1609 万辆增至 16284 万辆，增长约 10 倍，导致交通排放成为我国城市地区大气污染的主要来源之一，部分大城市的污染已经从煤烟型污染转变为煤烟加机动车尾气的复合型污染。机动车尾气中含有的污染物种类繁多，包括一次颗粒物以及可以经过二次转化形成颗粒物的 NO_X 和挥发性有机物（volatile organic compounds，VOCs）等。

（三）工业生产

在工业生产过程中，从原料处理到形成成品的各个环节都可能产生污染物排放。如水泥厂可排放出粉尘、SO_2、NO_X 等，金属冶炼厂可排放出含重金属及其化合物的废气。我国废气中两种颗粒性污染物（烟尘、粉尘）的排放量均较大，且以工业来源排放为主，是造成颗粒物污染的重要因素之一。

（四）扬尘

城市建筑工地、道路、堆放场以及裸露土壤经过风等自然力和生产、搬运、交通等人为作用产生扬尘进入大气环境，成为颗粒物来源之一。此外，在北方部分城市常见沙尘暴天气，是由西北部地区的大量沙尘经风力远距离输送进入城市，造成跨区域的颗粒物污染。

（五）生物质燃烧

农村的生物质燃料燃烧包括农作物秸秆燃烧和生物质燃料的使用，能源使用效率低下，容易造成污染。生物质燃料中的木质素、纤维素和半纤维素等易燃物质在燃烧过程中可部分转化为含碳颗粒物，燃烧过程也可产生大量 NO_X 并转化为二次颗粒物。秸秆作为燃料使用以及露天燃烧在我国较为常见，而农村室内使用生物质燃料做饭则可产生大量颗粒物，造成严重的室内污染并逸散至大气中。

（六）其他

颗粒物的污染来源除上述来源外，还包括烹调油烟、烟草燃烧、畜禽养殖、建筑涂装等来源。烹调油烟是指油烟食用油和食物高温加热后产生的烟气和燃料燃烧烟气的混合物，其化学成分复杂，含有致癌和致突变的多环芳烃类物质。烟草燃烧产生的烟雾也是混合物，其中含有众多的致癌物质，如多环芳烃、挥发性亚硝胺等。

（七）污染源解析

来源不同的颗粒物化学成分不同，导致其健康影响有所差别。准确认识颗粒物污染来源，才能为

颗粒物污染控制与减排提供针对性的依据。然而颗粒物污染来源复杂，一般很难得到各污染源排放的准确比例。目前研究的基本思路是通过采样测定颗粒物的质量浓度及化学成分，并结合专业统计学方法和模型，对颗粒物的来源进行统计学解析。

根据我国环境保护部的要求，全国各直辖市、省会城市和计划单列市于2014年启动了颗粒物来源解析工作。2014年10月，北京市环保局公布了北京市$PM_{2.5}$来源解析结果，北京市2012—2013年度大气$PM_{2.5}$主要成分为有机物、硝酸盐、硫酸盐、地壳元素和铵盐等，分别占$PM_{2.5}$质量浓度的26%、17%、16%、12%和11%；北京市全年$PM_{2.5}$来源中区域传输贡献占28%～36%，本地污染排放贡献占64%～72%；在本地污染贡献中，机动车、燃煤、工业生产、扬尘为主要来源，分别占31.1%、22.4%、18.1%和14.3%，餐饮、汽车修理、畜禽养殖、建筑涂装等其他排放约占$PM_{2.5}$的14.1%（图1-4）。上述研究成果为北京市的大气$PM_{2.5}$治理提供了重要的基础数据。随着大气污染治理的深化，污染特征还会发生变化，有必要深入持续开展源解析研究工作。

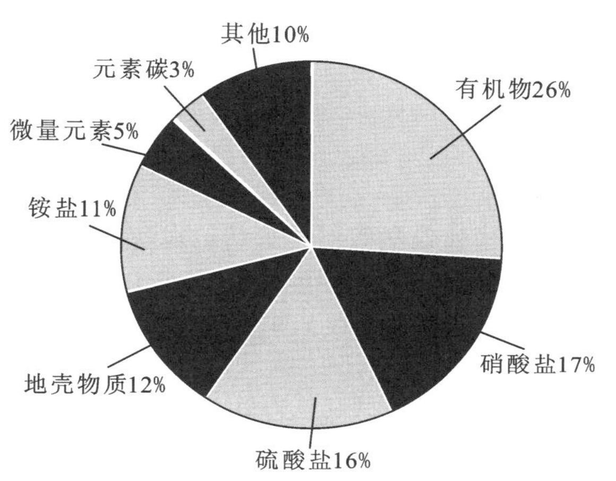

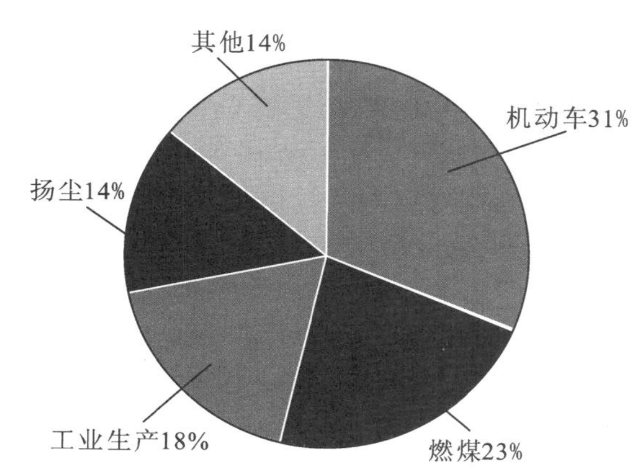

图1-4　北京市2012—2013年度大气$PM_{2.5}$成分构成及源解析结果

五、污染影响因素

（一）污染源排放特点

1. 排放量　污染源的排放量是决定颗粒物污染程度的基本因素。我国北方城市地区的空气颗粒物污染较南方城市地区严重，很大程度上与北方秋冬季节使用燃煤采暖并排放大量燃烧产物有关。

2. 与污染源的距离　无组织排放时，距污染源越近，污染浓度越高。有组织排放时，烟气自烟囱排出后，向下风侧逐渐扩散稀释，然后接触地面，地面接触点称为烟波着陆点，为近地面污染浓度最高点。下风侧污染浓度随距离增加而下降，而在烟波着陆点与烟囱之间常没有明显的污染。

3. 排放高度　指污染物通过烟囱等排放时烟囱的有效排放高度，为烟囱本身高度与烟气抬升高度之和。在其他条件相同时，排放高度越高，颗粒物稀释程度越大，烟波着陆点的浓度就越低。

（二）气象因素

1. 风和湍流　风是影响颗粒物污染水平的重要影响之一，其要素包括风向和风速。某地污染情况通常以主导风向的下风向污染较为严重。风速越大，颗粒物扩散稀释越快，污染浓度越低。湍流是指大气的不规则运动，将使气体充分混合，有利于颗粒物的稀释和扩散。

2. 气温　气温的垂直梯度决定大气的稳定程度，影响大气湍流的强弱。稳定的垂直梯度不利于湍

流产生，使空气颗粒物不易于扩散。垂直梯度不稳定时，湍流加强，有利于空气颗粒物的扩散。

3. 气压 当地面受低压控制时，四周高压空气流向中心，中心空气上升，有利于颗粒物等污染物的扩散和稀释。反之当地面受高压控制时，中心空气向周围下降，呈顺时针方向旋转，形成反气旋，不利于污染物向上扩散。

4. 气湿 气湿即空气中含水程度，常用相对湿度（%）表示。空气中水分多，湿度大时，颗粒物因吸收更多水分使重量增加，运动速度变慢。在气温较低时还可形成雾，影响颗粒物的扩散速度，导致局部污染加重。

（三）地形因素

地形可影响局部气象条件，从而影响污染物的扩散稀释。如山谷的地形特点容易形成地形逆温，即晚上寒冷空气沿山坡聚集在山谷盆地中，形成冷气团，而其上层有热气流。这种情况不利于污染物扩散。

在人口密集的城市地区气温较高，往郊外方向气温逐渐降低，形成热岛现象。在这种情况下，城市的热空气上升，四周郊区的冷空气补充进来，可将郊区的污染物带入城市，加重城区污染。此外城市的高大建筑物间如同山谷，也不利于近地面污染物的扩散。

六、相关污染事件

近几年来我国空气颗粒物污染严重，雾霾事件频发，引起社会公众的广泛关注。代表性事件是2013年1月我国整个华北及华东大部分地区发生的严重雾霾，涉及区域超过130万平方千米，受影响人口达8.5亿人，其持续时间之长、覆盖范围之广、危害人数之多在世界历史上均为罕见。2013年1月的31天中，北京仅有4个优良天，其余全部都是污染天，而且连续三天以上重度污染的过程达3次之多。污染最严重的数1月12日，当天一些站点的$PM_{2.5}$监测仪瞬间捕捉到空气中悬浮的$PM_{2.5}$浓度突破1 000 $\mu g/m^3$，超过新标准（75 $\mu g/m^3$）10多倍。

2013年我国东北也发生了严重的雾霾事件。该事件起始于2013年10月20日，即哈尔滨市的年度冬季燃煤采暖系统开启的第二天，以东北地区哈尔滨市为中心，包括吉林省、黑龙江省、辽宁省在内的地区发生大规模的雾霾污染。东北地区大部均被浓密的雾霾覆盖。在哈尔滨市，$PM_{2.5}$浓度的平均值一度达1 000 $\mu g/m^3$。雾霾导致哈尔滨市的能见度普遍低于50米，机场被迫关闭，两千多所学校停课，黑龙江省境内的全部高速公路也被迫关闭。10月22日至23日，东北地区仍然被雾霾覆盖，$PM_{2.5}$平均浓度保持在200 $\mu g/m^3$以上。由于降雪出现，从10月23日起空气质量出现好转。

第二节　空气颗粒物的健康影响概况

由于空气颗粒物，特别是大气中的颗粒物污染来源广，理化性质复杂，与多种健康结局密切相关，被公认为是对人体健康危害最大的污染物之一。近年来空气颗粒物的健康影响已成为国内学界研究的热点问题，大部分已有研究关注颗粒物短期暴露（数小时至数周）的健康影响，少数研究则关注颗粒物长期暴露（几个月或更长时间）的健康影响。相对而言，我国针对室内颗粒物的健康影响研究较少，且多数研究在农村地区开展。以下将对近年来我国空气颗粒物对健康影响的研究现状进行概括性介绍。

一、空气颗粒物对机体主要系统及疾病的影响

（一）空气颗粒物对机体主要疾病死亡及发病的影响

1. 短期影响 空气颗粒物短期暴露与人群疾病每日死亡率和发病情况的研究以生态学研究为主，

主要在群体水平上观察暴露与健康结局的关联，典型研究类型为时间一序列分析。其中疾病每日死亡率是既往研究中使用最多的健康观察终点，而针对疾病每日发病情况的研究相对较少。不同机体系统及疾病中，以心血管系统和呼吸系统疾病对空气颗粒物较为易感，因而在既往研究中多有涉及。

（1）人群疾病每日死亡率。早期关注空气颗粒物短期暴露与人群疾病死亡率的流行病学研究多局限于单个城市或地区，其中多数研究是在人口密集的大型城市，如北京、上海等地开展。近年来已有一些城市研究及汇总多个研究数据的荟萃分析（meta-analysis）出现，且绝大多数研究发现颗粒物浓度升高与人群死亡率增加有关。不同粒径颗粒物中以对 PM_{10} 的研究较为充分，针对 $PM_{2.5}$ 及其他粒径颗粒物的研究数据还较少。有些研究比较了空气颗粒物不同理化性质对疾病死亡率的影响，总体上发现较小粒径的颗粒物效应强于较大粒径的颗粒物，且 $PM_{2.5}$ 中某些成分如 OC、EC、氨根、硝酸根、氯和镍等与心肺疾病死亡率有显著性关联。

（2）人群疾病每日发病情况。疾病患病登记系统在国内多数地区还不完善，限制了相关研究的开展。评价空气颗粒物短期暴露与人群疾病每日发病情况的研究大多数仅限于单个城市或地区，如北京、上海等。急诊、门诊和入院是三种表征人群疾病每日发病情况的主要健康观察终点。已有研究证据尚不完善，不过总体上发现空气颗粒物短期暴露可能导致人群疾病特别是心肺疾病的急诊、门诊和入院率升高。少量国内研究关注了颗粒物理化特征对疾病每日发病情况的影响，发现颗粒物中的某些成分如黑碳可能是影响颗粒物效应的关键因素。也有研究发现较小粒径的颗粒物与心血管疾病急诊的关联强度大于较大粒径的颗粒物。

2. 长期影响 针对空气颗粒物长期健康效应开展的研究是制定空气颗粒物质量长期标准的重要依据。然而既往有关颗粒物长期暴露对人群健康影响的研究大部分在欧美发达国家开展，相应研究报导的颗粒物暴露水平较低，范围较窄。我国目前针对颗粒物长期健康效应的研究还较少，开展的主要研究类型包括生态学研究、横断面研究和队列研究等，主要涉及空气颗粒物对心血管、呼吸、神经、生殖等系统的影响，总体上研究证据较为薄弱。

（1）生态学及横断面研究。早期研究多为生态学研究或横断面研究。生态学研究在群体水平上观察暴露与疾病发生的关联，横断面研究中暴露与疾病发生的时间先后顺序不够明确，因此上述研究的因果推断能力均较弱。既往的生态学和横断面研究多局限于某些区域，尤其以颗粒物污染较严重的北方地区为主，总体上发现空气颗粒物或其成分的长期污染水平与某些不良健康结局（如高血压、哮喘、肺癌等心肺疾病发病及死亡）的发生有关。此外也有研究发现对交通相关空气污染（包括颗粒物）的暴露与儿童各项神经行为功能的减弱有关。

（2）队列研究。队列研究通过对某一人群暴露和健康结局的长期随访观察，比较不同暴露水平下健康结局发生率的差异，从而判定暴露因素与健康结局之间有无因果关联及关联程度。国内仅有少量针对大气污染长期暴露与人群健康影响的队列研究，且多为回顾性研究，总体上发现颗粒物暴露与人群心血管疾病和呼吸疾病死亡的风险增加有关。此外，也有研究发现空气颗粒物长期暴露与人群某些不良出生结局如早产和较低的出生体重有关。较早的队列研究采用的人群暴露评估方法尚不完善，主要使用研究地点附近的环境监测数据，存在较大的测量误差。近来已有研究采用空间建模结合卫星观测数据反演地面颗粒物污染，提高了人群暴露评估精度。此外，近年来国内先后开展了一些针对空气污染的前瞻性队列研究，大部分研究仍在进行中，未来相关研究结果将丰富我国颗粒物污染健康影响的科学证据。

（二）室内颗粒物对机体主要疾病死亡及发病的影响

国内既往针对室内颗粒物与机体主要疾病死亡及发病的研究多数在农村地区开展，因在农村地区室内环境大量使用燃料包括柴草、低质煤等是室内颗粒物污染的主要来源，长期暴露可能造成一系列不良健康影响。已有研究多采用横断面研究或病例－对照研究方法，一定程度上阐明了室内颗粒物长期暴露对机体不同系统，特别是呼吸系统的不良影响。研究发现室内颗粒物暴露是造成农村地区妇女发生慢性阻塞性肺病（chronic obstructive pulmonary disease，COPD）和肺癌的主要原因，同时也可增加农村妇女患心脑血管疾病的风险。

值得一提的是，自20世纪80年代以来在我国云南宣威开展了室内燃煤空气污染与农民肺癌发病的综合性研究，从环境流行病学、分子流行病学、室内燃煤污染健康效应、实验病因学和室内空气污染物检测等方面着手，揭示了室内燃煤燃烧造成的空气污染是宣威肺癌高发的主要危险因素，室内空气中以苯并芘为代表的致癌性多环芳烃与肺癌发病关系密切。相当数量的多环芳烃可附着在空气颗粒物上，随呼吸进入人体肺部深处，因此颗粒物是造成肺癌高发的主要污染物之一。

此外，也有研究显示生物燃料的使用可能是成人哮喘发病的重要影响因素，也可能导致婴儿低出生体重和高死亡率。

（三）空气颗粒物对机体主要系统的亚临床效应

空气颗粒物暴露除可引起人群疾病死亡或发病增加外，还可造成一系列亚临床效应，通常可用多种健康指标来表征，如呼吸系统症状、肺功能、血压、心率变异性、生物样品（血液、痰液、呼出气冷凝液、尿液等）中的生物标志物水平等。常用的研究类型包括横断面研究、定组研究（panel study）、控制暴露研究和干预研究等。定组研究一般选择数名、几十至上百名研究对象，在纵向的不同时间点重复测量其对颗粒物的暴露和某些健康指标水平，观察两者的关联。控制暴露研究和干预研究则是让研究对象暴露于两种或几种不同的颗粒物污染情境，测量并比较不同情境下同一批健康指标的水平。上述研究可以对颗粒物的不良健康影响进行重要的探索性研究，为以较大范围内的颗粒物与人群疾病的流行病学研究提供证据支持。近年来国内此类研究开展较多，且多关注空气颗粒物短期暴露对心肺系统的健康影响。与此相对应的是，横断面研究多关注长期暴露对机体的亚临床效应，在针对室内外颗粒物的健康影响研究中均有所应用。

1. 呼吸系统亚临床效应　呼吸系统是人体抵御空气污染物的第一道防线，颗粒物可通过呼吸系统进入人体循环系统及机体其他部分。既往研究多使用呼吸系统症状和肺功能评价颗粒物暴露对呼吸系统的亚临床效应，总体研究结果显示空气颗粒物短期或长期暴露可不同程度增加呼吸系统症状的发生率并降低肺功能水平。近来还有较多研究使用一系列生物标志物来评价空气颗粒物暴露引起呼吸道炎症和氧化应激的作用。常用的生物标志物包括呼出气一氧化氮和呼出气冷凝液中的pH值、丙二醛、硝酸盐、亚硝酸盐和8－异前列腺素等。研究总体上发现颗粒物暴露可导致上述指标升高（pH值除外），且颗粒物中的燃烧产物可能是影响呼吸系统反应的重要成分。值得一提的是，烟草烟雾是室内颗粒物的重要来源之一，与之相关的二手烟暴露也可对人群健康产生不良影响，导致肺功能降低等效应。

2. 心血管系统亚临床效应　心血管系统是空气颗粒物危害作用的主要机体系统之一，有关颗粒物心血管效应的研究也是目前国内外的热点之一。常用的心血管亚临床效应指标包括血压、心率变异性和循环生物标志物等。其中心率变异性反映的是自主神经系统功能的变化，心率变异性水平较高提示心脏自主调控功能良好，而在疾病状态或受应激因素影响下心率变异性水平将会降低。多数相关研究发现室外或室内颗粒物暴露可能导致血压升高及心率变异性降低，且结果在易感人群及健康人群中相对比较一致。影响血压和心率变异性的关键颗粒物成分包括碳质和一些金属成分，此外有研究发现小粒径室内颗粒物对心率变异性的影响大于较大粒径室内颗粒物的影响。

既往一些研究通过测定人体血液中某些可反映心血管健康状态的循环生物标志物来分析颗粒物对

心血管健康的影响。常用的生物标志物类别包括炎症因子（如超敏C反应蛋白）、凝血因子（如血管性血友病因子）、氧化应激和抗氧化活性标志物（如氧化低密度脂蛋白和超氧化物歧化酶）和内皮功能标志物（如内皮素－1）等。研究总体上发现颗粒物与循环生物标志物之间存在显著性关联，且以导致上述生物标志物水平升高为主，而小粒径颗粒物及颗粒物中某些成分（特别是过渡金属成分如锌、铁、镍、锰等）及阴离子成分（如氯离子、硝酸根、硫酸根）可能是影响颗粒物效应的关键成分。此外，几项干预研究发现空气质量控制、口罩和空气净化器使用等措施可改善心血管健康状态，表现为提高心率变异性、降低血压及某些循环生物标志物的水平。

（四）对机体主要系统和疾病影响的生物学机制

毒理学研究可深入探讨颗粒物导致不良健康结局的生物学机制。毒理学研究包括体外和体内研究，即分别在实验室内将细胞或动物体暴露于不同水平的颗粒物并观察比较不同暴露状况下一系列生物学反应的差别，以此确定颗粒物的作用途径和机制。毒理学研究中通常使用从低至高几种不同浓度的颗粒物，以诱导不同程度的体外体内变化，从而阐明颗粒物与健康效应的暴露－反应关系及相应的生物学机制。目前国内已有的研究发现空气颗粒物可造成机体一系列毒性反应，通过引起肺部和机体系统性炎症和氧化应激、升高血压、降低心率变异性、影响凝血功能、导致脂质代谢紊乱及动脉粥样硬化、改变表观遗传等机制产生一系列不良健康效应。

二、对机体内分泌和皮肤等系统的影响

空气颗粒物除对上述主要机体系统和疾病产生影响外，也可能通过影响机体的内分泌功能、免疫功能和代谢功能等导致一些不良健康结局的产生，以下针对国内相关的研究证据进行综述。

（一）对机体内分泌系统的影响

1. 对2型糖尿病和胰岛素抵抗的影响　既往流行病学研究证据表明长期暴露于空气颗粒物与人群2型糖尿病的发病率增加有关，而国内已有的研究证据主要来自横断面研究。例如Liu等使用一项全国性调查的数据进行分析，发现大气$PM_{2.5}$长期暴露与国内人群较高的2型糖尿病现患率有关，同时也与研究人群较高的空腹血糖和糖化血红蛋白水平有关。Brook等在北京市开展了一项定组研究，以一组成年代谢综合征患者为研究对象，发现大气$PM_{2.5}$和黑碳的短期暴露与研究人群较高的基于稳态模型评价的胰岛素抵抗指数（homeostasis model assessment of insulin resistance，HOMA-IR）有关。

实验室动物研究发现$PM_{2.5}$慢性暴露可导致近交系CCR2（CC-chemokine receptor 2）基因敲除小鼠全身胰岛素抵抗，表现为内脏脂肪组织炎症增强、肝脏脂质沉积增加、骨骼肌糖分利用减少及全身糖耐量降低等。后续的动物研究则发现$PM_{2.5}$通过其他途径，包括某些转录因子介导的氧化应激反应和氨基末端激素介导的抑制性信号通路也可导致近交系小鼠肝内胰岛素抵抗。近期一项动物研究发现浓缩后的$PM_{2.5}$暴露可引起正常饮食小鼠全身胰岛素抵抗，脂肪组织巨噬细胞浸润及肝内磷酸烯醇丙酮酸羧化激酶（糖异生关键酶）表达升高，提示$PM_{2.5}$可导致血糖代谢紊乱。

2. 对女性健康和激素功能的影响　国内Huo等进行了一项回顾性研究，收集了济南市某医院1 832名乳腺癌患者的相关信息，分析显示乳腺癌的发生可能与暴露于空气颗粒物有关，体现为居住在高污染地区的患者较居住在低污染地区的患者初潮年龄更早，乳腺癌家族史更普遍，癌症浸润程度更深，雌激素受体阳性率更高。进一步分析发现暴露于较高浓度的颗粒物与乳腺癌患者较低的生存率有关。研究提示空气颗粒物可能通过模拟雌激素样作用对乳腺癌的发生和进展起到促进作用。

一项毒理学体外研究显示，工业来源的$PM_{2.5}$可抑制人滋养层细胞分泌孕激素，影响妊娠状态的维持，从而导致不良妊娠结局的发生。另外一项体外研究发现交通来源的颗粒物可抑制在重组酵母中表

达的人源孕激素受体活性，且该抑制能力与颗粒物的雌激素样活性密切相关。此外，一项动物研究显示 $PM_{2.5}$ 可抑制小鼠抗穆氏管荷尔蒙（anti－Müllerian hormone，AMH，抑制初级卵泡形成的一种激素）的分泌，引起炎症和氧化应激反应，造成卵巢损伤。

3. 对应激激素的影响 应激激素在调节机体对外界刺激的反应方面具有重要作用。Li 等在上海市进行的一项干预研究显示，暴露于较高 $PM_{2.5}$ 水平可增加应激激素包括可的松、氢化可的松、肾上腺素、去甲肾上腺素等的分泌水平，而使用空气净化器降低对 $PM_{2.5}$ 的暴露水平则可削弱 $PM_{2.5}$ 对上述应激激素的影响。

（二）对机体免疫功能的影响

既往研究显示空气颗粒物可损伤机体免疫功能，表现为免疫细胞数量及免疫功能调节因子表达异常，进而导致一些不良健康结局如哮喘发作、呼吸系统损伤及感染等。Gou 等在甘肃临洮和兰州开展的一项横断面研究发现，临洮颗粒物中多环芳香烃（polycyclic aromatic hydrocarbons，PAHs）浓度高于兰州，而临洮当地儿童血液中与调节性 T 细胞功能相关的基因叉头框 P3 基因、白细胞介素 35 和转化生长因子 β 的表达水平低于兰州儿童，提示临洮儿童的调节性 T 细胞功能受损。Zhang 等在山东开展的另一项横断面研究则发现 $PM_{2.5}$ 与儿童咳嗽变异性哮喘的发生有关，这可能与 $PM_{2.5}$ 暴露降低免疫系统的调节功能有关。Zhao 等在上海交通警察中开展的一项重复随访研究发现个体 $PM_{2.5}$ 暴露与研究对象一系列免疫指标的变化有关，表现为 CD8 阳性 T 细胞数量及免疫球蛋白 A 含量随暴露浓度升高而降低，而免疫球蛋白 M、G 和 E 含量则随暴露浓度升高而升高。

一项毒理学体内研究显示，小鼠孕期暴露于颗粒物可影响胎儿免疫系统功能，导致产后子代免疫功能紊乱，表现为脾细胞增殖受抑制，1 型和 2 型辅助 T 细胞比例失衡等。一项毒理学体外研究显示，汽油排放物（空气颗粒物的一种重要来源）和甲醇发动机排放物均可对小鼠来源的巨噬细胞产生免疫毒性，导致其增殖受抑制、凋亡加速、抗肿瘤效应减弱等，但前者上述毒性作用更强，并且可抑制巨噬细胞的抗体依赖性细胞毒作用。一项动物实验研究发现颗粒物暴露可导致小鼠急性肺损伤，使肺部和循环系统 1 型辅助 T 细胞数量增加，肺部调节性 T 细胞数量减少，而上述 T 细胞亚组的数量失衡与肺损伤严重程度密切相关。另一项动物实验研究发现，颗粒物急性暴露可通过降低肺部自然杀伤细胞的数量从而增加大鼠呼吸系统对金黄色葡萄球菌的易感性。还有动物研究发现使用 $PM_{2.5}$ 咽后壁染毒小鼠可引起肺部组织炎症性损伤并加剧甲型流感病毒感染，感染可导致小鼠肺部先天免疫防御系统紊乱，降低对流感病毒的抵抗力，从而增加受试动物死亡率。

（三）对机体皮肤的影响

皮肤是人体最外面的一层结构，是人体最大的一个器官。空气颗粒物与皮肤直接接触，颗粒物中的多环芳烃等致癌物质可由此进入机体，产生一定致癌风险。Peng 等在北京市开展的人群横断面研究显示，居住在大气 $PM_{2.5}$ 浓度较高地区的妇女人群老年斑现患率高于居住在浓度较低地区的妇女人群，提示颗粒物暴露可能促进皮肤老化的发生。Ding 等依托泰州人群队列研究，在两个亚组人群中发现并验证了室内 $PM_{2.5}$ 暴露与皮肤老化表现的关系，结果显示 $PM_{2.5}$ 暴露浓度越高，人群皮肤老化症状越明显。Zhang 等在太原市 2134 名儿童中进行的随访研究结果显示，暴露于 PM_{10} 等空气污染物可增加研究人群病态建筑物综合征的发病率，导致皮肤及黏膜不适症状，降低该病症的缓解率。Li 等使用上海市某医院的门诊数据结合环境资料进行时间一序列分析，发现大气 PM_{10} 等污染物与湿疹的门诊就诊增加有关。

此外，一项动物实验研究显示大气 $PM_{2.5}$ 染毒可增加小鼠皮肤组织表皮生长因子受体的表达，促进皮肤老化发生，支持上述人群研究结果。毒理学体外研究显示 $PM_{2.5}$ 等颗粒物的水溶性成分可对人皮肤

角质细胞产生一定细胞毒性作用，导致细胞死亡。另一项体外研究显示颗粒物可增加人皮肤角质细胞环氧合酶 2 和前列腺素 E2 的表达，下调丝聚蛋白的表达，进而损伤皮肤的屏障功能。另一项体外研究显示柴油机尾气中的颗粒物可刺激来源于系统性硬化症患者的皮肤角质细胞表达更高水平的炎症性因子，但对正常角质细胞的刺激作用相对较弱，提示环境颗粒物暴露可能对系统性硬化症的发生起到促进作用。

（四）对机体肥胖和代谢的影响

国内有研究证据显示 $PM_{2.5}$ 长期暴露可增加肥胖及代谢综合征的风险。动物实验显示 $PM_{2.5}$ 长期暴露可影响高脂饮食小鼠的脂质代谢，表现为暴露后肝脏脂质沉积增加，肝脏及血浆三酰甘油水平升高，脂质代谢相关的基因表达水平增高。还有动物研究显示长期暴露于北京市空气颗粒物可引起大鼠血脂异常，肺部及全身出现脂质过氧化情况，从而导致代谢紊乱及体重增加。Zhao 等在我国北方三个城市进行的一项横断面研究显示，肥胖可能增强颗粒物的不良健康影响，表现为空气颗粒物与血压水平及高血压现患率的关联在肥胖人群中较正常人群中更显著。此外，上述在上海市进行的干预研究显示 $PM_{2.5}$ 暴露可影响人体代谢功能，表现为血液中葡萄糖、氨基酸、脂质和核苷酸等一系列代谢物水平的改变。

三、对人群健康影响的综合评估

暴露于空气颗粒物在人群水平上可造成较大的疾病负担。近年有一些综合性研究使用全国性甚至全球性的大数据评估了与空气颗粒物暴露相关的人群健康影响。如 2010 年全球疾病负担（global burden of disease，GBD）报告指出，室外大气 $PM_{2.5}$ 暴露给全球造成了约 320 万居民早死和 7 600 万伤残调整生命年（disability adjusted life years，DALYs）的损失，而室内燃料燃烧相关的空气污染暴露则给全球造成了约 350 万居民早死和 10 800 万伤残调整生命年的损失。我国空气颗粒物污染在 2010 年造成约 120 万居民的早死和 2 500 万伤残调整生命年的损失，而室内燃料燃烧相关的空气污染则造成约 100 万居民的早死和 2 100 万伤残调整生命年的损失，分别是继饮食因素、高血压和吸烟之后的人群第四大和第五大健康危险因素，其中绝大部分健康损失（＞80％）归因于心血管系统和呼吸系统疾病。后续刘等针对室外空气颗粒物疾病负担的深入分析显示，我国 5 岁以下儿童 38.9％的下呼吸道感染、25 岁以上人群 27.2％的肺癌、21.0％的 COPD、29.9％的缺血性心脏病和 35.0％的中风可归因于空气颗粒物污染；与 1990 年相比，归因于空气颗粒物的人群死亡率和伤残调整生命年在 2010 年分别增加了 33.4％和 4.0％；不同年龄组中，以 60～79 岁组归因于空气颗粒物的死亡率最高，40～79 岁组归因于空气颗粒物的伤残调整生命年最高，且上述各种率的增长在男性中更明显。

另有研究发现，以淮河为界的北方供暖政策导致我国北方 TSP 污染水平高于南方 55％，相应地造成我国北方居民人均期望寿命较南方居民少 5.5 岁，且 TSP 每升高 100 $\mu g/m^3$ 可导致期望寿命减少 3 年，我国北方的 5 亿居民可能因此损失了 25 亿人年的期望寿命。后续分析发现，PM_{10} 每升高 10 $\mu g/m^3$ 可降低我国人均期望寿命 0.64 年，且主要归因于心肺疾病死亡率的增加，而全国 PM_{10} 达到国家一级标准（40 $\mu g/m^3$）将增加 37 亿人的期望寿命。Huang 等使用中国心血管疾病政策模型评估了我国从 2017 年至 2030 年不同程度的空气质量改善所带来的可能健康效益，发现如果 2030 年 $PM_{2.5}$ 的污染水平降低至 2008 年奥运会期间的平均水平（55 $\mu g/m^3$），我国人群每年将会额外获得 241 000 生命年（95％不确定区间，189 000～293 000 生命年），而达到国家空气质量二级标准（35 $\mu g/m^3$）或世界卫生组织的标准（10 $\mu g/m^3$）将可获得更显著的健康收益，即额外获得的生命年将分别达 992 000 生命年（95％不确定区间，790 000～1 180 000 生命年）或 1 827 000 生命年（95％不确定区间，1 481 000～2 129 000 生命年），这比实现世界卫生组织对收缩性高血压控制率增加25%及吸烟率降低30%的推荐控制目标所带来的联合收益［928 000生命年（95%不确定区间，830 000—1 033 000生命年）］还要多。

第三节　问题与展望

一、我国研究目前存在的问题

我国已经开展的大量流行病学及毒理学研究显示空气颗粒物对人群健康存在显著影响，但是研究广度与深度与欧美等发达国家相比仍有较大的差距，离为国家制订合理的环境空气质量标准及防控措施提供科技支撑尚有一定距离。具体来看，我国针对空气颗粒物与人群健康的研究尚存在以下几方面不足。

（1）在空气颗粒物研究方面虽然积累了一些观测数据，但是数据缺乏系统性，针对大气$PM_{2.5}$的监测工作积累尤其缺乏，开展成分和污染来源解析的研究也较少，存在空气颗粒物本身性质的复杂性和不同研究之间的异质性等因素，对某些科学问题的探索结果在不同研究间尚不一致，在一定程度上阻碍了对我国空气颗粒物与人群健康关系的认识。

（2）在空气颗粒物短期暴露对人群健康影响方面，针对人群疾病每日发病情况的研究证据尚不完善；在空气颗粒物长期暴露对人群健康影响方面，尚缺乏来自全国范围内多城市或多中心开展的前瞻性队列研究的数据积累。

（3）在室内颗粒物研究方面，多数已有研究仅在个别省市开展小范围调查，尚缺乏全国多个不同地区的系统研究，无法全面了解我国不同地区室内颗粒物污染水平及其对健康的影响。

（4）空气颗粒物对健康影响的作用途径和机制尚未完全阐明，与其他影响健康的因素（如人群的年龄、体质指数、生活方式、气候变化等）的联合作用也有待进一步探讨。

（5）随着我国政府对大气污染问题的重视，相关控制或干预措施陆续出台并收获了可观成效，空气颗粒物污染降低对我国人群的实际健康效益尚需要较大范围真实数据的支撑，以对政策的执行和调整起到良好的导向作用。

二、未来研究展望

伴随着社会经济的快速发展，我国空气颗粒物污染可能在未来较长一段时间内保持在较高水平，考虑到我国人口规模巨大，与空气颗粒物相关的人群疾病负担也会保持在较高水平。因此未来深入开展空气颗粒物人群健康影响研究对于控制与之相关的疾病负担具有重要意义。今后有必要从以下方面开展相关工作。

（1）系统开展空气颗粒物特别是大气$PM_{2.5}$的监测工作，开展成分和污染来源解析的研究，为评价其健康影响提供数据支持；开展深入研究，确定影响颗粒物健康效应的关键成分和污染来源，并对已有研究结果进行验证，减少不同研究之间的异质性。

（2）加强针对性的健康资料收集，丰富空气颗粒物短期暴露对人群疾病每日发病情况的研究证据；开展前瞻性队列研究，采用准确的暴露评价方法和严格的健康结局确证方法明确两者的关系，为空气颗粒物长期暴露的健康影响提供坚实的科学证据。

（3）加强对室内颗粒物暴露及健康影响的研究，开展全国多个不同城市的多中心研究，全面了解我国不同地区室内颗粒物污染水平及其对健康的影响。

（4）在空气颗粒物影响人体健康的生物学机制方面，需要注重阐明颗粒物导致人体疾病发生进展

的关键分子机理，为针对性的人群健康危害预防及干预提供依据。另外还需要进一步结合我国独特的颗粒物暴露特征（高浓度、成分复杂）和其他健康影响因素（如人群的年龄、体质指数、生活方式、气候变化等），进行颗粒物的健康效应综合评估，探索不同影响因素之间的交互作用，明确易感人群以指导针对性的预防工作，形成具有中国特色的研究。

（5）从长远来看，颗粒物污染治理及空气质量改善是一个长期的过程，使用大数据思路对此过程中的空气质量改善对我国人群的实际健康效益进行动态评价，将为调整我国颗粒物污染治理及健康改善政策提供有益参考。此外，由于发达国家与我国在颗粒物与人群健康的暴露一反应关系方面存在较大差异，可能受人群遗传背景差异的影响，因此有必要开展基因一环境交互作用研究，明确影响颗粒物健康效应的遗传因素。鉴于空气颗粒物的污染性质复杂，在体内产生的健康效应也同样非常复杂，其污染控制及健康影响研究涉及环境化学、环境流行病学、环境毒理学、分子生物学和临床医学等多个学科。因此在今后的研究工作中，应注重多学科合作，建立规范的高水平研究平台，开展对空气颗粒物的大规模和高层次的系统研究，从而为有针对性地采取颗粒物污染控制措施、降低其对人群健康的不良影响提供坚实的科学依据。

（吴少伟）

第二章　空气颗粒物的人群暴露评价

根据美国环保局 1992 年出版的《暴露评价指南》，“暴露（exposure）”定义为研究对象与环境中化学物质的接触，这种接触发生于暴露期间的接触界面（contact boundary）上。“暴露评价（exposure assessment）”是定性或定量地评估这种接触，描述接触的强度、频率和持续时间等信息，并包括评估化学物质穿透接触界面的比例即吸收率，以及进入循环系统的化学物质的量即吸收剂量等。污染物的暴露评价提供了暴露人群、暴露浓度、暴露途径、不同环境介质对暴露的贡献以及污染物种类、强度等信息，是研究环境污染物健康危害和风险的基础。

暴露可以由下式定义：

$$E = \int_{t_1}^{t_2} C(t)\,\mathrm{d}t \tag{2-1}$$

式中：E——累积暴露，具有“浓度×时间”量纲；

C（t）——时间点 t 的暴露浓度；对颗粒物而言通常为质量浓度，单位 $\mu g/m^3$。

根据这一定义，污染物的暴露评价可以是评价时间段内每一个瞬间的暴露水平，也可以是评价一段时间的总体暴露水平即累积暴露，如图 2-1 所示。

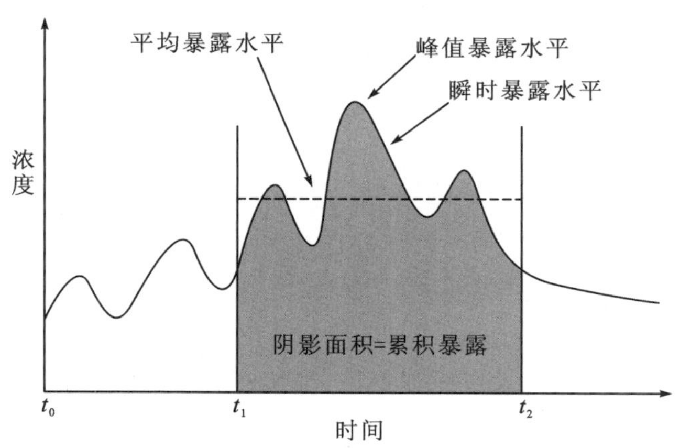

图 2-1　暴露相关概念示意图

污染物的瞬时暴露浓度廓线往往难以获取，因此在实际研究中常使用平均暴露$\overline{E}$：

$$\overline{E} = \frac{E}{T} = \frac{\int_{t_1}^{t_2} C(t)\,\mathrm{d}t}{t_2 - t_1} \tag{2-2}$$

如图 2-1，平均暴露为特定时间段内接触的污染物浓度均值，多数研究使用 24 小时均值，也有一些研究使用 12、48 甚至 72 小时的平均值。需要指出，尽管瞬时暴露和平均暴露均具有浓度量纲，事实上浓度常被用作暴露的替代指标，但是暴露与环境浓度有着本质区别，它是指研究对象接触的污染物“环境”浓度（例如呼吸带处的污染物浓度）。

空气颗粒物暴露是指评价研究对象与悬浮于空气中的颗粒态物质（又称气溶胶，particulate matter

或 aerosol）的接触水平。尽管这种接触也能够发生于人体皮肤甚至消化道界面，但这两种暴露方式的强度以及可能的健康危害相对于呼吸道暴露均可忽略，因此空气颗粒物的暴露以评价呼吸道暴露为主，即进入呼吸道的空气颗粒物的量。但是在实际研究中，进入呼吸道的空气颗粒物难以直接测量，因此常以“不受呼出气干扰的呼吸带中的颗粒物水平”作为颗粒物暴露评价的替代指标。

空气颗粒物是一类复杂的污染形式，来源于多种污染源，其形态学、化学、物理和热力学性质存在极大差异。例如燃烧产生的柴油烟灰或飞灰、大气光化学反应产生的城市灰霾颗粒、海浪形成的氯化钠颗粒和土壤扬尘等，这些不同来源的粒子通常具有不同的粒径，以及无机离子、金属元素、元素碳、有机化合物和地壳化合物等不同的化学组成。因此空气颗粒物的暴露评价除了针对常规的质量浓度外，还涉及其他可能影响颗粒物健康效应的因素尤其是粒径和化学组成。

粒径（通常使用“空气动力学直径”来表示）是空气颗粒的重要性质参数，是影响颗粒物空气动力学性质包括在呼吸道中沉积方式和沉积部位的关键因素。由于细颗粒物不同的来源或形成过程，实际粒径分布谱通常具有几个峰值模态包括成核模态、艾根模态、积聚模态和粗模态等不同粒径段。针对粒径的暴露评价除了粒径分布的数浓度谱外，通常根据颗粒物的空气动力学性质尤其是在呼吸道中的沉积，综合采样监测方法等因素，将颗粒物分为可吸入颗粒物（空气动力学粒径≤10 μm，即 PM_{10}）、细颗粒物（或可入肺颗粒物，空气动力学粒径≤2.5 μm，即 $PM_{2.5}$）甚至超细颗粒物（空气动力学粒径≤0.1 μm，即 $PM_{0.1}$）等常见暴露评价粒径段。

除了粒径，化学组成亦是颗粒物的重要属性，是影响其健康危害的主要因素。颗粒物的化学组成与来源密切相关，既存在一次来源，例如土壤和道路扬尘、海盐和燃烧产生的飞灰烟尘等，也可以通过大气中的化学反应形成，称为“二次”颗粒物。大气二次反应既能够产生新粒子，也可以造成原有颗粒物质量增加和化学组成改变，例如颗粒物中硫酸盐、硝酸盐和部分有机物主要来源于二次生成。大量毒理学和流行病学研究均表明，颗粒物组分的健康效应主要取决于其组成特征而非质量浓度。不同来源的颗粒物具有不同的化学组成，因此可能导致不同的健康效应。从另外一个角度，评价颗粒物化学组分的健康效应对于以保护人体健康为目标的污染物控制措施至关重要。正是因为这一点，颗粒物化学组分暴露评价是颗粒物健康效应研究领域的关键技术，也是近期这一领域的热点问题。

第一节　个体暴露评价法

空气颗粒物的个体暴露是指在一段时期内研究对象个体所接触的颗粒物水平。广义上个体暴露评价可分为直接和间接两类方法，其中间接方法亦称“情景评价法（scenario evaluation)”，它必须结合空气颗粒物的浓度数据和研究对象个体的时间－活动模式才能够实现对于个体的暴露评价。严格意义的“个体暴露评价”通常是指直接方法，亦称“个体监测法（personal exposure monitoring)”，是指利用可佩戴的个体监测仪，在特定时间段内对研究对象个体在日常活动中所经历的所有微环境中呼吸带处的颗粒物进行监测或采样，从而评价研究对象个体的暴露水平。个体监测法不受研究对象的时间－活动行为的影响，可以有效解决流行病学研究中常见的暴露错分问题，因此被认为是最准确的暴露评价方法。但是受技术条件和采样监测设备成本等诸多限制，个体监测法通常适用于对暴露评价准确度要求较高而样本量较小的研究类型，例如定组研究（panel study）。

一、个体监测法

理论上颗粒物个体暴露水平计量应该测量进入鼻腔的颗粒物浓度，但在实际应用中，通常使用佩戴式的个体暴露监测仪采集呼吸带中不受呼出气影响的颗粒物。多数个体暴露监测仪均使用小型泵采样监测，通常由充电电池提供电力，能够连续工作 12 小时甚至 24 小时，采样泵流速一般 2～4 L/min，最高不超过 10 L/min，利用撞击式切割头分割某一个粒径段的颗粒物如 $PM_{2.5}$ 或者 PM_{10}，使用特氟隆或石英纤维滤膜收集颗粒物，完成监测采样后用称重法获得颗粒物质量浓度。个体暴露监测仪由研究对象所佩带，对于便携性和安静程度的要求较高，使用电池供电，这都限制了采样泵的类型和采样流速。多数研究中 $PM_{2.5}$ 和 PM_{10} 往往不能同时测量，较小的采样体积使得只能测量质量浓度，或者利用灵敏度高、样品需求量小的方法检测特定化学组分。目前这一种个体暴露监测方法已得到普遍应用，尤其是在北京、上海、天津、广州和香港等大城市地区，常见仪器包括美国 MSP 公司和 SKC 公司生产的个体监测采样仪，使用 37 mm 滤膜，除了测量质量浓度外，还可以对采集的颗粒物进行 EC/OC、元素组分、金属离子和有机物种进行离线分析。

除了基于滤膜采样的个体暴露监测仪，光学技术也被用于个体颗粒物暴露的实时监测，包括基于光散射原理的 DustTrak 和 Q-Track（TSI 公司）、MicroPEM（RTI 公司）、DataRAM 和 pDR（Termo MIE 公司）等商业化产品。以 DustTrak 为例，采样流速为 3 L/min，利用光电检测器测量颗粒物散射的激光强度，0.1～10 μm 直径颗粒物的检测范围为 0.001～400 mg/m³。此外基于光吸收原理的黑碳颗粒个体监测仪也有广泛应用，通过采样泵将颗粒物采集于滤膜上，并使用吸光法测定黑碳颗粒物的实时个体暴露水平，代表产品如 AethLabs 公司的 microAeth 系列个体黑碳监测仪（关于个体监测技术的总结详见表 2-1）。

表 2-1　个体暴露监测技术汇总

仪器种类	生产商/开发团队	基本原理	技术特点
颗粒物质量浓度			
PEM 撞击式采样器	MSP/SKC	滤膜采样获取质量浓度	以采样泵为核心，撞击式切割头，充电电池供电，使用 37 mm 的特氟隆或石英纤维滤膜，采集粒径为 2.5 或 10 μm，流速 2～10 L/min，可用于后期离线组分分析
MicroPEM	RTI	光散射原理	同时进行颗粒物浓度在线测定（利用散射光、浊度计和三轴加速度方法，时间分辨率 10 s）和 25 mm 特氟隆滤膜采样，检测粒径大于 300 nm 颗粒物，流速 0.5 L/min
DataRAMp DR-1500	Thermo MIE	光散射原理	方便快捷，价格低廉，散射光波长为 880 nm，实时（时间分辨率1 s）检测粒径 1.0～10 μm 颗粒物，流速 1.0～3.5 L/min，浓度范围 0.001～400 mg/m³
DustTrak	TSI	光散射原理	对 0.1～10 μm 粒径颗粒物的检测范围为 0.001～400 mg/m³，分辨率为读数±1%或 0.001 mg/m³，流速为 3 L/min
颗粒物数浓度			
DC1700	Dylos	光散射原理	小巧方便，价格低廉，实时测量（时间分辨率 6 s），同时记录粒径>0.5 μm 及>2.5 μm 的两种颗粒物数浓度，电池工作时间 6 h
Metone 831	Met One	光散射原理	集成抽气泵、粒子计数、微处理器、存储等模块，可同时对四种不同粒径颗粒物进行测量，流速 2.83 L/min，取样时间60 s，仪器质量 0.79 kg
MyPart	Tian 等	光散射原理	第一款便携灵敏的个人式气溶胶传感器，仪器体积 40 mm×55 mm×23 mm。配备手机应用，数据实时可视化

续表

仪器种类	生产商/开发团队	基本原理	技术特点
		超细颗粒物	
PUFP C100	Enmont	光散射原理	以水为工作流体，浓度范围（0～2）$\times 10^5$ particles/cm^3，最小粒径 4.5 nm，质量 6 kg，电池工作时间 6 h，配备 GPS 系统
NanoTracer	Philips	扩散荷电原理	静电计测量颗粒物所带电荷，推算颗粒物数浓度和平均粒径，浓度范围（0～1）$\times 10^6$ particles/cm^3，粒径范围 20～120 nm，仪器质量 0.75 kg，流速 0.3～0.4 L/min
DiscMini	Matter Aerosol AG	扩散荷电原理	时间分辨率高，10～700 nm 超细颗粒物检测范围 10^3～10^6 particles/cm^3，准确度±30%，电池工作时间 8 h，流速 1 L/min
		黑碳（BC）颗粒物	
microAethBC 监测仪	AethLabs	光吸收原理	光源波长为 880 nm，石英纤维滤膜收集颗粒物，在线分析（时间分辨率为 1 s），流量 50～150 mL/min 的测量范围为 0～1 mg BC/m^3，分辨率 0.001 μg BC/m^3
多波长光学吸收技术分析 BC 组分	——	多波长光学吸收原理	利用积分球辐射计和多波长检测滤膜上颗粒物 BC 吸光度变化，同时对个体采样膜 BC 和环境烟草烟雾（ETS）进行无损检查，灵敏度高，BC 检出限为 0.3 μg，ETS 为 1.7 μg
		颗粒物金属组分	
印刷式纸质微流体芯片 μPAD	——	比色法	将滤膜采集颗粒物转移到用显色剂处理的 μPAD 上，比色法分析金属含量，Fe、Cu、Ni 检测限为 1～1.5 μg，与传统方法线性良好，与电化学检测器搭配可提高选择性和灵敏度
ICP-MS，XRF	——	个体膜离线分析	Teflon 滤膜采集，样品前处理经 ICP-MS 分析，或 XRF 原位分析
		颗粒物有机组分	
GC-MS，LC-MS	——	个体膜离线质谱分析	石英纤维滤膜采集，热脱附进样 GC-MS，或前处理后 GC-MS/LC-MS 分析

利用 DustTrak 技术，香港科技大学研究人员在 2015 年 1—6 月将 DustTrak 和 Q-Track 与固定站点测量数据对比，发现两者的相关系数较高，R^2 值在 0.87～0.98 之间，但 DustTrak 在冬季和夏季分别高估细颗粒物浓度 2.67～2.72 倍和 3.02～3.26 倍，个人佩戴 DustTrak 和 Q-Track 在早上和下午的交通暴露中细颗粒物测量浓度较为一致。目前国内也出现基于光散射原理的在线检测仪器，例如 LD6S 型激光粉尘仪，它将散射光强和粉尘浓度转化为每分钟脉冲计数并通过仪器的微处理器计算出粉尘质量浓度，采样流量为 2 L/min，检测灵敏度 0.001 mg/m^3，测量范围 0.001～100 mg/m^3，但是目前缺乏对该仪器和参考仪器的对比和评估。

质量浓度是空气颗粒物暴露评价的主要内容，也是当前流行病学研究采用的主要暴露评价方式。但是如上所述，除了质量浓度外，影响颗粒物健康危害的关键因素还有粒径和化学组成，但是受个体暴露监测仪便携性的限制，目前这一方面的研究较少。切割头只能用于特定粒径段的颗粒物监测或采样，光学传感器为个体颗粒物粒径的暴露评价提供了可能。对于化学组分暴露评价，除了黑碳个体暴

露监测仪外，通常和个体暴露采样相结合，利用高灵敏度、高选择性的分析技术实现对于颗粒物样品的化学组分分析。质谱技术是最具发展潜力的实验室分析技术，包括电感耦合等离子体质谱（inductively coupled plasma-mass spectrometry，ICP-MS）、气相色谱-质谱联用（gas chromatography-mass spectrometery，GC-MS）和液相色谱一质谱联用（liquidchromatography-mass spectrometery，LC-MS）等，此处不再赘述。

Du 等针对北京地区 114 名被试儿童和成人，使用 SKC 的个体暴露监测仪采集 24 h 个体暴露颗粒物，利用称重法测定 $PM_{2.5}$ 质量浓度，多波长光学吸收技术测量黑碳，中子活化法分析 Mn、Al 和 Ca 元素，ICP-MS 法测定 Pb 和 Mn 等，研究表明个体暴露主要受空气颗粒物浓度和室外行为模式影响，尤其是在高污染情况下。Wei 等采集了北京大学西门保安 24 h 的个体暴露颗粒物，测量了其中 24 种多环芳烃（polycyclic aromatic hydrocarbons，PAHs）和蒽醌等有机化合物，发现暴露于高机动车污染环境会使尿液中指征 DNA 氧化损伤的 8-羟基脱氧鸟苷（8-OHdG）升高，并建立了关键组分与该健康指标的关联。

二、新型个体暴露评价技术

个体暴露评价技术需考虑的问题包括：持续监测时间、时间分辨率、便携性，尤其是开展大规模人群研究的成本等。传统个体监测仪常受到预算、重量、续航、准确度以及数据处理等方面的限制，采样时间通常局限在数小时至数日的较短时间范围内，测量参数单一，受试人群样本量通常较小。因此开发出体积小、时间分辨率高、持续工作时间长并且成本低廉的传感器（甚至与多种健康指标监测传感器结合）以实现“可佩戴式（wearable）”的个体暴露评价技术是这一领域重要的发展方向。

测量方法、材料科学和计算技术的迅速发展为这种技术需求提供了新的发展机遇。剑桥大学 Mead 等开发了一种低噪音、宽线性、高选择性的新型传感器，通过在剑桥大学布置传感器节点网络和受试者个体佩戴证明了其可行性。Paprotny 等研发了一种空气微流体颗粒物传感器，它的体积比商业化传感器小两个数量级，可用于个体监测，该传感器已通过采集汽车尾气和环境烟草烟雾进行了性能验证。Steinle 等开发了一种低成本便携式颗粒物计数器 Dylos，并结合全球定位系统（global positioning system，GPS）记录研究对象的行动轨迹，通过让 17 名受试者佩戴该装置，验证了其应用于个体暴露评价的可行性。此外，一些低成本且便携的颗粒物传感器已被证明可以应用于城市监测网络布设，这些技术亦将有可能应用于个体暴露评价。

移动电话网络和智能手机技术为颗粒物的个体暴露评价提供了一种成本低廉但具有重要应用前景的解决方案。移动电话已成为现代生活的必需品，全球手机用户已超过几十亿。如果在智能手机内部配置相应的颗粒物监测系统和软件，并利用移动网络将暴露信息传输至终端形成时间一活动行为和暴露数据库，将为研究个体暴露提供海量数据。de Nazelle 等已在这方面进行了有益的尝试，将新型传感器与智能手机相结合，利用装备 CalFit 的智能手机记录了巴塞罗那 36 人的活动时间、地理位置以及活动模式，将其与污染物的时空分布相关联，从而减小个体暴露评价的误差。

第二节　情景评价法

个体监测法可获取研究对象的准确暴露水平并且不受时间一活动模式影响，但是这种暴露评价方法需要个体监测设备，受采样器质量与体积、持续工作时间，以及成本等诸多因素限制，个体监测法通常只用于精度要求高而样本小的研究类型如定组研究。对于规模较大的队列研究通常采用间接的暴露评价方法，即通过各种方式获取研究对象所处大气环境或微环境中的颗粒物浓度，结合时间一活动

模式获取暴露时间，从而评价研究对象的暴露水平。常用的评价方式包括站点监测法、微环境法和模型评价法，这些方法有一个共同特点，必须结合研究对象的时间一活动模式，才能评价研究对象的暴露水平，故统称为情景评价法（scenario evaluation）。在使用这一方法时，须结合问卷甚至个体定位记录等方法获取研究对象的时间一活动模式。

一、站点监测法

固定站点监测是最常用的获取大气污染物浓度的手段。由于大气的流动性，一定区域内污染物浓度通常较为一致（尤其是监测点周围无排放源时），因此固定站点的监测结果可用于指示站点附近人群的暴露水平。但这是一种理想假设，事实上大气污染物的空间分布往往是不均匀的，更重要的是，固定站点法难以反映出非大气环境例如室内暴露，而人们在室内的滞留的时间一般远大于室外。对于大气浓度的不均匀性，可以优化监测站点网络的空间布局以减少其影响，而对于空间代表性，可使用细化的微环境监测法作为补充。

最重要也是最常用的获取大气污染物浓度的方法是大气监测法，其中又以固定站点监测法为代表，它通过按照一定规则布设的固定大气监测站点获取具有较高时间分辨率的污染物浓度变化数据。该方法的一个优势是可以使用已有的大气监测网络获取常规大气污染物浓度变化数据甚至历史数据，这对于基于时间序列的污染暴露与健康效应研究具有重要意义。但是需要指出的是，某些污染物的室内浓度往往比室外污染物浓度变化更大，尤其是具有室内来源的污染物如氡和甲醛等，而固定站点法难以反映室内的暴露。

使用站点监测法开展暴露评价时，除了能够获取长时间的大气污染物浓度变化数据外，一个重要优点是能做到精细的颗粒物暴露评价，除了质量浓度，还可实现粒径和化学组分的暴露评价。其中质量浓度常使用特氟隆滤膜采样称重的方式获取，这一方法准确度高但时间分辨率低，通常为 24 小时。作为补充，在线方法包括锥形传感器震荡微天平（tapered element oscillating microbalance，TEOM）、β射线吸收等技术可提供高时间分辨率的大气细颗粒物质量浓度。对于粒径分布浓度，常用扫描电迁移粒径谱仪（scanning mobility particle sizer，SMPS）、空气动力学粒径谱仪（aerodynamicparticle sizer，APS），以及基于光散射技术的粒径谱仪如 GRIMM 实时在线获取。对于颗粒物化学组分浓度，以基于石英纤维和特氟隆滤膜采样的离线分析最为常见，综合多种仪器技术分析其中的化学组分，包括离子色谱法分析 SO_4^{2-}、NO_3^-、Cl^- 等阴离子和 NH_4^+、Na^+、K^+ 等阳离子，ICP-MS 分析金属元素，热光法分析有机碳（organic carbon，OC）/元素碳（elemental carbon，EC），色谱一质谱联用法分析有机组分，以及 X 射线荧光、中子活化等方法进行元素分析。这些方法可获取准确的颗粒物化学组分暴露信息，但受样品采集的限制，时间分辨率普遍较低，一般为 24 小时。最新的仪器方法提供了实时的高分辨率的颗粒物组分数据，例如基于多波段光吸收技术的在线的黑碳（blackcarbon，BC）监测仪、基于热光技术的 OC/EC 自动分析仪、基于 X 射线荧光的金属元素在线监测仪、水溶性离子在线测量仪，以及气溶胶质谱仪等，常用的站点监测指标和代表性仪器如表 2-2 所示。

表 2-2　常用的站点监测指标和代表性仪器

暴露指标	测量方法	代表性商业仪器	主要技术指标
在线监测			
$PM_{2.5}$/PM_{10}质量浓度	锥形传感器震荡微天平	Thermo FisherTEOM1405	时间分辨率最低 1 min，1 h 平均精度±2 $\mu g/m^3$

续表

暴露指标	测量方法	代表性商业仪器	主要技术指标
BC	多角度散射一吸光法	Thermo Fisher MAAP5012	2 min 检测限 100 ng/m^3
颗粒物粒径分布	电迁移差分法	TSI SMPS－3938	粒径 2.5～1 000 nm，167 通道，<10 s 扫描，最大 10^7 particles/cm^3
颗粒物粒径分布	惯性差分法	TSI APS－3321	空气动力学粒径 0.5～20 μm，52 通道，最大 1 000 particles/cm^3
EC/OC	热光测定法	Sunset Model 4	1 h 时灵敏度 OC/EC 0.4/0.2 μgC/m^3
重金属	X 射线荧光法	先河环保 XHAM-2000A	可同时在线监测 23 种金属元素，采样时间间隔 15 min～4 h
O_3	紫外吸光法	Thermo Fisher 49i	60 s 检测限 0.5 mm^3/m^3
NOx	化学发光法	Thermo Fisher 42i-TL	120 s 检测限 0.05 mm^3/m^3
CO	非色散红外发光法	Thermo Fisher 48i-TLE	30 s 检测限 0.04 cm^3/m^3
SO_2	紫外荧光法	Thermo Fisher 43i-TLE	60 s 检测限 0.05 mm^3/m^3
采样与离线分析			
$PM_{2.5}$/PM_{10} 质量浓度	称重法	特氟隆滤膜	百万分之一天平称重；分辨率依采样而定，通常 1 d
EC/OC	热光测定法	石英纤维滤膜	分辨率依采样而定，通常 1 d
无机离子	离子色谱法	特氟隆滤膜	分辨率依采样而定，通常 1 d
重金属	ICP-MS	特氟隆滤膜	分辨率依采样而定，通常 1 d
多环芳烃等组分	GC-MS	石英纤维滤膜	分辨率依采样而定，通常 1 d

目前全国各个省市均布设了国控和地方站点以监测颗粒物等常规大气污染物，同时多个研究组亦在特定时间和区域设置固定监测站点用于人群暴露评价研究，以京津冀、长江三角洲城市群和珠江三角洲城市群地区较多。例如 2008 年北京奥运会前后 Zhang 等使用 TEOM 和特氟隆滤膜采样测量细颗粒物的实时和累积质量浓度、利用 SMPS 测量 14.1 nm 至 736.5 nm 粒径段的颗粒物数浓度以及气态污染物，通过与奥运前/后大气污染物浓度对比发现，奥运期间 CO、NO_2、SO_2、EC、$PM_{2.5}$ 及 SO_4^{2-}、NO_3^- 和 PAHs 等化学组分平均浓度降低了 13%～60%，发现工业和交通排放污染物降低使得北京地区健康人群体内心血管疾病、炎症和氧化应激相关生物标志物降低，并与呼吸道疾病住院率降低相关。

颗粒物的粒径和化学组分是影响其健康效应的重要因素，一般颗粒物越小，比表面积越大，表面吸附的一次排放的有毒化学组分比例越高，能够沉积到呼吸道深处并可能进入循环系统，并通过颗粒物本身和表面附着的化学组分产生危害，因此粒径/化学组成是颗粒物暴露评价的重要内容。Wang 等采集了上海大气中不同粒径段的颗粒物，发现主要来源于交通和石油排放的毒性较强的 5～6 环 PAHs 类化合物在小于 1.1 μm 粒径的颗粒物中含量最高。另一项在上海开展的针对老年人的定组研究发现，对于 5.6～560 nm 粒径范围的空气颗粒物，20～100 nm 的艾根模态细颗粒物与指征呼吸道炎症的呼出气一氧化氮（eNO）具有最强相关性，表明了超细颗粒物对人体暴露的急性健康影响。

二、微环境法

Duan 首先提出微环境的定义即污染物浓度均匀一致的小空间。Mage 则定义在特定时间内，某空间内部的浓度变化远小于该空间和外部环境之间的变化，即在某一时间段内污染物浓度水平均匀或具有恒定统计学特征的空间，则称此空间为微环境。典型的微环境如居室、办公室、机动车或其他室内环境，也可以依据时间特征对微环境进行进一步划分，如白天的厨房、夜间的厨房等。

作为一种常用的暴露评价方法，微环境法可看作空间上更加细化的固定站点法，通过测量各种典型的微环境（例如室外微环境，室内微环境如厨房、卧室、起居室等，交通工具微环境，以及其他微环境如商场、饭店、电影院、运动场等）内的污染物浓度，结合研究对象在这些微环境中的滞留时间以评价暴露水平。微环境法最大优点是所测量的空间内的污染物浓度即是发生暴露时与人体接触的污染物浓度，这有利于更加准确地评价人体暴露，但是划分过于精细的微环境会极大地增加暴露评价的成本。微环境法的一个重要用途是建立室内外污染物之间的浓度关联，例如获取室内外比值（indoor/outdoor ratio，I/O）或渗透系数，从而能够以大气固定站点监测值推测室内的污染物暴露浓度。

国内目前已开展了较多微环境暴露评价研究。Huang 等发现中国农村地区的室内厨房内 $PM_{2.5}$ 浓度是卧室的 3 倍以上，均远高于室外环境浓度，而粒径大于 2.5 μm 的颗粒物浓度在室内外暴露浓度差异较小，但是由于污染来源、空气交换率和气象条件不同导致不同地区室内外暴露水平并不相同。Huang 等和 Lei 等利用在线和离线细颗粒物监测仪包括便携式气溶胶光谱仪、MicroPEM 颗粒物监测仪、MicroAeth BC 监测仪、Langan CO 监测仪对北京、上海等各地区不同交通方式开展暴露研究，发现步行、自行车、出租车、地铁、公交车等微环境暴露水平不尽相同，一般而言地铁和出租车等较封闭空间内的细颗粒物和 PAHs 等暴露水平低于步行和公交车，但是出租车内 CO 暴露水平最高，综合微环境暴露水平、暴露时间和呼吸速率等因素，发现自行车的个体暴露风险最高。

三、模型评价法

站点监测法是流行病学研究中的常用方法，但是这一方法亦存在较多缺点，包括架设监测站点的成本极高，空间覆盖度和分辨率、时间分辨率均有不足，也难以预测将来的污染物水平等。针对这些问题，模型评价法是重要的补充，目前主要有三类可用于暴露评价的模型：大气扩散模型、空间统计模型和卫星反演模型。

大气扩散模型通常以空气动力学模型为基础，例如基于污染物大气输送、扩散和转化的空气质量模型，实现对于气态污染物和颗粒物的模拟。这一类模型需要污染物的源排放数据，结合气象参数模拟出污染物浓度的空间分布和时间变化，并结合研究对象的时间一活动模式开展暴露评价。需要指出的是受多方面不确定性的影响，模型通常很难模拟出绝对真实的情况，因此使用模型时须利用观测数据对其加以验证。

发展精细尺度的空气质量模型，可以更精确地量化污染物浓度分布，提高暴露评价的准确性。选择具有合适时空分辨率及物理化学过程的空气质量模式，可以将空间和时间上零星分布的污染物观测数据信息正确延伸到整个研究范围，或进一步扩展至较大时空范围。例如将三维的化学传输模式 CMAQ 与局地扩散模式 AERMOD 相结合，可模拟城市内污染物高分辨率的浓度变异。Lobdell 等以纽黑文为例，在本地尺度使用 AERMOD 模型模拟详细的空气污染物浓度，在区域尺度使用 CMAQ 和 AERMOD 复合模型对背景污染物浓度进行模拟，结果显示污染物浓度降低主要是由本地源排放降低所致，许多污染物呈现出了重要的空间变异性，这种市内污染物梯度预测可用于说明颗粒物浓度的降低对健康的影响。Scheffe 等使用 CMAQ 与 AERMOD 相结合的复合模型完成了对 2011 年美国大陆国家

空气毒性评估计划中40种有害空气污染物的浓度模拟，发现甲醛和乙醛作为主要的致癌空气污染物呈现区域污染特性，与移动源增强的自然排放具有很强的相关性，燃烧源的多污染物排放特征导致了许多污染物的浓度相似。

空间统计模型以土地利用回归（land use regression，LUR）模型最为常用，这一模型随着地理信息技术的快速发展而得以广泛应用。本质上土地利用回归是一种空间插值方法，通常以多个监测点的连续监测数据为基础，以人口密度、交通状况数据包括排放、土地利用类型、自然地理状况（地形海拔等）以及气象参数（风速风向等）作为自变量建立多元线性回归方程，从而估算或预测研究区域内任一时间和空间点的大气污染物包括颗粒物浓度。目前这一模型已成功应用于欧美等发达国家和地区，在国内许多城市的暴露评价中也得到广泛应用。Wu等结合2013—2014年北京35个站点监测数据，利用土地利用回归模型对$PM_{2.5}$浓度的时间空间变化进行模拟，结果显示北京年均大气$PM_{2.5}$浓度为96.5 $\mu g/m^3$，空间变异多保持稳定，时间变异决定了模型的变异系数。Liu等使用土地利用回归模型对上海城市内$PM_{2.5}$和NO_2浓度空间变化进行模拟，发现与北京相比上海的$PM_{2.5}$浓度变化对地理位置更敏感，更接近居住区域。Meng等通过结合气溶胶光学厚度、地理学信息以及空间利用模型构建了一种混合线性模型，交叉验证相关系数达0.87，这是首次将混合线性模型应用到中国城市。Shi等结合城市形态学参数利用土地利用回归模型实现了对香港街区水平的$PM_{2.5}$和PM_{10}浓度模拟，矫正后的模型相关系数对于$PM_{2.5}$和PM_{10}分别为0.633和0.707，模拟结果显示香港街区空气质量主要受迎风面积指数、交通网络线密度和交通量的影响。

土地利用回归模型是对超细颗粒物进行长期暴露评价的主要方法，该方法填补了超细颗粒物暴露评价中因其质量浓度低、监测站点少以及时间空间变异大等导致的健康效应研究的空白。这一模型在欧洲、北美以及印度一些城市已经得到了大量应用，然而在中国仍亟待开发。针对超细颗粒物暴露评价的土地利用回归模型通常建立在短期或者移动监测数据基础上，例如Kerckhoffs等在荷兰城市同时采集短期监测（30 min）和移动监测数据分别建立超细颗粒物土地利用回归模型，通过对外部居住地址进行预测比较，验证了两种方法所建立的模型结果有很强的相关性（$R^2=0.89$），但是移动监测模型预测结果稍高。利用土地利用回归模型，Lane等在一项横断面研究中选取居住在波士顿的高速公路与城市背景点的40岁以上居民为对象，探究超细颗粒物长期暴露与系统炎症标志物之间的关系，发现超细颗粒物每升高四分位浓度会导致系统炎症标志物的不显著升高，经过种族分层后，超细颗粒物升高会使白种非西班牙裔高敏C反应蛋白（hsCRP）和肿瘤坏死因子受体II（TNFRII）显著升高。Weichenthal等在多伦多市ONPHEC队列研究中探究呼吸系统疾病发病率与土地利用回归模型模拟的超细颗粒物长期暴露的关系，发现在单污染物模型中，超细颗粒物升高四分位浓度与慢性肺阻发病有关（RR=1.06，95% CI：1.05～1.09），但经过NO_2矫正后RR=1.01（95% CI：0.98～1.03），不存在显著的升高。

除了上述模型方法，卫星遥感数据及其算法的开发与应用为高分辨率、长时期的$PM_{2.5}$暴露精确评价提供了可能。尤其是在中国缺乏$PM_{2.5}$历史数据的情况下，可利用卫星AOD作为预测指标，实现$PM_{2.5}$长期分布的预测。这一方法成本低而效率高，尽管也面临一些挑战：基于卫星的$PM_{2.5}$预测所获得的数据分辨率也相对较为粗糙；受到云层厚度等多种因素影响，会存在大量缺失的情况等。利用卫星观测数据，Ma等估算了2004—2013年中国大气$PM_{2.5}$浓度，空间分辨率达0.1°，与地面观测数据的对比验证显示模型的交叉验证相关系数为0.79，相对预测误差为35.6%，从而为中国$PM_{2.5}$提供了可靠的历史数据。Wong等使用卫星数据模拟了香港老年居民居住地一千米网格内的$PM_{2.5}$浓度，并建立与细颗粒物长期暴露的关联，结果显示$PM_{2.5}$每增加10 $\mu g/m^3$对于局部缺血性心脏病危害比为1.42。Fleischer等利用卫星数据估计了婴儿出生地健康中心周边50 km区域内的大气$PM_{2.5}$浓度，以此建立与

22个国家的婴儿不良出生结局的关联，发现大气 $PM_{2.5}$ 与低出生体重相关，而与早产无关；在中国两者与室外 $PM_{2.5}$ 浓度的最高四分位数有关，表明可能受阈值的影响。van Donkelaar 等结合三个卫星的数据模拟了1998年至2012年的 $PM_{2.5}$ 全球浓度，并使用210个地面站点观测数据进行验证。结果显示全球人口加权大气 $PM_{2.5}$ 浓度年均增加0.55 $\mu g/m^3$，这种升高主要由发展中国家 $PM_{2.5}$ 浓度升高所致，东亚地区暴露 $PM_{2.5}$ 浓度高于WHO临时标准的人口比例由1998—2000年的51%升至2010—2012年的70%。Xiao 等人将分辨率为1 km×1 km的多角度大气校正算法（multi-angle implementation of atmospheric correction，MAIAC）反演的AOD和化学传输模型相结合，对中国长江三角洲城市群的 $PM_{2.5}$ 水平进行了估算，与地面观测日日浓度数据的对比验证显示模型的交叉验证相关系数可达0.81。该方法可提供高精度的 $PM_{2.5}$ 数据和解决AOD缺失的问题。

四、时间活动模式

大气监测法、微环境法和模型评价法只能获取大气或微环境中颗粒物的浓度，必须结合研究对象的时间一活动模式数据才能评价研究对象的暴露水平，故统称为情景评价法。在使用这一类方法时，必须获取研究对象的时间一活动模式，常用问卷调查方式，以及日记、问询、观察、摄像或行为记录仪等。

问卷调查法是暴露评价的重要工具，可以识别人群与污染物的接触和接触频率，统计研究对象的日常行为和时间安排等（即时间一活动模式），包括在不同日常活动场所（如室外、室内和交通工具内等）的活动和滞留时间信息。问卷调查的成本较低，易于操作；但它的可靠性和有效性较差，定量难度大，有时也可能出现误报现象。因此问卷调查法通常不单独用于暴露评价研究，而是作为时间一活动模式的获取方式。

日记法是最有用的获取行为模式的方法，可以有效地记录一段时间里的研究对象的行为活动。常见的日记研究尺度为一天或者一周，要求调查对象记录他们在每一段时间里的活动和所处的空间点，从而用于描述个体的行为、活动或在一段时间里的其他特征。此外，也可以选择专人问询或者跟踪观察的方法获取研究对象的时间一活动模式，尽管后一种方法的可行性通常较低。

随着技术的发展，一些新的技术如随身摄像仪、GPS定位系统、智能手机等已经开始用于记录研究对象的时间一活动模式。Nethery 等使用GPS定位系统和温度数据结合时间一活动模式来估计个体暴露，并通过与日记记录方法的对比来评价后者产生的错分问题。Glasgow 等开发了记录受试者活动的手机应用“Apolux”，并将“Apolux”数据与受试者同时记录的日记数据进行对比，证明了手机应用于暴露评价的可行性。Su 等利用智能手机对时空位置瞬时记录的功能，结合站点观测数据，利用土地利用回归模拟个体的累积暴露；该研究使用的瞬时位置记录以及室内室外空气交换模型为大样本长时间暴露评价提供了可能。除此之外智能手机的广泛使用也使得大样本的暴露评价得以实现，Gariazzo 等在罗马结合智能手机记录的交通数据、模拟的污染物浓度数据以及人口统计数据实现了百万级别的城市人口的暴露评价，结果显示受移动和污染物时空浓度变化影响，暴露具有很强的变异性。

情景评价法可以通过一定方式提高污染物浓度数据的时间和空间分辨率，例如增加大气监测站点数量、采用精细的微环境法或者时空分辨率更高的暴露模型；但单纯提高污染物的时空分辨率不一定能提高暴露评价的精密度或准确度，必须相应提高研究对象接触污染物的时空分辨率并使之与污染物浓度分辨率相匹配，才能达到增加暴露评价精密度或准确度的效果。

第三节　生物监测法

人体接触污染物后，根据污染物是否通过接触界面（可以是虚拟的界面如鼻孔切面，也可以是实

质界面如皮肤），将暴露分为“外暴露”和“内暴露”两种形式。广义上进入呼吸道的颗粒物即为内暴露的范畴，而狭义的内暴露则是指颗粒物或其化学组分穿过呼吸道并进入循环系统的量。内暴露常用“剂量”来评价，包括摄取剂量（intake dose，指进入呼吸系统的颗粒物剂量）、内剂量（internal dose，又称吸收剂量，指进入循环系统的颗粒物或化学组分剂量）、靶器官剂量和生物有效剂量等类型；以暴露生物标志物为基础的生物监测法是评价污染物内暴露的主要方式。

一、暴露生物标志物

剂量是暴露的后续，指发生暴露后进入人体的污染物的量。剂量的获取主要由暴露生物标志物实现，通过测定研究对象的生物样品如血液、尿液、唾液、毛发等中的暴露生物标志物（通常是污染物或其相关物质）的含量来确定内暴露水平，如以血铅、血汞的含量分别代表铅和汞的内暴露剂量，以血液中尼古丁或可丁宁的含量作为香烟暴露的内暴露剂量。与个体监测法一样，生物监测法也是精确反映个体暴露水平的一种方法；不同于个体监测法，生物监测法反映的是多种途径暴露的总和，能有效避免个体监测法评价暴露时摄取和吸收的个体差异。因此，暴露生物标志物有助于建立污染物与健康效应之间的直接关联。

对于颗粒物内暴露评价，生物监测法受到的最大限制来源于颗粒物复杂的化学组成。这一复杂体系中不同的化学组分通常具有不同的生物过程，因此对于颗粒物整体而言缺乏特异的生物标志物，而只能针对颗粒物中某些重要组分进行内暴露评价，常见组分如重金属、PAHs、BC 等。以 PAHs 为例，其生物标志物包括血液或组织中的 PAHs、尿液中 PAHs 代谢产物（通常测量单羟基化 PAHs），以及 PAHs 与 DNA 等生物分子的加和物等。其中 PAH-DNA 加和物还用于评价 PAHs 暴露的潜在生物学效应，故而同时具有暴露和效应生物标志物的双重属性。需要指出的是，生物监测法测量的是污染物的总内暴露，事实上，单纯从对内暴露的贡献而言，消化道暴露往往比呼吸道暴露更加重要。

Zhang 等设计了控制饮食实验，以 12 名不吸烟学生为研究对象，测量饮食和吸入途径的 PAHs 外暴露，同时分析尿液中 13 种羟基 PAHs 指征内暴露，发现饮食和吸入是 PAHs 的主要暴露途径，女性外暴露低于男性而内暴露高于男性，这可能是代谢的性别差异所致。Yang 等采集了华北农村地区人群尿样，发现该地区内暴露水平总体较高，且冬季采暖期的暴露比春季高 2.3～6 倍。Lin 等以洛杉矶到北京的暑期交流学生为研究对象，发现在北京其尿液中 12 种羟基 PAHs 比洛杉矶高 2.0 倍，并且与指示脂质过氧化损伤的丙二醛（MDA）之间具有显著关联，同时还受两个城市间的差异因素影响。

生物监测法是流行病学研究中重要的个体暴露评价方法之一，尤其是病例一对照研究。例如，Ren 等开展针对神经管畸形的研究，以胎盘中 PAHs 指征胎儿的宫内暴露，发现胎盘中 PAHs 与神经管畸形风险之间具有显著的剂量一反应关系；在类似研究设计中，Yuan 等发现胎盘组织中 PAH-DNA 加合物与神经管畸形之间的显著负相关性。

需要指出的是，在病例一对照研究中利用生物监测法评价内暴露时，通常无法克服暴露与效应的时间顺序问题，而这是实现因果关联的前提。例如，Yang 等针对多囊卵巢综合征开展病例一对照研究，通过分析血清中多种污染物以评价内暴露，发现病例组血清中多氯联苯、滴滴伊（DDE）和 PAHs 浓度显著较高，例如 PAHs 的比值比为 2.39（95%的置信区间：0.94～6.05）；但是这种研究设计无法说明污染物与多囊卵巢综合征之间的因果关联。对此的解决方案是将生物标志物法用于前瞻性的巢式设计，例如 Yuan 等针对 PAHs 暴露与非吸烟者肺癌之间的关联设计了巢式病例一对照研究，从 18244 名 45～64 岁的男性队列中选取了 82 名病例和 83 名对照，以尿液中羟基 PAHs 指征其内暴露，结果表明接触 PAHs 对肺癌的发展具有潜在作用。

二、代谢动力学模型

污染物进入人体后，指征其暴露的生物标志物通常具有动态变化的过程，受污染物暴露、吸收和蓄积，以及在体内的迁移转化和消除的影响，直接测量生物样本中的暴露生物标志物不一定能够反映出真实暴露或难以反映出特定时间段的暴露水平。对这一问题的解决需要在污染物体内生物过程基础上通过代谢动力学模型加以解决，从而建立生物标志物与实际暴露之间的关联。

经典的污染物代谢动力学模型又称房室模型，它将人体划分为一个或多个毒理单元，针对污染物的吸收、分布、代谢和排泄等特性建立数学模型，从而揭示其动态变化规律。按照模型中房室数量，经典动力学模型可分为单室模型、二室模型或多室模型。以单室模型为例，假设人体由一个房室组成，污染物进入之后均匀地分布于整个房室，并以一定的速率从房室中消除。假设污染物暴露速率为 Ex，污染物消除速率满足一级动力学过程即 $El=k'Ct$，其中 k 为消除速率常数，Ct 为房室中污染物浓度。根据质量守恒，有：

$$\frac{\mathrm{d}\,Ct}{\mathrm{d}t}=Ex-El=Ex-k\cdot Ct \tag{2-3}$$

假设从 $t=0$ 开始以恒定速率 Ex 暴露于污染物，即 $t=0$ 时，$Ct=0$。解上方程，有：

$$Ct=\frac{Ex}{k}\left(1-\mathrm{e}^{-kt}\right) \tag{2-4}$$

由式 2－4 可知，若暴露时间 t 足够长，则 Ct 趋近于恒定值 Ex/k，此时房室中污染物浓度达到稳态，暴露速率 Ex 等于消除速率 El。通常消除速率可以由排出体外的生物样品中的暴露标志物所指征，因此尿液样品通常可指征人体对污染物的暴露和吸收速率，例如，常测量尿液中羟基 PAHs 以近似指征 PAHs 的暴露和吸收水平。

在单室模型中，消除速率常数 k 是关键参数，它与另外一个重要参数即半衰期（$t_{1/2}$）之间的关系为：$t_{1/2}=\frac{\ln 2}{k}$。k（或 $t_{1/2}$）决定了体内污染物达到稳态的时间，以及达到稳态之后的浓度水平。

单室模型能够粗略解释污染物暴露吸收、在体内蓄积浓度和消除之间的关系，但它的前提假设是污染物在体内的均匀分布，但事实上这是理想的情况，污染物通常在不同的器官和组织中富集程度不一，这可以使用二室甚至多室模型加以模拟，此处不再赘述。

经典代谢动力学模型高度简化，房室缺乏生理学意义，难以反映生理参数对于污染物体内过程的影响，无法给出污染物甚至生物有效污染物在靶器官中的浓度变化。生理毒代动力学（physiologically-basedtoxicokinetic，PBTK）模型有助于解决这些问题，该模型的生理房室由组织或器官构成，以血液循环为主要驱动力，同时模型输入参数含各种生理参数，实现对于污染物在人体各个组织器官中分布的动态模拟，甚至实现对于污染物的靶器官剂量甚至生物有效剂量的模拟计算。

Edginton 和 Ritter 在成人的毒代动力学研究的基础上，建立针对两岁以内儿童的 PBTK 模型预测其血浆中双酚 A 水平，发现给予同样剂量时，新生儿血浆中双酚 A 浓度是成人的 11 倍。Fransson 等利用 PBTK 模型评估非吸烟人群长期低浓度镉暴露对健康的影响，结果显示男性每日摄入量约 0.006 3 g/kg 体重，女性比男性高 35%；累积在肾中的镉随尿排出的比例约为 0.000 042 day^{-1}，对应在肾中的消除半衰期为 45 年。

第四节　空气颗粒物暴露组学

一、暴露组学概念与产生背景

自古以来，找出疾病的病因并据此进行预防或治疗是保护人类健康的重要手段。随着科学技术的进步，基因组学在最近几十年得到了飞速的发展，全基因组关联分析（genome-wide association study，GWAS）等方法被广泛用来解释人类的疾病。但事实上，基因只能解释10%的慢性疾病病因，而高达90%的病因可能与非遗传因素（即环境暴露因素）有关。但是与蓬勃发展的基因组学不相称的是，对于人体暴露的研究发展滞后；旨在寻求疾病危险因素的流行病学家往往只能依赖于问卷调查的结果来表征人体所受到的环境暴露，而使用这种难以定量的、精确度和准确度以及客观性均较差的暴露数据会导致在评价基因—环境相互作用时的偏差，难以系统地评价影响疾病的各种风险因素，难以准确评价环境暴露对人体的健康效应。

为了系统化环境暴露相关研究，并使之与基因组（genome）的概念相匹配从而体现二者在环境与健康研究中同等的重要地位，Wild于2005年首次提出了暴露组（exposome）的概念，这是指研究对象一生中（从胚胎开始到生命终点）所受到的所有环境暴露的总和。与基因组不同的是，暴露组是一个动态的概念，在人生命的不同过程中所暴露的环境因素、暴露程度以及可能产生的健康危害会发生动态的变化；另外，暴露组是指所有来自于自然和社会环境介质的暴露因素，包括生活方式，生活压力，饮食等，也包括来自于空气和水体等环境介质的污染物。

暴露组的概念是健康学者从揭示疾病病因的角度对暴露评价提出的要求，这与传统的由环境科学衍生的暴露科学有所区别；这一概念的提出对暴露评价提出了更高的要求，同时也有助于指导暴露科学的发展。例如采用暴露组学思路，可以指导识别空气颗粒物危害人体健康的主要因素或者化学组分。因此这一概念发布后，于2011年得到了环境科学和健康领域的两大权威期刊 *Environmenta Science & Tehcnology* 和 *Environmental Health Perspectives* 的响应，此后以exposome为主题词的文献呈现逐年增加态势。

二、颗粒物暴露组学的发展与方法学问题

尽管暴露组的定义和方法学体系尚待进一步发展和完善，其中一个核心思想是关注环境暴露（尤其是污染物暴露）与机体的相互作用，从而揭示环境暴露的健康效应。因此在方法学上，暴露组更倾向于把研究对象看作一个“人体内部环境（internal environment）”，而“暴露”则是具有生物活性的化学物质进入了这个环境，并与之发生相互作用，从而产生健康危害。

根据暴露组的定义，这是一个动态变化的概念，并且包含了除了遗传因素之外所有的环境暴露因素，因此严格的暴露组学面临着方法学上的巨大挑战。目前尚无成熟的暴露组学研究方法，但总体上有外暴露和内暴露两种解决方案，其中前者通过测量各环境介质中所有的暴露因素以获取研究对象的外暴露组，是筛选识别健康危害因素的重要手段；后者通过测量人体生物样品如血液中“所有的”暴露相关的化学和生物分子，从而实现内暴露组表征并且揭示污染物导致人体健康效应的机制。

总体而言，暴露组的外暴露解决方案主要是通过个体暴露评价技术，尤其是多种个体传感器技术

而实现。对于空气颗粒物暴露而言，这只是暴露组的一个子集。但是暴露组的概念和技术可以用于颗粒物的暴露研究，利用系统组学的方法实现颗粒物全物理因素和化学组分的暴露表征，并从中筛选识别关键的危害因素或组分，并揭示其健康效应机制。

尽管外暴露组学方案可筛选识别细颗粒物中关键的健康危害组分，但这往往只是统计学上的关联，对健康效应机制认识的缺乏可能会严重限制相关发现的科学意义和应用价值。与之互补，“内暴露组”概念侧重于探索环境因素的健康效应机制。内暴露组定义为人体内环境中与暴露相关的所有化学和生物分子的集合；方法学上，内暴露组学可以借鉴较为成熟的“代谢组学（metabolomics）”方案，对血液等生物样品进行组学测量，具有较高的可行性。鉴于这一思路的重大意义，2015 年 5 月美国国家科学院组织召开“Metabolomics as a tool for characterizing the Exposome”专题研讨会，指出将代谢组学方法用于暴露组表征有助于从环境和遗传相互作用角度揭示污染物暴露的健康效应机制。

近年来美国和欧洲均建立了各种研究机构或者项目并开始展开暴露组学研究。其中美国成立了暴露生物学中心（Center for Exposure Biology）和人类暴露组中心（Human Exposome Center）开展了HERCUES 研究计划；同期欧盟也启动了系列相关研究项目，例如生命早期暴露组研究项目（human early-life exposome，HELIX）、HEALS 和 EXPOsOMIC，展开了暴露组学方面的探索性研究。此外，与人类基因组计划（human genome project，HGP）对应的“人类暴露组计划（human exposome project，HEP）”亦处于萌芽中。在我国 2012 年出现第一篇介绍暴露组的文章，近年来暴露组学相关研究工作迅速发展，例如国家自然科学基金“大气细颗粒物的毒理与健康效应”重大研究计划已将暴露组学列入项目指南。

第五节　问题与展望

空气颗粒物的暴露评价是大气污染人体健康危害研究的基础，尤其是在流行病学研究中建立大气污染危害人体健康的剂量—反应关系并据此对污染物进行控制是保护公众健康的关键。经过几十年的发展，暴露分析（exposure analysis）或暴露评价（exposure assessment）已经从一门工具型学科方向发展成为暴露科学（exposure science）；相应的暴露评价技术已经广泛应用于空气颗粒物的人体健康危害研究。但是受限于技术的发展，目前针对空气颗粒物的暴露评价技术仍然存在一些亟待改进或发展之处，包括更加准确的暴露评价技术，针对粒径和化学组成等要素的暴露评价方法，以及暴露组学技术。

（1）暴露错分仍然是大气污染的健康研究中亟待解决的问题，这对暴露评价技术的时空分辨率，以及准确程度提出了更高的要求。在情景评价法中，需要高时空分辨率的污染物表征技术，以及与之匹配的时间—活动模式获取方法。个体监测法不受时间—活动模式影响，但这种方法成本较高且目标物质有限，因此亟待新的技术尤其是新型传感器技术发展，并且需要大幅降低成本才能适用于大规模的人群研究，这一方面智能手机和移动网络系统可能具有广阔的应用前景。

（2）目前空气颗粒物的健康效应研究多以质量浓度的暴露评价为基础，受暴露评价技术包括分析技术的限制，缺乏对粒径和化学组成等重要因素的暴露评价研究，尤其是在大规模的人群队列研究中。由于粒径和化学组成决定了颗粒物能够到达的呼吸道部位及可能产生的危害，故而对于以保护公众健康为目标的针对性空气污染控制至关重要。因此颗粒物粒径和化学组成的暴露评价甚至个体暴露评价技术将是空气颗粒物健康效应研究的关键。

（3）尽管暴露组学的概念提出不久，但其内涵和外延得到了不断的发展完善，生物标志物测量和个体传感器等技术进步为暴露组学研究带来了空前的发展机遇，可以预测，暴露组学将发展成为暴露科学的重要支撑技术。但是当前的技术手段包括分析方法仍然无法准确评估个体的暴露组，很多因素在当前的认识下无法预测，这也为暴露组学研究增加了诸多不确定性。此外，尽管暴露组学可以借鉴其他已较为成熟的组学技术例如基因组学以及衍生的代谢组学等的研究思路和统计方法，但是暴露组学毕竟有其独特之处，如何建立暴露组学的研究模式是将其应用于空气颗粒物的健康效应研究的关键。

（邱兴华）

第三章　空气颗粒物的健康影响生物标志

生物标志是机体由于接触各种环境因子所引起机体器官、细胞、亚细胞的生理、生化、免疫和遗传等任何可测定的改变，具有可被客观测量并评价等特点的指标。生物标志物（biomarker）是生物体内与上述过程有关联的关键事件的指示物。作为常用于追踪健康变化情况和疾病进展的指标，生物标志需要能明确并灵敏地反映疾病健康状况，并且能使用现有的检测方法进行准确的测量。

生物标志的分类方法多种多样，从功能上可分为暴露生物标志、效应生物标志和易感性生物标志。其中效应生物标志包括与特定疾病特征相关的机体功能水平、DNA/基因、核糖核酸、蛋白质和代谢相关物质等。在应用于人体健康的研究中，效应生物标志常作为表征早期不良健康效应的结局指标，以观察个体和人群的疾病进展状况。效应生物标志的检测方法近年来发展迅速，功能学的检测（心电图、肺功能、神经系统发育监测等）、基因组学、转录组学、蛋白组学和代谢组学技术等方法的发展都为各种生物标志的发现以及监测不同健康状况做出了巨大贡献。近年来空气颗粒物对健康影响研究涉及的主要生物标志及其常用测定方法参见表 3-1。

表 3-1　空气颗粒物对健康影响研究涉及的主要生物标志及其常用测定方法

<table>
<tr><th>生物标志</th><th>生物标志亚类</th><th>代表性生物标志或类别</th><th>常用测定方法</th></tr>
<tr><td rowspan="7">基于人体整体功能测量的生物标志</td><td rowspan="3">心血管功能生物标志</td><td>血压</td><td>a. 水银血压计
b. 上臂式电子血压计
c. 动态血压计</td></tr>
<tr><td>心率变异性</td><td>心电图时域、频域分析</td></tr>
<tr><td>心室复极</td><td>心电图 QRS 波分析</td></tr>
<tr><td>呼吸系统功能生物标志</td><td>肺功能</td><td>肺功能仪</td></tr>
<tr><td rowspan="3">神经系统功能生物标志</td><td>认知功能</td><td>a. 简易精神状态检查表
b. 符号数字模式测验</td></tr>
<tr><td>精神运动发育</td><td>a. 视觉保持测验
b. 视觉简单反应时测验</td></tr>
<tr><td>智力发育</td><td>a. 韦氏智力量表
b. 比奈西蒙智力量表
c. 贝利婴幼儿发展量表</td></tr>
<tr><td rowspan="2">基因/DNA 生物标志</td><td>基因突变</td><td>肺癌相关基因（如 TP53、RYR2）</td><td>a. PCR
b. 基因测序</td></tr>
<tr><td>基因多态性</td><td>肺癌相关基因（如 TP53、RYR2）</td><td>a. PCR
b. 基因测序</td></tr>
</table>

续表

生物标志	生物标志亚类	代表性生物标志或类别	常用测定方法
	DNA 甲基化	谷胱甘肽巯基转移酶基因多态性	a. PCR b. 基因测序
		单基因甲基化	焦磷酸测序
	DNA 氧化损伤	多基因或基因组甲基化	a. 基因组甲基化芯片 b. 基因组甲基化测序
		8-羟基脱氧鸟苷	a. 高效液相色谱法 b. ELISA
蛋白质生物标志	炎症	C-反应蛋白	a. 胶乳凝集反应法 b. 激光比浊法 c. 速率免疫比浊法 d. ELISA
		肿瘤坏死因子-α	a. 放射免疫法 b. ELISA
		白细胞介素（如白介素 6、白介素 10、白介素 13）	a. 放射免疫法 b. ELISA
	氧化应激	氧化物或损伤指标（如二酪氨酸、晚期氧化蛋白产物）	ELISA
		抗氧化能力（如超氧化物歧化酶）	a. 邻苯三酚比色法 b. 放射免疫法
	免疫调节	细胞因子	ELISA
	血管内皮功能	内皮素	a. 放射免疫法 b. ELISA
		细胞间黏附分子-1 血管细胞黏附分子-1	ELISA ELISA
RNA 生物标志	信使 RNA	单基因信使 RNA	a. PCR b. 基因测序
		转录组	a. 基因表达芯片 b. 转录组测序
	非编码 RNA	微小 RNA、小干扰 RNA、环状 RNA、长链非编码 RNA	a. PCR b. 非编码 RNA 测序 c. 非编码 RNA 表达芯片

续表

生物标志	生物标志亚类	代表性生物标志或类别	常用测定方法
代谢生物标志	脂代谢	总胆固醇 三酰甘油	胆固醇氧化酶一过氧化物酶-4-氨基安替比林和酚法 甘油磷酸氧化酶一过氧化物酶-4-氨基安替比林和酚法
		低密度脂蛋白、高密度脂蛋白	a. 化学沉淀法 b. 匀相测定法
	糖代谢	血糖	葡萄糖氧化酶法
		胰岛素	a. 放射免疫法 b. ELISA
	氨基酸代谢	同型半胱氨酸	高效液相色谱一质谱联用
		人体合成蛋白质必需的氨基酸（如亮氨酸、组氨酸、苏氨酸、丝氨酸等）	高效液相色谱一质谱联用
其他生物标志	呼出气一氧化氮	—	a. 电化学电流传感器 b. 化学发光分析仪
	免疫细胞	巨噬细胞 淋巴细胞 树突状细胞 粒细胞 肥大细胞	a. 免疫细胞计数 b. 免疫细胞活性检测
	激素	下丘脑和垂体分泌激素 肾素 血管紧张素Ⅱ 醛固酮 精氨酸加压素 脂联素 瘦素	ELISA

除基于机体整体功能测量的生物标志外，多数生物标志可以使用从机体采集的各种生物样品进行测量。可供测量的生物样品类别包括非创伤性样品如尿液、呼出气、呼出气冷凝液和唾液等，以及创伤性样品如血液、支气管肺泡灌洗液（broncho-alveolar lavage fluid，BALF）、组织样本和精液等。

个体暴露于空气颗粒物可能导致机体出现一系列不良健康效应，其中尤以心血管和呼吸系统（统称心肺系统）较为易感。采用生物标志对机体不良健康效应进行监测，不仅能早期发现潜在的疾病风险，更能为探究空气颗粒物与个体或者群体健康关系提供敏感且准确的研究证据。

第一节 表征机体健康影响的主要生物标志类型

一、基于人体整体功能测量的生物标志

基于人体整体功能测量的生物标志是通过以个体或各系统为整体，对人体系统功能健康状况进行监测的生物指标，如心血管功能生物标志（血压、心率变异性、心肌缺血、血管内皮依赖性舒张功能）、呼吸功能生物标志（肺功能）、神经系统功能生物标志（认知功能、神经系统发育）等。上述功能生物标志的测量方法较多，类型多样，主要与相应指标的特点有关。

（一）心血管功能生物标志

心血管功能生物标志是研究颗粒物健康效应的主要功能性指标之一，主要包括血压、心率变异性、复极化、心肌缺血、加速和减速能力以及血管内皮依赖性舒张功能，其测量方法多使用血压计、心电图仪等仪器实现。

1. 血压（blood pressure，BP） 是人体重要的生命体征，是了解血压水平，诊断高血压的主要手段，也是评估心脏和血管张力的自主控制功能的生理参数之一，可用于预测心脑血管疾病风险。相关指标包括收缩压（systolic blood pressure，SBP）、舒张压（diastolic blood pressure，DBP）、脉压差（pulse pressure）等。

颗粒物可能通过改变心血管自主神经系统的平衡造成血压的急性波动，也可以直接或间接地介导机体炎症和氧化应激反应，通过一氧化氮合酶、内皮素−1 等引起血管内皮功能障碍。因此颗粒物造成的机体血压改变可以反映机体心血管自主神经功能和血管内皮功能。研究表明空气颗粒物污染导致的血压升高可能大幅度增加冠状动脉和脑血管事件的长期风险，从而成为心脑血管事件的主要触发因素之一。

目前主要有 3 种血压测量方法，即诊室血压监测（office blood pressure monitoring，OBPM）、家庭血压监测（home blood pressure monitoring，HBPM）和动态血压监测（ambulatory blood pressure monitoring，ABPM），一般分别采用台式水银血压计、上臂式电子血压计和动态血压计进行血压测量。其中动态血压监测可以反映机体全天的血压波动水平和趋势，能更敏感地反映颗粒物对血压的短期急性效应。

2. 心率变异性（heart rate variability，HRV） 是通过逐次心动周期之间的时间变异数分析心率差异性的大小和变化规律的功能指标，是重要的无创性心电监测指标之一，常用于评价心脏自主神经功能，预测心血管疾病风险。自主神经系统障碍是短期颗粒物暴露导致急性心血管健康影响重要的中间机制之一。空气颗粒物可能通过诱导炎症和氧化应激作用影响肺部自主神经反射，从而影响自主神经系统的功能。

研究通常利用心电图收集一段时间或规定次数的心电信号，分析信号中的 HRV 指标，常用评价指标包括时域分析指标和频域分析指标。时域分析是以各种统计方法定量描述心动周期的变化，常选用 RR 间期变化表示心率变异性，常用指标包括全部窦性心搏 RR 间期的标准差（the standard deviation of NN intervals，SDNN）、相邻窦性心搏 RR 间期差值的均方根（root mean square of successive differences，rMSSD）、相邻窦性心搏 RR 间期之差大于 50 ms 的个数的百分比（the proportion of NN50 divided by total number of NNs，pNN50）等，分别反映了总体 HRV 水平和 HRV 的快速变化。频域分析是运用傅立叶变换等分析方法对心率进行频谱分析得到 HRV 功率谱图，常用指标包括高频功率

(high frequency，HF)、低频功率（low frequency，LF)、LF/HF 等，分别反映迷走神经调节功能、交感神经和迷走神经的复合调节功能以及交感和迷走神经的均衡性。

3. 心室复极（ventricular repolarization） 是指心室肌依靠心肌代谢而恢复其去极化状态的过程，是维持正常心跳和心动周期电活动的重要环节，通常利用心电图 QRS 波终末部以后的部分表示心室肌细胞复极的电活动，利用 QT 间期反映心室复极时间，评估早期异常心室复极现象。主要的特征性表现包括 J 波、ST 段抬高、ST 段压低、ε 波、QT 间期延长、QT 间期缩短、T 波高耸直立、增宽、切迹、T 波倒置及异常 U 波等。心室复极异常可以反映颗粒物导致的早期心肌功能和心肌损伤，如心肌缺血可以导致 ST 段压低，复极过程同时又在心律失常发生中起关键作用，可用于识别心脏死亡和猝死风险。

（二）呼吸系统功能生物标志

颗粒物进入人体后首先直接作用于呼吸系统，因此呼吸系统功能也是早期颗粒物与健康研究的重点。最主要的呼吸系统功能生物标志就是肺功能，相关检查是颗粒物健康影响研究的常规检查项目之一。

肺功能（pulmonary/lung function）是反映肺部行使呼吸功能和非呼吸功能的有效性指标，是研究呼吸生理、呼吸系统损伤和病变的常用无创性指标，更是判断颗粒物引起的早期呼吸功能损伤的重要指标之一。主要通过肺功能检查实现。

近年来，肺功能检查技术迅速发展，可测量测参数主要有容积、流量或流速、压力等，常用肺量计测得，有些指标需加用气体分析仪或体描仪。常用方法和指标包括肺容积测定、肺通气功能测定、换气功能测定、气道反应性测定、气道阻力检查和睡眠呼吸障碍检查等。肺容积指标反映外呼吸即呼吸道和肺泡的总容积，常见指标包括肺活量（vital capacity，VC)、残气量（residual volume，RV)、肺总量（total lung capacity，TLC)。肺通气功能指标反映呼吸过程中存在的气道堵塞及堵塞部位，常见指标包括用力肺活量（forced vital capacity，FVC)、第一秒用力呼气容积（forced expiratory volume in the first second，FEV_1)、1 秒率（FEV_1/FVC)、每分钟最大通气量（maximal voluntary ventilation，MVV）和呼气峰流速（peak expiratory flow，PEF)。肺换气功能又称弥散功能，反映气体（氧气）通过呼吸膜结合血红蛋白的能力，如间质性肺疾病、肺水肿、肺气肿等都能影响换气功能。

（三）神经系统功能生物标志

空气颗粒物可能影响人体的认知功能。根据精神科医生临床诊断对认知功能进行评估，也可使用简易精神状态检查表（mini-mental state examination，MMSE)、符号数字模式测验（symbol digit modalities test，SDMT）等认知功能量表进行测量。同时，精神运动发育、智力发育等神经系统功能发育也可能受到颗粒物的不良影响，可分别采用各项神经行为检测方法（如视觉保持测验、视觉简单反应时测验)、智力量表（如韦氏智力量表、比奈西蒙智力量表)、儿童发展量表（如贝利婴幼儿发展量表）等进行测量。

二、基因/DNA 生物标志

细胞的遗传信息以基因或 DNA 形式存在，基因生物标志是指反映基因或 DNA 水平上发生的改变的生物标志，包括基因突变、基因多态性、DNA 甲基化、DNA 氧化损伤等，其检测技术目前也随着基因组学和表观基因组学技术的发展而迅速发展，主流技术包括 PCR、基因测序、微阵列技术等。

（一）基因突变

基因突变（gene mutation）是指细胞中遗传基因发生的改变，包括单个碱基改变引起的点突变、多个碱基缺失、重复和插入等。目前针对颗粒物与基因突变关系的研究多为动物研究，如利用银鸥探究钢厂空气污染导致的种系突变。由于自然情况下混杂控制困难，研究者们近年来将小鼠作为新的哨兵物种探究环境空气污染暴露与基因突变之间的关系，如有研究者发现减少颗粒物暴露能降低小鼠家系中扩增简单串联重复（expanded simple tandem repeat，ESTR）DNA 基因座的种系突变率，即减少生殖细胞遗传损伤，间接证明了颗粒物暴露能增加基因突变率。另一项研究在云南宣威探究了烟煤燃烧导致的肺癌患者体细胞基因外显子的突变情况，也发现暴露于烟煤燃烧导致的空气污染会导致大量肺癌相关的基因突变。

（二）基因多态性

基因多态性（polymorphism）是指在一个生物群体中，存在两种或多种不连续的基因型或等位基因，也称为遗传多态性，包括单核苷酸多态性（single nucleotide polymorphisms，SNPs）、DNA 片段长度多态性（fragment length polymorphism，FLP）和 DNA 重复序列多态性（repeated sequence polymorphism，RSP）等。

各种基因多态性可能作为调节因素与颗粒物对健康的影响产生交互作用，如人类谷胱甘肽－S－转移酶超家族（glutathione S－transferases，GSTs）是机体解毒代谢过程的重要组分，参与颗粒物附着的多环芳香烃（polycyclic aromatic hydrocarbon，PAH）等有毒物质的代谢过程。PAH 是指分子中含有两个或两个以上并环苯环结构的烃类化合物，包含萘、蒽、菲、芘等 150 余种化合物，是最早被认识的化学致癌物。其中针对 *GSTM*1、*GSTT*1 和 *GSTP*1 基因多态性的研究较为广泛，是目前肿瘤等疾病病因研究的热点。微粒体环氧化物水解酶（microsomal epoxide hydrolase，mEH）是重要的生物转化Ⅱ相代谢酶，参与多种环境致癌物如 PAH、杂环胺的代谢，还参与了慢性阻塞性肺病（chronic obstructive pulmonary disease，COPD）病理发生机制，其编码基因 *EPHX*1 的多态性也可在颗粒物对肿瘤、COPD 患病风险影响的过程中起到调节作用。

（三）DNA 甲基化

DNA 携带的遗传信息不仅体现在其序列的特异性，在某些富含 GC 的片段中也携带独特的表观遗传标记，即 DNA 甲基化（DNA methylation），通过 DNA 甲基转移酶（DNA methyltransferase，DNMTs）将甲基添加在 DNA 分子中的碱基上实现甲基化过程。DNA 序列中易被甲基化的 GC 片段通常位于基因包含 CpG 岛的启动子和第一外显子内。DNA 甲基化与基因沉默密切相关，是修饰基因表达的途径之一，可影响细胞的正常生命过程和各种产物的表达。随着表观遗传学的兴起，探索颗粒物引起的机体 DNA 甲基化改变也成为最新的研究热点，主要检测方法包括焦磷酸测序（针对单基因甲基化）、基因组甲基化芯片与基因组甲基化测序等。

1. 单基因甲基化队列研究 研究显示，空气颗粒物浓度增加与 Toll 样 2 型受体（toll-like receptor 2，TLR2）、组织因子（tissue factor，TF）、细胞间黏附分子-1（intercellular adhesion molecule-1，ICAM-1）等基因低甲基化和干扰素 γ（interferon-γ，IFN-γ）、白介素 6（interleukin-6，IL-6）等基因高甲基化相关，可能改变其表达水平，从而影响免疫调节功能、凝血功能和血管内皮功能。叉头框 P3 基因（forkhead box transcription factor 3，Foxp3）是控制 T 调节细胞发育和功能的关键基因之一，Foxp3 基因的甲基化与 T 调节细胞的功能损伤密切相关。研究发现颗粒物可通过增加 Foxp3 基因的甲基化水平而损害 T 调节细胞的功能，加重哮喘症状。

2. 多基因或基因组甲基化研究 通过基因组甲基化芯片和基因组甲基化测序可以了解多基因或整个基因组的甲基化情况。全基因组低甲基化现象在各种肿瘤细胞中都有发现，是肿瘤细胞增殖、浸润和转移相关基因（如原癌基因、生长因子基因等）过度表达的原因。长散在核重复序列 1（long inter-

spersed nucleotide element-1，LINE-1）和 Alu 重复序列（Alu repetitive sequence）的甲基化水平是反应全基因组甲基化水平的较好替代指标。研究发现，颗粒物暴露与 LINE-1 和 Alu 重复序列低甲基化相关，因而可能导致机体肿瘤发生风险增加。

（四）DNA 氧化损伤

机体正常的氧化和抗氧化作用失衡，产生大量的氧化物，会造成氧化应激状态（oxidative stress），导致体内 DNA 等生物分子发生氧化损伤。DNA 氧化损伤常见产物有 8-羟基脱氧鸟苷（8-Oxo-2′-deoxyguanosine，8-oxodG，8-OHdG）。鸟嘌呤被氧化后在修复酶的作用下被剪切成 8-oxodG 并由尿液排出，因此尿中 8-oxodG 常作为 DNA 氧化损伤的标志，反映机体氧化应激程度。常用高效液相色谱法或 ELISA 检测。

三、蛋白质生物标志

蛋白质生物标志是利用基因组表达产生的蛋白质作为反映机体结构和功能变化的标志物，从蛋白质水平探究颗粒物引起的生理变化和病理改变，如炎症反应、氧化应激状态、免疫调节功能异常、血管内皮功能异常、凝血功能异常、动脉粥样硬化和心肌功能异常等。由于机体蛋白质合成的复杂性，不同蛋白质含量差异悬殊且对分析技术的要求不同，使得该领域成为长期以来生物标志研究的重点。除了传统蛋白组学分析方法，如凝胶电泳、酶联免疫吸附法（enzyme-linked immunosorbent assay，ELISA）、免疫印迹法等，基于现代生物质谱和分离技术的蛋白组学技术，如双向电泳技术联合生物质谱及 Western Blot 鉴定、表面增强的激光解吸电离飞行时间质谱等也为蛋白质生物标志的监测和发现提供了更多可能。

（一）炎症

炎症反应是机体常见的生理反应和病理过程。机体组织在受到颗粒物及其吸附的各种成分刺激后，合成并释放炎症介质，出现红、肿、热、痛等症状，是产生多种疾病的中间途径之一。许多机体蛋白质参与了机体的炎症反应过程，这些蛋白质可以作为生物标志监测颗粒物引起的炎症反应的发生和发展。

1. C-反应蛋白（C-reactive protein，CRP） 是由肝脏产生的急性期反应蛋白之一，多由肝细胞在细胞因子等刺激下由肝脏细胞合成，主要由 IL-6 诱导合成，是重要的非特异性炎症标志物，在科学研究和临床中已得到广泛应用。常用检测方法包括胶乳凝集反应法、激光比浊法、速率免疫比浊法等。为了弥补常规检测方法在敏感性和精确性上的不足，也常用 ELISA 法检测血清中较低浓度的 CRP，称为超敏 C 反应蛋白（high sensitive C reactive protein，hs-CRP）。

CRP 水平和炎症过程密切相关，可以反映患者整体炎症活动，在急性期迅速增加，且半衰期较长，生理波动较小，因此是反映颗粒物导致的整体炎症水平的重要标志物。CRP 参与多种生理病理过程，对其他炎症介质、黏附分子、趋化因子、凝血功能、血管内皮功能也有重要影响，同时也是各组织损伤、心肌梗死等疾病的重要指征，可预测动脉粥样硬化、心绞痛、心肌梗死等心血管事件的发生。

2. 肿瘤坏死因子-α（tumor necrosis factor-α，TNF-α） 是一种主要由单核细胞和巨噬细胞产生的细胞因子，可促进中性粒细胞吞噬，诱导肝细胞合成 CRP 等急性期蛋白，介导某些自身免疫的病理损伤，是重要的炎性因子。TNF-α 还能与干扰素协同作用，杀伤和抑制肿瘤细胞，促进细胞增殖分化。常用放射免疫法或 ELISA 检测。

3. 白细胞介素（interleukin，IL） 简称白介素，是由多种细胞产生并作用于多种细胞的一类细胞因子，其功能多样，相互作用机制复杂。最初指由白细胞产生又在白细胞间起调节作用的细胞因子，现指一类分子结构和生物学功能已基本明确，具有重要调节作用而统一命名的细胞因子。白介素在传递信息，激活与调节免疫细胞及炎症反应中起重要作用。促进炎症反应的重要白介素包括IL-1β、IL-6、IL-8、IL-12、IL-18等，而IL-10和IL-13等白介素则具有抗炎症反应特性。白介素在近年来的颗粒物健康效应研究中应用十分广泛，常用放射免疫法或ELISA检测。

（二）氧化应激

机体日常生理代谢会产生许多活性氧（reactive oxygen species，ROS），如超氧阴离子（O_2^-或$HO_2\cdot$）、过氧化氢（H_2O_2）、羟基自由基（$\cdot OH$），同时又通过摄入和合成的抗氧化剂不断将其清除，维持稳态平衡，使得正常生理状态下，ROS处于较低水平，对机体损伤极小。由于颗粒物等外源性刺激及其引起产生的内源性刺激使机体短时间内产生大量的ROS，或导致机体抗氧化剂缺乏，就会产生氧化应激表现，造成机体组织细胞的损伤，从而导致疾病的发生。氧化应激过程有许多氧化物和抗氧化物参与，监测其水平及氧化损伤指标能反映机体是否存在氧化应激状态及其发展过程，检测方法可根据各种物质特点进行选择。

1. 氧化物及损伤指标 体内常见的氧化物包括活性氧和活性氮（reactive nitrogen species，RNS）。ROS主要是由超氧阴离子、羟基自由基等产生，而RNS主要是由NO等含氮化合物反应生成。但由于自由基活性强，半衰期短，浓度低，对其进行直接测量以评估机体氧化应激状态难以实现，因此常通过氧化应激损伤指标进行监测。自由基等氧化物过量增加时常氧化损伤DNA、脂质及蛋白质等。常见蛋白氧化产物如二酪氨酸、晚期氧化蛋白产物（advanced oxidation protein products，AOPP）、蛋白结合的丙烯醛均能反映机体氧化损伤程度。

2. 抗氧化能力 人体的抗氧化能力主要通过抗氧化物的合成体现，常见抗氧化物包括抗氧化酶（如超氧化物歧化酶、谷胱甘肽过氧化物酶）、非酶类抗氧化剂（如谷胱甘肽、维生素C、泛醌还原物）和分隔过渡金属的蛋白等。超氧化物歧化酶（superoxide dismutase，SOD）是机体重要的抗氧化酶，主要包括Cu/Zn SOD和Mn SOD，可加速超氧阴离子发生歧化反应，清除超氧阴离子，防止氧化损伤作用。常用检测方法包括邻苯三酚比色法、放射免疫法等。由于体内抗氧化物多种多样，也可以采用机体的总抗氧化能力（total antioxidant capacity，TAOC）来综合评价整体的抗氧化能力。

（三）免疫调节

机体的免疫调节功能是实现清除体内衰老、死亡或损伤的细胞，防御外来危险因素，识别和清除体内异常细胞等重要免疫功能的基础。探究颗粒物与参与免疫调节过程的各免疫因子之间的关系，可以了解其对机体免疫功能的损伤作用。

细胞因子是由免疫细胞和非免疫细胞经刺激合成分泌的一类具有广泛生物学活性，尤其是重要复杂的免疫调节功能的小分子蛋白，包括白介素、干扰素（interferon，IFN）、肿瘤坏死因子（tumor necrosis factor，TNF）、集落刺激因子（colony-stimulating factor，CSF）、趋化因子（chemokine）、转化生长因子（transforming growth factor，TGF）、生长因子（growth factor，GF）等。白介素在免疫细胞增殖分化、免疫调节过程中均发挥了重要作用。如IL-6是主要由Th2辅助细胞产生的一类重要的细胞因子，其能刺激免疫相关细胞的增殖分化，促进肝脏细胞合成急性期蛋白（如CRP）。此外，IL-6还能作为炎症介质参与动脉粥样硬化的形成和发展，并参与心肌缺血再灌注、急性心肌梗死等病生理过程。另外，参与免疫调节过程的免疫球蛋白（如IgM、IgG、IgE）和其他免疫因子均可以作为免疫调节功能的生物标志。

（四）血管内皮功能

血管内皮是连续覆盖于整个血管腔表面的一层扁平细胞，除了基本的屏障作用，维持血液的正常

流动，调节血管内外的物质交换之外，研究表明人体血管内皮还是体内重要代谢和内分泌器官，可以产生内皮舒张因子（如前列环素、内皮源性舒张因子）、收缩因子（内皮素、血管紧张素）、凝血纤溶物质（如血小板激活因子）、细胞黏附因子（如ICAM-1）和生长因子（如血小板衍生生长因子），调节血管平滑肌的运动、血小板的黏附和血栓形成。

颗粒物及其附着物能通过炎症、氧化应激等相关作用刺激血管内皮导致血管内皮功能障碍（endothelial dysfunction，ED），从而引起异常的血管舒缩，血小板黏附和血栓形成等生理病理过程，导致血管疾病发生。

1. 内皮素内皮素（endothelin，ET）　一种具有强烈缩血管功能的细胞因子，参与调节机体的许多生理活动和炎症反应。内皮素可分为三种异形肽：ET-1、ET-2和ET-3，其中ET-1是唯一存在于血管内皮的内皮素，与维持心血管系统的生理活动有重要关联。内皮素主要通过激活细胞膜钙离子通道和蛋白激酶C发挥缩血管作用，内皮素异常增高与心肌缺血、心肌梗死和肺动脉高压等病理过程密切相关。常用测量方法包括放射免疫法和ELISA等。

2. ICAM-1和血管细胞黏附分子-1　ICAM-1和血管细胞黏附分子-1（vascular cell adhesion molecule-1，VCAM-1）都是细胞黏附分子（cell adhesion molecule，CAM）中免疫球蛋白超家族（immunoglobulin superfamily，IGSF）的成员，ICAM-1通过与受体的相互作用介导免疫细胞与内皮细胞黏附及聚集，而VCAM-1能选择性促进非中性粒细胞的多种免疫细胞与内皮细胞黏附。ICAM-1和VCAM-1等黏附分子具有重要的生理功能，包括调节炎症反应、细胞组织分化发育、免疫应答等。研究表明ICAM-1和VCAM-1与多种炎症介导的心血管危险因素相关。常用检测方法主要为ELISA。

四、RNA生物标志

核糖核酸（ribonucleic acid，RNA）是基因编码、转录、调节和表达各种生物学分子所必需的核糖核苷酸聚合物，与DNA不同的是它常以单链形式存在。RNA的种类可分为编码RNA和非编码RNA，其检测方法与DNA相关检测方法类似。

（一）信使RNA

信使RNA（message RNA，mRNA）为编码RNA，通过DNA转录合成，用于翻译合成蛋白质，完成基因表达过程中遗传信息的传递功能，通过mRNA水平和功能的检测可以了解颗粒物对机体DNA表达水平的影响，反映相关产物的合成能力。

1. 单基因mRNA　单基因mRNA是相关单个基因转录产物，反映相关基因转录水平和翻译蛋白质的功能。如研究者通过测定炎症基因环氧合酶-2和IL-1β的mRNA水平反映空气污染导致的神经炎症过程。

2. 转录组转录组（transcriptome）　所有mRNA的集合，在整体上反映细胞基因组转录水平，并可根据整体转录水平的差异定位到受颗粒物影响的具体单个基因，探究颗粒物影响健康的机制。线粒体基因组与细胞核基因组相比缺乏修复能力，因此是颗粒物附着的环境毒素的关键作用目标。有国外研究者利用对线粒体基因转录组测定数据探究了颗粒物对线粒体相关基因表达的影响以及性别的调节作用，发现颗粒物短期暴露与女性线粒体中电子传递链相关基因的表达相关，并通过验证性分析定位到了其中两个具体的基因（分别编码泛醌细胞色素C还原酶铰链蛋白和细胞色素C氧化酶亚基7C）上。

（二）非编码RNA

非编码RNA是不具有蛋白质编码功能的RNA，是表观遗传学研究的重要组成部分，包括看家非

编码 RNA（housekeeping non-coding RNA）和调控非编码 RNA（regulatory non-coding RNA）。其中具有调控作用的非编码 RNA 按其长度主要分为两类，即短链非编码 RNA（包括 siRNA、miRNA、piRNA）和长链非编码 RNA（long non-coding RNA，lncRNA）。

目前已发现颗粒物暴露可能与非编码 RNA 中的微小 RNA（microRNA，miRNA）的变化有关。miRNA 是一类由内源基因编码的长度大约为 22 个核苷酸的非编码单链 RNA，是主要通过靶向抑制 mRNA 的翻译过程，实现基因沉默的非编码 RNA。研究证据表明，miRNA 影响众多致病生理病理途径，包括肿瘤发生、血管生成、氧化应激反应等。与 miRNA 相关的细胞信号传导途径失调也可能是影响心脏病的关键因素。

五、代谢生物标志

人体生命过程中发生的用于维持正常生命活动的化学反应称为代谢，能促进生物体完成能量代谢和物质交换的功能。代谢生物标志是参与机体代谢过程，监测颗粒物等不良因素导致的代谢异常的一系列代谢产物，主要包括脂代谢、糖代谢、氨基酸代谢等过程的产物。常用检测方法主要为常规血生化检查，近年来一些高速高效的分析方法也被运用于代谢标志物的检测和发现，如高效液相色谱法、气相色谱一质谱联用、液相色谱一质谱联用等。

（一）脂代谢

脂代谢是指人体将摄入的脂肪进行消化吸收，利用各种酶分解产物加工合成机体所需的各种脂类化合物的代谢过程。主要通过血清内各种脂代谢相关化合物，如总胆固醇、三酰甘油、脂蛋白等作为生物标志进行脂代谢过程的监测。

1. 总胆固醇和三酰甘油　人体总胆固醇（total cholesterol，TC）与多种疾病密切相关，其水平升高可见于各种高脂蛋白血症、肾病综合征、甲状腺功能低下、慢性肾衰竭等多种异常代谢疾病，并且与动脉粥样硬化的产生相关，可导致急性冠脉综合征。三酰甘油（triglyceride，TG）又称为中性脂肪，可为细胞代谢提供能量，TG 升高反映了富含 TG 的脂蛋白增多，可能导致心血管疾病风险增高。血清 TC 和 TG 的检测可分为化学法和酶法两类，目前主要使用胆固醇氧化酶一过氧化物酶-4-氨基安替比林和酚法及甘油磷酸氧化酶一过氧化物酶-4-氨基安替比林和酚法分别对 TC 和 TG 进行测定。

2. 低密度脂蛋白和高密度脂蛋白　低密度脂蛋白（low density lipoprotein，LDL）和高密度脂蛋白（high density lipoprotein，HDL）是运载胆固醇进入外周组织细胞的脂蛋白颗粒，其中 LDL 富含胆固醇，而 HDL 是体积最小的脂蛋白，含蛋白量较多。一般通过测量 LDL 和 HDL 中所含胆固醇的量，即 LDL-C 和 HDL-C 反映血清中 LDL 和 HDL 的多少。常用匀相测定法进行检测。LDL 在体内可被氧化成氧化低密度脂蛋白（oxidized low density lipoprotein，OX-LDL），并参与动脉粥样硬化的形成。因此 LDL 的增加可以对冠心病等心血管疾病进行风险评估，并且由于其是主要携带胆固醇的脂蛋白，与 TC 相关性较好，还能代替 TC 评估相关疾病风险。与此相反，HDL 能将外周组织胆固醇运至肝脏进行分解，可以降低动脉粥样硬化等心血管疾病的发生。此外，与 OX-LDL 类似的其他脂质氧化产物如呼出气乙烷和戊烷、生物样品中的丙二醛（malondialdehyde，MDA）、4-羟壬烯、异构前列腺素均可以反映体内的氧化应激损伤。常用化学沉淀法或匀相法测定。

（二）糖代谢

糖代谢是机体消化吸收食物中糖类物质，由血液运输到各组织细胞进行物质合成和能量代谢的过程，可通过检测机体血糖和胰岛素等水平监测糖代谢过程。

1. 血糖　血糖（blood glucose，BG）是血液中的葡萄糖含量，是维持机体各组织器官正常能量代

谢和物质合成所需能量的直接来源。低血糖可以导致头晕、昏迷、痴呆和死亡，同时也可能会诱发危险人群心脑血管事件的发生，而高血糖能导致糖尿病及相关血管病变，也是加重心脑血管疾病风险的主要危险因素之一。常用生化分析仪测定血糖含量。

2. 胰岛素 胰岛素（insulin）是胰脏β细胞受内源性或外源性刺激分泌的激素，是机体唯一降血糖的激素，可以促进机体各组织细胞利用血糖进行能量代谢以及糖原的合成，是影响机体代谢过程的重要因素。胰岛素的测定辅助血糖指标可以有助于评估机体糖代谢功能，其中胰岛素抵抗和胰岛素分泌缺陷是引起2型糖尿病和其他代谢疾病发病的重要病理生理机制。胰岛素抵抗是指胰岛素促进葡萄糖利用效率降低，机体代偿分泌过多胰岛素产生高胰岛素血症的现象。除了ELISA、放射免疫法等一般的胰岛素检测方法以外，目前大量研究采用稳态模式评估法一胰岛素抵抗指数（homeostasis model assessment-insulin resistance，HOMA-IR）和HOMA-β评价胰岛素敏感性及胰岛β细胞分泌功能。

（三）氨基酸代谢

氨基酸是进行生命活动的重要物质，不仅是构成蛋白质的基础，也是能量代谢物质和各种含氮化合物的前体。氨基酸代谢相关蛋白和酶的异常改变或颗粒物等外源化学物造成的其他病理状态都可能导致氨基酸代谢的异常，进而引起氨基酸代谢库、血清氨基酸谱的改变，造成氨基酸代谢相关疾病，如精氨酸血症、苯丙酮尿症、白化病、肝性脑病、慢性肾病、肿瘤等。同型半胱氨酸（homocysteine，Hcy），又称高半胱氨酸，是细胞内蛋氨酸脱甲基后形成的含硫氨基酸，在血浆中主要以与白蛋白结合的形式存在。Hcy代谢酶的活性下降，食物中B族维生素摄入不足、蛋氨酸摄入过多等会导致Hcy增高，进而导致血管内皮功能障碍、脂质代谢紊乱、蛋白质Hcy化及血管内皮等组织细胞的损伤。常用高效液相色谱一质谱连用方法进行鉴定和检测。

六、其他生物标志

（一）免疫细胞

免疫细胞（immune cell）是参与机体免疫应答及相关免疫机制的细胞，包括巨噬细胞、淋巴细胞、树突状细胞、粒细胞、肥大细胞等，与细胞因子和其他免疫分子一样，是行使免疫功能的基础。

关于颗粒物对免疫系统影响的研究多从免疫细胞含量和活性检测入手，如有动物实验研究发现汽车尾气中的颗粒物暴露可降低大鼠肺泡巨噬细胞、脾脏自然杀伤细胞和杀伤细胞的活性。另外，实验性研究中发现颗粒物可能通过影响机体树突状细胞、辅助性Th2细胞和调节性T细胞的诱发哮喘。

（二）激素

激素（hormone）是内分泌腺和散在的内分泌细胞合成和分泌的活性物质，通过调节各种组织细胞的代谢活动来影响生理机能，具有微量高效、作用广泛等特点。颗粒物等不良刺激可以通过影响机体激素分泌和活性影响正常的生理功能，导致疾病的发生。如可能通过影响神经系统和心血管系统相关激素，如下丘脑和垂体分泌激素、肾素、血管紧张素II、醛固酮、精氨酸加压素等，促进神经疾病、生殖疾病、心血管疾病等的发生，通过脂肪细胞分泌的脂联素和瘦素影响脂肪和糖代谢，进而导致心血管疾病和糖尿病的发生。

第二节 常见生物样品中的颗粒物健康影响生物标志物

目前，用来解释颗粒物健康效应机制的假说主要包括炎症反应、内毒素作用、辣根素/刺激性受体的激活、自主神经系统活动、促凝血作用、细胞组分的共价改变以及ROS的生成与氧化应激。各种假

说机制并不是独立存在，而是相互作用，密切关联，其中氧化应激与炎症反应处于中心地位，二者可以相互促进并通过诱发其他机制来加剧颗粒物的健康效应。然而，机体内的氧化应激与炎症过程普遍存在，并不是单纯由空气颗粒物引起，颗粒物暴露改变了机体中正常的氧化应激和炎症过程，从而诱发了健康损伤。

一、非创伤性样品中的健康影响生物标志物

（一）尿样中常用生物标志物

1. 可替宁及其相关实例 可替宁（cotinine）是尼古丁在人体内进行初级代谢后的主要产物，主要存在于血液中，随着代谢过程从尿液排出。Lai 等选择了香港地区 186 位 18～65 岁之间的非吸烟餐饮工作者为研究对象，通过研究室内 $PM_{2.5}$（主要是二手烟）、尿液中可替宁浓度以及肺功能（选用力呼气量和强力肺活量等指标）之间的关系，发现与室内 $PM_{2.5}$ 暴露量最低（<25 μg/m³）的工作者相比，在 3 个更高浓度（25～75 μg/m³，75～175 μg/m³ 及>175 μg/m³）$PM_{2.5}$ 暴露下的工作者肺功能更低，而且被测定者尿液中可替宁的含量与室内 $PM_{2.5}$ 的浓度呈现正相关性，并与肺功能呈现出负相关性。

2. 多环芳香烃 多环芳香烃（polycyclic aromatic hydrocarbons，PAHs）是指分子中含有两个或两个以上并环苯环结构的烃类化合物，包含萘、蒽、菲、芘等 150 余种化合物，如苯并［a］芘（Benzo［a］Pyrene，B［a］P）和苯并［a］蒽（Benzo［a］Anthracene）等，均是可致突变及致癌的环境污染物，是最早被认识的化学致癌物。PAHs 在 $PM_{2.5}$ 中的存在促进了空气污染的基因毒性和致癌性，增大了中国地区肺癌发病的风险。因此，PAHs 代谢物常被用作尿液中 $PM_{2.5}$ 暴露的生物标志物之一。在 2010 年的一项研究中，Wei 等选取了两位来自一所大学（靠近交通拥挤大街）的不吸烟值班门卫为研究对象，结果发现尿液中 PAHs 含量均在 8 小时换班后呈现明显的增加趋势，同时这个结果也说明值班门卫 $PM_{2.5}$ 的暴露主要来自于汽车排放。

1-羟基芘（1-Hydroxypyrene，1-OHP）是尿液中 PAHs 的代谢产物之一，近年来也被广泛用作 PAHs 暴露的生物标志物。例如，Zhang 等以 1-羟基芘为生物标志物，对北京市 99 名交警（51 位暴露组，48 位对照组）尿液样本进行分析，研究了 1-羟基芘与空气污染物 PAHs 暴露的关系，发现暴露组吸烟者与非吸烟者的 1-羟基芘水平分别为 0.57 μmol/mol 和 0.33 μmol/mol 肌酸酐，高于对照组测定结果（0.39 μmol/mol 和 0.15 μmol/mol 肌酸酐）。他们的结果表明，只有在 PAHs 浓度相对较高时，1-羟基芘可以作为 PAHs 的生物标志物，而且进行此类研究时，受测者是否吸烟应该作为一个重要影响因素被加以控制。

Li 等在一项木材烟尘（woodsmoke）暴露的实验中，选取了 1-羟基芘和其他 8 种尿液中羟基化 PAHs（OH-PAHs）作为测定目标物质来探究其与 $PM_{2.5}$ 的相关性。结果表明，在 $PM_{2.5}$ 暴露之后，上述 8 种 OH-PAHs 均表现出了可观的检测灵敏度，然而却并没有表现出对 $PM_{2.5}$ 的特异性。这是因为对于 8 种 OH-PAHs 来说，除了 $PM_{2.5}$ 暴露来源之外，被试者还同时面临其他的暴露源，如饮食和吸烟等。

除经典结构的 PAHs 之外，$PM_{2.5}$ 结合的硝基 PAHs 也是 $PM_{2.5}$ 导致癌症发生的重要因素之一。硝基 PAHs 主要是来自矿物原料的不完全燃烧以及 PAHs 与二氧化氮之间的光解反应，例如 1-硝基芘和 1，6-二硝基芘，虽然在空气中的暴露浓度远比其母体 PAH 低，但却有更高更直接的致突变及致癌性。包含多种硝基 PAHs 化合物的 $PM_{2.5}$ 提取物能够引起人类 A549 细胞中 DNA 链的断裂，而 9-硝基蒽（9-nitroanthracene，9-NA）是 $PM_{2.5}$ 中一个典型的硝基 PAHs 化合物，Li 等对小鼠的最新研究发现，$PM_{2.5}$ 和高剂量的 9-NA 可以明显地引起肺部 DNA 损伤。

3. 丙二醛 MDA 是膜脂过氧化最重要的产物之一，而脂质过氧化是指强氧化剂如过氧化氢或超氧

化物能使油脂的不饱和脂肪酸经非酶性氧化生成氢过氧化物的过程。脂质过氧化的发生可以损害生物膜及其功能，以致形成细胞透明性病变、纤维化，大面积细胞损伤造成神经、组织和器官等损伤。因此，MDA 常被用作脂质过氧化的生物标志物。

4. 异前列烷　Bertazzi 等通过测定 PM_{10} 暴露组与非暴露组尿液中的异前列烷（urinary isoprostane）发现，暴露组的含量明显高于非暴露组。Rossner Jr. 等选择了来自捷克共和国布拉格市、暴露于 $PM_{2.5}$ 环境下的 50 位巴士司机为研究对象，并分析测定了尿液中 15-F2t-异前列烷（15-F2t-isoprostane）的含量，结果表明，巴士司机体内该生物标志物的平均水平均高于对照组。

此外，山西医科大学有研究者通过检测大气 $PM_{2.5}$ 染毒大鼠尿液代谢组学的变化，结合剂量反应关系、时效关系研究，发现 $PM_{2.5}$ 主要可导致：大鼠尿液马尿酸盐、肌酐、甲基马尿酸显著降低，肌酸显著升高，主要影响乙醛酸和二羧酸代谢、柠檬酸循环、牛磺酸和亚牛磺酸代谢、戊糖和葡萄糖醛酸相互转化、淀粉和蔗糖代谢等代谢通路。

（二）呼出气

1. 呼出气一氧化氮　呼出气一氧化氮（fractional exhaled nitric oxide，FeNO）是一种反映气道炎症反应水平的生物标志物。它由在诱导一氧化氮合酶（inducible nitric oxide synthase，iNOS）催化下的 L-精氨酸的氧化反应生成。当气道发生炎症反应时，γ 干扰素，肿瘤坏死因子-α 和白细胞介素-1β（IL-1β）等细胞因子刺激肺部的巨噬细胞、成纤维细胞、嗜中性粒细胞和上皮细胞，使 iNOS 表达上调，进而促进 NO 的生成。因此，呼出气一氧化氮的水平可以反映气道炎症反应的水平。

FeNO 作为炎症反应的生物标志物的应用已经较为普遍，与颗粒物空气污染的相关研究也较多。多数文献表明，FeNO 与颗粒物空气污染有显著相关性。有关呼出气一氧化氮的研究及研究结果已经列入表 3-2。

表 3-2　呼出气冷凝液和呼出气的生物标志物在颗粒物污染研究中的应用实例

年份	暴露污染物	生物标志物	人群	主要结果
2007	$PM_{2.5}$，UFPs，EC，NO_2	EBC pH，FeNO	60 名患有轻度或中度哮喘的成年人	UFPs 与 EBC pH 显著负相关，但与 FeNO 不相关；EC 与二者皆显著正相关；$PM_{2.5}$ 与二者皆不显著相关
2008	$PM_{2.5}$，NO_2，O_3	EBC pH，FeNO	208 名学龄儿童（158 名患哮喘）	$PM_{2.5}$ 暴露水平与 EBC pH 显著负相关、与 FeNO 显著正相关
2008	$PM_{2.5}$，NO_2，O_3	EBC MDA	107 名哮喘患者	$PM_{2.5}$ 暴露水平与 EBC MDA 升高显著相关
2008	PM_{10}，$PM_{2.5}$，PM_1	EBC pH，EBC H_2O_2	93 名男性学生（26 名患哮喘）	PM 暴露水平与 EBC pH 和 EBC H_2O_2 均不显著相关
2008	PM_1	EBC MDA，EBC NO_3，EBC GSNO，FeNO	12 名无哮喘、不吸烟男性	PM1 暴露水平与 EBC MDA 升高和 FeNO 升高显著相关，但不与 EBC NO_3 和 GSNO 显著相关
2009	$PM_{2.5}$，NO_2，SO_2，O_3	EBC TBARS，EBC 8-异前列烷，EBC IL-6，FeNO	182 名患哮喘的儿童	PM1 暴露水平与 EBC TBARS 升高和 FeNO 升高显著相关，但不与 EBC 8-异前列烷，EBC IL-6 和 FeNO 显著正相关

续表

年份	暴露污染物	生物标志物	人群	主要结果
2009	PM_{10}，$PM_{2.5}$，$PM_{0.25}$	EBC LTB4，FeNO	39 名心梗患者（36 名男性）	PM 暴露水平与 EBC LTB4 和 FeNO 无显著相关性
2011	PM_{10}，$PM_{2.5}$	EBC pH，FeNO	32 名哮喘病人	PM 暴露水平与 EBC pH 和 FeNO 无显著相关性
2012	PM_{10}，$PM_{2.5}$	EBC NOx	133 名哮喘或 COPD 病人	PM_{10} 与 EBC NOx 显著正相关，但 $PM_{2.5}$ 与 EBC NOx 无显著相关性
2012	木材燃烧颗粒物	EBC 电导，EBC pH，EBC 8-异前列烷，FeNO	20 名不吸烟的过敏体质（atopic）成年人	木材燃烧颗粒物暴露水平与 EBC pH 显著负相关，与 EBC 电导，EBC 8-异前列烷，FeNO 无显著相关性
2012	$PM_{2.5}$，NO_2，SO_2，O_3，CO	EBC pH，EBC 硝酸盐，EBC 亚硝酸盐，EBC 8-异前列烷，FeNO	125 名肺功能正常的不吸烟成年人	$PM_{2.5}$ 暴露水平与 EBC pH 呈显著负相关，与 EBC 硝酸盐，EBC 亚硝酸盐，EBC 8-异前列烷和 FeNO 均显著正相关
2012	PM_{10}，O_3，NO_2	EBC 硝酸盐—亚硝酸盐	949 名成年人	PM_{10} 暴露水平与 EBC 硝酸盐—亚硝酸盐无显著相关性
2012	PM_{10}，NO_2，BTEX，甲醛	EBC pH，FeNO	51 名哮喘儿童	PM_{10} 暴露水平与 EBC pH 呈显著负相关，但与 FeNO 无显著相关性
2013	$PM_{2.5}$，O_3	EBC pH，EBC 8-异前列烷	36 名学生（18 名哮喘）	$PM_{2.5}$ 暴露水平与 EBC pH 显著负相关，与 EBC 8-异前列烷显著正相关
2014	BC，PM_{10}，$PM_{2.5}$	EBC pH，EBC 8-异前列烷，EBC IL-1β，FeNO	130 名儿童	BC 暴露水平与 EBC pH 显著负相关，与 EBC 8-异前列烷，EBC IL-1β，FeNO 均显著相关
2014	$PM_{2.5}$，UFPs	EBC pH，EBC MDA，EBC 亚硝酸盐，FeNO	125 名肺功能正常的不吸烟成年人	$PM_{2.5}$ 与 UFPs 暴露水平均与 EBC pH 显著负相关，与 EBC MDA，EBC 亚硝酸盐，FeNO 显著正相关
2014	$PM_{2.5}$，BC，ETS	EBC 8-异前列烷	350 名儿童	$PM_{2.5}$ 暴露水平，BC 暴露水平均与 EBC 8-异前列烷显著正相关
2014	PM_{10}，$PM_{2.5}$，UFPs	EBC MDA，FeNO	42 名成年人（21 名哮喘）	实验组 EBC MDA 升高，但不显著；实验组 FeNO 显著升高
2015	PM_{10}，$PM_{2.5}$，UFPs	EBC IL-1β	130 名儿童	PMcoarse（2.5—10 μm）暴露水平、UFPs 暴露水平均与 EBC IL-1β 显著正相关
2016	$PM_{2.5}$，$PNC_{100-200}$，NO_2，BC	EBC IL-8，EBC 硝酸盐—亚硝酸盐	45 名 COPD 男性患者	$PM_{2.5}$ 暴露水平与 EBC IL-8 显著正相关，PNC100—200 与 EBC 硝酸盐—亚硝酸盐显著正相关

续表

年份	暴露污染物	生物标志物	人群	主要结果
2003	$PM_{2.5}$	FeNO	19 名儿童	$PM_{2.5}$暴露水平与 FeNO 显著正相关
2004	$PM_{2.5}$，NOx，SO_2，O_3	FeNO	29 名不吸烟老人	$PM_{2.5}$暴露水平与 FeNO 显著正相关
2005	PM_{10}，$PM_{2.5}$，NOx	FeNO	16 名哮喘或 COPD 老人	$PM_{2.5}$暴露水平与 FeNO 显著正相关
2005	$PM_{2.5}$	FeNO	19 名哮喘儿童	$PM_{2.5}$暴露水平与 FeNO 显著正相关
2006	$PM_{2.5}$，NO_2	FeNO	45 名哮喘学生	$PM_{2.5}$暴露水平与 FeNO 显著正相关
2007	$PM_{2.5}$	FeNO	44 名不吸烟老人	$PM_{2.5}$暴露水平与 FeNO 显著正相关
2011	PM_{10}，$PM_{2.5}$，NO_2	FeNO	2240 在校学生	$PM_{2.5}$暴露水平与 FeNO 显著正相关
2015	$PM_{2.5}$	FeNO	30 名 COPD 老人	$PM_{2.5}$暴露水平与 FeNO 显著正相关，且与 NOS2A 的甲基化显著负相关
2016	PM_{10}，$PM_{2.5}$，SO_2	FeNO	23 名 COPD 患者	$PM_{2.5}$和 PM_{10}暴露水平与 FeNO 显著正相关
2016	$PM_{2.5}$	FeNO	32 名健康年轻人	$PM_{2.5}$暴露水平与 FeNO 显著正相关
2016	PM_{10}，$PM_{2.5}$，SO_2	FeNO，FeH2S	23 名 COPD 患者	$PM_{2.5}$和 PM_{10}暴露水平与 FeNO 和 FeH2S 显著正相关
2017	PM_{10}，$PM_{2.5}$	FeNO	33 名二型糖尿病患者	$PM_{2.5}$和 PM_{10}暴露水平与 FeNO 显著正相关
2017	TSP，$PM_{2.5}$	FeNO	50 名初中学生	TSP 和 $PM_{2.5}$暴露水平与 FeNO 显著正相关

2003 年，Koenig 等人对 19 名儿童进行定组研究，发现 $PM_{2.5}$暴露水平与儿童呼出气一氧化氮水平显著相关。Adamkiewicz 等人和 Jansen 等人分别对健康以及患有哮喘或 COPD 的老人进行了定组研究，均发现颗粒物暴露水平与呼出气一氧化氮水平显著正相关。Berhane 等人对 2 240 名儿童进行的研究发现，颗粒物暴露水平与呼出气一氧化氮水平显著正相关。陈仁杰等人研究发现，$PM_{2.5}$暴露水平不仅与 COPD 病人呼出气一氧化氮水平显著正相关，且与 NOS2A——编码 iNOS 的基因——的 DNA 甲基化显著负相关。

2. 呼出气硫化氢　呼出气硫化氢（fractional exhaled hydrogen sulfide，FeH_2S）是 COPD 的非嗜酸性表型的一种标志物，可以反映 COPD 患者气道炎症反应水平。2016 年，吴少伟等人首次研究了 COPD 患者的环境暴露与 FeH_2S 的关联，发现 $PM_{2.5}$和 PM_{10}暴露水平均与 FeH_2S 显著正相关，说明 FeH_2S 可能是反映大气污染的呼吸道健康效应的一种新型生物标志物。然而目前 FeH_2S 和大气污染物暴露的相关性研究还相对欠缺，其是否可以作为大气污染的生物标志物，还需要进一步验证。

（三）呼出气冷凝液

呼出气冷凝液（exhaled breath condensate，EBC）是采集人体呼出的气溶胶，经过低温处理，冷凝之后得到的液态产物。呼出气冷凝液中含有多种生物标志物，它们能够反映下呼吸道及肺部的多种

病理学过程。呼出气冷凝液的作为非侵入（non-invasive）式的生物样本，可以反复采集而对患者身体健康无不良影响，已经成为一种通用的生物监测技术。常用的与颗粒物污染相关的呼出气冷凝液生物标志物包括 pH，MDA，8-异前列烷，亚硝酸盐/硝酸盐，以及白细胞介素等等。有关呼出气冷凝液的研究及研究结果已经列入表 3-2。

1. pH 值 呼出气冷凝液 pH 是反映呼吸道炎症反应的生物标志物之一。呼出气冷凝液 pH 的下降反映了呼吸道酸化状况，而后者通常由炎症反应引发。测定呼出气冷凝液 pH，可以一定程度反映颗粒物暴露下的呼吸道组织炎症反应的程度。McCreanor 等为研究交通源污染物对哮喘病人呼吸系统的影响，让患者分别在交通干道及公园暴露 2 h，收集呼出气冷凝液，发现颗粒物水平与呼出气冷凝液 pH 呈显著负相关。Riddervold 等将 20 名健康成年人暴露在木材燃烧生成的颗粒物中，发现木材燃烧颗粒物暴露水平与呼出气冷凝液 pH 呈显著负相关。Martins 等研究了 51 名哮喘儿童的个人空气污染暴露与呼吸道健康的关系，发现 PM_{10} 暴露水平与呼出气冷凝液 pH 显著负相关。Barraza-Villarreal 等人，黄薇等人，Patel 等人，De Prins 等人以及宫继成等人也分别在不同的研究中得到了相似的结论。

然而也有一些研究发现，呼出气冷凝液 pH 与颗粒物暴露剂量无显著相关性。Epton 等在对 93 名学生进行的定组研究中，没有发现颗粒物浓度与 pH 显著负相关。Maestrelli 等的研究也没有发现颗粒物暴露水平与呼出气冷凝液 pH 存在显著相关性。这些研究没有得到上文所述的相关性，其原因可能是采取的技术路线不同。比如没有除气体、没有考虑吸烟情况等原因。

2. 丙二醛 MDA 是生物体内脂质过氧化作用的产物。一定水平的颗粒物暴露可能通过引发呼吸道氧化应激，加剧脂质过氧化作用的途径，导致呼出气冷凝液中 MDA 水平的上升。测定呼出气冷凝液中的 MDA，可以一定程度反映颗粒物污染导致的呼吸道组织氧化应激的程度。

Romieu 等评估了呼出气冷凝液中 MDA 作为交通源空气污染物的生物标志物的应用，研究发现，对于哮喘患者，$PM_{2.5}$ 暴露水平与呼出气冷凝液中 MDA 升高显著相关。Rundell 等为研究颗粒物暴露对肺功能的影响，测定了健康人群在不同颗粒物水平下的暴露对于呼出气冷凝液 MDA 的上升作用，发现 $PM_{2.5}$ 暴露水平与呼出气冷凝液中 MDA 升高显著相关。宫继成等在样本量为 125 人的定组研究中，测定了奥运前，奥运中和奥运后三个时间段被试呼出气冷凝液 MDA 量，发现 $PM_{2.5}$ 和 UFPs 的环境水平与被试呼出气冷凝液中 MDA 的水平有显著相关性。

3. 8-异前列烷 在人体中，8-异前列烷（8-isoprostane）由自由基催化的花生四烯酸（arachidonic acid）的过氧化反应生成。颗粒物暴露可能通过引致呼吸道氧化应激，加剧花生四烯酸过氧化作用，进而增高呼出气冷凝液中的 8－异前列烷水平。因此测定呼出气冷凝液中的 8－异前列烷可以一定程度反映颗粒物对呼吸道氧化应激的贡献。

黄薇等为评估空气污染与生物标志物的关联，对 125 位肺功能正常的不吸烟成年人进行定组研究，采集了奥运前，奥运中和奥运后三个时间段被试的呼出气冷凝液，发现 $PM_{2.5}$ 的环境水平与被试呼出气冷凝液中的 8-异前列烷水平显著正相关。Rosa 等为研究呼出气冷凝液中 8-异前列烷与颗粒物暴露水平的关系，通过对 350 名儿童的研究，发现 $PM_{2.5}$ 与呼出气冷凝液中 8-异前列烷水平显著正相关。但在 Liu 等和 Riddervold 等的研究中，呼出气冷凝液中 8-异前列烷与颗粒物暴露水平没有显著相关性。注意到得到显著相关结果的研究被试均为健康人群，而得到不显著相关结果的两个研究的样本分别为哮喘患者和过敏体质人群，因此被试的健康状况可能影响呼出气冷凝液中 8-异前列烷与颗粒污染物暴露水平的相关性。

4. 亚硝酸盐和硝酸盐 呼出气冷凝液中的亚硝酸盐和硝酸盐是呼吸道 NO 的氧化代谢产物，而后者是重要的呼吸道炎症标志物。呼出气冷凝液中的亚硝酸盐和硝酸盐可以作为炎症反应以及氧化应激水平的标志物。对于呼出气冷凝液中亚硝酸盐和硝酸盐和颗粒污染物的相关性观点不一。黄薇等以及

宫继成等针对奥运会的定组研究发现，$PM_{2.5}$的暴露水平与被试呼出气冷凝液中的亚硝酸盐和硝酸盐水平显著正相关。陈婕等人对北京45名COPD病人的定组研究发现，大气$PNC_{0.1-0.2}$与呼出气冷凝液中的亚硝酸盐和硝酸盐水平显著正相关。但Rundell等和Rava等的研究发现，颗粒物的暴露水平与被试呼出气冷凝液中的总硝酸盐水平（即亚硝酸盐和硝酸盐水平之和）无显著相关性。亚硝酸盐和硝酸盐是否是颗粒物暴露的良好标志物，还需要进一步研究。

5. 白细胞介素　IL是用于调节免疫细胞功能的细胞因子，共有38种。对于呼出气冷凝液，IL-Iβ、IL-6和IL-8曾被用于和颗粒物空气污染相关的代谢组学研究。其中，IL-Iβ是引起iNOS合成，催化NO由L-精氨酸氧化反应产生的细胞因子之一。呼出气冷凝液中的IL-Iβ和IL-8被发现与颗粒物空气污染的暴露水平相关。

陈婕等人进行的研究表明，对于COPD病人，大气$PM_{2.5}$和$PNC_{100-200}$与呼出气冷凝液中的IL-8显著相关。Pieters等对130名儿童进行了短期暴露实验，发现粗颗粒物（coarse PM，$PM_{2.5-10}$）和UFPs的暴露水平均与呼出气冷凝液中的IL-1β水平显著相关。De Prins等的研究表明，BC暴露水平与呼出气冷凝液中的IL-1β显著相关。但Liu等的研究成果表明，颗粒物暴露水平与呼出气冷凝液中的IL-6没有显著相关性。

6. 呼出气冷凝液中的其他生物标志物　还有一些呼出气冷凝液中的生物标志物也出现在有关空气污染的健康效应研究中，但没有表现出显著相关性。Epton等研究表明，颗粒物暴露水平与呼出气冷凝液中的过氧化氢无显著相关。Folino等研究表明，颗粒物暴露水平与呼出气冷凝液中的白三烯（leukotriene B4，LTB4）不显著相关。Rundell等研究表明，颗粒物暴露水平与呼出气冷凝液中的S－亚硝基谷胱甘肽不显著相关。这些生物标志物与颗粒物空气污染的关系还需要进一步的研究。

（四）唾液

唾液中的可替宁是研究环境烟雾（environmental tobacco smoke，ETS）暴露的常用标志物。Benowitz等、Phillips等和Jaakkola等的研究发现，ETS暴露水平和唾液中可替宁水平有显著相关性。但很少有研究分析唾液中的生物标志物和室外环境空气中颗粒污染物水平的相关性。

二、创伤性样品中的健康影响生物标志物

（一）血液

1. 氧化应激　氧化应激指由ROS的过量或者抗氧化剂的减少所导致的机体或细胞内的“氧化一还原”平衡倾向于氧化而引起的内稳态失衡，ROS主要包括超氧阴离子（O_2^-或$HO_2\cdot$）、过氧化氢（H_2O_2）、羟基自由基（$\cdot OH$）等，具有较强的氧化能力。空气颗粒物表面携带的有机化合物和金属离子可导致过量ROS产生。空气动力学粒径越小的颗粒物由于比较大的比表面积可以携带更多的化学物质并可深入人体的肺部，因此具有更高的氧化潜势。肺组织液是人体应对可吸入化合物所导致氧化损伤的第一道防线，其富含大量的自由基清除剂（如抗坏血酸盐、谷胱甘肽、维生素E）、抗氧化酶（如超氧化物歧化酶、过氧化氢酶）和金属结合蛋白（如血浆铜蓝蛋白、铁传递蛋白）等。氧化应激水平可以通过细胞内谷胱甘肽（glutathione，GSH）/氧化型谷胱甘肽（glutathione disulfide，GSSG）氧化还原对来表征。当GSH/GSSG比值持续降低时，表明机体细胞内的GSH含量不足以清除ROS，机体氧化应激水平持续升高。

Nemmar等人的研究表明，在柴油机废气颗粒（DEPs）暴露加剧顺铂的肾损害过程中，氧化应激是重要的作用环节。DEPs和顺铂联合暴露可降低人胚肾细胞HEK293的还原型谷胱甘肽/氧化型谷胱甘肽（GSH/GSSG）比值，降低抗氧化酶过氧化氢（CAT）、谷胱甘肽过氧化物酶（Gpx）和超氧化物

歧化酶的活性；抗氧化剂姜黄素可显著减轻 DEPs 的细胞毒性效应，使细胞恢复活力。上述研究提示氧化应激可能是颗粒物污染引发肾脏健康效应的核心环节之一。

ROS 可以通过多条细胞通路和转导因子导致炎性细胞的激活并促进氧化应激水平，同时伴随着促炎症基因的表达以及细胞因子的释放。当机体氧化应激刚发生时，“抗氧化防御”作用主要靠（transcription factor nuclear factor erythroid 2-related factor 2，Nrf-2）/（antioxidant response element，ARE）通路进行，转录因子 Nrf-2 通过与抗氧化反应原件 ARE 相互作用，诱导超过 200 多种机体Ⅱ相反应中的抗氧化蛋白和解毒酶（如血红素氧化酶、谷胱甘肽 S 转移酶、NADPH 醌氧化还原酶）的表达。外源物质进入机体后先经过Ⅰ相反应引入极性基团，水溶性增加成为适合Ⅱ相反应的底物，再经过Ⅱ相反应与内源性亲水物质结合并排出体外，此阶段中空气颗粒物产生的 ROS 并没有损害机体健康。当机体氧化水平不断上升并伴随有炎症发生时，炎症反应主要受氧化还原敏感丝裂原活化蛋白激酶（mitogen-activated protein kinase，MAPK）信号通路和 NF-κB 转录因子控制。MAPK 通路存在于所有的真核细胞中，调节细胞的生长、分化、对环境的应激适性、炎症反应等多种细胞生理和病理过程。NF-κB 负责调控免疫反应早期和肺部炎症反应各阶段的诸多细胞因子（如 IL-2、IL-4、IL-5、IL-10、TNF、IFN-γ），炎症因子（IL-8、IL-1β、IL-6、IL-10、TNF、IL-12p70）和趋化因子（IL-8、RANTES、MIG、MCP-1、IP-10）等。

Pope 等人在 $PM_{2.5}$ 水平升高的三个连续冬季，收集健康、非吸烟、青年人群的血液，使用多重激光微球测量血浆中的细胞因子和生长因子水平。研究结果显示，$PM_{2.5}$ 急性暴露浓度增加，伴随促血管生成因子（EGF，sCD40L、PDGF、RANTES、GROα、VEGF）水平下降；抗血管生成因子（TNFα、IP-10）水平上升；促炎细胞因子（MCP-1、MIP-1α/β、IL-6、IL-1β）水平上升；内皮黏附标记物（sICAM-1、sVCAM-1）水平上升；说明 $PM_{2.5}$ 暴露与内皮损伤及心血管系统炎症有关。

韩建彪等人选择太原市迎泽区社区哮喘患者 19 名，分别于 2012 年 12 月和 2013 年 6 月对患者进行 7d 的大气 $PM_{2.5}$ 暴露监测，并于监测最后一天采集血样进行炎症因子检测，比较两阶段哮喘患者的 $PM_{2.5}$ 暴露差别及体内相关炎症因子（IL-8、IL-13、IFN-γ）的变化情况。研究结果显示哮喘患者冬季室外、室内大气 $PM_{2.5}$ 暴露日均浓度和个体 $PM_{2.5}$ 暴露日均浓度均高于夏季；冬季血浆炎症因子 IL-13 浓度高于夏季，IFN-γ 浓度低于夏季，差异均有统计学意义（$P<0.05$）。哮喘患者个体 $PM_{2.5}$ 暴露浓度与室外、室内 $PM_{2.5}$ 暴露浓度呈正相关（r 值分别为 0.809，0.826，$P<0.05$），室外 $PM_{2.5}$ 暴露浓度与室内 $PM_{2.5}$ 暴露浓度呈正相关（$r=0.769$，$P<0.05$）。哮喘患者血浆 IL-8 浓度与个体 $PM_{2.5}$ 暴露浓度呈正相关（$r=0.498$，$P<0.05$）；血浆 IL-13 与室外 $PM_{2.5}$ 暴露浓度呈正相关（$r=0.579$，$P<0.05$），与 IFN-γ 浓度呈负相关（$r=-0.536$，$P<0.05$）。外周血中炎症因子 IL-13、IFN-γ 可能是大气 $PM_{2.5}$ 加重哮喘的敏感指标。

高知义等人通过一项针对上海交警的调查发现，长时间暴露在大气 $PM_{2.5}$ 下，可以明显增加交警周身免疫系统的敏感性。上海市区交通警察 CD4＋、CD8＋、IgM、IgG 和 IgE 的水平与当地居民有明显的差异，且经常出现咳嗽、咳痰、咽喉不适、胸闷气喘、气短、呼吸困难以及视力下降、关节疼痛、记忆下降和疲劳等其他症状，严重影响了居民的生活质量。颗粒物暴露与 IL-6、TNF-α 等细胞因子夫人浓度增加相关，其介导的炎性反应可能是颗粒物与心肺系统疾病相关性的重要驱动因素，$PM_{2.5}$ 刺激 T 淋巴细胞，产生促炎因子（如 IL-1β、IL-6、IL-8 和 TNF-α 等），引发进一步的免疫损伤。

若此时氧化应激水平仍得不到控制，将引发包括 DNA 氧化损伤、脂质过氧化损伤和蛋白质氧化损伤等一系列毒性作用并对机体造成较为严重的损伤。DNA 转录因子的结合部位富含 GC 序列，而 GC 序列对氧化攻击非常敏感，其主要的氧化损伤产物为 8-OHdG。脂质是细胞膜的主要组成部分，细胞膜表面有大量的受体、离子通道、酶和其他功能蛋白，ROS 可以攻击不饱和脂肪酸的双键结构而导致膜

的流动性降低、通透性升高、溶酶体激活并分解细胞膜等，常见的氧化产物有 MDA 等。蛋白质结构中的巯基和甲硫氨酸易受 ROS 攻击而导致蛋白质构型和性质改变。8-OHdG 和 MDA 都是空气颗粒物暴露健康效应中常用的氧化应激生物标志物，并且以往研究中发现其与颗粒物暴露之间存在显著关联性。

流行病学研究显示 $PM_{2.5}$ 与生殖系统的肿瘤有关，$PM_{2.5}$ 的氧化应激造成 DNA 氧化损伤，增加恶性肿瘤的发生风险，如乳腺癌和宫颈癌以及卵巢癌的发病率显著增加，均显示 $PM_{2.5}$ 的暴露与肿瘤发生呈正相关，且随着 $PM_{2.5}$ 暴露浓度的增加，患肺癌、呼吸系统肿瘤等的住院人数和死亡人数会显著增加。

朱彤等人利用 2008 年北京奥运会空气质量控制的契机，开展了中国第一个涉及大气污染与人群健康的大型干预性研究，主要探讨健康青年人群反映机体系统性氧化应激损伤的 8-OHdG 对大气污染物浓度变化的响应。研究显示，与奥运前相比，在奥运中 $PM_{2.5}$ 浓度下降 32.7%、EC 浓度下降了 35.7%、OC 下降了 21.9%、NO_2 下降了 44.6%、NOx 下降了 49.1%，SO_2 下降了 58.8%，CO 下降了 49.9%。同时，8-OHdG 保持在稳定水平，奥运前、中、后期浓度水平没有差异显著性，经肌酐校正后的 8-OHdG 与 $PM_{2.5}$ 在 Lag0 存在相关，与 NO 在 Lag3 存在相关。本研究在时间先后顺序上，得到了污染物浓度降低，健康效应指标 8OHdG 随之降低，污染物浓度升高，健康指标随之升高的一致性；在相关性上，污染物与健康指标之间存在着不同滞后时间的相关性，从因果论证的角度支持了大气污染物暴露对人体 DNA 氧化应激损伤所存在的潜在影响。同时，在 2008 年奥运会前和奥运期间两个时段内对 38 名四年级小学生进行 5 次重复访视。在单污染物模型中，尿样中的 8-OHdG 和 MDA 浓度与 BC、$PM_{2.5}$、SO_2、NO_2、CO、暴露水平显著正相关。在双污染物模型中，BC 的效应最稳健，表明 BC 暴露于氧化应激生物标志物之间的关联性最强。

林岩等人以在洛杉矶和北京之间的迁徙人群为研究对象，以尿液中暴露标志物指示其 PAHs 暴露水平，探讨 PAHs 暴露与脂质过氧化损伤的联系。研究发现，人群在北京时对 PAHs 的暴露是在洛杉矶的 1.5～6.6 倍。PAHs 暴露水平与代谢产物比值 1-HONAP/2-HONAP 及（1+2）-HOPHE/（3+4）-HOPHE 显著相关，意味着 PAHs 暴露改变可能影响机体对污染物的代谢通路变化。基于混合线性模型，发现 PAHs 暴露水平与指征人体脂质过氧化损伤的 MDA 显著相关。

2. 炎症反应 炎症过程除早期有神经介导外，其他阶段都是通过化学介质发挥作用的。这些化学介质统称为炎症介质，其中某些炎症介质可以作为辅助评价空气颗粒物暴露与人体健康效应之间关系的生物标志物。炎症介质有内源性和外源性两种，内源性介质又分为细胞源性和体液源性。

内源性炎症介质通常存在于细胞内颗粒中或者在各类刺激下由细胞合成后分泌至内环境而发挥作用，主要包括血管活性胺、花生四烯酸代谢产物、白细胞产物、细胞因子四大类，其中细胞因子又可以分成白细胞介素、干扰素、肿瘤坏死因子、集落刺激因子、趋化因子、转化生长因子、生长因子七类。

体液源性炎性介质主要由肝细胞生成，通常以“前体”或“非活性”状态存在于血液循环中，经过多步的激活后才能发挥作用。血浆中存在的四大类炎症介质系统包括①激肽系统：主要为缓激肽，可增强血管壁通透性并具有强烈的致痛作用；②补体系统：是存在于血浆、组织液和细胞膜表面的一组经活化后具有酶活性的蛋白质，包括 30 种可溶性蛋白和膜结合蛋白，其中 C5a 和 C567 对吞噬细胞有强烈的趋化作用，C3b 和 C4b 可调节吞噬细胞的吞噬过程；③凝血系统：凝血反应被触发后，凝血酶激活纤维蛋白原时产生酶解片段纤维蛋白和纤维蛋白多肽，后者可以增加血管通透性并对白细胞有趋化作用；④纤溶系统：血液凝固过程中产生的纤维蛋白被分解化的过程称为纤溶，纤溶是体内重要的抗凝血过程，纤溶酶在急性炎症中有多项功能，如可以激活补体 C3a。

Cox 等发现交通流量大的地区的健康学龄儿童血浆中肿瘤坏死因子受体（sTNF R Ⅱ）水平与当地大气中 $PM_{2.5}$ 浓度密切相关，且与血浆补体 C_{3c} 水平呈正相关（C_{3c} 是 C_3 的活性产物，是空气污染非特异性体液免疫的敏感指标），提示细颗粒物通过激活巨噬细胞，使其分泌细胞因子，引起免疫调节。当细颗粒物的吸入超过机体的廓清能力，则会引起机体一系列的病理反应，如发生巨噬细胞性肺炎，导致肺泡结构的损伤。细颗粒物还可能作为致敏原诱发哮喘。

Seaton 还指出，细颗粒物所致的肺部弥漫性炎症将可能波及血液系统，造成凝血机制的异常。如激活的白细胞可释放组织因子，使凝血因子 X 转变为活性状态 Xa，从而启动和促进凝血过程；肺泡炎症时，MAC 能释放白细胞介素 6（IL26），从而刺激肝细胞分泌纤维蛋白原。他推测肺部强烈的炎症引起一系列细胞因子的分泌并发挥作用，使得机体血黏度增高，血液处于高凝状态，引起心肌缺血缺氧，从而导致心血管事件的发生。

Pekkanen 等人于 1991 年 9 月至 1993 年 5 月在伦敦进行了横断面研究，收集了4 982名男性和2 223名女性上班族的血浆纤维蛋白原浓度数据和血液，采样当天及三天前的空气污染物浓度数据。在对天气和其他混杂因素进行校正后，发现随着大气中 NO_2 24 小时均值浓度的升高，血液中血浆纤维蛋白原浓度升高 1.5%（95%CI：0.4%～2.5%）。显示大气中 NO_2浓度的升高与血液中血浆纤维蛋白原升高有关，每日空气污染浓度与日常纤维蛋白原浓度有关，大气污染物暴露是心血管疾病的一个危险因素。

3. 血栓 系统氧化应激及炎症反应可进一步引起血液的高凝状态、内皮功能紊乱、血管舒缩异常、自主神经功能紊乱等，引起血栓（thrombosis）等心血管系统的损伤。$PM_{2.5}$对血液循环状态如凝血功能的影响与不良心血管效应的发生密切相关。国内近期的一项健康人群心血管生物标志物对 $PM_{2.5}$污染水平改变的早期和持续反应研究显示，当一群健康青年人从郊区校园迁至城区校园后，其血压、炎症生物标志物及同型半胱氨酸水平整体呈明显上升趋势，而凝血生物标志物水平整体呈降低趋势。Drew 等于 2014 年 12 月 1 日至 2015 年 1 月 31 日，对长沙市 89 个健康成年人（女：男＝25：64）开展了一项随机交叉研究，探讨室内颗粒物净化前后人体心血管系统健康响应的变化。研究发现，大气 $PM_{2.5}$和臭氧的暴露与血栓形成因子 P-selectin（sCD62P）呈现显著正相关性。

4. 代谢组学 代谢组学的方法借助其系统性的表征人体代谢过程受环境暴露的影响，现在已经被广泛应用于研究大气污染暴露对人体的健康效应。代谢组学方法是测量生物体在特定条件下所有代谢产物的表达，包括浓度水平、活性、调控和相互作用等，以及在外界环境的刺激下相应的代谢响应。生物体代谢组的改变直接反映了其所在环境和自身遗传信息的变化，以及环境和遗传的交互作用。所以，代谢组学是识别人体对环境暴露响应的特异生物标志物的有效方法。由于代谢组学方法能够识别外界干扰因素对生物体作用的生物标志物，并且可以描摹该干扰因素的作用机制，已经被应用于环境暴露对人体健康的研究中。现阶段，代谢组学主要应用于一种或几种特定环境化学毒物的代谢产物研究，包括苯、邻苯二甲酸丁基苄（butylbenzyl phthalate）、多氯联苯（polychlorinated biphenyls, PCB）、磷酸三丁酯、重金属、臭氧等，对大气颗粒污染物的关注较少。已有的研究多使用动物或细胞模型，但是将细胞或动物实验的结果应用于人体有非常大的不确定性。所以将代谢组学的方法应用于人群实验，可以帮助我们识别空气颗粒物暴露造成人体健康损伤的特异生物标志物，进一步了解细颗粒物健康效应的生理学机制和机体的调控措施。

Li 等通过一个随机交叉设计的控制暴露实验发现大气细颗粒物暴露与人体应激激素的改变相关，包括下丘脑－垂体－肾上腺皮质轴和交感神经－肾上腺皮质－髓质轴的激活。但该方面的研究仍然非常缺乏，更多应用代谢组学的环境流行病学研究将有利于进一步发现和验证大气细颗粒物暴露的致病机制。

（二）支气管肺泡灌洗液

相较于呼出气冷凝液，BALF 中包含更多的细胞、酶和蛋白质成分，可以为更好地反映肺支气管

和肺泡发生生物生理变化。但 BALF 采集时侵入性强，所以较少应用于空气颗粒物健康效应的人群研究。理论上 BALF 中可供测量的生物标志物一般分为免疫相关指标、氧化应激指标和细胞毒性指标。其中，较常用的免疫相关指标包括总蛋白（total protein，TP）、白细胞（leukocyte/white blood cell，WBC）、促炎性因子（IL）－6、IL-17、IL-1、IL-8、IL-10、肿瘤坏死因子-α（tumor necrosis factor-α，TNF-α）、免疫球蛋白 A（immunoglobulin A，IgA）和 IgG。较常用的氧化应激指标有一氧化氮（nitric oxide，NO）、一氧化氮合成酶（nitric oxide synthase，NOS）、MDA、谷胱甘肽过氧化物酶（glutathione peroxidase，GSH-Px）、超氧化物歧化酶（superoxide dismutase，SOD）、过氧化氢酶（catalase，CAT）和总抗氧化能力（total antioxidant capacity，T-AOC）。常用的细胞毒性指标包括碱性磷酸酶（alkaline phosphatase，AKP）、酸性磷酸酶（acid phosphatase，ACP）、乳酸脱氢酶（lactate dehydrogenase，LDH）和白蛋白（albumin，ALB）。

Ghio 等和 Samet 等分别在各自的研究中采集健康、年轻个体的 BALF 样本，验证浓缩空气颗粒物（concentrated ambient air particles，CAPS）和浓缩超细颗粒物（concentrated ambient ultrafine particle，UFCAP）暴露对诱发肺部炎性与心脏系统健康效应。两个实验均采用了在暴露仓中对研究对象进行暴露干预实验，比较了浓缩颗粒物暴露和干净空气暴露两种暴露方式，暴露后采集志愿者的 BALF 样本，并分析了其中的细胞因子包括 IL-8 和 IL-6，prostaglandin E_2（PGE_2），fibronectin，和 α_1-antitrypsin 等。两个研究都通过 BALF 中生物标志物的测量结果证明了浓缩颗粒物暴露对人体呼吸系统的炎性发生有显著相关性。

（三）DNA 和 RNA

DNA 损伤被认为是肺癌的关键触发机制，主要包括 DNA 碱基损伤、DNA 双链断裂、DNA 氧化损伤、DNA 加合物和 DNA-蛋白质交联等。氧化应激（oxidative stress）能够导致 DNA 损伤，而 DNA 修复基因在 DNA 损伤中扮演着重要角色。如果正常的 DNA 修复过程失效，那么 DNA 损伤就有可能发生。下面就目前报道较多的几类重要 DNA 损伤生物标志物作简单介绍。

1. DNA 氧化损伤　外源性刺激可以增加体内活性氧的水平或者削弱抗氧化机制，从而导致氧化应激，氧化应激又可进一步诱导 DNA、脂质和蛋白质氧化损伤的产生，最终破坏正常的代谢和生理功能。肺是环境污染物的主要目标器官，而由环境污染物导致的肺部损伤及基因毒性是错综复杂的，在这个过程中，氧化应激、代谢失调以及 DNA 损伤是相互关联的：肺部氧化应激诱导的 DNA 损伤是 $PM_{2.5}$ 诱导基因毒性的一个重要机制，而代谢酶活性则跟与基因毒性有关的氧化应激有关。

有大量的实验数据表明，氧化损伤主要发生在细胞膜脂质、蛋白质和 DNA 身上。对于细胞核和线粒体 DNA，八羟基脱氧鸟苷（8-oxodeoxyguanosine，8-oxodG 或 8-OHdG）是自由基诱导氧化损伤的主要形式之一，因此已经被广泛用作氧化应激及致癌作用的生物标志物。近年来，尿液 8-oxodG 水平不仅被广泛用作内生 DNA 氧化损伤的测定，而且是用于包括癌症和退化疾病在内的许多疾病风险评估的很有效的一个生物标志物。

Tan 等选取了长沙地区 188 位交警以及 88 位办公室职位警察为研究对象，测定了血液中的 DNA 氧化损伤标志物 8-oxodG，通过统计学分析发现，在高 $PM_{2.5}$ 暴露（132.4±48.9）$\mu g/m^3$ 的交警人群中，血液中 8-oxodG 含量与其在十字路口停留累积时间数是呈正相关的，而且明显高于低 $PM_{2.5}$ 暴露（50.80±38.6）$\mu g/m^3$ 的办公室警察人员。多元线性回归分析表明，交警人群一年中每天增加 1 h 的十字路口停留时间，其血液中 8-oxodG 含量增加 0.329%。

Wei 等通过对在交通拥堵地段工作的学校大门保安人员进行了为期 29 天的测定，发现与轮班工作前相比，轮班工作后其尿液中 8-oxodG 的水平增加超过 3 倍，从而证明 PM 组成是增加氧化应激负担

的重要因素，因此，$PM_{2.5}$中的 PAHs 及金属组成部分与 DNA 氧化损伤的诱导是有直接关系的。

2. 多环芳香烃-DNA **加合物** 除了 DNA 氧化损伤的生物标志物 8-oxodG，多环芳香烃-DNA 加合物（PAH-DNA adducts）也是十分重要的一类生物标志物，如 PAHs 的代表化合物之一苯并［a］芘，其进入体内经代谢活化生成的（7R，8S）-二羟基-（9S，10R）-环氧-7，8，9，10-四氢苯并［a］芘（B［a］PDE）可与 DNA 共价结合形成加合物。有许多研究表明，血液或组织细胞中 PAH-DNA 加合物的存在与各种癌症的发病风险是有一定关联性的。

Tang 等选取了重庆铜梁地区（火力发电厂为大气 PAHs 主要来源）的非吸烟女性及其新生儿（2002.3－2002.6 出生）为研究对象，测定了脐带血中 PAH-DNA 加合物（特别是 B［a］P-DNA 加合物）含量，结果表明，加合物含量提供了 PAHs 暴露的生物学相关性测定，产前 PAHs 暴露量越高，新生儿在语言等方面的发育指数则越低。

毒理学方面，Kuljukka-Rabb 等比较了人乳腺癌细胞株 MCF-7 暴露于苯并［a］芘及 5-甲基苯并菲（5-methylchrsene）后生成加合物的时间与剂量效应关系。研究表明：当暴露时间和剂量相同时，苯并［a］芘所生成的加合物量要小于 5-甲基苯并菲所生成的加合物量；暴露 12 h 后，5-甲基苯并菲所产生的加合物是苯并［a］芘的 2 倍，随后苯并［a］芘加合物的数量开始下降，而 5－甲基苯并菲所产生的加合物在 48 h 的暴露过程中持续线性增加。

3. 丙二醛-DNA **加合物** 脂类过氧化产物 MDA 同样可以与 DNA 形成加合产物造成 DNA 的损伤，具有很强的反应性与致突变性。Singh 测量了欧洲三个城市不同职业人群的外周血白细胞中的丙二醛-DNA 加合物（MDA-DNA adducts），只在其中一个城市发现高暴露人群的 MDA-DNA 加合物比对照人群浓度高。就目前来看，MDA-DNA 结合物鲜有报道被用作评价 $PM_{2.5}$环境下人体 DNA 氧化损伤，在应用广泛性等方面不如 MDA 自身以及 8-oxodG 和 PAH-DNA 加合物等生物标志物。

4. DNA **甲基化** DNA 甲基化是最早发现的基因表观修饰方式之一，可能存在于所有高等生物中。大量研究表明，DNA 甲基化能引起染色质结构、DNA 构象、DNA 稳定性及 DNA 与蛋白质相互作用方式的改变，从而控制基因表达，其主要形式有 5－甲基胞嘧啶，N6－甲基腺嘌呤和 7－甲基鸟嘌呤。DNA 甲基化已经成为包括肺癌在内的许多环境相关疾病的生物标志物种类之一。

Hou 等选取了 2008 年北京奥运会前期（6 月 15 日－7 月 27 日）北京地区 60 位卡车司机和 60 位办公室职员为研究对象，检测血液 DNA 甲基化水平并探究其与 $PM_{2.5}$元素组成之间的关系，结果发现，在卡车司机中，DNA 的 NBL2（non-satellite repeat 2）甲基化水平与元素 Si（0.121，95% CI：0.030；0.212，FDR＝0.047）和 Ca（0.065，95% CI：0.014；0.115，FDR＝0.047）浓度呈现正相关；办公室职员中 SATα（satellite repeat alpha）甲基化水平则与 S 元素（0.115，95% CI：0.034；0.196，FDR＝0.042）浓度呈现正相关。Guo 等同样基于上述样本，通过研究发现 SATα 甲基化水平的降低与个人 $PM_{2.5}$（－1.35% 5-methyl cytosine（5 mC），P＝0.01）暴露和大气 PM_{10} 水平（－1.33% 5 mC;P＝0.01）是呈现相关性的，同时，个人 $PM_{2.5}$和大气 PM_{10}暴露对 SATα 甲基化的影响在卡车司机中更为显著；而在卡车司机中，大气 PM_{10}暴露与 NBL2 甲基化呈现负相关，但在办公室职员中该相关性并不显著。

Liu 等选取了来自中国 3 个 $PM_{2.5}$暴露水平不同城市（珠海、武汉和天津）的 301 名受试者，评价了其 24 h $PM_{2.5}$暴露与总体 DNA 甲基化水平，发现经过年龄、性别、$PM_{2.5}$暴露水平、累积吸烟量以及体重指数校正之后，14 种单核苷酸变异（Single nucleotide variants）与甲基化水平紧密相关，此结果说明，单独的遗传变异体，或在 $PM_{2.5}$暴露的联合作用下，均能在调节人体甲基化水平方面起到重要作用。

5. RNA **损伤及其加合物** 由于大部分 RNA 是单链结构且在细胞质内广泛分布，并且它们的碱基

很少受氢键和特异结合蛋白保护等原因，使RNA在同等程度的损伤刺激下较DNA更易产生损伤。活性氧自由基ROS是造成RNA氧化损伤的主要因素，因此RNA氧化修饰是一种普遍存在的损伤形式，目前已检测出的碱基氧化修饰形式超过20种，由于鸟嘌呤是最活跃的核苷酸碱基，所以最普遍存在且可能是细胞毒性最强的RNA损伤修饰是8-oxo－7，8-dihydroguanosine（8-oxo G）。

近年来，越来越多的实验证明RNA氧化损伤与血色沉着病、动脉粥样硬化以及神经退行性疾病的发病机制相关，如Broedbaek等选择了21位新近确诊未经治疗的遗传性血色沉着病患者及21位健康对照，检测了尿液排出的8-oxo G的含量，发现与对照组相比，血色沉着病患者尿排出8-oxo G有2.5倍的升高，而经过放血治疗后，其含量又恢复至正常范围。Chirino等研究了≤10 μm的空气颗粒物对氧化应激标志物以及抗氧化酶活性的影响，结果发现颗粒物的暴露导致8-oxo G加合物含量在24 h内约上升了5.82个单位，而使用抗氧化剂trolox后，8-oxo G则降低至1.79个单位。

（四）精液

精液中可以用来测量的生物标志物主要有睾酮（levels of testosterone）、精液体积（semen volume）、精子密度（sperm concentration）、精子形态（sperm morphology）、精子活力（sperm motility）和精子的DNA损伤（sperm DNA damage）。Lewtas J.、J. Rubes等人的研究说明，生物体经过大气细颗粒物暴露后，精子的质量和数量均有下降，并且精子的DNA损伤均出现加重的情况。

为了帮助大家更好地理解这些指标，现提供各个指标的相关信息。睾酮（levels of testosterone）是一种类固醇激素，是主要的雄激素及蛋白同化甾类；精液体积（semen volume）一般正常≥2 mL，大于7 mL时为过多；精子密度（sperm concentration）指的是每毫升中的精子数，正常值的下限是2 000万个/毫升；精子形态（sperm morphology）正常精子与生理及病理范围内的变异精子所占的比例，是反映男性生育能力的一个重要指标；精子活力（sperm motility）是精液中呈前进运动精子所占的百分率；精子的DNA损伤（sperm DNA damage）可以通过精子染色质结构测定（sperm chromatin structure assay，SCSA）。

第三节　问题与展望

一、目前存在的问题

生物标志是追踪空气颗粒物等环境因素对健康变化和疾病进展影响的重要手段。随着现代检测技术的不断发展和进步，越来越多的生物标志得到应用。不过现有研究还存在以下一些问题。

（1）已有研究发现多种类别的生物标志均可能指示环境因素对机体的影响，但针对某些生物标志在不同地点、不同时间、不同人群中开展的研究结果尚不一致。

（2）已有多数生物标志可能受多种因素（如年龄、性别、健康状况、生活方式、遗传背景）的影响，对空气颗粒物等环境因素影响的指示特异性不高，导致流行病学研究中常见的误差及偏倚，降低了健康效应评价的准确性。

（3）空气颗粒物等环境因素对机体的影响是多方面的，既往研究大多选取某个或某类生物标志进行测量，忽视了健康变化的整体性，所得研究结论往往不够全面。

二、未来研究展望

环境因素可造成严重的人群疾病负担。我国目前面临包括空气污染在内的多种环境因素困扰，对

环境因素人群健康影响评价的需求较大，亟待综合应用多种生物标志深入开展相关研究。针对既往研究中存在的问题，未来研究可从以下几方面着力。

（1）应注重开展空气颗粒物等环境因素对生物标志影响的验证性工作，在不同地点、不同时间和不同人群中采用相同或类似方法进行比较性研究，以增强研究结果的广泛适用性和可靠性。

（2）有必要严格控制可能影响生物标志水平的多种因素，如可进行实验性研究或采用适宜的统计分析方法，鉴别对空气颗粒物等环境因素暴露较为敏感和特异的生物标志，提高健康效应评价的准确性。

（3）采用完善的研究设计，考察环境暴露与多种类生物标志变化的关系，建立环境因素对机体健康影响的调控网络，全面评估环境因素对健康的综合作用。

（吴少伟　宫继成）

第四章　空气颗粒物对人群呼吸系统的影响

大气污染对人群健康和生态系统均有严重的影响，并已成为制约人类社会可持续发展的重要因素。空气颗粒物作为大气污染的主要污染物之一，对人类的健康产生了极大的危害。随着人们对空气颗粒物的研究深入，人们逐渐认识到粒径在 10 μm 以下的颗粒物，尤其是粒径小于 2.5 μm 的 $PM_{2.5}$ 易于沉积在细支气管和肺泡区域，并可能进入血液循环，对人体健康造成严重危害。

大量的颗粒物进入肺部对局部组织有堵塞作用，可使局部支气管的通气功能下降，细支气管和肺泡的换气功能丧失。吸附着有害金属、多环芳烃、微生物的颗粒物可以刺激或腐蚀肺泡壁，长期作用可使呼吸道防御功能受到损害，发生支气管炎、肺气肿、支气管哮喘和肺癌等。大量的流行病学研究显示，空气颗粒物的高暴露与慢性支气管炎、肺气肿、慢性阻塞性肺病（chronic obstructive pulmonary disease，COPD）、哮喘、肺癌等呼吸系统疾病的发作或加重均密切相关，并会造成伤残甚至死亡等严重的社会疾病负担。根据世界卫生组织（World Health Organization，WHO）数据，2012 年室外空气污染造成全球 370 多万人过早死亡，其中死于呼吸系统疾患的人数占到 25%。随着全球气候变暖，空气颗粒物污染与气象因素间交互作用将加剧人群的健康风险。

此外，随着我国经济水平的提高，城市化进程的迅速加快，我国农村面貌发生巨大改变，使得不同区域居民的生产及生活方式均有了较大变化，室内燃料的多样化，烹调油烟的大量排放、人们室内吸烟行为的不控制等引起的室内空气颗粒物污染也备受关注。因此室内外空气颗粒物对人群呼吸系统的健康危害成为目前社会关注的焦点。

第一节　空气颗粒物短期暴露对人群呼吸系统的影响

一、对一般人群的影响

2013 年中国人群前五大死因分别为脑卒中、缺血性心脏病、交通意外、慢性阻塞性肺病、肺癌，上述死因中多项研究证明呼吸系统疾病的发生与空气颗粒物污染有着显著的关系。$PM_{2.5}$ 是空气颗粒物中最有代表性的一种污染物，它对一般人群呼吸系统的影响非常广泛，尤其是慢性支气管炎、支气管哮喘、慢性阻塞性肺病和肺癌。鉴于此，我国于 2013 年开始对 74 个城市 496 个大气监测点的 $PM_{2.5}$ 进行监测，这为更好地研究大气 $PM_{2.5}$ 污染对人群呼吸系统的危害奠定了基础。

（一）空气颗粒物对一般人群呼吸系统疾病发病率和门急诊入院人数的影响

2009 年上海雾霾污染期间，赵文昌等研究发现在霾发生当日，PM_{10}、$PM_{2.5}$ 日均浓度每增加一个四分位数间距 50 μg/m³、34 μg/m³，呼吸科日门诊人数增加 3.05%、3.25%。$PM_{2.5}$、PM_{10} 污染对日门诊人数影响的累积效应大于当日效应，且在霾污染爆发 6 天时达到最大。Xu 等研究了北京大型医院的呼吸系统疾病急诊访问量和空气 $PM_{2.5}$ 的关系，每增加 10 μg/m³ $PM_{2.5}$ 与急诊访问量（emergency room visits，ERV）增加相关，分别为呼吸系统疾病 0.23%（95%CI：0.11%～0.34%），上呼吸道感染 0.19%（95%CI：0.04%～0.35%），下呼吸道感染 0.34%（95%CI：0.14%～0.53%）、慢性阻塞

性肺病急性加重 1.46%（95%CI：0.13%～2.79%）。Li 等研究了北京空气 $PM_{2.5}$ 污染与医院心肺门诊病人访视次数的关系，发现 $PM_{2.5}$ 浓度与人群咳嗽、呼吸道疾病访视次数呈显著正相关（第 5 天分别上升 0.17%和 0.10%）。马关培等采用时间序列的半参数广义相加模型对广州市大气 $PM_{2.5}$ 污染与居民日门诊人数的关系进行研究，发现 $PM_{2.5}$ 浓度每增加 10 $\mu g/m^3$ 时，呼吸系统疾病日门诊量的相对危险度为 1.003 5（95%CI：1.001 2～1.016 4）。彭朝琼等在深圳市的研究发现 $PM_{2.5}$ 浓度对医院呼吸系统疾病门诊日就诊人次的影响存在滞后效应，滞后 1d 时，$PM_{2.5}$ 浓度每升高 10 $\mu g/m^3$，呼吸系统疾病门诊日就诊人次的超额危险度（excess risk，ER）为 1.809%（95%CI：1.709%～1.909%）。陈楠等研究了武汉市不同粒径颗粒物数浓度（particle number counts，PNCs）对市民呼吸系统疾病日门诊量的短期影响，单污染物模型结果显示，在最佳滞后条件下，$PNC_{0.25\sim0.5}$ 每升高一个四分位数间距时，全人群和男性呼吸系统疾病日门诊量分别增加 5.60%和 8.63%；$PNC_{0.5\sim1.0}$ 每升高一个四分位数间距时，两类人群日门诊量分别增加 2.42%和 3.29%；$PNC_{1.0\sim2.5}$ 每升高一个四分位数间距时，两类人群日门诊量分别增加 4.45%和 3.89%。当调整了颗粒物及气态污染物的质量浓度后，粒径<1.0 μm 颗粒物（PM_1）数浓度对全人群和男性呼吸系统疾病日门诊量的影响较明显。Sun 等研究了上海市 101 名 COPD 急性加重患者与空气中 $PM_{2.5}$ 和 NO_2 的关系，发现每增加 10 $\mu g/m^3$ 的 $PM_{2.5}$ 可引起 COPD 急性加重的相对危险度（relative risk，RR）为 1.09，伴随冷季 3 天的累积效应或暖季 7 天的累积效应。以上国内大型城市的研究均表明了 $PM_{2.5}$ 和 PM_{10} 对一般人群呼吸系统疾病的发病具有促进和加重效应。

（二）空气颗粒物对一般人群呼吸系统疾病死亡率的影响

关于空气颗粒物对一般人群呼吸系统死亡率的研究，目前主要集中在 PM_{10} 与 $PM_{2.5}$ 的研究上，大多数采用时间序列、病例交叉方法和 Meta 分析，研究区域遍布了全国不同城市。

我国一项多城市（上海、武汉和香港）时间序列研究提示，短期暴露大气 PM_{10} 可显著升高居民的呼吸系统死亡率，以当日和前一日的平均暴露（lag 0～1 d）计算，PM_{10} 浓度每升高 10 $\mu g/m^3$，呼吸系统疾病死亡率升高 0.60%。在我国最大规模（16 个典型城市）空气颗粒物短期暴露与居民死亡率的研究（china air pollution and health effects study，CAPES）中，各研究城市的大气 PM_{10} 年均浓度介于 52～156 $\mu g/m^3$ 之间。在短期暴露条件下，PM_{10} 浓度每增加 10 $\mu g/m^3$，造成呼吸系统疾病死亡率增加 0.56%，慢性阻塞性肺部疾病死亡率增加 0.78%。PM_{10} 与死亡率的暴露反应曲线近似为线型且基本无阈值。基于我国相关研究的系统综述和 Meta 分析结果显示：在 lag0－1d 时，PM_{10} 和 $PM_{2.5}$ 浓度每升高 10 $\mu g/m^3$，呼吸系统疾病死亡率相应升高 0.32%和 0.51%。Ren 对我国空气 $PM_{2.5}$ 污染与每日呼吸系统疾病死亡率进行了系统 Meta 分析，结果发现滞后 2d，每增加 10 $\mu g/m^3$ 的 $PM_{2.5}$ 与每日呼吸死亡率增加 0.30%（95% CI：0.10%～0.50%）相关；多天滞后，呼吸性死亡率相应增加为 0.69%（95% CI：0.55%～0.83%），$PM_{2.5}$ 浓度与呼吸疾病死亡率之间尚未发现显著的浓度-效应关系。Song 等研究室外空气污染和全球不同国家 COPD 的影响，发现短期空气污染暴露与 COPD 死亡率提高 6%（欧洲）、1%（美国）、1%（中国）明显相关，其中 PM_{10} 短期暴露每增加 10 $\mu g/m^3$，我国 COPD 死亡率和医院入院人数均增加 1%。钟梦婷等对西安市 2013 年、2014 年大气污染资料分析结果表明，西安市 PM_{10}、$PM_{2.5}$ 浓度每增加 10 $\mu g/m^3$ 居民非意外死亡率分别增加 0.4%和 0.47%，呼吸系统疾病死亡率分别增加 0.43%和 0.56%。黄雯等 2011 年也采用 Meta 分析的方法分析了我国可吸入颗粒物污染对人群死亡率的影响，共纳入 1990 年至 2010 年发表的空气颗粒物与呼吸系统死亡率有关的文献 11 篇，这 11 篇文献的研究方法主要为时间序列分析和病例交叉设计。Meta 分析结果显示我国大气 PM_{10} 每上升10 $\mu g/m^3$，人群每日呼吸系统疾病死亡率的相对危险度为 1.0056（95% CI：1.003 3～1.007 9）。刘昌景等利用 1989—2014 年发表的有关空气污染和呼吸系统疾病健康效应的文献，共纳入 157 篇，研究范围覆盖 27

个省份，利用 Meta 分析法对 PM_{10}、$PM_{2.5}$ 等污染物与人群呼吸系统疾病死亡关系的定量研究进行分析，结果显示 PM_{10}、$PM_{2.5}$ 浓度每上升 10 μg/m³，人群呼吸系统疾病死亡率分别增加 0.50%（95% CI：0～0.90%）、0.50%（95%CI：0.3%～0.90%）。

阚海东等采用病例交叉方法估计上海市大气污染急性暴露对居民每日死亡的影响，采用双向 1：6 对照设计，发现 PM_{10} 的 48 小时平均浓度每增加 10 μg/m³，上海市城区居民总死亡发生的相对危险度为 1.003（95% CI：1.001～1.005），导致因 COPD 死亡发生的相对危险度为 1.006（95%CI：0.999～1.013）。常桂秋等学者运用时间一序列分析的方法，分析 1998—2000 年北京市大气污染对居民每日疾病死亡率的影响，发现总悬浮颗粒物每增加 100 μg/m³，呼吸系统疾病死亡率增加 3.19%。李沛等采用 Poisson 广义相加模型分析了 2008—2010 年北京市空气颗粒物对人群健康的影响，发现 $PM_{2.5}$ 对人体的健康效应要远强于 PM_{10}，持续暴露在较高环境污染指数的条件下，这种健康影响的滞后累积效应会随时间逐步增强，最大值出现在滞后第 5 天，此时当空气污染指数每增大 10 时，呼吸系统疾病死亡百分率上升 0.49%。葛锡泳等人采用时间序列的广义相加模型分析了 2010—2013 年苏州市大气 PM_{10}、$PM_{2.5}$ 浓度对居民每日呼吸系统疾病死亡人数的影响。结果显示单污染物模型中，苏州市大气 PM_{10}（$lag_{0\sim1}$）、$PM_{2.5}$（lag_4）浓度每升高 10 μg/m³，居民呼吸系统疾病日死亡数分别增加 0.408%（95% CI：0.083%～0.732%）和 0.509%（95%CI：0.098%～0.921%）。阚海东分析了沈阳 2006 年至 2008 年粒径 0.25～10 μm 颗粒物的质量浓度与居民每日死亡率之间的关系，结果显示归因于呼吸系统疾病的每日死亡数为 7，直径为 0.25～0.50 μm 的颗粒物质量浓度与呼吸系统疾病死亡率无明显相关性。

以上不同城市、不同研究方法的研究表明，颗粒物污染对人群呼吸系统死亡率总体有加重作用，且存在滞后效应，在滞后 3～6 d 为重，$PM_{2.5}$ 的刺激作用大于 PM_{10}。

（三）空气颗粒物对一般人群肺功能的影响

肺功能是反应呼吸系统疾病和肺部疾患的敏感指标，对呼吸系统疾病患者的愈后有重要的预测价值。既往研究较常使用的肺功能指标包括用力肺活量（forced vital capacity，FVC）、第一秒用力呼气量（forced expiratory volume within 1 second，FEV1）和呼气峰流速（peak expiratory flow，PEF）等。

冯仁杰等采用固定群组研究方法，连续 14 d 测定武汉某高校健康大学生 FEV1，同时监测室内颗粒物浓度和温湿度变化，研究结果表明室内可吸入颗粒物中碳质组分的暴露对健康大学生 FEV1 的下降存在急性影响，且碳质组分的比例变化与 FEV1 的改变存在关联。吴少伟等人以北京某高校 21 名在校大学生为研究对象，发现 $PM_{2.5}$ 浓度增高与受试者晚间呼气流速峰值以及全天 FEV1 下降存在相关性，且高温与 $PM_{2.5}$ 有协同作用，同时发现受试者从高浓度 $PM_{2.5}$ 环境迁移至低浓度地区时，肺功能明显改善，提示 $PM_{2.5}$ 对成人肺功能的影响具有可逆性。余勍等分析了北京地区 $PM_{2.5}$ 对健康青年人短期肺功能的影响，发现 $PM_{2.5}$ 浓度与 FVC 和 FEV1 呈剂量反应负相关，滞后效应长达 2 日，且在当日（lag0）时负效应最强。$PM_{2.5}$ 浓度与气道阻力指标外周气道阻力（Rp）、共振频率（Fres）、肺黏性阻力 5 Hz 与 20 Hz 时的差值（$R_{5\sim20}$）呈剂量反应正相关，滞后效应长达 2 d，且在 lag0 时负效应最强。葛贝贝等人研究太原市冬季雾霾细颗粒物对田径运动员肺功能的影响，发现 $PM_{2.5}$ 对运动员运动前后的大小气道功能存在短期负性效应并有滞后性，尤其是运动后的负效应较大。一项针对奥运会前后人群 $PM_{2.5}$ 暴露的研究也发现，奥运会期间 $PM_{2.5}$ 浓度明显较会前和会后低，同时检测了 180 例居民的肺功能，发现受试者的呼气流速峰值在奥运会期间达到最高水平，而会后又有所回落。宋远超等在武汉市选择社区人群开展了 PM_{10} 短期暴露与肺功能影响关系的分析，探讨了社区人群 PM_{10} 单日滞后和累积滞后的暴露浓度与肺功能指标 FVC 和 FEV1 之间的关系，社区人群 PM_{10} 的短期暴露可以降低肺功能指标，且男性的 FVC 和 FEV1 比女性更容易受到 PM_{10} 的影响。Yun 等用线性混合模型量化了中国武汉一珠海队列中 1694 名女性非吸烟者室外空气污染暴露（NO_2，PM_{10}，臭氧和 $PM_{2.5}$）对肺功能的影响。发现在高污染城市，PM_{10} 和 $PM_{2.5}$ 暴露的移动平均值与 FVC 和 FEV1 的降低均有显著关联；在低污染城市，PM_{10}（Lag03－Lag05）与 FVC 降低有显著关联，而 PM_{10}（Lag03－Lag05）、$PM_{2.5}$（Lag04－Lag06）暴露与 FEV1 降低有显著关联。表明室外空气 PM_{10} 和 $PM_{2.5}$ 污染与女性非吸烟者肺功能的短期降低有关，且不利影响可能持续 7 天以上。由此可见，$PM_{2.5}$ 和 PM_{10} 的短期污染，均可引起年轻人、运动员、普通居民、女性非吸烟者不同程度的肺功能降低，且存在不同程度的滞后效应。

（四）空气颗粒物对一般人群呼吸系统其他方面的影响

吴卫东等人对高校大学生进行了雾霾天气对呼吸系统的急性损伤效应的研究，暴露于雾霾天气对高校大学生呼吸系统主观感受具有一定的不良影响，雾霾日、非雾霾日的鼻腔症状、咽喉症状、眼部症状得分差别显著，前者高于后者，提示雾霾天气空气污染可以对大学生鼻腔、咽喉及眼部造成急性损伤。雾霾日大学生痰液 TNF-α、白介素 6（interleukin 6，IL-6）、白介素 8（interleukin 8，IL-8）浓度高于非雾霾日，提示雾霾天气空气污染通过炎性损伤效应对调查对象的呼吸系统产生影响。李海斌等研究也表明 $PM_{2.5}$ 的暴露会对研究对象的主观感受、痰液炎性因子等急性效应指标产生影响。

二、对易感人群的影响

（一）颗粒物对儿童呼吸系统的影响

儿童正处于生长和肺功能发育期，对外界环境的不利因素抵抗力较差，极易受到不良因素的影响，成为空气污染致病最敏感人群之一。颗粒物一旦吸入，容易在呼吸系统累积，更易富集有毒重金属、有机污染物、细菌、病毒及常见变应原，对儿童造成危害。儿童变应性鼻炎是指易感患儿接触变应原后出现主要由特异性免疫球蛋白 E（IgE）介导的鼻黏膜非感染性炎性疾病，发病率高，影响儿童身心健康、学习成绩和生活质量的主要鼻部疾病。2013 年 Zhang 等报道北京地区 3～5 岁儿童变应性鼻炎临床确诊患病率为 14.9%。变应性鼻炎是遗传和环境共同作用的结果。研究表明，处于交通污染和工业污染暴露区的儿童过敏性呼吸系统疾病发生率升高明显，空气中 PM_{10} 浓度每增加 10 $\mu g/m^3$，咳嗽和咽痛发生率就分别增加 0.175 倍和 0.212 倍，流涕的发生率增加 0.085 倍，鼻塞的发生率增加 0.11 倍。冬季供暖期间 $PM_{2.5}$ 污染严重，$PM_{2.5}$ 对儿童上呼吸道产生明显影响的阈值高于其对下呼吸道产生明显影响的阈值。$PM_{2.5}$ 浓度越高，儿童上、下呼吸道感染的发病速度越快，且上呼吸道感染的发病速度快于下呼吸道感染。当沿街住房与交通干线的距离＜5 m 时，沿街居住的小学生患有呼吸道症状、持续咳嗽比例较高（OR＝2.33，95%CI：1.18～4.61；OR＝4.49，95%CI：2.18～9.27）。

儿童期的肺功能是青春期肺功能的预测指标，FVC 是反映气道功能障碍的较为敏感指标，FEV1 能测量肺大气道和中气道的功能，而最大呼气中期流量（forced expiratory flow from 25% to 75% of vital capacity，FEF_{25-75}）能测量小气道的功能。王欣等在北京进行的一项 PM_{10} 和 $PM_{2.5}$ 对健康学龄儿童肺功能短期影响的研究中，对 216 名 7～11 岁小学生肺功能进行了测定，并同时收集了测定当天及前 4 天 PM_{10} 和 $PM_{2.5}$ 的浓度，经分析得出，大气 PM_{10} 和 $PM_{2.5}$ 对儿童肺功能存在短期负效应，并且有一定的滞后性，且在反映大气道功能的指标 FVC 和 FEV1 上表现得更为明显，女生的大气道功能对颗粒物的不良影响更为敏感。魏复盛等人在中国四个城市儿童队列研究中，探讨了空气污染和支气管炎或哮喘的交互作用对儿童肺功能的影响，结果发现空气颗粒物与支气管炎或哮喘等呼吸系统疾病对儿童肺功能有不利影响。而儿童在短期内患过支气管炎或哮喘会显著地加重空气颗粒物污染对 FVC 和 FEV1 的有害影响。

潘成林等选取首次诊断的咳嗽变异性哮喘儿童、典型哮喘儿童、肺炎儿童、健康儿童各 50 例，通过比较发病 1 个月内环境中平均 $PM_{2.5}$浓度，检测血清淋巴细胞比率、CD_4^+/CD_8^+、IgE、肺通气指标水平，发现咳嗽变异性哮喘组和典型哮喘组的平均 $PM_{2.5}$浓度高于肺炎组和对照组，咳嗽变异性哮喘组和典型哮喘组的淋巴细胞比率和 IgE 水平高于其他两组，CD_4^+/CD_8^+低于其他两组，咳嗽变异性哮喘组和典型哮喘组的 FEV1 实测值占预测值的百分比（FEV1% Pred）、FEV1/FVC 和最大呼气中段流速（maximal midexpiratory flow，MMEF）实测值占预测值的百分比（MMEF% Pred）均低于其他两组，表明 $PM_{2.5}$与儿童咳嗽变异性哮喘、典型哮喘发作有关，免疫调节和通气功能降低与典型哮喘改变可能一致。对香港地区 1997—2002 年 18 岁以下儿童因哮喘导致的入院率进行统计结果显示，调整二氧化硫（sulfur dioxide，SO_2）、臭氧、NO_2后，$PM_{2.5}$与哮喘入院率显著相关，$PM_{2.5}$每升高 20.6 $\mu g/m^3$，哮喘入院率增加 3.24%（95%CI：0.93～5.60）。代继宏等人通过 Meta 分析法定量分析大气可吸入性颗粒物（$PM_{2.5}$，PM_{10}）暴露对儿童哮喘发病风险的影响，其中 9 篇文献报道了可吸入颗粒物暴露对儿童哮喘的急性效应，采用随机效应模型合并，合并 OR＝1.05（95%CI：1.02～1.8），即大气 $PM_{2.5}$或 PM_{10}浓度每上升 10 $\mu g/m^3$，儿童哮喘的发病风险升高 5%。儿童哮喘急性发作住院人数与 $PM_{2.5}$浓度呈正相关。

（二）颗粒物对孕产妇呼吸系统的影响

妊娠期女性的身体健康是体内胎儿正常生长发育的基础，妊娠期女性的身体功能处于特殊时期，身体负担较重，机体免疫力较低，体内胎儿处于生长发育的关键时期，更容易受到雾霾天气的危害，影响妊娠期女性和其体内胎儿的体质健康。

$PM_{2.5}$、PM_{10}是雾霾天气的主要污染物，这些物质可以直接通过呼吸系统进入妊娠期女性的体内，并且吸附于呼吸道黏膜和肺部组织中，诱发妊娠期女性鼻炎、气管炎等疾病。Poursafa 等研究表明随着大气污染的日益严重，对妊娠期女性的最主要危害是导致其呼吸系统损伤，例如引起急性呼吸道感染、气道炎性刺激、咳嗽、呼吸困难、肺功能下降、哮喘、慢性支气管炎，并导致妊娠期女性住院率和死亡率增加。张敬旭等研究表明妊娠期女性的肺泡通气量显著增加，并伴随着机体生理性贫血和脂肪贮存的改变，这些变化使妊娠期女性在暴露于雾霾天气时，吸入更多的 $PM_{2.5}$和其他污染物，增加了呼吸道的炎性刺激症状和机体变态反应的危险。

（三）颗粒物对慢性疾病患者呼吸系统的影响

小儿支气管哮喘为儿科呼吸道常见病及多发病，其典型临床症状是可逆性气流受限，常见临床表现为反复发作喘息、咳嗽、混合型呼吸困难，常在夜间或凌晨发作加剧。随着病情进展对患儿身体发育造成极大影响。任燕选取宜宾市门诊和住院小儿支气管哮喘患者 200 例，根据居住区的 $PM_{2.5}$污染水平，分为高污染组和低污染组，发现大气 $PM_{2.5}$能使哮喘患儿嗜酸性粒细胞数量、短期内再次哮喘发病率明显升高。鲁建江等人探讨了室内大气 PM_{10}、$PM_{2.5}$、PM_1污染对儿童哮喘的影响，采用病例对照研究的方法，对石河子市 80 名哮喘儿童和 80 名健康对照儿童进行问卷调查与室内颗粒物浓度检测，分析儿童哮喘的危险因素。结果表明，儿童有过敏史、环境烟草烟雾（environmental tobacco smoke，ETS）暴露和 $PM_{2.5}$暴露可能增加儿童哮喘风险，同时应提倡母乳喂养，以保护儿童呼吸系统健康。马晓燕等人对太原市不同社区的 29 名成年哮喘人群观察个体暴露 $PM_{2.5}$浓度，检测室内和室外 $PM_{2.5}$浓度，并检测哮喘人群体内的环氧化酶（cyclooxygenase 2，COX-2）、嗜酸细胞活化趋化因子（Eotaxin-A）、白介素 10（interleukin 10，IL-10）含量，发现室外 $PM_{2.5}$浓度、室内 $PM_{2.5}$浓度、个体 $PM_{2.5}$暴露浓度与哮喘患者 COX-2、Eotaxin-A 含量呈正相关，与 IL-10 含量呈负相关。表明 $PM_{2.5}$可能通过影响哮喘患者体内相应炎症因子的表达加重哮喘疾病。韩建彪等人也发现外周血炎症因子白介素 13（interleukin

13，IL-13）、干扰素 γ（interferon gamma，INF-γ）是大气 $PM_{2.5}$ 加重成人哮喘的敏感指标。

（四）颗粒物对老年人群呼吸系统的影响

老年人是对颗粒物健康风险最敏感的人群之一。很多研究已经证实，无论是急性还是慢性的 $PM_{2.5}$ 暴露都与老年人呼吸-心血管疾病入院率及死亡率呈正相关。张楠等人通过探讨 2002—2010 年天津市区空气污染对市区居民因呼吸系统疾病日死亡人数的影响发现，当日 PM_{10} 日均浓度每升高 10 $\mu g/m^3$，全人群与老年人因呼吸系统疾病日死亡人数分别增加 0.57%（95% CI：0.36%～0.78%）和 0.63%（95% CI：36%～0.78%）。郑利纬等人选择上海某社区 28 名 COPD 老年患者进行为期 6 周的固定群组研究，测定老年人的肺功能（FVC 和 FEV1）和呼出气一氧化氮（Fe NO），结果发现 $PM_{2.5}$ 浓度与 FeNO对数值呈正相关，PM_{10} 浓度与 PEF 值呈负相关。老年慢性支气管炎患者在吸入一定量的可吸入颗粒物后，肺组织内腺体分泌增加，痰液生成及排出量增多，甚至有诱发小气道阻塞的可能，故可吸入颗粒物可认为是导致慢性支气管炎急性发作的重要原因。翟文慧等人对 $PM_{2.5}$ 浓度与老年慢性支气管炎急性发作的相关性研究表明，老年慢性支气管炎急性发作受 $PM_{2.5}$ 浓度影响，$PM_{2.5}$ 浓度监测对老年慢性呼吸系统疾病急性发作具有预警作用。

国内研究认为，采暖期心肺疾病的大量发病与 $PM_{2.5}$ 有关。北京市采暖期 $PM_{2.5}$ 日均浓度增大，老年患者呼吸系统疾病发病率升高，二者呈正相关。$PM_{2.5}$ 对人体的心肺功能有重要的影响，老年人抵抗力差，免疫力较低，且并发症较多，呼吸系统疾病已成为采暖期危害老年患者的重要病症。孙兆彬等人分析了 2001—2005 年兰州市四个季节 PM_{10} 与呼吸系统疾病日住院人次的暴露-反应关系，结果表明不同季节 PM_{10} 浓度增加致呼吸系统疾病住院人次增加，尤其是女性和老年人群。老年人对 PM_{10} 污染更为敏感的原因可能是老年人体质较差，机体免疫力下降，易患慢性疾病。

白志鹏等人在 2011 年夏季、冬季对天津市 101 名老年人群个体 $PM_{2.5}$ 暴露情况进行了测定，老年人夏、冬季 $PM_{2.5}$ 个体暴露浓度分别为（124.2 ± 75.2）$\mu g/m^3$ 和（170.8 ± 126.6）$\mu g/m^3$，均高于我国当前的 $PM_{2.5}$ 日平均浓度标准 75 $\mu g/m^3$。同时还发现，冬季硫酸根（sulfate，SO_4^{2-}）、硝酸根（nitrate，NO_3^-）、氨根（Ammonium，NH_4^+）、有机碳（organic carbon，OC）和无机碳（elemental carbon，EC）的暴露浓度显著高于夏季。老年人肺功能十分脆弱，当空气中颗粒物浓度增高时，容易引发老年人上呼吸道感染、过量吸入颗粒物还可能引起咽喉炎、鼻炎、支气管炎和哮喘甚至肺炎等。若老年人有慢性呼吸道疾病，颗粒物浓度增高又会使原有病情复发或加重，甚至死亡。

第二节　空气颗粒物长期暴露对人群呼吸系统的影响

国际癌症研究中心在 2013 年宣布室外空气污染是引起癌症死亡的主要环境因素。空气颗粒物污染会在不同水平长期存在，一个成年人，平均每天呼吸 2 万多次，吸入的空气为 10～15 m^3，重量为 13～19 kg，约占体内外物质交换总量的 80%，若吸入的空气中污染物浓度较高，就会对人体的健康产生直接的影响。我国城市空气颗粒物污染水平目前远高于欧美发达国家现有水平和 WHO 制定的《全球空气指南》，以可吸入颗粒物（PM_{10}）为例，WHO 推荐的空气质量标准为：年均值 20 $\mu g/m^3$，日均值 50 $\mu g/m^3$。2010 年，我国重点区域城市 PM_{10} 年均浓度为 86 $\mu g/m^3$·为 WHO 标准的 4～5 倍。对于 $PM_{2.5}$ 污染，研究发现我国四大城市群（京津冀、长江三角洲、珠江三角洲、成渝）2001—2006 年期间 $PM_{2.5}$ 年平均浓度均超过 50 $\mu g/m^3$，而欧美国家普遍低于 15 $\mu g/m^3$。因此，长期暴露于较高浓度空气颗粒物仍然较长时间存在。同时，城市化进程的加快，也增加了大气污染暴露人口的数量和密度，这些都使大气污染对人体健康威胁的风险逐步增大，并且对健康的潜在影响将长期存在。

一、对一般人群的影响

（一）颗粒物对呼吸系统疾病患病率的长期影响

一般认为，用呼吸系统疾病的患病来衡量大气污染物的长期暴露效应是较为敏感和易获的指标。因此，空气颗粒物暴露与呼吸系统疾病患病率之间的关系成为多项研究的焦点，多项研究均报道了颗粒物的长期暴露与呼吸系统疾病的患病率增加之间呈显著的正相关，并且这种暴露会对人群呼吸系统患病的风险产生影响，即呼吸系统疾病患病风险会随着颗粒物污染浓度的升高而升高，颗粒物高污染区呼吸系统总疾病发生风险显著高于低污染物，这个结果在哈尔滨及南昌等地的研究中均得到证实。此外，由于颗粒物暴露的长期持续存在，其反复和长期的刺激也会导致机体产生喉炎、咽炎和气管炎等疾病的发生。

已有的研究表明空气颗粒物能引起成人哮喘，如一项来自瑞士为期 11 年的成人肺部疾病队列研究表明，随着交通相关的 PM_{10} 浓度增加，非吸烟成人哮喘的发病例数也增加。WHO 指出大气污染是慢性阻塞性肺病（COPD）的一个重要危险因素，一般认为，由于污染物的刺激导致呼吸道炎症的反复发作，会使气管狭窄和气道阻力增加，最终导致机体肺功能的下降从而发生 COPD。目前关于颗粒物慢性暴露对 COPD 的发病影响尚未有一致结论。有证据表明 $PM_{2.5}$ 浓度每增加 10 $\mu g/m^3$，COPD 的死亡相对危险度为 1.05（95%CI：0.95～1.17）。有研究者通过连续性横断面研究得出 PM_{10} 在 5 年内每增加 7 $\mu g/m^3$，COPD 的患病率增加 33%，并且居住在交通繁忙道路周边＜100 米的妇女其 COPD 患病风险是居住相对较远妇女的 1.79 倍，同时通过一些后续随访研究指出随着空气质量的改善和 PM_{10} 的降低，COPD 的患病率会随之下降。但也有研究表明尚没有足够的证据认为大气污染（PM_{10} 等）与 COPD 的发生有关，这些差异可能与实验设计、暴露时间长短和暴露测量精度以及 COPD 是否正确诊断等有关。

（二）颗粒物对呼吸系统疾病死亡率的影响

目前，在我国现已开展的相关研究已初步证明了长期空气颗粒物污染暴露可导致人群呼吸系统相关疾病死亡率的增加。我国开展的一项大气污染与人群死亡率关系的回顾性研究，基于全国高血压调查及其随访研究对 16 个省 31 个城市 70 947 名成年人进行了跟踪调查，收集了人群的死亡率资料，并通过固定监测点的数据获得了研究期间上述城市的三种空气污染物［总悬浮颗粒物（total suspended particle，TSP）、SO_2 和氮氧化物（nitrogen oxides，NO_X）］浓度，分析结果显示研究期间上述城市 TSP 的平均浓度为 289 $\mu g/m^3$，TSP 浓度升高与呼吸系统疾病死亡率增加之间呈正关联。在中国 25 个城市的 7.1 万名居民中开展的回顾性队列（1990—2006 年）研究表明，总悬浮颗粒物和 PM_{10} 每增加 10 $\mu g/m^3$，市民呼吸系统疾病死亡的 HR 为 1.017。在沈阳开展的回顾性队列研究显示，PM_{10} 的平均浓度每升高 10 $\mu g/m^3$，呼吸系统疾病死亡率的 RR 值为 1.67（95% CI：1.60～1.74）。赵珂等在西安市开展的一项研究显示大气 $PM_{2.5}$ 污染与城区居民病死率呈正相关，暴露一反应关系模型显示 $PM_{2.5}$ 浓度每升高 100 $\mu g/m^3$，总病死率增加 4.08%。而呼吸系统疾病和 COPD 的病死率分别增加 8.32% 和 7.25%。

陈仁杰等研究者分析了空气颗粒物污染引起我国城市居民伤残调整寿命年（disability adjusted life years，DALYs）的损失，他们以 2006 年我国 656 个城市的人口为暴露人口，以国家控制大气质量监测体系中各城市的可吸入颗粒物年均浓度为暴露水平，应用 DALYs 指标，评价了我国城市空气颗粒物污染的人群健康效应，结果发现 2006 年空气颗粒物污染能引起我国城市居民 50.66±9.52 万例早死，归因于城市空气颗粒物污染的 DALYs 损失总计为（526.22±99.43）万人年。

（三）颗粒物暴露对肺功能的影响

外勤交警由于职业的特殊性，工作中在户外暴露概率较大且暴露浓度较高，常被用来研究空气污染对健康的影响，结果也表明颗粒物的长期暴露不但会导致其咳嗽、咳痰、咽部不适、气喘、气短和鼻部不适的发生率显著高于普通居民，也会对人群的肺功能产生影响。顾珩等研究者 2001 年分别在太原和青岛随机选择 131 名和 100 名男性外勤交通警察进行肺功能的横断面调查，结合当地 1996 年至 2000 年的空气污染水平监测资料，结果表明大气污染较重的太原市交通警察肺功能测定指标 FVC、FEV1、25％用力肺活量时呼气流速、50％用力肺活量时呼气流速均低于青岛市交通警察，认为大气污染严重的城市，其交通警察以肺功能指标为代表的呼吸系统健康状况受到影响。曹力生等在西昌健康交警人群中的研究也发现高暴露人群的肺功能指标显著低于对照人群。在上海市交警人群中开展的研究也选择了男性外勤交通警察和普通居民进行比较，测量结果显示交警组的 $PM_{2.5}$ 暴露水平明显高于普通居民组，且高暴露组肺通气指标的异常率也高于一般暴露组。徐建军等在一项横断面研究中也分析了太原市交警与室内工作者的 $PM_{2.5}$ 暴露水平并检测了其肺功能变化，发现交警工作场所（路口）$PM_{2.5}$ 浓度明显高于室内工作者办公室的相应浓度，而其 PEF 与 FVC1/FVC 比值均低于室内工作人员。

颗粒物组分的不同引起的健康效应不同。我国武汉的一项研究表明交通尾气中的多环芳烃可引起肺功能下降，其通过比较 2 700 多名社区居民体内 10 余种多环芳烃代谢产物水平与肺功能水平的剂量-反应关系，发现随尿中总多环芳烃代谢产物水平升高，肺功能呈现逐渐下降的趋势，且个别多环芳烃代谢产物的浓度增加与 FEV1 和 FVC 的降低有关。

（四）空气颗粒物暴露与肺癌的关系

肺癌是颗粒物对人体健康影响的另外一个关注热点，国内目前对颗粒物与肺癌关系的研究还多停留在关联性分析。1995 年贺秀林等人在对青岛市大气污染与肺癌患病率和死亡率进行了相关关系研究，其采用的污染物指标为大气飘尘、降尘、NO、一氧化碳及 SO_2 的综合指数，认为大气污染状况与当年的肺癌患病率和死亡率没有明显的相关性，其约需要 4 年才能表现出来。2001 年冯丹等人利用 1979 年至 1992 年乌鲁木齐的历史数据，采用灰色关联分析的方法，认为 TSP 与肺癌死亡率的关联系数为 0.56。2003 年陈士杰等用此方法分析得到 TSP 致肺癌的潜伏期为 8 年。2014 年张晓等人也用灰色关系分析的方法分析了北京、上海、广州三个城市大气污染与居民肺癌发病及死亡的关系，认为北京市 $PM_{2.5}$ 致肺癌的潜伏期达 8 年，上海市 $PM_{2.5}$ 致肺癌的潜伏期达 4 年，但在广州颗粒物致肺癌的关联度要低于其他污染物。2016 年钱旭君等人对宁波市的大气污染对肺癌发病及死亡灰色关联模型的分析也得到了类似的结果，即颗粒物与肺癌发病及死亡存在一定关联，但与其他污染物相比，颗粒物致肺癌的关联度较低，这与陆应昶等人采用地理信息系统的空间预测功能分析的结果一致。

目前国内还尚无关于 $PM_{2.5}$ 与肺癌的长期前瞻性研究，但国外针对颗粒物对肺癌的影响开展了部分研究。根据 WHO 相关数据显示，空气中 $PM_{2.5}$ 的慢性暴露每增加 10 $\mu g/m^3$，肺癌的死亡风险可提高 8％。在一项综合了欧洲 9 个国家开展的 17 项长期队列研究进行的前瞻性分析发现，长期暴露于 $PM_{2.5}$ 与肺腺癌发病风险的增加有关，$PM_{2.5}$ 每增加 5 $\mu g/m^3$，肺腺癌的发病风险比为 1.55（95％ CI：1.05～2.29）。在哈佛六城市研究中，发现 $PM_{2.5}$ 每增加 10 $\mu g/m^3$，肺癌的死亡风险增加 37％（95％ CI：7％～75％）。美国癌症协会的研究结果为 $PM_{2.5}$ 每增加 10 $\mu g/m^3$，肺癌的死亡相对危险度为 1.14（95％ CI：1.04～1.23）。日本的前瞻性队列研究结果显示 $PM_{2.5}$ 浓度每增加 10 $\mu g/m^3$，肺癌死亡风险增加 27％。

我国云南宣威的空气污染与肺癌研究案例是室内空气污染方面研究的经典案例。云南宣威从 20 世纪 80 年代起就开展了室内燃煤空气污染与农民肺癌之间关系的研究，也是这项研究提出了室内燃煤燃

烧造成的室内空气污染是宣威农民肺癌高发的主要危险因素。研究中发现宣威肺癌高发区室内空气中TSP浓度达10.45 mg/m^3，研究人员在宣威开展了回顾性及前瞻性的双向队列研究以及出生队列研究，发现燃烟煤队列肺癌死亡率明显高于燃非烟煤队列，RR达28.18（95%CI：21.31～37.27），通过改炉改灶措施，使得室内TSP降低了90%以上，之后的研究发现，随着改炉改灶年限的延长，肺癌死亡率开始呈现下降趋势，且改炉改灶对女性肺癌死亡率的下降效果比男性明显，这些结果均支持了燃烧煤造成的室内空气污染与宣威地区肺癌发病之间的因果关系。在另一项利用中国高血压队列开展的室外大气污染与死亡的研究中，从队列中选择了70947名研究对象，涉及31个城市，并利用这些城市的TSP年均浓度数据校正了吸烟、职业等可能的混杂因素后发现，TSP浓度每增加10 $\mu g/m^3$ 引起肺癌的RR值为1.01（95% CI：1.00～1.02），将TSP进行系数换算，换算成$PM_{2.5}$浓度进行估算，结果为$PM_{2.5}$浓度每增加10 $\mu g/m^3$ 引起的肺癌RR值为1.03（95% CI：1.00～1.07）。

二、对易感人群的影响

颗粒物对人群的健康影响与人群易感性也有密切的关系，不同年龄、性别、职业特征、健康状况、遗传因素、生活方式等均会对颗粒物的健康效应产生影响。特别是儿童、老年人、孕妇这些特殊人群由于生理的脆弱性更易受到颗粒物的影响从而导致不良结果，我国学者在这方面也开展了相关研究，结果表明不论在高污染区还是相对的低污染区，颗粒物浓度升高产生的健康影响在儿童、老年人及孕妇人群中均更明显。羊德容等人通过对兰州市2005年至2007年各大型综合医院呼吸系统及心脑血管疾病入院资料，结合气象资料及污染物$PM_{2.5}$资料进行研究，发现女性及年龄在15岁以下的儿童和年龄大于65岁以上的老人对$PM_{2.5}$污染较男性（年龄15岁至65岁）更敏感，更容易受颗粒物影响而引起疾病的发生。王园园等人在探讨南京市空气污染状况及其对儿童肺功能影响中，研究发现空气污染物PM_{10}及$PM_{2.5}$的长期暴露可引发心血管疾病和呼吸道疾病，增加肺癌发生的危险性。在台湾地区开展的一项研究，对2 919名12～16岁青少年的肺功能进行检测，并与日均污染物浓度值进行关联分析得出，PM_{10}暴露与青少年FVC和FEV1的降低呈显著关联。颗粒物的大小及浓度水平与呼吸系统及心血管疾病的发病率与死亡率密切相关，还可引起免疫系统和内分泌系统等的广泛损伤，尤其是对免疫力低下的儿童、孕妇、老年人有更明显的不良影响。

（一）颗粒物对儿童呼吸系统的影响

儿童在多个研究中被作为分析空气污染对呼吸系统影响的首要观察对象。在我国四个城市（兰州、重庆、广州、武汉）1993年至1997年对8 000余名小学生通过空气污染监测和问卷调查的方式开展的研究显示，大气中$PM_{2.5}$和PM_{10}的长期暴露均与儿童呼吸系统疾病如哮喘、支气管炎症的患病率呈显著的正相关，其影响比SO_2、NO_2更明显，其中$PM_{2.5}$浓度每升高39 $\mu g/m^3$，哮喘和支气管炎症的患病率分别增加1.22%（95% CI：0.73%～2.01%）和1.50%（95% CI：0.55%～4.12%）。Deng等研究者在北京的调查也发现儿童人群中喘息、哮喘等症状的发生及过敏反应的发生与室内污染有关。伍燕珍等通过文献综合分析的方法，收集国内外1980年至2008年公开发表的关于我国大气污染物与儿童呼吸系统疾病和症状关系的文献，共纳入12篇，研究地区覆盖北京、兰州、广州等11个城市，采用单因素线性回归和Pearson相关分析的方法分析我国主要大气污染物（TSP，PM_{10}，$PM_{2.5}$，SO_2和NO_x）与儿童呼吸系统疾病和症状（咳嗽、持续咳嗽、咯痰、持续咯痰、哮喘、喘鸣、支气管炎和肺炎）的关系，结果发现大气中颗粒物（TSP，PM_{10}，$PM_{2.5}$）的浓度与儿童呼吸系统疾病和症状报告率之间有很强的正相关关系；其中TSP浓度与儿童咳嗽、持续咳嗽、咯痰、持续咯痰和支气管炎的报告率呈明显正相关，TSP浓度每增加10 $\mu g/m^3$，以上疾病和症状的报告率分别增加0.50%，0.12%，0.43%，

0.09%，0.51%；PM_{10}浓度每增加 10 $\mu g/m^3$，儿童咳嗽、咯痰以及支气管炎的报告率分别增加 2.64%，2.27%和 2.17%；$PM_{2.5}$浓度每增加 10 $\mu g/m^3$，儿童咳嗽、咯痰和支气管炎的报告率分别增加 4.56%，3.49%和 3.74%。因此研究认为我国大气污染物浓度是儿童呼吸系统疾病和症状的危险因素，并且北方地区大气污染物对儿童呼吸系统疾病和症状的影响更大。

除了呼吸系统症状外，儿童的高发疾病肺炎也与颗粒物暴露存在关联，李盛等 2013 年在兰州采用随机整群抽样的方法对 2016 名学龄期儿童进行问卷调查，研究表明城区大气污染浓度较高可能会导致城区儿童部分呼吸系统疾病和症状发生率高于县区。空气颗粒物暴露与儿童肺部感染之间存在相关关系，在 $PM_{2.5}$污染下（$PM_{2.5}$指数≥100）进行有氧运动会增加肺部感染的可能性，提示儿童的户外运动应该根据颗粒物污染程度做出适宜的调整。

颗粒物的长期暴露会对儿童肺功能产生不良的影响。由于儿童处于生长发育的关键时期，身体机能尚未成熟，免疫系统不成熟等成为空气颗粒物的敏感人群，特别是长期暴露于空气颗粒物污染可导致儿童肺功能水平的降低，因此儿童所受到的不良影响更为明显。但关于男女分层的空气污染物暴露与肺功能关系的研究目前还较少，Brunekreef 等研究者报道了交通暴露对女孩肺功能的影响要大于男孩，而 Gao 等在香港的研究则发现空气污染对男孩肺功能的影响更明显。在国内的研究中，在内蒙古包头市开展的一项研究显示沙尘天气和非沙尘天气的空气颗粒物暴露均与儿童 PEF 的降低存在显著关联。胡伟等 1993—1996 年在广州、重庆、武汉、兰州及北京开展的 7～12 岁小学生队列研究发现，空气颗粒物与支气管炎或哮喘等呼吸系统疾病对儿童肺功能有不利影响。Roy 等在我国广州、武汉、兰州、重庆 4 个城市 1993—1996 年间开展的研究中，每半年对儿童进行一次肺功能测量，共计测量了 15600 人次，并同时监测了空气颗粒物的浓度，PM_{10}、$PM_{2.5}$、TSP 的浓度与儿童肺功能指标 FEV_1、FEV_1/FVC%调整均值，结果显示 $PM_{2.5}$每升高 10 $\mu g/m^3$，FEV_1 和 FVC 分别降低 2.7 mL（95%CI：−3.5～−2.0 mL）和 3.5 mL（95% CI：−4.3～−2.7 mL），说明空气颗粒物是导致儿童气道呼吸功能障碍的重要因素之一。林宗伟等在广州 3 个地区分别分析了教学环境 $PM_{2.5}$浓度与小学生肺功能及呼吸症状监测指标，发现 $PM_{2.5}$质量浓度与学生 FVC、FEV1、MMEF 呈负相关，且与咳嗽、咽痛等症状指标发生率呈正相关。王园园等人在南京采用多元线性回归分析空气污染物对小学生的肺功能影响的研究显示，PM_{10}暴露每增加 10 $\mu g/m^3$，男、女生 MMEF 分别下降 18.5 mL/s、19.0 mL/s，女生的 MMEF 值对空气 PM_{10}浓度变化较为敏感，其他指标分析也发现污染物浓度高的地区对儿童肺功能某些指标的影响较大。赵宝新在太原市开展的研究通过应用 Dockery 公式计算了儿童个体接触量，并分析其与儿童肺功能之间的关系，结果显示 PM_{10}污染对儿童肺功能会造成影响，特别是对女性儿童肺功能影响较大。

哮喘是儿童高发疾病，WHO 也将其列为四大顽症之一，近年来上升趋势明显，有研究显示幼年时长期暴露于大气污染，可能会增加整个儿童期和青春期哮喘的发病风险，尤其是 4 岁以后，而降低大气污染水平则可能有助于预防儿童哮喘。Clark 等人采用巢式病例对照研究分析了 1999—2000 年出生在加拿大某地区的所有新生儿至 3～4 岁时哮喘的发病情况，结果显示早年暴露于 PM_{10}和碳黑可提高儿童哮喘发病风险。张春晖等人在江苏盐城对 81 例住院患儿按照有无喘息分为两组开展研究，发现 $PM_{2.5}$浓度与血清半胱氨酰白三烯浓度呈正相关，大气中的 $PM_{2.5}$可能引起患儿气道中半胱氨酰白三烯分泌增加而引起喘息，$PM_{2.5}$对呼吸道喘息性疾病有明显的影响。

（二）颗粒物对老年人呼吸系统的影响

在年龄分层分析中，老年组比青少年组对大气污染暴露更敏感。该结果在很多文献中都得到例证，这与老人多先前就患有呼吸或心脑血管疾病有关，一旦老年人暴露在大气污染下，会使原有疾病加重

从而导致死亡。再者老人随着年龄的增长，各种机能开始减退，体质较差，机体免疫能力大大下降，从而导致抵御不良环境的能力较差，并且锻炼较少，颗粒物污染对其影响更加明显。以及老年人一般都比青少年在空气颗粒物中的暴露时间更长，积累时间更久。

目前关于 $PM_{2.5}$ 对老年人肺功能影响的研究还不多。翟文惠在北京市城区的一项研究显示颗粒物浓度与老年慢性支气管炎急性发作均存在显著相关性，老年慢性支气管炎急性发作受 $PM_{2.5}$ 浓度影响，$PM_{2.5}$ 浓度监测对老年慢性呼吸系统疾病急性发作具有预警作用。江刚在探讨空气颗粒物与健康的关系中，研究发现空气中颗粒物浓度增加会引起患有肺心病的老年人住院人数增加，通过对 14 个城市 65 岁以上老人住院率的分析，PM_{10} 每增加 10 $\mu g/m^3$，因肺部疾病和肺炎住院的人数就增加 2%。老年人作为哮喘的敏感人群，却没有得到足够的重视，目前尚不能确定颗粒物的暴露与老年人哮喘疾病发作的关系。老年人出门尽量做好防护，应尽可能少的暴露在空气颗粒物中，并且加强锻炼，尤其是呼吸功能的锻炼。

综上所述，长期暴露于颗粒物中会给呼吸系统带来伤害，导致呼吸道疾病患病率和死亡率增加，尤其是对于易感人群的危害更大，比如儿童、孕妇、老年人，因此，我们应当做好相应易感人群的防护，以减少大气污染对人群健康的影响。而作为个人，应当尽可能少的暴露在大气污染中，并做好相关防护措施。

近年来，在颗粒物浓度变化对死亡等效应指标的影响评估方面，我国科研工作者不断有新的成果在多个国际权威期刊发表，这表明我国在颗粒物健康影响研究方面已经取得了显著进步，但与国外许多研究团队相比较，在空气污染与人群健康研究领域，我国还缺乏设计严格的、有一定国际和国内影响力的大气污染与人群健康的研究队列，特别是针对 $PM_{2.5}$ 甚至更小粒径颗粒物的研究，存在许多监测点的监测工作起步较晚或者未开展监测等问题，因此在该领域我国缺乏长期的、系统的、稳定的监测数据。在死因监测方面，我国也存在登记制度不完善、登记数据不完整等问题，这些问题导致我国在空气污染对呼吸系统影响的效应评估领域缺乏高水平强有力的研究证据，在一定程度上阻碍了对我国颗粒物污染与人群健康关系的认识，因此长期暴露于空气颗粒物对我国人群健康的影响仍有待进一步研究。

第三节 空气颗粒物与其他环境因素交互作用对呼吸系统的影响

影响颗粒物浓度的因素众多，气象因素如风和大气湍流、逆温、云雾和气压等都可以影响颗粒物的扩散。生活方式中吸烟、取暖及烹饪所用燃料的燃烧也会产生大量的颗粒物。同样空气颗粒物的存在也可以使得空气洁净度降低，研究表明，病原菌往往弥散在漂浮的尘粒上，这样就为疾病的传播提供了更加有利的条件。

一、与其他空气生物污染物的交互作用

空气颗粒物污染和致敏花粉的污染已经对人群健康和城市空气质量产生了较为严重的影响。研究表明，花粉污染是由花粉污染源植物释放的致敏性花粉引起，花粉过敏主要是由于过敏体质的人机体中含有 IgE 免疫球蛋白，当花粉内壁或外壁上的致敏蛋白与 IgE 免疫球蛋白结合后，能使机体嗜碱性粒细胞释放过敏介质组胺致人体毛细血管通透性增加，引起黏膜水肿、腺体分泌增加及瘙痒并导致一系列症状出现，如打喷嚏、流泪、鼻塞、过敏性鼻炎、哮喘等。研究显示，空气颗粒物中有植物花粉的存在，城市大气柴油机车尾气颗粒物（DEPs）与飞散花粉之间存在协同生物效应。

微生物广泛存在于空气中，是导致污染空气影响人体健康的罪魁祸首之一。研究发现，浮尘颗粒

物包括 $PM_{2.5}$ 在漂浮传播的过程中吸附空气中大量的污染物以及微生物，如β-葡聚糖和脂多糖（lipopolysaccharide，LPS）等，这些微生物能够有效地促进小鼠巨噬细胞中 Toll 样受体 2（Toll-like receptor 2，TLR2）和嗜中性白细胞碱性磷酸酶（neutrophilic alkaline phosphatase 3，NALP3）炎症复合体的基因表达，进而释放白介素 1β（interleukin 1β，IL-1β），加重炎症反应。同时，研究显示随着空气颗粒物粒径的增大和空气质量等级的降低，颗粒物上附着的微生物逐渐增多，以球菌和杆菌为主，呈现聚集成团的状态。Cao 等人利用宏基因组方法分析了 2013 年 1 月北京市一次严重雾霾天气（$PM_{2.5}$ 的最高质量浓度超过 500 $\mu g/m^3$）中 $PM_{2.5}$ 和 PM_{10} 的可吸入微生物组成，发现了 1 300 多种微生物。在鉴定出的微生物菌株中，一些会导致人体的过敏反应和呼吸道疾病，例如肺炎链球菌。肺炎链球菌是引发社区获得性肺炎（community-acquired pneumonia，CAP）的常见菌种，已经从将近 50％的 CAP 样本中分离到该菌。在 $PM_{2.5}$ 和 PM_{10} 中，肺炎链球菌所占比例分别为 0.012％ 和 0.017％，随着污染的加重，$PM_{2.5}$ 中肺炎链球菌的相对丰度增加了大约 2 倍，从污染较轻时的 0.024％增加到污染较重时的 0.050％。

与细菌相比，真菌在颗粒物微生物中的比例相对较低。北京 $PM_{2.5}$ 和 PM_{10} 中真菌的比例分别为 13.0％和 18.3％。在鉴定出的真菌菌株中，相对丰度较高的有 2 株，分别是烟曲霉和酿酒酵母。烟曲霉是主要的真菌过敏原和机会性致病菌，会导致人体的过敏反应和呼吸道疾病。

相对于细菌和真菌，由于检测方法和检测技术的限制，颗粒物和空气中病毒的研究报道相对较少，在已有的报道中检测到的病毒比例也很低。在 $PM_{2.5}$ 和 PM_{10} 中检测到的病毒比例均仅为 0.1％，鉴定出的病毒种类也较少，有假单胞菌噬菌体 F116、人类腺病毒 C 和肠道菌噬菌体 P1 等。

邓颖等结合 2016 年 11 月至 2017 年 3 月太原市大气近地面微生物数量分布和微生物气溶胶霾污染情况，分析了太原市微生物总量分布特征与气候条件之间的相关性。实验数据说明，冬季 $PM_{2.5}$ 采集提取分析出微生物 DNA 质量浓度比春季整体要少许多。由于太原市采暖燃煤释放持续，空气颗粒物累积增加，使得春季污染更重，对环境的影响也更大。春季温度、湿度较冬季高，使得气溶胶含量相对较高，微生物代谢相对活跃，相应的大气悬浮颗粒物中微生物也增多。总体来说，大气微生物相对丰度表现出显著的季节性模式，就太原市而言，空气颗粒物上附着的微生物浓度在春季比冬季更高，表明污染也更为严重。

二、空气颗粒物与气象因素的交互作用

已有大量的证据证实，无论气温或者空气颗粒物均会影响到人群呼吸系统的正常功能，造成疾病的发生或者症状加重，甚至直接导致死亡。当前的大多数研究均假设气温和空气颗粒物的效应彼此独立，即在不同温度条件下空气颗粒物每升高一个单位对呼吸系统的影响大小一致。然而，部分研究学者则认为两者对呼吸系统的影响可能表现为交互作用，高温或者低温可能会加重空气颗粒物对呼吸系统的损害，而严重的空气污染环境下气温的效应也更加显著。当前全球气候变暖和空气污染均是人类面临的重要公共问题，对两者交互作用的研究将使人们重新评估气温和空气颗粒物的健康风险。

国内外多采用时间序列回归分析的研究方法探讨气温和空气颗粒物的交互作用。方法大体分为两种，第一种是采用张量积平滑函数，该函数是一种非参数的函数形式，它不用假设两个变量之间一定是线性关系，可以直接绘制出气温、空气污染和结局变量的 3D 关系图，可用于判断造成颗粒物健康效应改变的气温阈值；第二种是在已经建立的广义相加模型基础上，加入气温和颗粒物的交互项，计算颗粒物的健康效应是否随着气温的变化而变化，可用于定量估计不同气温条件下颗粒物健康效应的大小。

在此将重点介绍国内气温和空气颗粒物对呼吸系统交互作用影响的相关研究结果，并阐述其作用

机制。

（一）空气颗粒物与气象因素的交互作用对一般人群的影响

尽管监测发现夏季时颗粒物的浓度较低，但是其对健康的危害可能比其他季节更大。Meng 等分析了中国 8 个城市（沈阳、天津、太原、苏州、上海、杭州、广州、武汉）短期内气温和空气颗粒物对呼吸系统死亡的影响，发现日均气温在＜5 百分位数，5～95 百分位数和≥95 百分位数条件下，PM_{10} 每升高 10 $\mu g/m^3$ 人群死亡率分别升高 0.62%（95% CI：－0.28%～1.53%），0.80%（95% CI：0.64%～0.96%）和 1.79%（95%CI：0.75%～2.83%），高温时颗粒物单位浓度的健康效应是一般温度时的 2～3 倍。Qin 等在合肥开展的颗粒物对死亡短期影响的研究，也发现高温时 PM_{10} 对呼吸系统死亡的影响远高于较低温度时。Wu 等和 Zhang 等分别利用长期监测数据分析了 $PM_{2.5}$ 对北京市和武汉市大学生肺功能的影响，发现高温时 $PM_{2.5}$ 对肺功能的影响更强，例如，当气温≥21.6℃和＜21.6℃时，$PM_{2.5}$ 每升高一个单位（78.7 $\mu g/m^3$）会造成北京市大学生夜晚 PEF 分别降低 2.47%（95% CI：0.69%～4.24%）和 0.78%（95%CI：－0.03%～1.59%）。

另外一些研究则发现低温时颗粒物对人体的危害更强，Cheng 等对上海市人群呼吸系统死亡的研究发现，当日均气温在＜15 百分位数，15～85 百分位数和≥85 百分位数条件下，PM_{10} 每升高 10 $\mu g/m^3$ 死亡率分别升高 0.55%（95% CI：0.11%～0.99%），0.13%（95% CI：－0.22%～0.48%）和 0.35%（95%CI：－0.49%～1.19%），低温时颗粒物的效应更加显著。李国星等在北京市的研究同样支持这一结果，当日均表观温度＜－6℃时，PM_{10} 每升高 10 $\mu g/m^3$ 会造成医院急诊量升高 5.90%（95%CI：2.15%～9.78%），效应值远大于气温≥－6℃时（0.01%（95%CI：－0.65%～0.63%））。Zhen 等在兰州开展的 PM_{10} 对人群住院的研究，以及 Li 等在广州开展的 PM_{10} 对人群死亡的研究也发现低温与颗粒物对呼吸系统的影响存在交互作用。

需要注意的是，气温和颗粒物对人群的影响是否存在交互作用仍然存在不确定性。Meng 等对中国 8 个城市的数据开展分析，仅发现广州和武汉存在交互作用，其余 6 个城市均未发现。即使在同一个城市，采用不同时间段的数据和不同的研究方法得到结果也是不一致的。例如，同样在武汉地区开展的研究，Meng 等的结果发现高温时 PM_{10} 对呼吸系统死亡的影响增强，而 Qian 等的结果则无统计学意义；而同样在上海开展的研究，Cheng 等认为低温时 PM_{10} 对呼吸系统死亡的影响增强，而 Meng 等的结果则无统计学意义。

（二）空气颗粒物与气象因素的交互作用对敏感人群的影响

儿童、老人、孕妇等通常被认为是环境因素的敏感人群，其受到气温或颗粒物的影响可能比一般人群更大。部分研究通过分层分析方法探讨了不同人群组受到气温和颗粒物交互作用影响的差异，其中，Qin 等发现女性和大于 75 岁老年人群在不同温度条件下，颗粒物对呼吸系统死亡短期影响的差异更加明显，提示这些人群可能更易受到环境交互作用的影响。但是，在武汉和天津的类似研究中，并未发现老年人受到的交互作用影响比年轻人更加显著。目前国内尚未有研究探讨气温和颗粒物对儿童或孕妇呼吸系统影响的交互作用，对敏感人群的研究未来仍需要继续探讨。WU 等在 2014 年 1 月至 9 月期间，采用定组研究的方法，对北京 23 例稳定期慢性阻塞性肺疾病患者通过反复测量呼出气一氧化氮（FeNO）、呼出气硫化氢（FeH_2S）及记录日常的呼吸道症状等指标的方法，调整了温度和相对湿度的影响，研究显示空气 $PM_{2.5}$、PM_{10} 水平增加与呼出气一氧化氮（FeNO）和呼出气硫化氢（FeH_2S）的增加有关。

（三）空气颗粒物与气象因素的交互作用健康影响作用机制

气温和颗粒物对呼吸系统影响的交互作用机制尚未得到实验证实，但是可以通过参考颗粒物成分

变化、人群生活习惯调查、气温和颗粒物对人体健康影响等方面的研究去推测可能存在的影响机制。

1. 成分改变 低温期间，北方地区开始集体供暖，大量化石燃料的燃烧生成了高浓度的颗粒物和SO_2等气态污染物，再加上低温期间的气象条件不利于污染物扩散，使得污染物浓度远远高于其他季节。高温期间，太阳辐射强度大、持续高温使大气光化学反应异常活跃，更容易生成二次污染物。深圳的监测结果表明，夏季时光化学反应使得二次有机碳生成增多，使得颗粒物中有机碳和无机碳的比值远高于冬季。而研究表明，有机碳对人体呼吸系统的影响比无机碳更为明显，这使得单位浓度污染物的效应值变得更大。

2. 暴露增强 高温期间室内闷热，居民更愿意外出或者开窗通风，直接暴露于外界污染的空气中。研究表明，中国成人夏季室外活动时间达 295 分钟/天，远高于春秋季的 259 分钟/天和冬季的 199 分钟/天。而在高温环境下，人体为了适应高温会调节血液到周围皮肤组织，通过蒸发等方式散热，造成血压升高、呼吸加速等，吸入更多的空气污染物；同时人体皮肤渗透性增强，加快了颗粒物通过皮肤进入人体的速度，这些改变均导致了高温时人体实际摄入空气污染物的量增加。

3. 机能改变 低温可以导致呼吸道纤毛受损，若同时吸入空气颗粒物，受损的纤毛对颗粒物的清除作用将减弱，进而让更多的颗粒物进入呼吸系统。吸入冷空气还可造成呼吸道上皮血管收缩，抑制免疫细胞如巨噬细胞和肥大细胞等在肺内的集聚和迁移，造成局部血供和免疫功能受抑制，加重颗粒物对吞噬细胞和上皮细胞的毒性作用，促进炎性介质释放，从而引起呼吸道炎症。在高温环境中，人体通过传导、辐射和蒸发等方式散失热量以维持体温平衡，此过程容易造成体液丢失，血液变得相对浓缩，黏稠度增加，加重心肺功能负担，从而使人体对毒物更加敏感。

老年人、儿童、孕妇本身免疫功能较弱，在高温或者低温环境下机体负担更重，对污染物可能更加敏感。同时调查也发现，老年人生活习惯更易受到季节的影响，夏季和春秋季外出活动时间差异较大。因此，尽管尚缺少研究证据，但这些人群很可能是受到气温和空气污染交互作用影响的敏感人群。

三、与其他环境因素的交互作用

（一）与吸烟的交互作用

人们 70%～80%时间是在室内活动，尤其在天气寒冷的季节，因此室内空气质量直接影响到人体的身心健康，室内空气污染问题也越来越引起人们的重视。如今我国是世界上最大的烟草生产国和消费国，全世界 11 亿烟民中，我国约有 3.5 亿。我国成年男性吸烟率为 62%，女性吸烟率为 7%。吸烟已成为引起早死和慢性疾病如慢性阻塞性肺疾病、肺癌、脑血管疾病的重要原因。而香烟烟雾中 90%以侧流烟雾的形式进入空气中，吸烟产生的中小粒径颗粒物更多，造成严重室内空气污染，人们在居室、办公室、公共场所等室内环境被动吸烟亦成为最普遍的现象。

烟草的抽吸为高温乏氧不完全燃烧过程，吸烟产生的燃烧产物有 3 800 多种，其中至少有 43 种是致癌物质。烟气气相物质约占香烟烟雾总量的 92%，有害成分主要有 CO、苯、挥发性醛和酮类、氯代烃类、氧化氮类等。卷烟烟气颗粒相物质约占香烟烟雾总量 8%，主要有害物质是焦油、酚类化合物、尼古丁（烟碱）、亚硝胺等。据 WHO 报道，香烟烟雾中危害性最大的有害物是尼古丁、焦油和 CO，其中尼古丁和焦油都以可吸入颗粒物的形式存在。

张金萍等研究表明吸烟对颗粒物浓度影响较大且扩散降解时间较长，综合起来对室内粒径小于 2.5 μm特别是小于 1 μm 的颗粒物的浓度影响更大一些。相对于较大空间的房间，狭小空间内吸烟更容易导致室内空气质量下降。吸烟在造成室内空气质量急剧下降的同时给他人也造成相应的健康损害，有报道，非吸烟女性被动吸烟率为 81.4%。吸烟不仅对主动吸烟者的健康造成危害，而且还危害被动

吸烟者。在对于非吸烟人群的肺癌发病的研究表明，妇女及儿童被动吸烟是引发肺部肿瘤和肺部疾患的重要危险因素之一。林春艳等人的研究表明儿童期和婚后暴露于其他人的高每日被动吸烟量（儿童期每日被动吸烟 20 支以上、婚后暴露于其他人每日被动吸烟 6 支以上）相关的腺肺癌患病的 OR 值都在 3.0 以上，多因素分析接近显著水平，说明儿童期与婚后被动吸烟暴露对肺癌的危险性增高有重要作用。胡建荣等探讨间隙连接蛋白 43（connexin 43，Cx43）在短期细颗粒物暴露加重被动吸烟大鼠肺组织损伤中的作用，发现 $PM_{2.5}$ 暴露可使 Cx43 蛋白表达发生明显改变，使气道炎症和氧化应激水平上调，进而使大鼠肺功能出现明显下降。

因此应尽量做到在室内不吸烟以及公共场所内禁烟，且吸烟时应加强通风换气，尤其应当注意在狭小空间内吸烟时的通风，加强对空气中烟气的扩散作用。应建立有效的监测手段评价公共场所吸烟状况，降低被动吸烟所带来的健康危害。

（二）与烹饪方式的交互作用

厨房是餐饮烹调活动的场所，燃料燃烧时所产生的多种燃烧产物和烹调食用油加热产生含有多种化合物的油烟会造成厨房空气污染，影响厨房工作人员的健康，其卫生问题已经引起人们的关注。我国烹饪过程中必不可少地会用到食用油，当食用油在烹饪时经过锅中高温后，食用油与食物在高温下产生剧烈化学变化，由于烹调的方式不同，油烟气的成分复杂，主要由醛、酮、烃、脂肪酸、醇、芳香族化合物、内酯、杂环化合物等 220 多种化合物组成。油烟中可能包含了多环芳烃和杂环胺等致癌物。烹饪过程中烟蒸气可弥漫于厨房与居室中，而中国女性在家中常是主要的烹饪者，从而不可避免地暴露于油烟之中。

烹饪是室内重要的颗粒物污染源之一，尤其是粗颗粒物的重要来源。张金萍等研究表明在烹饪后室内 $PM_{1.0}$、$PM_{2.5}$ 和 PM_{10} 浓度较烹饪前浓度分别增加了 0.032 mg/m^3、0.043 mg/m^3 和 0.244 mg/m^3。说明烹饪过程产生的油烟中含有大量的大粒径颗粒物 PM_{10}。烹调产生的油烟中的颗粒物上附着的有毒物质具有致癌性和致突变性。龙理良等研究显示，烹调油烟为 SD 大鼠致癌物，烹调油烟或（和）其代谢产物致抑癌基因 P53，脆性组氨酸三联体的突变可能是烹调油烟致肺癌的重要机制之一。汪国雄等所做的肺癌配对病例－对照研究中，烹调油烟等致病因子的多因素分析表明，人群中的肺鳞癌和肺腺癌的发生应归因于家庭厨房油烟气污染，食用油烟是发生肺鳞癌与肺腺癌共同的危险因素，其相对危险度（OR）分别为 3.813 8 和 3.446 6，如消除烹调油烟该项因子，肺癌的发生可减少一半以上。在上海市区进行的一项女性肺癌病例－对照研究表明，厨房通风差，或与卧室分隔不好，肺癌危险性增加；烹调时眼睛经常有受油烟刺激有感觉，肺癌危险性增加；烹调时经常使用菜油或经常烹调油炸食品，肺癌危险性增加。

综上可认为油烟暴露在非吸烟女性肺癌发生中有重要作用，提示我们在使用食用油时，需要提高油的质量，降低烹饪时的加热温度，使用烟点较高的食用油，多选择蒸、煮、炖的烹饪方式，减少煎、炸、烤等高温高油烟的烹饪方式，烹饪过程中采取有效的通风措施，减少污染物在室内的停留时间，减少人体对油烟的吸入，预防由烹饪油烟引起肺癌的发生。

（三）与室内燃料燃烧的交互作用

燃料是人们日常烹调和冬季取暖必不可缺的，随着我国城市中天然气的使用和集中供暖的推进以及各类家用电器的普及，使得传统的燃料得以替代。但在我国大部分农村室内，生物质的燃烧仍为普遍，其在燃烧过程中排放出颗粒物、SO_2 以及氮氧化物，可以造成严重的室内污染。我国室内空气颗粒物污染中，燃料燃烧是颗粒物的主要来源。

马利英等在对贵州农村冬季典型燃料产生的室内空气 $PM_{2.5}$ 的研究表明，不同类型燃料的室内

$PM_{2.5}$浓度水平依次是燃煤＞燃柴＞沼气，燃煤的厨房 $PM_{2.5}$浓度最高，为（222.54±41.12）$\mu g/m^3$，厨房浓度高于客厅。吴德良的研究同样也表明燃煤组产生的可吸入颗粒物高于天然气和电热器组，并且表现为厨房高于居室，冬季高于夏季。由此可见，传统的燃煤燃烧导致室内空气质量严重下降。

秦钰惠等人发现导致燃煤家庭儿童呼吸系统疾病患病率增加与室内 SO_2和 TSP 非常有关。同样胡伟等在国内四个城市的城区和郊区的 8 所小学 6～12 岁儿童的肺功能检测中，空气中 TSP 和家庭燃煤对儿童的 FEV1 和 FVC 有较强的交互影响作用，能降低儿童的肺功能。空气中粗颗粒物（$PM_{2.5}$～PM_{10}）和 $PM_{2.5}$与家庭燃煤对儿童肺功能的交互作用较弱，但室内燃煤有加重这些空气颗粒物对儿童肺功能产生不利影响的趋势。提示家庭燃煤加重了空气颗粒物的污染，特别是粒径大的颗粒物，对儿童肺功能有不利影响。另外，我国于 20 世纪 80 年代对云南宣威肺癌患病情况调查时发现当地居民房屋多内设火堂燃烧煤、木柴或秸秆等用以烹煮食物和取暖，居室空气流通较差，没有设置烟囱等排烟设施，农民（尤其女性）吸入大量燃煤烟尘，因此当地肺癌高发，引起全球关注，而经过政府对于农户进行炉灶的更新，增加室内外空气交换，将燃煤排放的气体及颗粒物排出户外，明显改善了室内空气，降低了其污染和危害。

因此推进清洁型燃料在农村居民家庭中的使用，取代以往的传统燃煤型燃料，推广使用电器或密闭式炉灶进行取暖。改善居室内燃烧灶的通风设施，及时将产生的污染物排出室内，城市居民在烹调时及时开启抽油烟机，加强通风换气，防止产生的污染物进入居室，保护人体健康。

第四节　问题与展望

一、我国目前存在的问题

多年来，我国学者对颗粒物与呼吸系统健康危害的关系十分关注，进行了很多人群流行病学、动物试验、体外试验研究，在颗粒物对呼吸系统的短期和长期危害作用上积累了很多有价值的研究结果。在颗粒物的健康危害中，$PM_{2.5}$的作用尤为突出。《2010 年全球疾病负担评估》将室外 $PM_{2.5}$列于全球 20 个首要致死风险因子中的第 9 位。我国于 2012 年颁布了新的环境空气质量标准（GB3095－2012），将 $PM_{2.5}$纳入监测管理。我国的 $PM_{2.5}$年均浓度和 24 小时平均浓度限值分别为 35 $\mu g/m^3$ 和 75 $\mu g/m^3$，均低于 WHO 的年均浓度 10 $\mu g/m^3$ 和日均浓度 25 $\mu g/m^3$ 标准。就目前而言，颗粒物对呼吸系统的健康研究主要存在的问题如下

（1）颗粒物监测的范围仍没有覆盖很多典型代表地区，颗粒物的理化特征数据非常不足，居民个体暴露来源解析不充分，颗粒物监测数据的积累不够系统完善，限制了颗粒物的健康效应研究拓展。我国从 2013 年开始发布 74 个城市、496 个监测点的实时 $PM_{2.5}$浓度数据。很多农村地区，特殊地形地区都没有颗粒物，特别是 $PM_{2.5}$的监测。颗粒物的化学和生物成分数据由于检测成本较高，数据非常有限。

（2）全国疾病和死亡监测系统数据科研挖掘和利用不够，人群健康效应谱数据零散不系统，人群早期健康效应的标志物研究和主要呼吸疾病的发生和死亡的剂量效应/反应关系研究不充分。

（3）国家层面的大样本、多中心、长期的大气污染前瞻性队列研究缺乏，限制了我国大气污染健康危害防治政策出台，制订、修订相关环境标准方面依据不足。基于人群的环境流行病学调查是世界各国和 WHO 制定、修订环境空气质量标准的首要依据。队列研究结果应用于对污染物年平均浓度标准的制定以及环境污染和疾病的因果关系推断具有不可替代的作用。

二、未来研究展望

针对以上存在的问题，我国环境管理部门、卫生相关部门、各级科研院所和研究机构，联合起来加强合作，从以下几方面展开未来工作。

(1) 继续扩大 $PM_{2.5}$的监测范围，特别是一些重要的地理区域，完善我国 $PM_{2.5}$的监测数据系统。选择代表性地区进行长期的 $PM_{2.5}$成分分析，真正摸索出 $PM_{2.5}$的致病组分，以及居民个体 $PM_{2.5}$暴露的来源解析。

(2) 规划管理现有的疾病和死亡监测系统，真正做到每日分科就诊信息、发病和死亡等指标的准确上报，加强数据库的信息挖掘和有效利用。加强研究空气颗粒物和多种大气污染物以及气象等因素的联合作用，在早期健康效应的生物标志物研究和主要呼吸系统疾病的因果关系和作用机制上找到突破点，为疾病防治提供依据。

(3) 深入开展大气污染的大型前瞻性队列研究，继续支持现有大型队列研究和启动新的国家层面的大样本、多中心、长期的前瞻性队列研究，为探讨颗粒物的呼吸系统健康危害提供更充分的证据，为制订、修订我国颗粒物的卫生标准提供重要支撑。

（张志红　贺天峰）

第五章　空气颗粒物对人群心脑血管系统的影响

心脑血管疾病是心脏血管疾病（cardiovascular disease，CVD）和脑血管疾病（cerebralvascular disease）的统称，泛指由于高脂血症、血液黏稠、动脉粥样硬化、高血压等所导致的心脏、大脑及全身组织发生的缺血性或出血性疾病，主要包括心肌缺血、心肌梗死、动脉粥状硬化、脑卒中等。我国学者 2016 年在 The Lancet 杂志上发表综述，指出我国 2013 年 27 个省份居民脑血管疾病死亡是导致损失寿命年（years of life lost，YLLs）的主要因素。目前，空气颗粒物暴露对心脑血管疾病的影响是备受国内外研究者关注的研究热点之一。国内外大量的流行病学调查显示空气颗粒物（particulate matter，PM）暴露不仅与人群心脑血管疾病的死亡率有关，并且与心脑血管的患病率和就诊率密切相关，这种关联性在老人年等敏感人群中更为显著。因此，研究空气颗粒物污染的人群心脑血管健康危害效应具有重要的公共卫生意义。

第一节　空气颗粒物短期暴露对人群心脑血管系统的影响

一、对一般人群的影响

（一）对发病率/入院率的影响

目前中国学者开展大量的空气污染对心脑血管系统疾病死亡率的研究，但与心脑血管系统疾病发病率的关联性研究相对较少，大部分研究主要集中在颗粒物暴露与心脑血管系统疾病人群的门诊和急诊数量的关联性。与疾病死亡终点相比，用疾病发病率来评价暴露因素的健康效应结局将更为敏感。在我国开展的大部分研究显示，颗粒物暴露与心脑血管系统疾病急诊入院率增加存在显著正关联（图 5-1）。

Ye 等人对上海市空气颗粒物暴露与冠心病的发病率开展调查（2005—2012 年），调查区域空气 PM_{10} 和 $PM_{2.5}$ 平均浓度分别为 82 μg/m³ 和 39 μg/m³，研究结果显示，在调查时段内共有 619928 人次的冠心病门诊和急诊，当 PM_{10} 和 $PM_{2.5}$ 的 2 日滑动平均值升高 10 μg/m³ 时，冠心病的发病率就分别增高 0.23%（95% CI：0.12%～0.34%）和 0.74%（95% CI：0.44%～1.04%）。研究者在北京市开展了空气 $PM_{2.5}$ 暴露与每日医院心血管病人急诊量关联性的调查，收集了北京大学第三医院急诊室从 2007 年 1—2008 年 12 月的每日心血管病人的急诊数量，采集了医院附近固定大气质量监测点的 PM_{10} 和 $PM_{2.5}$ 的日均浓度数据，使用多项分布滞后模型（polynomial distributed lag model，PDL）分析结果显示空气 $PM_{2.5}$ 的水平与心血管系统疾病急诊人数呈显著负关联，当空气 $PM_{2.5}$ 每升高一个四分位间距（interquartile range，IQR）水平时（68 μg/m³），心血管系统疾病急诊人数总的相对危险度（relative risk，RR）为 1.02（95% CI：0.99～1.6）。暴露 7 天后的滞后效应最强，RR 值为 1.01（95% CI：1.00～1.2），这种效应在女性和儿童群体中更为显著。同时也观察到心律不齐和脑血管系统疾病的急诊量与 $PM_{2.5}$ 暴露浓度呈显著负关联。研究表明颗粒物的粒径大小对心血管系统疾病发病率有显著的影响。对北京市不同粒径的颗粒物（3～10 μm）质量浓度/数量浓度与心血管系统疾病急诊数的关联性报导，超细颗粒物的浓度（主要为粒径为 10～30 nm 和 30～50 nm 的颗粒物）与心血管系统疾病急诊数

Liu et al.2017 for $PM_{2.5}$(台湾)
Liu et al.2013 for PM(1 000~2 500 nm，北京)
Liu et al. 2013 for PM(1 000~2 500 nm，北京)
Liu et al.2013 for PM(30~50 nm，北京)
Liu et al.2013 for PM(30~50 nm，北京)
Liu et al. 2013 for PM ultrafine(北京)
Liu et al.2013 for PM ultrafine(北京)
Liu et al.2013 for PM ultrafine(北京)
Ma et al. 2017 for PM_{10}(兰州)
Qiu et al.2013a for $PM_{2.5\text{-}10}$(香港)
Qiu et al.2013a for $PM_{2.5}$(香港)
Su et al. 2016 for $PM_{2.5}$(北京)
Xie et al.2014 for PM_{10}(上海，冠心病)
Xu et al.2017 for $PM_{2.5}$(北京，心衰)
Xu et al. 2017 for $PM_{2.5}$(北京，心律失常)
Xu et al.2017 for $PM_{2.5}$(北京，冠心病)
Ye et al.2016 for PM_{10}(香港)
Ye et al. 2016 for $PM_{2.5}$(香港)
Ye et al.2016 for PM_{10}(上海)
Ye et al.2016 for $PM_{2.5}$(上海)

−4　−1　2　5　8　11　14

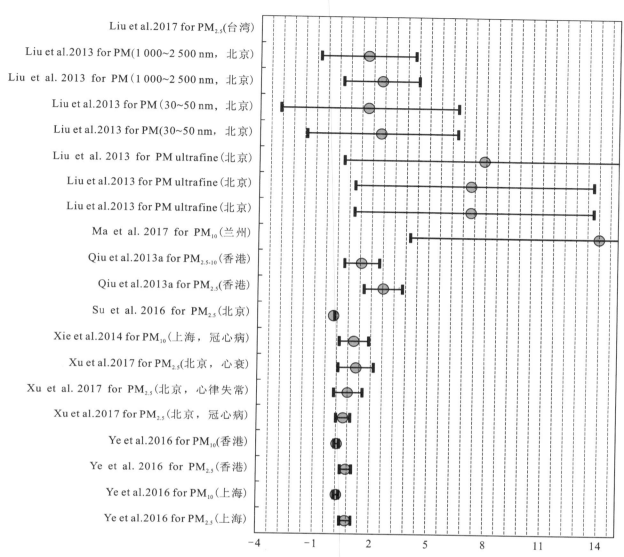

图 5-1　空气颗粒物暴露与心血管系统疾病的急诊发病率/入院率的关联性

存在 4～10 天的滞后效应。超细颗粒物 11 天的平均数量浓度每升高一个 IQR 水平(9 040 个/cm^3)时，总的心血管系统疾病急诊量增加 7.90％（95％ CI：1.10％～13.70％）。粒径在1 000～2 500 nm 的颗粒物的短期急性效应更为明显，当 2 天的平均质量浓度每升高一个 IQR 水平（11.70 $\mu g/m^3$）时，总的心血管系统疾病急诊量增加 2.40％（95％ CI：0.40％～4.40％）。

另一项在北京的研究收集了 10 个大型综合医院 2013 年 1－12 月的心血管系统疾病的急诊数（n=56 221），从北京市 17 个大气监测站获得大气污染物数据，数据分析校正了季节性、周内效应、公共假期、流感爆发和天气条件。研究期间日均 $PM_{2.5}$ 浓度为 102 $\mu g/m^3$（6.70～508.50 $\mu g/m^3$），其中 $PM_{2.5}$ 每增加 10 $\mu g/m^3$，暴露 3 天后的心血管急诊就诊人次数增加 0.14％（95％CI：0.01％～0.27％）。估计累计延迟在暴露 0～5 天时达到最大 0.30％（95％CI：0.09％～0.52％）。$PM_{2.5}$ 每增加 10 $\mu g/m^3$，每日冠心病的急诊量在暴露 0～1 天时增加 0.56％（95％CI：0.16％～0.95％），心律失常（HRD）在暴露 0～1 天后增加 0.81％（95％CI：0.05％～1.57％），以及心衰（HF）在暴露 0 天后增加 1.21％

(95%CI：0.27%～2.15%)。在暴露0，0～1，0～3和0～5天的高温天气（>11.01℃）下$PM_{2.5}$对冠心病急诊入院的影响显著高于低温日（≤11.01℃）（P<0.05)。台湾的一项病例交叉研究报导了亚洲沙尘暴的$PM_{2.5}$与台湾人群心血管系统疾病的急诊室入院人数的关联性，结果显示在沙尘暴期间日均PM_{10}和$PM_{2.5}$的浓度分别为133 $\mu g/m^3$和62 $\mu g/m^3$，$PM_{2.5}$浓度与CVD的急诊入院数显著正关联，当$PM_{2.5}$每增高10 $\mu g/m^3$，心血管系统疾病入院人数增加2.92倍（95%CI：1.22～5.08)。

在中国西部，Ma等人于2007年至2011年，开展了每年3月1日至5月31日兰州空气污染物短期暴露对日常心血管疾病入院的影响研究。结果发现无论在春季的沙尘天气还是在非沙尘天气，空气污染与心血管系统疾病的入院情况均有显著正关联。空气污染物对不同年龄和性别人群的影响有滞后作用。当PM_{10}浓度每增加10 $\mu g/m^3$，暴露沙尘1天后人群因心血管系统疾病入院的RR为1.14（95%：1.04～1.26)。

（二）对亚临床效应指标的影响

高血压是目前最常见的慢性非传染性疾病，也是心脑血管病最主要的危险因素之一。目前针对空气颗粒物对机体血压产生影响的机制研究主要认为颗粒物进入机体后通过刺激血管内皮，产生氧化应激和炎症反应来提高动脉血管收缩能力，损伤内皮依赖性血管舒张，进一步导致高血压。以往大部分研究的环境空气污染数据主要来源于固定空气监测站的监测数据，这在评估人群污染物暴露一效应的关联性时可能会引起偏倚。使用个人穿戴式设备（相对于利用监测站的总体环境测量）进行个体暴露量的测量，可以更好地量化观测到的差异，并且可以更好地反映小群体人群的暴露水平。Wu等人评估了中国北京不同污染来源的$PM_{2.5}$对健康大学生血压的影响（n=40)，对研究对象进行了12次重复随访，发现收缩压（systolic blood pressure，SBP）和舒张压（diastolic blood pressure，DBP）的显著增加与不同暴露时间窗下灰尘/土壤、工业和煤炭燃烧产生的$PM_{2.5}$有关，其中来自煤燃烧的$PM_{2.5}$和DBP之间的关联最为稳定。研究者还发现，来自冶金排放的$PM_{2.5}$与三个BP变量均存在显著的负关联。在这些关联中，煤燃烧排放的$PM_{2.5}$与DBP的正关联和冶金排放$PM_{2.5}$与SBP/DBP的负关联在不同模型中是一致的。一项对云南农村地区室内$PM_{2.5}$暴露与妇女血压关联性的研究显示（n=280)，调查区域室内24 h的$PM_{2.5}$浓度在冬天和夏天分别能够达22～634 $\mu g/m^3$和9～492 $\mu g/m^3$，当$PM_{2.5}$浓度每升高1个对数单位时，SBP和DBP分别升高2.2 mmHg（95% CI：0.80～3.70 mmHg）和0.5 mmHg（95%CI：-0.40～1.30 mmHg)，在年龄大于50岁的妇女中，这种正关联性更为显著。

心率变异性（heart ratevariability，HRV）是反映自主神经系统活性和定量评估心脏交感神经与迷走神经张力及其平衡性，从而判断心血管疾病的病情及预后，并预测心脏性猝死和心律失常性事件的重要指标之一，HRV降低与心血管系统疾病死亡风险增加有关。一项定组研究探讨了奥运会期前、中、后$PM_{2.5}$浓度变化对北京市出租车司机的心率（heart rate，HR）水平变化关系。研究结果显示，奥运会期前、中、后出租车内$PM_{2.5}$的平均质量浓度分别为106 $\mu g/m^3$、45 $\mu g/m^3$和81 $\mu g/m^3$，车内$PM_{2.5}$浓度的升高与HRV水平降低显著关联，在$PM_{2.5}$浓度最低的奥运会期间HRV水平有显著改善。研究结果提示高浓度$PM_{2.5}$的暴露能导致人群HRV水平降低，增加人群心血管系统疾病发病的潜在风险。Chen等人对35名健康大学生志愿者开展了一项随机双盲的室内空气净化器使用与心肺健康的干预性研究，在大学生宿舍分别放置有效或无效的空气净化器使用48 h，两种干预期间有2周的洗脱期。研究结果显示空气净化器的使用有效降低了室内的$PM_{2.5}$浓度（96.2 $\mu g/m^3$降至41.3 $\mu g/m^3$)，志愿者SBP、DBP和呼出气一氧化氮的几何均值水平分别降低了2.7%、4.8%和17.0%，并显著降低了机体多个循环炎症因子的水平，提示短期的室内空气净化能够有效地降低颗粒物浓度，有益于心肺系统的健康。

（三）对死亡率的影响

国内外的研究证实空气颗粒物暴露不仅与心脑血管疾病的死亡率增加具有关联性，而且是可控制的独立危险因素。国内已经开展了大量的空气颗粒物短期暴露与人群心脑血管疾病死亡率关联性的研究（表 5-1），大部分研究结果表明空气颗粒物短期暴露与心脑血管死亡率存在显著正关联，且心脑血管死亡率与 $PM_{2.5}$ 的关联性高于 PM_{10}。

Shang 等人筛选了我国不同城市 33 项时间序列研究和病例交叉研究，对空气污染短期暴露与人群每日死亡率的关联性进行了 meta 分析。结果显示，当 PM_{10} 和 $PM_{2.5}$ 的短期暴露浓度每增加 10 μg/m³ 时，CVD 死亡率分别增加 0.43%（95% CI：0.37%～0.49%）和 0.44%（95% CI：0.33%～0.54%）。Lu 等人于 2015 年也开展了空气 $PM_{2.5}$ 和 PM_{10} 暴露对中国人群健康影响的系统综述，并对筛选出来的 59 个研究进行 meta 分析，纳入的研究地点包括 22 个城市，PM_{10} 和 $PM_{2.5}$ 的日均浓度范围分别为 52～174 μg/m³ 和 39～177 μg/m³。研究结果显示，当 PM_{10} 和 $PM_{2.5}$ 的短期暴露浓度每增加 10 μg/m³，因 CVD 死亡的超额风险分别为 0.36%（95% CI：0.24%～0.49%）和 0.63%（95% CI：0.35%～0.91%）。

阚海东团队在“中国空气污染与健康效应研究”（China Air Pollution and Health Effects Study，CAPES）中，开展了空气污染物短期暴露与人群慢性非传染性疾病死亡率关联性的一系列研究。如 Chen 等人在 2013 年首次报道了中国多城市空气污染与脑卒中死亡率关联性的研究，调查了 CAPES 研究中的 8 个城市（北京、上海、广州、沈阳、唐山、苏州、福州、香港），调查城市的空气 PM_{10} 平均浓度范围为 52～139 μg/m³，结果分析发现，当 PM_{10} 两日滑动平均值每升高 10 μg/m³，人群的中风死亡率就上升 0.54%（95% posterior intervals，0.28%～0.81%）。Li 等人报导了短期空气污染物暴露与人群冠心病死亡率的关联性，调查了 CAPES 研究中的 8 个城市，研究结果显示当 PM_{10} 两日滑动平均值每升高 10 μg/m³，人群每日冠心病死亡率升高 0.35%（95% CI：0.12%～0.61%），8 个城市的合并剂量一反应关系几近线性而没有观察到明显的阈值，这种效应在空气污染物水平较低的城市更为明显。最近在全国范围内开展了空气 $PM_{2.5}$ 短期暴露与心脑血管疾病和呼吸系统疾病死亡率的时间一序列分析（2013—2015 年），Chen 等人选取了我国 272 个代表性城市，研究结果显示，调查城市的年均 $PM_{2.5}$ 浓度为 56 μg/m³（18～127 μg/m³），当日均 $PM_{2.5}$ 浓度每增高 10 μg/m³ 时，CVD 死亡率增加 0.27%（95% PI：0.18%～0.36%），高血压死亡率增加 0.39%（95% PI：0.13%～0.65%），冠心病死亡率增加 0.30%（95% PI：0.19%～0.40%），中风死亡率增加 0.23%（95% PI：0.13%～0.34%），研究结果提示空气 $PM_{2.5}$ 的短期暴露能增加我国人群多种心脑血管疾病的死亡风险。

另一项在全国范围内开展的空气颗粒物短期暴露与人群死亡率关系研究，Yin 等人开展了全国 27 个省 38 个城市的空气颗粒物短期暴露与人群死亡率时间序列分析（>2 亿人口），从中国疾病预防控制中心获得 2010 年 1 月至 2013 年 6 月调查区域的死亡人数（n＝350 638），从国家环境保护部获得上述年份每日大气污染物的监测数据。日平均 PM_{10} 浓度为 92.90 μg/m³（SD：46.30 μg/m³），PM_{10} 浓度最高的城市为新疆维吾尔自治区乌鲁木齐市，日均浓度为 136 μg/m³，污染最轻的城市为河北省秦皇岛市，日均 PM 浓度为 66.90 μg/m³。当 PM 浓度升高 10 μg/m³，总的死亡率增加 0.44%（95% CI：0.30%～0.58%）。大部分城市的 PM_{10} 暴露对人群心肺疾病死亡率的影响高于对非心肺疾病死亡率的影响，当 PM_{10} 浓度每升高 10 μg/m³，心肺疾病的死亡率增加 0.60%（95% CI：0.43%～0.81%）。

表 5-1　空气 PM_{10} 和 $PM_{2.5}$ 短期暴露与中国人群心脑血管疾病死亡率的部分研究

文献	研究区域	PM 平均浓度（$\mu g/m^3$）	超额危险度（ER，95% CI）
Breitner et al. 2011	北京	$PM_{0.03\sim0.1}$ $PM_{0.03\sim0.1}$	CVD：4.04%（1.18-6.98%） 缺血性心脏病：7.13%（2.91%～11.52%）
Chen et al. 2010	鞍山	PM_{10}：111	CVD：0.67%（95% CI：0.29%～1.04%）
Chen et al. 2011	上海	$PM_{2.5}$：55	CVD：0.41%（95% CI：0.00%～0.81%）
Chen et al. 2012	北京	PM_{10}：139	CVD：0.16%（95% CI：0.19%～1.09%）
	福州	PM_{10}：72	CVD：0.75%（95% CI：0.06%～1.44%）
	杭州	PM_{10}：121	CVD：0.11%（95% CI：−0.36%～0.58%）
	沈阳	PM_{10}：114	CVD：0.28%（95% CI：0.07%～0.49%）
	苏州	PM_{10}：90	CVD：0.30%（95% CI：−0.04%～0.64%）
	太原	PM_{10}：132	CVD：0.11%（95% CI：−0.18%～0.39%）
	唐山	PM_{10}：98	CVD：0.54%（95% CI：−0.06%～1.14%）
	天津	PM_{10}：101	CVD：0.92%（95% CI：0.52%～1.32%）
	乌鲁木齐	PM_{10}：144	CVD：0.18%（95% CI：−0.20%～0.55%）
	西安	PM_{10}：132	CVD：0.35%（95% CI：0.13%～0.56%）
Chen et al. 2013	CAPES，北京等 8 个城市	PM_{10}：52～139	脑卒中 0.54%（95% posterior intervals，0.28%～0.81%）
Chen et al. 2017	全国 272 个城市	$PM_{2.5}$：56 $\mu g/m^3$（18～127 $\mu g/m^3$）	CVD：0.27%（95% PI：0.18%～0.36%） 高血压：0.39%（95% PI：0.13%～0.65%） 冠心病：0.30（95% PI：0.19%～0.40%） 中风：0.23（95% PI：0.13%～0.34%）
Huang et al. 2009 Huang et al. 2012	上海	PM_{10}：108 $PM_{2.5}$：56	CVD：0.24%（95% CI：0.08%～0.40%） CVD：0.39%（95% CI：0.12%～0.66%）
	西安	$PM_{2.5}$：177	CVD：0.27%（95% CI：0.08%～0.46%）
Kan et al. 2007	上海	PM_{10}：108 $PM_{2.5}$：55	CVD：0.31%（95% CI：0.10%～0.53%） CVD：0.41%（95% CI：0.01%～0.82%）
Li et al. 2013	北京	$PM_{2.5}$：75	CVD：1.37%（95% CI：0.51%～1.71%）
Li et al. 2015	CAPES，北京等 8 个城市	PM_{10}：52～136	冠心病：0.36%（95% CI：0.12%～0.64%）
Lin et al. 2016	广州	$PM_{2.5}$：48	CVD：2.33%（95% CI：1.69%～2.99%）
	佛山	$PM_{2.5}$：46	CVD：2.37%（95% CI：1.38%～2.27%）
	深圳	$PM_{2.5}$：35	CVD：1.12%（95% CI：−0.73%～3.00%）
	东莞	$PM_{2.5}$：44	CVD：2.76%（95% CI：1.55%～3.99%）
	江门	$PM_{2.5}$：45	CVD：1.88%（95% CI：1.14%～2.62%）
	珠海	$PM_{2.5}$：36	CVD：.51%（95% CI：−0.62%～3.69%）

续表

文献	研究区域	PM 平均浓度（μg/m³）	超额危险度（ER，95% CI）
Ma et al. 2011	沈阳	$PM_{2.5}$：75	CVD：0.53%（95% CI：0.09%～0.97%）
Qian et al. 2007	武汉	PM_{10}：24.8-477.8	CVD：0.51%（95% CI：0.28%～0.75%） 脑卒中：0.44%（95% CI：0.16%～0.72%） 心脏病：0.49%（95% CI：0.08%～0.89%）
Tam et al. 2015	香港	PM_{10}：53	冠心病：1.01%（95% CI：1.01%～1.02%）
		$PM_{2.5}$：38	冠心病：1.02%（95% CI：1.01%～1.03%）
Wong et al. 2008	香港	PM_{10}：52	CVD：0.61%（95% CI：0.11%～1.10%）
	武汉	PM_{10}：142	CVD：0.57%（95% CI：0.31%～0.84%）
Wong et al. 2015	香港	$PM_{2.5}$：Q_2＝34.6	CVD：1.22（95% CI：1.08%～1.39%） 缺血性心脏病：1.42（95% CI：1.16%～1.73%） 脑血管疾病：1.24（95% CI：1.00%～1.53%）
Yu et al. 2012	广州	PM_{10}：60	CVD：1.79%（95% CI：1.11%～2.47%）
钱旭君等，2016	宁波	$PM_{2.5}$：49	CVD：0.53（95% CI：0.13%～0.94%）

不同粒径颗粒物暴露对心脑血管系统疾病死亡率的影响也存在差异。在北京市开展的一项研究，收集了 2004 年 3—2005 年 8 月每日的心血管疾病死亡的人数，检测了粒径为 0.003～0.800 μm 的颗粒物数量浓度（个/cm³），校正了季节性、周内效应和气象因素后分析颗粒物对心血管系统疾病死亡率的即时效应、延迟效应和累积效应。结果表明，颗粒物暴露与心血管系统疾病的日死亡率存在 2 日延迟效应，尤其是对缺血性心脏病死亡率。与 0.03～0.10 μm 粒径的颗粒物暴露关联性最强，当暴露浓度每升高 6 250 个/cm³ 时，缺血性心脏病死亡率增加 7.13%（95% CI：2.91%～11.52%），心血管系统疾病死亡率增加 4.04%（95% CI：1.18%～7.89%）。

二、对易感人群的影响

处于同一暴露水平的不同个体其心脑血管系统对空气颗粒物的反应性不同，高反应性个体在人群中的分布比例，将在一定程度上决定空气颗粒物对各类人群心脑血管损伤效应的异质性。老年人、孕妇、儿童，以及疾病人群由于其特殊的生长发育、机体代谢和免疫特点，往往是环境污染物暴露健康损伤的敏感人群。

（一）对死亡率/发病率的影响

老年人由于脏器生理功能减退，代谢功能减弱，免疫力低下，易患高血压、糖尿病、冠心病及肿瘤等各种慢性疾病，因此老年人是环境污染物暴露的易感人群。已有研究显示，空气颗粒物暴露能增加老年人心脑血管系统疾病死亡或发病的风险。

在兰州开展的一项研究探讨了空气污染短期暴露与心血管系统疾病每日住院率的关联性。研究者收集了兰州 3 个大型综合性医院 2007—2011 年期间，每年 3 月 1 日至 5 月 31 日的心血管系统疾病的每日住院量，共 11 187 例。日均 PM_{10} 浓度为 159 μg/m³，结果发现空气污染物对不同年龄和性别人群的影响有滞后效应，当 PM_{10} 浓度每增加 10 μg/m³，暴露沙尘 1 天后人群心血管系统疾病住院率增加 1.14%（95% CI：1.04%～1.26%），这种效应在老年人（≥60 岁）中更为显著，相应的心血管系统疾病入院率增高 1.21%（95% CI：1.06%～1.38%）。

一项台湾地区的病例交叉研究探讨了亚洲沙尘暴的$PM_{2.5}$暴露对心血管系统疾病急诊量的影响，结果显示$PM_{2.5}$浓度与心血管系统疾病急诊量显著正关联，在老年人（>65岁）组效应更显著。当$PM_{2.5}$浓度每升高10 $\mu g/m^3$，老年人的心血管系统疾病急诊量ORs为2.77（95%CI：1.01～26.69）。此外，在香港开展的回顾性生态学研究（1994—1995年），调查空气污染物的浓度对心血管及呼吸系统疾病入院情况的短期影响。研究结果发现对于心血管疾病，PM_{10}暴露相对危险度为1.006（95%CI：1.002～1.11）。与5～64岁的人群相比，老年人（>65岁）的暴露风险更高，为1.008（95%CI：1.002～1.13）。

在全国范围内开展的空气颗粒物短期暴露与人群死亡率关系研究，Yin等人开展了全国27个省的38个城市的空气颗粒物短期暴露与人群死亡率时间序列分析（>2亿人口）。研究结果表明，大部分城市的PM_{10}暴露对人群心肺疾病死亡率的影响高于对非心肺疾病死亡率的影响，且女性和老年人（>60岁）更为敏感。当PM_{10}浓度升高10 $\mu g/m^3$，疾病死亡率增加0.44%（95% CI：0.30%～0.58%）。对年龄进行分组分析，>60岁的人群疾病死亡率增加0.57%（95% CI：0.40%～0.73%），<60岁的人群增加－0.02%（95% CI：－0.19%～0.14%），两组人群间的差异为0.57%（95% CI：0.36%～0.78%）。对性别进行分组分析，当PM_{10}浓度升高10 $\mu g/m^3$，女性的疾病死亡率增加0.58%（95% CI：0.42%～0.74%），男性的疾病死亡率增加0.30%（95% CI：0.16%～0.50%），男女间的差异为0.24%（95% CI：0.10%～0.38%）。研究结果表明，我国女性和老年人（>60岁）对空气颗粒物短期暴露的效应更为敏感。

（二）对亚临床效应指标的影响

一项在北京市开展的空气颗粒物短期暴露影响代谢综合征患者血管功能的研究，在2012年2—7月招募了北京地区65例代谢综合征患者（平均年龄61岁），研究颗粒物和黑炭暴露对动态血压和心率变异的影响。研究从第四天监测动态血压和心率变异性，第五天监测动脉硬度和血管内皮功能。24小时黑炭和细颗粒物的平均值分别为4.66 $\mu g/m^3$ 和64.20 $\mu g/m^3$。研究发现几个小时前暴露于高水平的黑炭与不良心血管反应显著关联。当体检前10小时内个体黑炭暴露水平每增加1 $\mu g/m^3$ 时，SBP升高0.53 mmHg（95% CI：0.17 mmHg～0.89 mmHg）、DBP升高0.37 mmHg（95% CI：0.10 mmHg～0.65 mmHg），心率低频/高频的变化百分比为5.11%（95%CI：0.62%～9.60%），平均心搏间隔为－0.06%（95%CI：－0.11%～－0.01%）。另一项对慢性阻塞性肺病（chronic obstructive pulmonary disease，COPD，简称“慢阻肺”）患者的短期研究显示室内的PM和黑炭暴露与慢阻肺患者的心脏自主神经功能改变有关（n＝43），研究测定慢阻肺患者24小时的HRV和HR，检测了HR测量前一天及当天的室内PM和黑炭浓度，结果显示当黑炭浓度和$PM_{0.5}$浓度每增加一个IQR浓度（3.14 $\mu g/m^3$ 和20.72 $\mu g/m^3$）时，5min移动平均低频心率分别降低7.45%（95% CI：－1.89%～－3.88%）和16.40%（95% CI：－21.06%～－11.41%）。颗粒物越小，HRV指数和HR的变化效应越大。而Shao等人开展的一项北京室内空气净化研究（Beijing Indoor Air Purifier Study，BIAPSY），对不吸烟的慢阻肺患者和非慢阻肺的老年人开展了病例交叉研究（n＝35），志愿者在家中分别使用2周的有效或无效的移动空气净化器，期间有2周的洗脱期。研究结果显示空气净化器显著地降低了室内$PM_{2.5}$和黑炭的浓度，但仅观察到总人群和慢阻肺患者亚组的炎症因子IL-8分别降低58.59%（95% CI：－76.31%～－27.64%）和70.04%（95% CI：－83.05%～－47.05%），而血压和HRV方面并没有显著改变。

一项在北京开展的室外和室内实时$PM_{2.5}$暴露对老年人心率变异性的研究显示［n＝30，平均年龄（57.9±5.4）岁］，当总的$PM_{2.5}$浓度增加10 $\mu g/m^3$ 时，高频和低频功率分别增加1.30%（95%CI：0.16%～2.45%）和1.34%（95%CI：0.38%～2.30%），如果把室内和室外$PM_{2.5}$暴露时间分开分析，

室内 $PM_{2.5}$ 暴露与 HRV 存在显著正关联，但室外 $PM_{2.5}$ 暴露没有观察到这种关联性。另一项研究开展了北京室内空气 PM 和黑炭暴露对老年妇女的 24 h HRV 和 HR 相关指数的影响（n＝29，平均年龄（68.2±7.3）岁），混合效应分析模型结果显示，越小的颗粒物对 HRV 指数的降低效应越明显，$PM_{0.5}$ 浓度每增加一个 IQR 浓度（24 μg/m³），5 min 移动平均高频功率能下降 19%。

关于空气污染物短期暴露对我国儿童血压的影响的报导很少，目前仅有一篇横断面报导。研究以东北七城市研究（seven northestern cities，SNEC）为调查现场，收集了东北七城市（沈阳、大连、鞍山、抚顺、本溪、辽阳和丹东）2009—2011 年的大气污染物监测数据，共招募了 48 所学校（小学和初中各 24 所）9354 名学生（5～17 岁），测量血压等指标。研究期间 PM_{10} 的日均浓度为109 μg/m³。研究结果显示，PM_{10} 浓度与儿童血压水平有正关联。如在单污染物模型中，血压测量前 5 日平均 PM_{10} 每升高一个 IQR（47 μg/m³），SBP 和 DBP 的水平就分别提高 2.07 mmHg（95% CI：1.71～2.44 mmHg）和 3.29 mmHg（95% CI：2.86～3.72 mmHg）。研究提示空气颗粒物暴露对儿童血压可能存在影响，不过需要开展更多的前瞻性队列研究来进一步探讨这种关联的可靠性。

第二节　空气颗粒物长期暴露对人群心脑血管系统的影响

经研究证实颗粒物长期暴露严重威胁人体健康，尤其对心血管系统损伤风险较高。据 WHO 最新评估数据显示，每年由于室外大气污染造成过早死人数达 370 万，其中我国过早死人数为 30 万，死因主要为心血管疾病。近十几年，心血管疾病始终是造成我国居民死亡的首要原因，占疾病死亡构成的 1/3 以上。

一、对一般人群的影响

室外空气颗粒物污染是心脑血管疾病的一个主要诱因，长期暴露于高浓度空气颗粒物会引起急/慢性效应的发生风险增加，如发病率和死亡率。死亡是最稳定的健康结局，易于数据收集，是目前流行病学研究中评价大气污染健康效应最常用的重要评估指标之一。但同时死亡仅仅是健康效应的一种，难以敏感和细致地反映大气污染对健康的损害，因而还需要结合发病情况和亚临床效应等资料。

（一）对发病率及亚临床效应指标的影响

尽管发病比死亡更能敏感地反映大气污染对健康的危害，但是相较于死亡数据，发病数据的可获得性较差，早期队列研究仍多以死亡为健康效应终点。随着研究的不断深入和完善，逐渐有学者开始关注大气 PM 长期暴露对疾病发病率以及亚临床症状的影响，目前的研究成果表明 PM 长期暴露会增加心脑血管疾病的罹患风险和加重倾向。

美国女性健康队列研究中 Miller 等对全美四个地理区域 36 个大城市 58 610 名 50～79 岁既往无心血管疾病的绝经女性开展了一项持续 6 年的随访调研，该队列研究也是首次将效应终点由死亡转向心血管疾病发生的经典研究之一。在控制年龄、民族/种族、吸烟状况、教育程度、家庭收入、体重指数、有无糖尿病、高血压或者高脂血症等因素后，评价随访者首次心血管事件发生的风险比。结果发现，随访期间 1816 名女性随访者发生过至少一次致死或非致死性心血管事件，包括冠心病/脑血管病所致死亡、冠状动脉血运重建、心肌梗死或卒中。2000 年 $PM_{2.5}$ 年均浓度为 13.5 μg/m³（3.4～28.3 μg/m³），$PM_{2.5}$ 浓度每增加 10 μg/m³，心血管事件发生风险增加 24%（95%CI：1.09%～1.41%），致死风险增加 76%（95% CI：1.25%～2.47%）。脑血管事件发生风险也随 $PM_{2.5}$ 浓度升高而增加（HR 1.35，95% CI：1.08～1.68）。

MESA-Air 队列则探究长期暴露于空气颗粒物与亚临床性动脉粥样硬化（atherosclerosis，AS）症状发生之间的关系，该研究中选择了一些亚临床指标，如踝-臂血压指数（ankle-brachial index，ABI）、颈总动脉内中膜厚度（common carotid intimal-medial thickness，CIMT）、冠状动脉钙化、尿白蛋白排泄率等。MESA-Air 队列发现控制年龄、性别、种族、社会经济条件、饮食、吸烟状况、锻炼情况、血脂、糖尿病、高血压和 BMI 后，CIMT 与 PM_{10} 和 $PM_{2.5}$ 暴露的关联性较弱：PM_{10} 浓度每增加 21 μg/m³ 或 $PM_{2.5}$ 浓度每增加 12.5 μg/m³，CIMT 增加 1%～4%，而两种颗粒物与 ABI 及冠状动脉钙化两项指标间无关联性。PM_{10} 慢性暴露与尿白蛋白排泄率无显著关联。MESA-Air 队列研究所采用的暴露评估方法在目前队列研究中最精细，除了家庭住址编码外，还将个体活动范围、建筑物特征以及室内外空气颗粒物浓度差异等因素均纳入暴露评估范畴，力争将暴露评估精确到个体暴露水平，这种方法可供我国学者在以后的队列研究中借鉴和优化。

随后，我国相继开展了多项针对空气颗粒物慢性暴露与心血管疾病发生发展的流行病学研究。董光辉课题组在东北地区 3 个城市 33 个社区开展了空气污染物对社区居民心血管疾病、中风以及血压影响的流行病学调查，研究发现 2006—2009 年 3 个城市 PM_{10} 的年均浓度为 123.06 μg/m³（93～145 μg/m³），24 845 名居民（18～74 岁）的发生中风和心血管疾病的概率分别为 2.37%和 1.92%；且随着年龄的增高中风和心血管疾病的发生风险也随之升高，65 岁及以上的老人的发生概率为 7.43%和 6.58%；此外，中风和心血管疾病在低文化程度、低收入以及学术工作者等人群中的发生概率较高，高血压、吸烟和酗酒都会显著促进其发生。此外，该研究团队率先探讨室外空气污染物与高血压早期（血压高于正常水平但还未达到高血压标准）的关联性。基于上述研究背景，对 24 845 名参与者进一步筛选，排除高血压患者或曾接受过高血压治疗的个体，结果发现 PM_{10} 浓度与高血压前期的发生呈显著关联，即 PM_{10} 每四分位间距浓度变化，高血压前期发生的 ORs 升高至 1.17（95% CI：1.09～1.25）。该关联性甚至强于高血压的 ORs，1.03（95% CI：1.00～1.07）。对比该团队前期对高血压影响的研究结果，发现高血压前期血压变化比高血压对大气污染物的反应更加敏感。同时研究还发现，SBP 和 DBP 也同 PM_{10} 浓度密切关联，PM_{10} 每增加一个 IQR SBP 和 DBP 分别上升 1.24 mmHg（95% CI：1.03～1.45 mmHg）和 0.47 mmHg（95% CI：0.33～0.61 mmHg）。

台湾地区也开展了一项大气 $PM_{2.5}$ 长期暴露与成年人血压以及高血压事件关联性的大型队列研究，收集了该地区 361 560 位 18 岁以上参与者 2001—2014 年体检资料，对其中 125 913 名非高血压个体进行随访，并通过卫星模型估算 $PM_{2.5}$ 每两年的平均浓度。研究结果显示 $PM_{2.5}$ 每两年的平均浓度增加 10 μg/m³，SBP、DBP 和脉压（pulse pressure，PP）分别升高 0.45 mmHg（95% CI：0.40～0.50 mmHg），0.07 mmHg（95% CI：0.04～0.1 mmHg）和 0.38 mmHg（95% CI：0.33～0.42 mmHg），此外高血压的发生风险增加 3%（HR＝1.03，95% CI：1.01～1.05）。

另一项对台北地区的随机交叉干预研究探讨了长期室内空气状况对住户（30～65 岁）心血管健康的影响，结果显示室内 $PM_{2.5}$ 浓度升高会引起 hs-CRP、8-OHdG 和血压升高。此外，该研究显示空气过滤装置能有效改善室内空气质量，缓解长期空气 PM 暴露所致成年人血压和血液中系统炎症及氧化应激生物标志物水平的升高。这一结论也支持了该研究团队前期关于空气净化设备能显著改善室内 $PM_{2.5}$ 对健康成年人血压及心率影响的研究结果。

目前已有充分的证据显示空气颗粒物对心血管疾病的发病率以及亚临床症状有着显著影响。

（二）对死亡率的影响

不同粒径的空气颗粒物长期暴露易诱发心律失常、动脉粥样硬化等心血管疾病，并使心力衰竭加重和缺血性心脏病恶化，最终导致死亡率升高和预期寿命减短。

空气颗粒物长期暴露对心脑血管系统影响的队列研究多集中在北美和欧洲等发达国家，我国也逐渐开展了几项大规模的队列研究，主要研究颗粒物为大气 TSP 和 PM_{10}（见表 5-2）。关于大气污染物长期暴露与我国居民死亡率之间的关联性研究在 20 世纪 90 年代末首次被报道。徐肇翊等通过生态学研究方法探讨沈阳市大气中 TSP 长期暴露与心脑血管疾病死亡率间的关系，同时利用时间序列分析大气 TSP 急性暴露对死亡的影响。该研究结果显示 1986—1988 年及 1992 年 4 年中沈阳市大气 TSP 年平均浓度高达 467 $\mu g/m^3$，大大超过 WHO 和我国空气质量标准。沈阳市心、脑血管两种疾病死亡率和大气 TSP 暴露显著关联。王慧文等在开展沈阳市大气 TSP 对心血管疾病死亡率影响的研究中也得到类似结论。即大气 TSP 年均浓度每增加 100 $\mu g/m^3$，人群心血管疾病死亡率升高 1.20%（95% CI：0.40%～2.10%）。此外，该研究还发现男性组、女性组以及老人组（＞65 岁）心血管死亡率分别增加 2.78%（95% CI：1.60%～4.00%）、4.06%（95% CI：2.90%～3.98%）和 4.30%（95% CI：3.40%～5.20%）。其中受到 TSP 影响最明显的老人组，其男性、女性死亡率各升高 5.8%和 4.3%。此外，井立滨等对本溪市 1993—1994 年全市 3 个区 7 个大气监测点附近 667 553 名居民的死亡资料进行收集整理，结果显示 TSP 浓度每升高 100 $\mu g/m^3$，人群总死亡率升高 8%（95% CI：2%～14%），心血管病和脑血管病的死亡率分别增加 24%（95% CI：8%～41%）和 8%（95% CI：0%～15%）。

随后，阚海东与顾东风研究团队基于全国高血压调查及其随访研究（China National Hypertension Survey，CNHS），开展了关于大气污染与健康效应关系的前瞻性队列研究 CNHS-Air，研究对象涉及全国 16 个省份 31 个城市 70 947 名中年男女性，其结果显示 1991—2000 年 TSP 平均浓度升高 10 $\mu g/m^3$，人群心血管系统疾病增加 0.9%（95% CI：0.3%～1.5%）。与此同时，另一项全国代表性的队列研究探讨了空气颗粒物与我国中年男性死亡率的关联性（n＝71431）。该研究基于 1990—2005 年中国国家环境监测中心（china national environmental monitoring center，CNEMC）来自全国 25 个城市 91 个空气监测点所收集的气象及大气 TSP 及 PM_{10} 浓度资料，分析发现 PM_{10} 浓度与心肺疾病死亡率间均呈显著联系，PM_{10} 平均浓度每升高 10 $\mu g/m^3$，研究对象总死亡和心血管疾病的风险分别增加 1.6%（95% CI：0.7%～2.6%）和 1.8%（95%CI：0.8%～2.9%），而 TSP 浓度仅与心血管疾病死亡率密切关联。

汤乃军和张利文等学者在探索颗粒物污染慢性健康效应的队列研究中，对颗粒物浓度水平不同的北方四个城市（太原＞沈阳＞天津＞日照）的 39054 名研究对象，开展了颗粒物对人群心血管系统疾病健康影响的大规模人群流行病学回顾性队列研究，收集了 1998—2009 年间人群的死亡率及颗粒物浓度资料，分析发现大气 PM_{10} 浓度的升高可使心血管系统疾病死亡率显著增加，四个城市 PM_{10} 平均浓度升高 10 $\mu g/m^3$，心血管系统疾病、缺血性心脏病以及心脏衰竭死亡率的 RR 分别为 1.23（95% CI：1.19～1.26），1.37（95% CI：1.28～1.47）和 1.11（95% CI：1.05～1.17）。其中污染程度较严重的沈阳，1998—2009 年期间 PM_{10} 的年平均浓度为 154 $\mu g/m^3$，颗粒物主要来源为工业排放和燃煤排放，PM_{10} 的年平均浓度升高 10 $\mu g/m^3$，心血管系统疾病死亡率的 RR 值为 1.55（95% CI：1.51～1.60）。

沈阳作为我国较大的重工业城市之一，大气污染现状尤为严重，据报道 1981—1991 年 TSP 年均浓度高达 461 $\mu g/m^3$。尽管从 20 世纪 90 年代后期，我国开始重视空气颗粒物的健康危害以及排放控制，国内空气质量得到改善。但是在快速发展的沈阳，空气颗粒物浓度仍远高于国家空气质量二级标准。陈杰等根据 1998—2009 年沈阳市 12 年空气颗粒物监测数据与心脑血管疾病死亡率调查数据，展开了一项回顾性队列研究，以期探讨长期 PM_{10} 暴露与人群心脑血管疾病死亡率间的关联性，研究结果显示 PM_{10} 年均浓度每升高 10 $\mu g/m^3$，心血管疾病和脑血管疾病的 HR 分别增加 55%（HR＝1.55，95% CI：1.51～1.60）和 49%（HR＝1.49，95% CI：1.45～1.53）。

2012年我国将$PM_{2.5}$首次纳入《空气质量标准》（GB 3095—2012），$PM_{2.5}$浓度值由官方正式监测发布，因而现阶段我国仍缺乏探索$PM_{2.5}$长期暴露与心脑血管疾病之间关联性的环境流行病学研究，以及自然状态下空气质量持续改善的健康效应研究。目前香港和台湾地区分别开展了相关研究评价了$PM_{2.5}$的慢性健康效应。Wong等在香港地区开展了长期队列研究对66 820名65岁以上参与者进行10～13年的随访，利用NASA的高分辨卫星获取环境监测数据，并通过Cox风险比例回归模型计算分析$PM_{2.5}$浓度与参与者死亡风险的关联性。研究表明居住地附近室外$PM_{2.5}$浓度越高，人群死亡风险越大，即$PM_{2.5}$平均浓度每升高10 μg/m³，全死因、心血管疾病、缺血性心脏病，以及心脑血管疾病的死亡风险分别为1.14（95% CI：1.07～1.22）、1.22（95% CI：1.08～1.39）、1.42（95% CI：1.16～1.73）和1.24（95% CI：1.00～1.53）。

在台湾地区，Tseng等于1989—2008年对43 227公职人员和教师的健康数据进行收集整理，并从台湾环保局获得参与者居住区附近空气颗粒物浓度监测数据，利用Cox风险比例回归模型调整混杂因素。调研期间参与者居住区附近的$PM_{2.5}$平均浓度范围在22.8～32.9 μg/m³，在调整了吸烟状况、酒精摄入量、婚姻状况等可能混杂因素后，结果显示$PM_{2.5}$长期暴露引起的全死因和心血管疾病的HR分别为0.92（95% CI：0.72～1.17）和0.80（95% CI：0.43～1.50），且无显著关联。该研究结果与其他研究不一致的可能原因有：该研究仅在台北地区开展，$PM_{2.5}$浓度的取值范围较小；该地区整体$PM_{2.5}$浓度水平22.8～32.9 μg/m³ 相较其他研究偏低；研究对象均为公职人员，职业暴露特征和经济状况相似；观察到的终点事件——心血管疾病死亡例数较少。

周脉耕研究团队在针对空气颗粒物$PM_{2.5}$长期暴露与我国男性非意外和特殊死亡率关系的前瞻性队列研究中发现，在我国45个地区2000—2005年期间$PM_{2.5}$平均浓度为43.7 μg/m³（4.2～83.8 μg/m³），当$PM_{2.5}$暴露浓度每增加10 μg/m³，189 793名40岁以上男性群体的非意外疾病的HR增加9%（95% CI：1.08～1.10）。此外，该研究团队基于北美和西欧之前开展的队列研究结果，利用综合暴露—反应模型（integrated exposure-response，IER）对浓度—计量关系进行预测。而该研究分析结果高于IER的预测结果，表明直接利用基于西方发达国家研究结果的IER模型可能低估在中国或其他中低收入国家长期暴露于大气污染中所引起的非意外和特殊死亡的风险。另一项模型预测研究显示，2013年我国74个主要城市32%的死亡与大气$PM_{2.5}$暴露有关，其中心血管疾病是死亡的首要原因，占死亡总数的47%。该研究根据国内外最新的数据建立log线性暴露—反应模型，预测得出如果达到大气污染预防和控制（air pollution prevention and control，APPC）计划目标，那么与2013相比，2017年74个主要城市因$PM_{2.5}$暴露引起的死亡人数会大幅减少。

表5-2　空气颗粒物长期暴露致全因死亡及心血管疾病死亡相对风险评估的队列研究汇总

研究名称	研究人群	研究年份（年）	PM	浓度[①]（μg/m³）	区域	PM浓度每增加10 μg/m³ 死亡相对风险%（95% CI）	
						全因	心血管疾病[②]
哈佛六城市	8 111人	1976—1989	$PM_{2.5}$	18（11～30）	城市	13（4～23）	18（6～32）
哈佛六城市	8 096人	1979—1998	$PM_{2.5}$	15（10～22）	城市	16（7～26）	28（13～44）
哈佛六城市	8 111人	1974—2009	$PM_{2.5}$	16（11～24）	城市	14（7～22）	26（14～40）
ACS队列	51城市500 000人	1982—1998	$PM_{2.5}$	18（4）	城市	6（2～11）	9（3～16）[②]

续表

研究名称	研究人群	研究年份（年）	PM	浓度[①]（$\mu g/m^3$）	区域	PM浓度每增加10 $\mu g/m^3$ 死亡相对风险%（95% CI）	
						全因	心血管疾病[②]
ACS子队列	洛杉矶地区 22 905人	1982—2000	$PM_{2.5}$	（9～27）	地区编码	17（5～30）	26（1～60）[②]
日本队列	7 250名30岁以上人群	1980—2004	PM_{10}	27～43	区域	−2（−8-4）	～1（−1～0）
德国队列	Ruhr地区4752名女性	1985—2003	PM_{10}	44（35～53）	地址	12（−9～37）	52（8～114）
美国卡车运输队列	53 814名男性	1985—2000	$PM_{2.5}$	14（4）	地址	10（3～16）	5（−7～19）
荷兰队列	120 852人	1987—1996	$PM_{2.5}$	28（23～37）	地址	6（−3～16）	4（−10～21）
美国健康随访队列	中西部和东北部17 545名高学历男性	1989—2003	$PM_{2.5}$	18（3）	地址	−14（−28～2）	3（−17～26）
中国香港老年人队列	66 820名65岁以上老人	1989—2001	$PM_{2.5}$	33～29	区域	14（7～22）	22（8～39）
中国男性队列	25城市71 431名男性城市居民	1990—2006	PM_{10} TSP	104 382	地址	1.6（0.7～2.6） 0.4（−0.1～1）	1.8（0.8～2.9） 1（0.4～1.7）
中国CNHS-Air队列	16省31城市70 497人	1991—2000	TSP	289（113～499）	城市	0.3（0～1）	1（0～2）
加拿大国家队列	2 100 000名非移民	1991—2001	$PM_{2.5}$	9（2～19）	45 710个卫星定位点	10（5～15）	15（7～24）
美国护士健康队列	东北部大城市66 250名女性	1992—2002	PM_{10}	22（4）	地址	11（1～23）	35（3～77）
美国女性健康队列	36城市65 893名绝经女性	1994—1998	$PM_{2.5}$	14（3～28）	地区编码	NA	76（25～147）
新西兰人口普查队列	各城市1 060 000人	1996—1999	PM_{10}	8（0～19）	普查区	7（3～10）	6（1～11）
加利福尼亚教师队列	101 784名女性教师	1997—2005	$PM_{2.5}$	16（3～28）	地址	1（−5～9）	7（−5～19）
中国回顾性队列	沈阳5个区9 941人	1998—2009	PM_{10}	154（78～274）[③]	区域	53（50～56）	55（51～60）

续表

研究名称	研究人群	研究年份（年）	PM	浓度① （$\mu g/m^3$）	区域	PM 浓度每增加 10 $\mu g/m^3$ 死亡相对风险%（95% CI）	
						全因	心血管疾病②
中国北方四个城市队列	4 城市 39 054 名城市居民	1998—2009	PM_{10}		城市	24（22～27）	23（19～26）
中国台北公务人员及教师队列	43 227 名公务人员和教师	1998—2008	$PM_{2.5}$	23～33	区域	−8（−28～17）	−20（−57～50）
温哥华队列	温哥华市 452 735 名 45～85 岁人群	1999—2002	$PM_{2.5}$	4（0～10）	地址	NA	7（～14—32）
中国中老年男性队列	45 地区 189 793 名 40 岁以上男性	2000—2005	$PM_{2.5}$	44（4～84）④	区域	NA	9（8～10）
瑞士国家队列	全国人口普查死亡相关数据	2000—2005	PM_{10}	19（>40）	地址	NA	～1（−3～0）

注：①年均浓度，括号内为最低浓度和最高浓度；括号内一个数字标示标准差。②无心血管疾病死亡数据以心肺疾病死亡数据代替。③高污染水平在五个区域有显著变化。④中位数和第 90 百分位数。

欧美等发达国家较早地开展了关于空气颗粒物慢性暴露与健康效应的研究，也取得了扎实的研究证据，其中得到公认的大样本前瞻性队列研究为美国哈佛六城市队列研究以及美国癌症协会（American Cancer Society，ACS）队列研究。美国哈佛六城市队列研究利用自建队列率先探讨大气 $PM_{2.5}$ 长期暴露对心血管疾病死亡的关联性。发现大气 $PM_{2.5}$ 浓度每升高 10 $\mu g/m^3$，心血管疾病死亡风险增加 18%（95% CI：6%～32%）。此外，该研究同时证明颗粒物的健康效应独立于其他污染物。随后，Pope 等学者的 ASC 队列研究也证明大气 $PM_{2.5}$ 浓度每升高 10 $\mu g/m^3$，心血管疾病死亡率增加 9%（95% CI：3%～16%），其中 $PM_{2.5}$ 相关的缺血性心脏病死亡率危险比最高，达 7.5%。此外心律不齐、心衰、心脏骤停的危险度均有所提升。ACS 队列研究采用家庭住址编码法考虑到研究对象家庭所在区域，对于个体暴露水平评估更为准确。

爱尔兰首都都柏林所开展的一项干预实验，目的是为了探究空气颗粒物污染对心血管系统的慢性效应。1990 年 9 月，都柏林开始全面禁止使用煤炭，截至 1996 年，空气颗粒物黑烟（black smoke，BS）的浓度下降了 70.0%（35.6 ug/m^3）。在调整了流感、自然死亡规律、气候等混杂因素后，发现都柏林居民的心血管疾病的死亡率随 BS 浓度下降而降低 10.3%，即每年减少心血管疾病的死亡数 243 人。这项研究有力地加强了空气颗粒物与心血管疾病死亡之间因果关系的推断。

然而，在 Beelen 等学者所开展的一项大型多中心欧洲空气污染效应队列研究（European Study of Cohorts for Air Pollution Effects，ESCAPE）中并未发现大气 PM 长期暴露与心血管疾病死亡率具有关联性，而脑血管疾病死亡率随 $PM_{2.5}$ 暴露浓度（每升高 5 $\mu g/m^3$）和 PM_{10} 暴露浓度（每升高 10 $\mu g/m^3$）升高分别增加 1.21（95% CI：0.87～1.69）和 1.22（95% CI：0.91～1.63）。该研究结果不同于以往研究的原因可能是心血管风险因素的改变，如降低吸烟和增加药物治疗等。

目前，虽然已有大量相关的国外研究成果可供参考，但是由于我国空气颗粒物来源、浓度、化学组分不尽相同，加之我国与西方国家的人群易感性、种族、年龄分布、生活方式、社会经济状况和医

疗水平等诸多不同，因而不能直接将西方国家的研究结论应用于我国，所以亟需更多针对我国污染现状及人群特征，特别是要考虑我国地区间差异的多中心队列研究。

二、对易感人群的影响

（一）对老年人的影响

长期暴露于高浓度的空气颗粒物，极易引起老年人心脑血管疾病的发生发展，甚至死亡。一项对比 2008 年北京奥运会前期（5 月 20 日至 6 月 20 日）及会后（8 月 1 日至 9 月 1 日）空气颗粒物浓度对老年人心血管疾病死亡率影响的研究，在北京大学站点收集气象条件和空气颗粒物浓度的监测数据，浓度采取 0 天至 4 天的平均值；并从官方网站获取心血管疾病死亡人数资料，死亡率采用 5 天的平均值计算，并利用类泊松回归模型进行数据分析。研究结果显示，暴露空气颗粒物 1 天和 5 天后，心血管疾病的死亡率升高 8.8%（95% CI：2.7%～15.2%）。其中女性及老年脑血管疾病患者中，这一现象更明显。对比奥运会前期和赛后数据显示，降低和控制北京地区空气颗粒物浓度，提高整体空气质量能够有效降低心血管疾病的死亡率。

一项涉及我国广东、湖北、吉林、陕西、山东、云南以及浙江 7 省份和上海市 12 665 名 50 岁及以上老人开展的横断面研究，通过卫星数据估算了每个社区 $PM_{2.5}$ 年均浓度。该研究结果显示大气 $PM_{2.5}$ 浓度每升高 10 $\mu g/m^3$，老年人高血压的 aORs 为 1.14（95% CI：1.07～1.22）。进一步估算参与调研的老人中，11.75%（95% CI：5.82%～18.53%）的高血压事件，即 914 起（95% CI：453～1442）的发生都与大气 $PM_{2.5}$ 有关。另外，研究还指出超重以及肥胖会促进 $PM_{2.5}$ 对老年人高血压发生的不良影响，而水果的摄入能在一定程度上降低风险。因此，该研究提示长期暴露于空气颗粒物会促进老年人高血压事件的发生，增加我国高血压疾病负担。

在台湾地区也开展了一项评价长期暴露于空气污染物对老年人血压、血脂、血糖和血液中炎症相关生物标志物变化的影响研究，该研究基于台湾社会环境与老龄化生物标志物研究收集血压及血液生化标志物等数据，并通过台湾环保局获得空气颗粒物监测数据如 PM_{10}、$PM_{2.5}$ 的年均浓度。检测参与该研究的 1 023 名 54 岁以上老年人的血压、总胆固醇、三酰甘油、高密度脂蛋白、空腹血糖、血红蛋白 A1c（haemoglobin A1c，HbA1c）、IL-6 和中性粒细胞等指标，发现 PM_{10} 和 $PM_{2.5}$ 年平均浓度升高与血压、总胆固醇、空腹血糖、HbA1c 和 IL-6 升高显著关联，并且与气体污染物 NO_2 和 O_3 相比，$PM_{2.5}$ 对老年人的影响更明显。这项研究为空气颗粒物长期暴露促进老年人动脉粥样硬化疾病的发生发展提供了依据。

但是在上海市开展的一项关于灰霾对冠心病急诊人数影响的研究中却发现灰霾期（2013 年 12 月 2 日至 9 日）大气 $PM_{2.5}$ 日均浓度高达 212 $\mu g/m^3$，相较非灰霾期（2013 年 11 月 1 日至 12 月 1 日和 2013 年 12 月 10 日至 2014 年 2 月 28 日）$PM_{2.5}$ 日均浓度 76 $\mu g/m^3$，灰霾期冠心病急诊人数显著增加，RR 值为 1.18（95% CI：1.04～1.32）且无滞后性。此外，该研究还发现灰霾天气对 65 岁以下冠心病急诊人数的影响要高于对 65 岁以上人群的影响，且对男女性的影响无明显差异。该研究结果与国内外研究结果不一致，究其原因可能是两组间的各类混杂因素，如冠心病史、共患病和个人生活方式（如饮食结构、运动、吸烟和饮酒等）。另一可能的原因是灰霾预警后，更多的老年待在室内，而年轻人则需要进行更多的室外活动。

东北地区 3 个城市 33 个社区的研究中也强调随着年龄增长，个体对空气颗粒物暴露越敏感。研究显示 65 岁及以上的老人的中风以及心血管疾病的发生概率达 7.43%和 6.58%。此外，长期暴露于空气颗粒物造成老年人高血压的发生概率升高，其中 SBP 与空气颗粒物 PM_{10} 暴露浓度密切关联。该研究提

示在对易感人群的保护中需要关注老人等潜在高血压患者。

目前普遍认为老年人是空气颗粒物的易感人群，其原因可能和老年人中罹患慢性基础性心脑血管疾病的比例较多，且老年人本身体质较差，对吸入呼吸道内的颗粒物清除能力和自身免疫力较低，因而更易感。我国心脑血管疾病患者约 2.9 亿人，其中主要为老年患者，加之当前我国正处于老龄化阶段，长期暴露于高浓度的空气颗粒物对这一易感人群心脑血管系统的危害会越发明显，应当引起有关部门的重视。

（二）对儿童及新生儿的影响

与成年人相比，儿童及新生儿正处于生长发育期，是对外源性因素刺激最为敏感的人群之一。在过去的 20 年随着儿童高血压的持续高发，关于大气污染物对其影响的研究也受到广泛关注。董光辉课题组对我国大气污染较为严重的东北地区 7 个城市 24 个地区 9 354 名 5～17 岁的儿童展开调查，发现儿童高血压与空气颗粒物之间存在关联。根据各地区空气监测站数据得到 2009—2012 年 7 个城市 PM_{10} 的平均浓度为 88.9 $\mu g/m^3$（50～132.5 $\mu g/m^3$），调研获得儿童高血压的发生概率为 14%。同时该研究发现根据 BMI 肥胖和过重儿童分别占儿童总数的 17%和 16%，这些儿童与正常体重儿童的高血压发病概率 11%相比，分别升高至 23%和 17%。此外，肥胖与空气颗粒物暴露均可增强机体的炎性反应，因此肥胖可进一步增强空气颗粒物对儿童 SBP 和 DBP 变化的影响，如随着空气颗粒物 PM_{10} 浓度升高，过重/肥胖儿童的 SBP 和 DBP 较正常体重儿童增加更为明显。该研究证明空气颗粒物暴露与儿童血压升高具有关联性，而肥胖可能造成儿童对空气颗粒物更加敏感。

根据 2012 年中国出生缺陷防治报告估计，我国出生缺陷总发生率约为 5.6‰，其中先天性心脏缺陷（congenital heart defect，CHD）发生率呈持续上升趋势，仅 2011 年先天性心脏病占全部出生缺陷的 26.7%。流行病学研究提示，空气颗粒物暴露与新生儿多种心血管畸形的发生有关，但结果仍存有争议。武汉市开展了一项研究，探究妊娠期间暴露于 $PM_{2.5}$ 和 PM_{10} 的孕妇所生产的 105 988 名新生儿（包括存活新生儿、死产和新生儿死亡）中 CHD 的发生风险。对每一位参与的孕妇通过其居住地附近的大气监测站获得妊娠早期 PM_{10} 和 $PM_{2.5}$ 暴露周/月平均水平。运用 Logistic 回归模型计算调整的 ORs 值和 95%CI 值。研究结果显示 $PM_{2.5}$ 浓度的升高与新生儿 CHD，特别是室间隔缺损（ventricular septal defect，VSD）密切关联。怀孕 7～10 周的孕妇分别暴露于 $PM_{2.5}$，其周平均浓度每升高 10 $\mu g/m^3$，其新生儿 VSD 的 aORs 从 1.11 升高至 1.17（95% CI：1.02～1.20，1.03～1.22，1.05～1.24，1.08～1.26）。空气颗粒物暴露可能对子宫内胎儿心血管系统发育造成不良影响，但仍需要更多研究来论证。

另一项在福州开展的病例对照研究探讨了妊娠前期接触空气颗粒物 PM_{10} 对胎儿心血管畸形的影响。该研究收集了 2007—2013 年每 10 天或者每月 PM_{10} 的平均浓度，根据反距离加权法计算孕早期 PM_{10} 的暴露浓度，最终病例组 662 名新生儿（选择终止除外）以及对照组 3 972 名新生儿纳入该研究。以暴露状况为分类变量，通过构建多因素 Logistic 回归模型量化 aORs 分析 PM_{10} 暴露致胎儿心血管畸形的风险。研究发现 PM_{10} 暴露水平与新生儿新房间隔缺损、动脉导管未闭、整体胎儿心血管畸形、VSD 以及法洛四联症间均呈正关联，且妊娠期前两个月 PM_{10} 暴露水平与各项指标关联性最强。

然而，现有研究的结论并不一致。一项美国新生儿缺陷预防研究就指出，孕妇在妊娠早期暴露于 $PM_{2.5}$ 与胎儿左心发育不全综合征发生危险性呈正关联，与房间隔缺损发生的危险性呈负关联，该研究中所选取的 $PM_{2.5}$ 浓度为监测期间每日最高浓度。另一项回顾性队列研究表明，妊娠期高浓度 $PM_{2.5}$ 暴露会增加胎儿永存动脉干、全肺静脉回流异常、主动脉缩窄、主动脉弓中断、严重的先天性心脏缺损的发病风险。而西班牙的一项病例对照研究提示，母亲孕期暴露于机动车尾气污染物 $PM_{2.5}$ 与胎儿心血

管畸形显著关联，其中与主动脉缩窄、主动脉肺动脉错位发生的危险性呈正关联，与室间隔缺损和房间隔缺损发生危险性呈负关联。

造成目前结果不一致的原因可能有：①研究地区不同，多数研究是在北美以及欧洲等地区开展，其空气颗粒物暴露水平相对较低，其对新生儿心血管系统的不良效应不易被发现；不同地区其空气颗粒物来源、成分与组成均不一致，其健康效应也会有差别。②研究人群不同，纳入对象存在个体差异，如种族、年龄以及生活方式等都会对研究结果造成影响。③研究方法不同，尤其是暴露评估方法以及统计分析策略的不同，都会对研究结果有较大影响。④混杂因素的排除，影响结果的混杂因素十分复杂和多样，如饮酒、吸烟、职业特征、教育程度、孕期营养品的补充等，都有可能被忽视。当前空气颗粒物浓度严重超标，婴幼儿是极易受到颗粒物污染物侵害，因此需要给予更多的关注与保护。这也需要更多的学者结合我国的污染特点和人群特征，通过更加科学的方法评估对这一特殊群体心血管系统潜在的不良效应。

（三）对女性的影响

Brook 等学者在汇总多项长期 $PM_{2.5}$ 暴露与心血管疾病关联性研究结果后，发现相较于男性，女性群体更容易受空气颗粒物影响，主要表现为心血管疾病发病率的升高。ACS 队列研究显示，$PM_{2.5}$ 可以使女性的心血管疾病死亡风险增加，且略高于男性。但是这一结论目前仍存在争议。我国学者董光辉课题组针对我国的污染特征，在东北地区 33 个社区展开空气颗粒物 PM_{10} 对心血管病的发病风险、中风和血压的影响研究，结果发现男性中风和心血管病的发病情况分别为 2.93％和 3.14％，高于女性的 1.79％和 0.64％。而女性 SBP 和 DBP 与 PM_{10} 暴露浓度相关性更密切，特别是女性超重以及肥胖人群长期暴露于空气颗粒物其高血压的发生概率较正常体重人群更高。此外如上文所述，空气颗粒物长期暴露对妊娠期女性影响的研究结果也不一致，因此，性别对空气颗粒物的敏感性有待进一步探究。

第三节 空气颗粒物与其他环境因素交互作用对心脑血管系统的影响

一、与气象因素的交互作用

研究表明气温、湿度等气象条件是大气污染流行病学研究中重要的混杂因素，与空气污染物的共同暴露往往能影响心脑血管系统的健康结局。2010—2011 年间，研究者在北京开展了环境温度与空气污染暴露对健康成年人血压的影响。研究结果显示，气温与交通相关的空气污染物（$PM_{2.5}$、有机碳、元素碳和 NO_2）之间存在明显的相互作用（在所有交互作用检验中 $P<0.05$）。每日最低温度每下降 10℃，在高元素碳含量（≥中位数）水平下，SBP 和 DBP 分别上升 4.9 mmHg（95％CI：2.9～6.8 mmHg）和 3.7 mmHg（95％CI：2.3～5.1 mmHg），而在低元素碳水平（＜中位数）下，两者变化分别为－1.3 mmHg（95％CI：－6.3～3.6 mmHg）和 0.7 mmHg（95％CI：－2.8～4.2 mmHg）。这表明低温和空气污染暴露可能存在协同作用，增加健康成年人血压的风险。然而，目前气温对空气颗粒物心脑血管疾病健康结局的影响结论并不一致，有研究证明气温能够影响空气颗粒物所致心血管死亡，而部分研究发现气温与空气颗粒物间并无交互作用。此外，不同温度与空气颗粒物间的交互作用对心脑血管事件的影响也不相同，大量研究证明低温能够促进空气颗粒物的心脑血管风险。

来自香港的一项研究探讨了不同季节和相对湿度水平下，空气污染对缺血性心脏病住院率的影响，并探讨联合的天气因素对污染的可能影响。发现低温和低湿度天气能增强空气污染的影响。在干冷的季节，PM_{10} 每增加 10 $\mu g/m^3$，在暴露 3 天后缺血性心脏病发病入院数增加 1.82％（95％CI：1.24％～

2.40%)。在暖湿季节，污染物的影响大大降低，与缺血性心脏病入院情况的关联不再有统计学意义。来自台湾地区的一项病例交叉研究探讨了亚洲沙尘暴的 $PM_{2.5}$ 暴露对心血管系统疾病急诊量的影响，结果显示晚冬和春季时，心血管系统疾病急诊量更多。

二、与吸烟的交互作用

烟草中的尼古丁可以刺激交感神经，促使血压升高，引起内皮细胞损伤，诱发胰岛素分泌导致血脂异常，从而导致心血管疾病发生。因此吸烟是心血管疾病的重要危险因素，也是研究空气颗粒物和心血管疾病关系的重要混杂因素之一。2012 年哈佛六城市队列研究显示，$PM_{2.5}$ 长期暴露造成当前吸烟者的心血管疾病死亡风险增加 36%，明显高于从未吸烟者（21%）和既往吸烟者（21%）。这一结果与 1993 年哈佛六城市队列研究、护士健康队列结论一致。但是，ACS 队列在对吸烟分层后，发现 $PM_{2.5}$ 浓度每升高 10 $\mu g/m^3$，从未吸烟者、既往吸烟者和当前吸烟者的缺血性心脏病死亡率增高，RR 值分别为 1.22（95% CI：1.14～1.29）、1.15（95% CI：1.07～1.23）和 1.16（95% CI：1.07～1.27），即从未吸烟者的缺血性心脏病的发病风险较既往吸烟者和当前吸烟者更高。但吸烟还会引起其他心血管疾病并导致死亡，如从未吸烟者心律不齐、心衰、心脏骤停等疾病的 RR 值为 1.04（95% CI：0.95～1.15），无统计学意义；而既往吸烟者和当前吸烟者的危险度分别为 1.14（95% CI：1.00～1.29）和 1.31（95% CI：1.12～2.19）。两项研究的结论并不一致，有待更多的研究来探讨吸烟这一因素对空气颗粒物心血管系统健康效应的影响。

三、与其他生活方式的交互作用

越来越多的研究证明母乳喂养对机体健康有益，其效应包括增强子代免疫力、提升智力、减少婴儿猝死症的发生、减少儿童期肥胖、减少罹患过敏性疾病的概率等。中山大学的董光辉团队在东北七城市研究中发现母乳喂养是空气污染长期暴露影响儿童血压的保护因素。对东北七个城市 9 567 名儿童（平均年龄 11 岁）开展调查，在校正了年龄、性别、BMI、父母教育水平、二手烟暴露、家庭收入等混杂因素后，分析结果显示空气 PM_{10} 浓度每升高一个 IQR 水平（30.6 $\mu g/m^3$），有母乳喂养史（连续 3 个月及以上的母乳喂养史）的儿童高血压 ORs 为 1.57（95% CI：1.40～1.76），而没有母乳喂养史的儿童高血压 ORs 为 2.06（95% CI：1.70～2.48）。研究结果提示可以通过增加对母乳喂养有益健康的公众宣传来减低空气颗粒物暴露对儿童的血压影响。

肥胖是心血管系统疾病患病和死亡的危险因素。造成肥胖的主要原因包括遗传、饮食和运动习惯等。董光辉团队开展了东北 33 社区长期空气污染暴露对血压影响的研究，在 2009—2010 年间调查了东北 3 个城市 11 个区，共 33 个社区的 24 845 名成年人。研究结果显示 PM_{10} 浓度每升高一个 IQR（19 $\mu g/m^3$）时，SBP 和 DBP 分别增高 0.87 mmHg（95% CI：0.48～1.27 mmHg）和 0.32 mmHg（95% CI：0.08～0.56 mmHg）。而超重和肥胖与 PM_{10} 暴露有交互效应，尤其在肥胖男性中空气污染物暴露与高血压存在显著正关联（ORs：1.09～1.24）。在东北七个城市研究中也观察到 PM_{10} 长期暴露与肥胖儿童的高血压关联强于正常体重儿童，当 PM_{10} 浓度每升高一个 IQR 水平（30.6 $\mu g/m^3$），肥胖儿童高血压 ORs 为 2.91（95% CI：2.32～3.64），而正常体重儿童高血压的 ORs 仅为 1.21（95% CI：1.07～1.38）。在对北京老年妇女的定组研究中发现（n=29），肥胖能增加室内 $PM_{2.5}$ 暴露对 HRV 指标的影响，当室内 $PM_{0.5}$ 每升高 1 个 IQR 水平（24 $\mu g/m^3$），肥胖组（BMI $>$25 kg/m^2）和正常体重组妇女（BMI$<$25 kg/m^2）的 5 min 移动平均高频功率分别下降 34.5%和 1.0%，并且黑炭浓度与 HRV 指标之间的负关联也在肥胖组更为显著。

第四节 问题与展望

近二十年来，我国有关空气颗粒物暴露与人群心脑血管系统健康影响的研究已经取得了较大的进展，开展了大量的空气颗粒物对人群心脑血管系统疾病发病率、死亡率，以及反映心血管系统健康状态的亚临床效应指标影响的人群流行病学研究，探讨了颗粒物对心脑血管系统的不良效应及其作用机制。综合目前的研究进展，本节提出几点亟待解决的问题和研究方向：

（1）颗粒物暴露浓度评估的方法学。暴露评估方法的准确性和有效性是开展健康风险评估的先决条件。然而传统的空气颗粒物暴露评价方法多采用大气质量监测站点的颗粒物平均浓度作为人群的暴露水平，忽略了颗粒物的空间分布和动态变化，这在评价人群颗粒物暴露的剂量反应关系时往往导致偏倚产生。近年来，随着地理信息系统和遥感监测技术的快速发展，利用基于中分辨率成像光谱仪和气溶胶光学厚度嵌套的空间分析模型构建人群颗粒物暴露评估模型，能为精确评价区域内部的空气颗粒物空间变异水平和空间分布趋势提供新的方法，可以很好地应用于空气颗粒物暴露与心脑血管系统健康效应的关联研究。

（2）人群流行病学设计。目前大部分关于空气颗粒物暴露与人群心脑血管系统健康影响的研究采用时间序列分析、病例交叉研究以及固定群组研究设计来探讨颗粒物的健康效应，这难以阐述空气颗粒物长期暴露对心脑血管系统的影响，需要开展前瞻性队列研究进一步探讨可能的关联性。

（3）颗粒物组分的毒性效应和联合作用。不同地区的经济水平、工业模式、地理和气象特征等存在较大差异，故颗粒物的来源和组分会有地区差异，这可能会造成不同研究的结论不一致。因此，开展多中心/多城市的联合研究，解析颗粒物组分，探讨颗粒物与其他因素的交互作用和联合效应是未来重要的研究方向。

今后研究应根据我国各地区空气颗粒物暴露的特点，针对一般人群和易感人群开展空气颗粒物暴露对人群心脑血管系统的健康效应评估。加强开展多学科的交叉合作，充分利用环境化学、大气科学、环境流行病学、环境毒理学等学科领域的新技术和新方法，为更好地开展我国空气颗粒物对心脑血管系统健康影响的研究，构建颗粒物暴露与心脑血管系统疾病发生的预警预测体系，为有针对性的采取空气颗粒物的污染防控措施，有效降低人群心脑血管疾病负担，为我国各级政府制定疾病预防控制策略提供科学依据和技术支持。

（曾晓雯　安珍）

第六章　空气颗粒物对人群神经系统的影响

空气颗粒物携带大量的铅、镉、有机汞、多环芳烃等神经性毒物，这些毒性物质能直接或溶解进入血液，随血液循环对机体的神经系统造成损伤，毒性物质还可能通过系统性炎性对神经系统造成损伤，一些易感人群更易受空气颗粒物的影响。

儿童和老年人均是环境危害的易感群体，在孕期和儿童发育早期的环境污染物暴露能影响胎儿和儿童的健康。胎儿期和出生后早期是神经系统发育的关键时期，现有研究多证实，空气颗粒物暴露可以影响儿童神经心理发育，出现智力发育、记忆力、注意力的下降，甚至与自闭症谱系障碍等相关。空气颗粒物暴露也会影响老年人的认知功能，引发神经退行性变化，导致老年人患神经退行性疾病的发病率及病死率增加。此外，空气颗粒物还会损害心脏自主神经系统平衡而导致心律失常的发生或加剧，有关空气颗粒物对心脏自主神经系统影响的内容详见第四章，本章主要介绍空气颗粒物对易感人群（儿童和老年人）中枢神经系统的影响。

第一节　空气颗粒物对儿童神经系统的影响

儿童神经心理发育，尤其是生命早期和青春期前的发育对其学习能力、运动能力、心理行为等有着重要影响。一般认为，儿童神经心理发育与个体内在的遗传因素、生物因素、心理因素和外在的家庭教育及环境因素等有关。近年来，随着环境污染的日渐加重，空气颗粒物对人类健康的影响受到了广泛的关注。联合国儿童基金会 2016 年 10 月 31 日公布的一份报告显示，目前大约有 3 亿儿童生活在空气严重污染地区。有研究表明空气颗粒物携带了大量的铅、镉、有机汞、多环芳烃等神经性毒物，由于儿童血脑屏障发育不健全，加之这些污染物之间可能存在着联合或协同作用，因此，儿童的神经系统发育更容易受到这些有毒物质的直接或间接作用。但目前，国内相关领域的研究还处于起步阶段。

一、对认知行为的影响

（一）国内研究

国内学者开展了空气颗粒物暴露对学龄前和小学生日常行为和神经行为功能影响的多项横断面研究。朱中平等于 2013 年 4—9 月采用分层抽样调查了深圳市某区 22 所幼儿园，以手持式环境粉尘仪检测幼儿园教室、操场、玩具室、起居室 4 类儿童主要活动场所的 $PM_{2.5}$ 水平，结合儿童时间—活动日记，计算儿童 $PM_{2.5}$ 平均暴露水平。采用 Achenbach 儿童行为量表家长问卷调查了 1290 名在深圳居住两年以上的学龄前儿童（4～5 岁）的行为问题情况。研究显示儿童 $PM_{2.5}$ 个体暴露平均值为 113 $\mu g/m^3$，最高值达 206 $\mu g/m^3$。男童攻击性、违纪得分和总分与 $PM_{2.5}$ 水平呈正相关，女童抑郁、分裂样、多动得分及总分与 $PM_{2.5}$ 水平呈正相关。因此，该研究显示 $PM_{2.5}$ 的暴露与学龄前儿童行为问题的关系密切，而且存在一定的性别差异影响。由于该研究并未对不同性别儿童的全部行为因素与 $PM_{2.5}$ 的暴露水平进行分析，因此还需进一步研究男、女童对 $PM_{2.5}$ 暴露的易感性差异。

对于学龄儿童，帕拉沙提等在北京市开展的研究显示，长期低水平机动车尾气暴露对其日常行为

问题的影响较弱。研究人员于2007年6—7月根据北京市环境监测数据和机动车流量选择了3所不同空气污染水平区域内全日制小学，监测空气中NOx、SO_2、$PM_{2.5}$、CO的浓度，使用Achenbach儿童行为量表探讨低水平机动车尾气暴露对儿童日常行为的影响。研究发现就读于高污染区学校的儿童抑郁、社交退缩、多动、性问题、残忍、强迫行为问题因子报告率最高。但单因素分析显示，既往高热史、视力情况、儿童饮酒行为、被打骂经历、被动吸烟、父母职业、父母文化程度、父亲饮酒、是否足月出生、新生儿期患病史、母亲不良妊娠史、母亲孕期接触不利因素、母亲孕期饮酒史等15项因素对儿童行为问题的报告率有显著影响。因此，该研究认为传统因素仍然是影响儿童行为问题报告率的主要因素。

除了日常行为，王舜钦等在泉州市开展机动车尾气污染对学龄儿童神经行为功能影响的研究。根据环境监测数据和道路机动车流量，该研究于2005年5—6月在泉州市某区选择机动车尾气污染程度不同的2所小学（学校A位于相对清洁区，学校B位于机动车尾气污染区）作为研究现场，对全体二、三年级（8～10岁）的861名学生进行手工化神经行为功能测试。尽管研究分析未发现两所学校的PM_{10}污染水平差异，但污染地区的儿童总体表现较差。学校B儿童的数字符号、目标瞄准追踪、符号记入、连接数字测试的得分显著低于学校A。在控制其他因素后，学校B儿童的数字符号、目标瞄准追踪、符号记入、连接数字测试的得分仍然比低暴露的学校A的儿童低。当用计算机化神经行为评价系统中文第3版对289名三年级学生进行儿童神经行为功能测试时，研究显示在调整了年龄、体质指数、父亲教育程度、性别、出生体重、分娩方式、二手烟、开放式厨房、电脑游戏熟悉度、视觉和母乳喂养这些因素后，学校B的儿童的线条判断、视觉保留、简单视觉运动反应时、连续操作的神经行为能力指数（neurobehaviral ability index，NAI）均明显低于学校A的儿童。进一步对三年级学生的手工化和计算机化神经行为功能测试结果进行因子分析，提取出了3个公因子，分别为眼手协调运动能力因子、视反应速度因子、注意力因子。在控制了相关混杂因素后，多因素分析结果显示，位于污染区学校B儿童的视反应速度因子、注意力因子得分均低于清洁区学校A的儿童。因此，长期低水平机动车尾气暴露可影响儿童的神经行为功能，尤其是对视反应速度、注意力有不良影响。

此外，Lin等在台湾地区开展前瞻性队列研究，探索产前和产后包括PM_{10}在内的空气污染物暴露与儿童早期神经行为发育的关系。该研究发现只有二氧化硫暴露（整个孕期和产后一年）可以导致18月龄幼儿的神经发育不良，而未发现整个孕期至生后18个月PM_{10}暴露对幼儿神经发育的不良影响。

（二）国外研究

目前，国外大多采用出生队列研究来探讨空气颗粒物污染对儿童神经心理发育的影响。这些研究大多显示，空气颗粒物可以影响儿童的智力发育、记忆力水平、注意力，甚至与自闭症谱系障碍的发病密切相关。

1. 智力下降　Kim等在韩国进行了孕期PM_{10}暴露与生后24月内婴幼儿神经发育情况相关性的队列研究。该研究采用反距离加权模型估算520位母亲孕期PM_{10}的暴露水平，应用韩国版贝利婴幼儿发展量表Ⅱ（korean bayley scale of infant Development Ⅱ，K-BSID-Ⅱ）对其所生子女2岁之前的神经发育情况进行评估。多元线性回归分析显示，调整性别、出生体重、胎龄、母亲年龄、母亲受教育程度和家庭收入等相关因素之后，母亲孕期PM_{10}的暴露水平（38.84～69.95 $\mu g/m^3$）与子女6个月时的心理发育指数（mental developmental index，MDI）呈负相关；广义估计方程结果显示，母亲孕期PM_{10}的暴露水平与子女6～24个月内的MDI也呈负相关。由此可以看出，孕期PM_{10}的暴露可对生后24个月内婴幼儿的智力发育产生不良影响，对生后早期的影响尤为显著。但是该研究未考虑母亲智力水平以及出生后婴幼儿PM_{10}及粒径更小的颗粒物暴露对其智力发育的影响。

Chiu 等在美国波士顿儿童中进行的一项研究发现，产前 $PM_{2.5}$ 暴露可影响儿童的智力发育，尤其是孕 31～38 周时的高 $PM_{2.5}$ 暴露与男童的 IQ 下降有关。说明空气颗粒物对儿童的神经发育影响存在敏感期和性别差异。除此之外，既往有些研究虽然没有直接关注空气颗粒物，但也发现以颗粒物为主要成分的空气污染（如交通尾气污染）对儿童智力水平有影响。黑碳（black carbon，BC）是一种交通污染的颗粒标志物，Suglia 等调查了 202 名美国波士顿儿童，从他们出生一直追踪到 9 岁左右，发现暴露于高水平的黑碳导致儿童认知功能下降，记忆力、语言与非语言的智力测试表现较差。

但 Lertxundi 等开展的西班牙出生队列研究却未发现孕期 $PM_{2.5}$ 暴露对幼儿智力的影响。该研究同样采用贝利婴幼儿发育量表（bayley scales of infant development，BSID）进行孕期空气污染与 15 月龄儿童的认知发育关系的探讨。在队列募集的 438 对母子中，尽管发现孕期 $PM_{2.5}$ 暴露水平每升高 1 $\mu g/m^3$，心理量表评分下降 0.70 点。但控制生育年龄等因素后，未发现明显的下降现象。

2. 记忆力下降 Sunyer 等进行的西班牙巴塞罗那学龄儿童队列研究显示，交通相关的空气污染可能会减缓儿童的认知发育。研究人员对 39 所学校的 2 715 名 7～10 岁的小学生进行了调查。在为期一年的研究中，他们每 3 个月接受一次认知测试，包括工作记忆能力和高级工作记忆能力。研究人员测量了学校室内外由交通工具排放的 UFP（超细颗粒物）、元素碳和 NO_2 等空气污染物水平，将日常接触较高空气污染的儿童认知发展情况同那些社会与经济指数接近、但生活环境中空气污染程度低的儿童进行了对比。结果发现，研究期间在较高空气污染学校的学生，认知发育明显落后于空气污染水平较低学校的学生，工作记忆能力分别提高 7.4%和 11.5%。该研究表明，儿童大脑的发育容易受到交通源空气污染的影响。Basagana 等对该队列的进一步研究发现，仅有交通来源的 $PM_{2.5}$ 会影响儿童的认知发育，使工作记忆、注意力下降。此外，Alvarez-Pedrerol 等还发现儿童往返学校途中的 $PM_{2.5}$ 暴露也会损伤学龄儿童的认知发育，使工作记忆下降。该研究中心在此基础上建立的追踪 3.5 年的队列研究还证实，校园室内 UFP 的暴露也影响工作记忆的发育。

现有研究还进一步发现，空气颗粒物对儿童记忆力的影响可能也存在性别差异和损伤敏感期。Chiu 等研究发现，产前 $PM_{2.5}$ 暴露可影响美国波士顿女童的记忆力，尤其是孕 18～26 周时影响视觉记忆，12～20 周时影响总记忆力。

3. 注意力缺陷 注意力问题是最常见的影响青少年的神经行为状况之一。注意力不集中会对长时间学习、社交能力和学习成绩造成终生影响。注意力缺陷是一种执行功能方面的症状，还会导致更严重的状况，包括行为障碍和注意力缺陷/多动障碍（attention-deficit hyperactivity disorder，ADHD）。

Chiu 等在美国波士顿出生队列研究中，采用经验证的空间时间土地利用回归模型，根据儿童从出生至神经认知功能评估时的居住地估算儿童终生 BC 暴露。运用计算机化的 Conners 连续作业测试（continuous performance test，CPT）对 174 名 7～14 岁儿童评估遗漏错误、执行错误和命中反应时间（hit reaction time，HRT）。这些分数越高表示错误越多或反应时间越长。多元线性回归分析在调整儿童智商、性别、年龄、母亲教育程度、产前和产后烟草暴露、血铅水平和社区暴力等混杂因素后发现，较高水平 BC 暴露与执行错误增加及 HRT 较长之间存在正相关。然而值得注意的是，相对于中间的两个四分位数，最高 BC 四分位数这一相关性却较弱。性别分层分析还发现 BC 暴露与较多执行错误和较长 HRT 的相关性仅存在于男童中。因此，此城市儿童 BC 暴露与更多的过失错误和较长的反应时间之间存在相关性。总体而言，这些相关性在男童中比女童中更为显著。Cowell 等还发现孕期 BC 高暴露时，所生男童的注意指数（attention concentration index）也下降。该研究进一步发现，产前 $PM_{2.5}$ 暴露可影响男童的注意力，如孕 20～26 周与高遗漏错误，孕 26～32 周与低命中反应时间，孕 22～40 周与高命中反应时间标准误有关。但是应该注意到，此研究队列仅关注了社会经济地位较低的城区且样本量有限。总的来说，该队列研究结果表明，童年期高水平空气颗粒物暴露与社会经济地位较低的城

市学龄儿童注意力结局之间存在相关性，且男童注意力较女童更易受到空气颗粒物的潜在影响。

注意力下降也是注意缺陷多动障碍（ADHD）的突出表现。ADHD在我国称为多动症，是儿童期常见的一类心理障碍。表现为与年龄和发育水平不相称的注意力不集中和注意时间短暂、活动过度和冲动，常伴有学习困难、品行障碍和适应不良。国内外调查发现患病率3%～7%，男女比为4～9∶1。部分患儿成年后仍有症状，明显影响患者学业、身心健康以及成年后的家庭生活和社交能力。

Siddique等2003—2005年在印度开展的一项交通污染与9～17岁在校学生ADHD相关性的横断面研究，根据《精神疾病诊断与统计手册》（DSM-IV）（美国精神病学协会，1994）的标准筛查后也发现，PM_{10}高暴露地区（161.3 $\mu g/m^3$）的ADHD的患病率为11.0%，显著高于低暴露地区（74.6 $\mu g/m^3$）的患病率（2.7%）。多因素Logistic回归也显示PM_{10}的暴露可能是患ADHD的一个危险因素（OR=2.066；95% CI：1.079～3.958）。研究还发现，12～14岁社会经济地位较低的男孩，长期暴露于PM_{10}后患ADHD的风险更大。

但Gong等同样基于DSM-IV标准进行的瑞典双生子队列研究，却未发现孕期、生后一年以及生后九年PM_{10}的暴露与儿童ADHD的相关性。该研究结果与上述结果不一致，可能与该地区PM_{10}的浓度较低（3.3～4.2 $\mu g/m^3$）有关。

4. 自闭症谱系障碍　自闭症谱系障碍（autism spectrum disorders，ASD）亦称自闭症，是以社会功能、语言沟通缺陷为主，伴异常狭窄的兴趣和行为特征的儿童期发育行为障碍。ASD包括自闭症(autism disorder)、阿斯伯格综合征、未分类的广泛性发育障碍、雷特综合征和瓦解性精神障碍等。其患病率在世界范围内日益增高，但发病原因仍然不明。

在美国洛杉矶，Becerra等于1998—2009年进行了针对3～5岁自闭症患儿与孕期空气污染暴露关系的1∶10病例对照研究（病例组n=7 603）。研究对母亲年龄、母亲出生地、种族、教育、出生类型、产次、保险类型、孕周等混杂因素进行调整，结果显示：在污染物单独作用时，孕期$PM_{2.5}$的暴露浓度每增加一个四分位数（4.68 $\mu g/m^3$），儿童患自闭症的风险增加7%；$PM_{2.5}$与O_3共同作用时，$PM_{2.5}$的暴露浓度每增加一个四分位数，自闭症患病风险增加15%。同时该研究还分析了母亲受教育程度的影响，发现中等教育水平（高中）的母亲孕期$PM_{2.5}$的暴露浓度每增加4.68 $\mu g/m^3$，儿童患自闭症的风险增加9%，PM_{10}的暴露浓度每增加一个四分位数（8.25 $\mu g/m^3$），患自闭症的风险增加8%，较高教育水平（高中以上）的母亲孕期$PM_{2.5}$的暴露浓度每增加4.68 $\mu g/m^3$，儿童患自闭症的风险增加6%。因而，除了母亲教育水平，孕期空气颗粒物的暴露可能是儿童患自闭症的一个危险因素。

Raz等在美国护士健康研究Ⅱ队列中的一个巢式病例对照研究发现，母亲在怀孕期间，尤其是孕晚期的$PM_{2.5}$暴露水平越高，儿童发生ASD的可能性越大。Kalkbrenner等对孕期及生后一年PM_{10}的暴露与儿童ASD关系的病例队列研究中，发现仅有孕晚期PM_{10}的暴露与儿童8岁前发生ASD的正向关联有统计学意义，这可能与该时期胎儿神经发育速度较快有关。

考虑到出生后的暴露，Volk等在一项小样本病例对照研究（病例279人，对照245人）中同时调查了孕期和出生后的颗粒物暴露。结果显示：孕期及出生后一年空气颗粒物的暴露均对儿童（24～60个月)自闭症的发生有促进作用。孕早期、中期、晚期、整个孕期以及生后一年$PM_{2.5}$暴露每增加8.7 $\mu g/m^3$,儿童自闭症的患病风险分别增加22%、48%、40%、108%、112%；PM_{10}的暴露每增加14.6 $\mu g/m^3$，患病风险分别增加47%、82%、61%、117%、114%。该研究提示整个孕期及生后早期的颗粒物暴露都可能是儿童自闭症发生的危险因素。

以上研究表明，孕期和生后早期的空气颗粒物暴露可能是儿童ASD的危险因素。但是，Gong等进行的瑞典斯德哥尔摩双生子队列研究却显示，孕期及生后第一年和第九年的PM_{10}暴露都与9～12岁儿童孤独症无关。该结果可能与研究地区PM_{10}暴露水平低（年平均浓度为3.3～4.2 $\mu g/m^3$）有关。

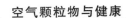

二、对运动发育的影响

Lin 等在台湾地区开展的前瞻性队列研究，未发现整个孕期至生后 18 个月 PM_{10} 暴露对幼儿运动发育的不良影响，仅发现母亲孕中后期的空气中非甲基碳氢化合物（nonmethane hydrocarbons，NMHCs）暴露与六月龄婴儿的总运动发育不良有关。

Kim 等开展的韩国出生队列还采用 K-BSID-Ⅱ评估生后 24 月内的婴幼儿运动发育情况。多元线性回归分析显示，调整了性别、出生体重、母亲年龄、胎龄、母亲受教育程度和家庭收入等相关因素之后，母亲孕期 PM_{10} 的暴露（38.84～69.95 $\mu g/m^3$）与 6 个月时婴儿的心理运动发育指数（psychomotor developmental index，PDI）（$\beta=-7.24$；$P<0.001$）呈负相关；广义估计方程结果显示 PM_{10} 的暴露与 6～24 个月内的 PDI（$\beta=-3.00$；$P=0.002$）也呈负相关。由此可以看出孕期 PM_{10} 的暴露可对生后 24 个月内婴幼儿的运动发育产生不良影响，对生后早期的影响尤为显著。

Lertxundi 等基于人群的西班牙出生队列研究，也采用贝利婴幼儿发育量表对 438 对母子进行孕期空气污染与 15 月龄儿童的心理运动发育进行研究，发现母亲孕期 $PM_{2.5}$ 暴露水平每升高 1 $\mu g/m^3$，儿童的运动评分下降 1.14 点。如果仅纳入金属加工厂附近（小于 100 米）的妇女，儿童的运动评分下降更显著，低至 3.2 点。但 Guxens 等进行的欧洲六国出生队列研究未发现孕期空气颗粒物暴露对儿童心理运动的影响。

三、其他

睡眠障碍是一种主要受环境和遗传因素影响的儿童身心疾病。有研究表明空气颗粒物可能通过干扰中枢神经系统和上呼吸道功能而影响人体睡眠。Abou－Khadra 采用横断面研究探讨 PM_{10} 的暴露与儿童睡眠障碍之间的关系。该研究采用分层抽样法选取埃及两个污染较重地区 El-Maa'sara、Helwan 与两个污染较轻地区 Heliopolis、6th of October 的 816 名 6～13 岁小学生家长进行阿拉伯地区儿童睡眠障碍问卷调查。以上四个地区的 PM_{10} 暴露水平分别为（220.17±122.30）mg/m^3、（169.67±97.69）mg/m^3、（132.98±59.60）mg/m^3 和（131.33±57.88）mg/m^3。除了污染较重与污染较轻地区的暴露水平有差异外，两个污染较重地区 PM_{10} 的水平也存在统计学差异。调整其他相关因素后对资料进行广义相加模型分析，发现 PM_{10} 是儿童入睡及维持睡眠障碍综合征与睡眠多汗症的一个危险因素，但与睡眠呼吸障碍、觉醒障碍、睡眠觉醒转换障碍、嗜睡无相关性。由于该研究调查问卷回收率低（仅收到合格问卷 276 份），导致样本量较小，可能存在一定的选择偏倚。

第二节　空气颗粒物对老年人神经系统的影响

随着我国逐渐进入老龄化社会，老年人的健康问题日益突出。作为对环境污染比较敏感的人群，空气颗粒物对老年人神经系统的研究引起了我国乃至世界各国研究者的重视。

流行病学研究发现，颗粒物暴露能够导致神经毒性并且在神经系统疾病的发病机理中发挥重要作用。宋杰等对我国华北某重污染城市 2013—2015 年的大气 $PM_{2.5}$ 与 PM_{10} 浓度与居民神经系统疾病急救人次的关系进行调研，发现当大气 $PM_{2.5}$ 浓度每升高 10 $\mu g/m^3$，该市居民因神经系统疾病急救人次增加 0.75%，PM_{10} 浓度每升高 10 $\mu g/m^3$，该市居民因神经系统疾病急救人次增加 0.35%。另一项在济南市的研究也发现两日累积 $PM_{2.5}$ 每增加 1 $\mu g/m^3$，济南市两家医院神经内科日门诊量大约增加 1 例患者。

空气中的超细颗粒物和 $PM_{2.5}$ 可通过直接移位转移到中枢神经系统（central nervous system，CNS），或通过触发肺部可溶性炎症介质的释放，进而对 CNS 产生不良影响。流行病学研究已经显示空

气颗粒物污染与CNS疾病之间存在关联，包括中风、阿尔茨海默病（Alzheimer's disease，AD）、帕金森病（Parkinson's disease，PD）、认知障碍和神经发育障碍。

一、认知损伤

中枢神经系统损伤及疾病的发生往往会伴随着认知功能的损伤，还可以引起偏瘫及各种神经系统定位症状和体征，即在知觉、注意、言语、记忆以及思维等高级皮层机能方面出现障碍。认知功能改变不仅是神经系统损伤在功能层面的主要表现和患者残疾的主要原因，而且是很多神经系统疾病的前驱症状，较生理层面的损伤发生早而恢复晚或较难恢复，患认知损伤的人群大部分最终会出现抑郁、老年痴呆、亨廷顿舞蹈症和中风等症状。轻度认知损伤被定义为从个体年龄及教育程度来看，认知衰退要大于预期，但是并不显著地影响日常生活。一些轻度认知损伤的个体能够维持稳定或随着时间推移恢复至正常水平，但超过50%的个体会在5年内发展为痴呆。

颗粒物污染与人群认知损伤之间的流行病学调查表明，在颗粒物污染比较严重的地区，人群的认知功能会发生变化。空气污染物浓度的增加与老年人认知功能的下降相关，老年人暴露于空气污染后易表现出认知障碍的症状。

（一）国内研究

我国有关空气颗粒物与认知功能损伤的人群流行病学研究为数不多，但少数几项研究提示空气颗粒物污染会影响我国老年人的认知功能，且污染程度与认知障碍呈正相关。

在2002年第三次中国老人健康长寿影响因素纵向调查研究中，以来源于171个城市735个地区的7 358名65岁以上参与者为对象进行调查，采用MMSE评估了认知损伤，包含以下几项检测：定向力、注意力、复述及思考能力、计算力、回忆力及语言能力。结果显示城市交通和煤炭工业来源大气污染影响老年人群认知功能，空气污染指数（API）每上升1点，与人均国民生产总值较低的城市相比，人均国民生产总值中等和较高城市的老年人认知功能损伤更为严重，线性系数分别为1.84（95% CI：1.15，2.54）和2.67（95% CI：1.97，3.36）。

另一项研究利用第三次和第四次中国老人健康长寿影响因素纵向调查研究中来自22个省中866个县市的15 973位高龄老人（>85岁，9 017人）和中、低龄老人（65～84岁，6 956人）样本的大型跟踪调查数据，并利用我国环保部门发布的1995年空气污染指数，分析空气污染对2002年老年人健康以及2002—2005年间老年死亡率的滞后影响，在控制了个人层面变量以及社会经济因素后，自然环境变量对老年健康有显著影响，空气污染使老人日常生活自理能力残障（Activities of daily living，ADL）的风险增加了25%，认知功能障碍的风险增加了9%，累计健康亏损指数上升的风险增加了8%。

此外，基于2010—2012年中国慢性病及风险因素监控的数据资料，我国研究者对5 672名60岁以上老年人进行了MMSE测试，结果表明认知损伤的发病率为9.4%（95% CI：7.7，11.1），如果室内采用煤、炭、秸秆、木材或动物粪便作为燃料，认知损伤发病率会增加2倍。

（二）国外研究

1. 大气细颗粒物（$PM_{2.5}$）影响老年人的认知功能　人群研究表明，$PM_{2.5}$慢性暴露与认知功能下降密切相关，并呈现出剂量效应关系。2012年Weuve等发表的关于美国老年女性$PM_{2.5}$的暴露研究中，人群数量高达19 409人，年龄范围为70～81岁。作者研究了短期和长期暴露于$PM_{2.5}$之后的总体认知、词语记忆、词语流畅度、工作记忆和注意力，结果显示2年中$PM_{2.5}$的浓度每增高10 $\mu g/m^3$，总体认知评分下降1.8%（95%可信区间CI：−3.2%～−0.2%），说明$PM_{2.5}$的长期暴露与美国老年女性的认知功能下降有显著相关性。Gatto等在2014年的研究中发现不同的大气污染物如O_3、$PM_{2.5}$、NO_2、

CO 会影响不同维度的认知功能，高浓度的 $PM_{2.5}$ 暴露会降低中老年人的语言学习能力，高浓度 NO_2 暴露会降低中老年人逻辑记忆能力，较高浓度的 O_3 暴露会降低中老年人的大脑反应和运算能力。2014 年 Tonne 等在英国伦敦地区的研究发现，$PM_{2.5}$ 长期暴露与较低的推理和记忆得分之间存在相关性，且随时间延长此相关性增强，但与言语流畅测试得分没有相关性。2014 年 Ailshire 等对 13 996 位 50 岁以上美国老年人进行横断面研究，发现在高 $PM_{2.5}$ 浓度地区居住的老年人比在低 $PM_{2.5}$ 浓度地区居住的老年人认知功能要差，且分析结果表明认知功能中的情景记忆与颗粒物浓度的相关性最强；2015 年 Ailshire 等对 780 位 55 岁以上的非西班牙裔黑种人和白种人进行了横断面研究，结果表明居住在 $PM_{2.5}$ 高浓度（15.0 $\mu g/m^3$）地区的老年人认知错误率是居住于低 $PM_{2.5}$ 浓度（5.0 $\mu g/m^3$）地区老年人的 1.5 倍。

2. 交通源颗粒物导致老年人认知功能损伤 大量研究通过调查居住地临近交通主干道的居民来研究交通源颗粒物对人群的暴露效应，发现交通源颗粒物可导致老年人认知功能损伤。例如，Power 等 2011 年发表的一项研究表明，碳粒值比美国国家标准基线每增加 1 倍，MMSE 评分小于 25 分者增加 1.3 倍，提示汽车尾气碳粒与老年男性的认知功能下降有关。哈佛大学公共卫生学院环境健康系通过对 628 名平均年龄 71 岁的老年人进行长达十年的认知能力追踪测试后发现，交通源空气颗粒物可导致老年人认知功能损伤；美国学者 Wellenius 等历经 16.8 个月的前瞻性群组研究表明，波士顿主要交通道路附近（100 m 以内）社区 765 名老年居民出现言语学习记忆、心智运动速度、语言和执行能力等认知功能下降；Weuve 等在对美国 19 409 名年龄在 70～81 岁的妇女进行测试后发现，长期（7～14 年）暴露于空气颗粒物 $PM_{2.5}$ 可造成嗅球功能紊乱，语言记忆、语言流畅性、工作记忆、注意力等认知功能均出现不同程度衰退；针对美国退伍军人事务部老龄化研究中男性老年人的一项纵向队列研究也表明，居住地接近主干道与语言学习/记忆、精神运动速度、语言表达、执行功能减退有关。德国学者 Ranft 等对长期生活于交通、钢铁和煤炭工业源的大气污染地区鲁尔的 399 名 68～79 岁之间的妇女进行了神经心理学测验，并对她们的味辨别能力进行了调查，发现大气污染可引起这些人群大脑的轻度认知障碍和嗅觉减退；同样来自德国的 Schikowski 等对 789 名女性老年人的队列研究通过神经心理测验，调查了污染物对语义记忆、情景记忆和所选功能的影响，发现交通相关污染物（颗粒物与氮氧化物）浓度升高导致认知功能总分降低。

脑源性神经营养因子（BDNF）是神经营养家族的重要成员之一，对中枢神经元具有重要调节作用，可促进多种神经元的生存、分化、再生和功能执行，并能提高学习记忆能力。有氧运动、自主跑轮和强迫跑台运动均可改善大鼠学习记忆能力。Bos 等研究发现，健康受试者在清新环境进行自行车运动（30 min），可出现血清 BDNF 浓度升高，但交通拥堵地段进行同种运动却不能升高 BDNF 水平。

二、神经退行性疾病

空气污染会对中枢神经系统的完整性产生不利影响，并有可能通过慢性脑部炎症、氧化应激、小神经胶质细胞活化、脑白质异常等机制引发神经退行性变化。

（一）神经退行性疾病简介

阿尔兹海默症和帕金森综合征是两种最常见的渐进性神经退行性疾病，年龄是这类疾病最主要的风险因子，衰老本身会对神经退行性病变产生影响，而随着人类寿命增长，未来患者数量将会大幅增加。除了 AD 和 PD，多发性硬化症（MS）也是具有相同的潜在发病机理并且与环境因素相关的一类神经退行性疾病。

阿尔兹海默症是一种普遍存在的神经退行性疾病，具有认知功能缺陷、渐进性失忆的典型症状，甚至会发生整个大脑的退化。随着老龄化社会的到来，AD 已成为影响老年人健康的主要疾病之一，

AD是以认知功能障碍、记忆功能、日常生活能力进行性减退为主要临床表现的进行性神经退行性疾病。轻度认知损伤有很大的风险会发展成为阿尔兹海默症，因此轻度认知损伤被认为是阿尔兹海默症和痴呆的先兆症状。已广泛认可的诱发AD的因子有年龄增加、家族遗传、唐氏综合征及载脂蛋白E4等位基因，近年来环境污染也被认为与AD的发生相关。

帕金森综合征作为第二大神经退行性疾病对全球的老年人具有深刻影响，其典型特征是基底神经节（主要是黑质和纹状体）多巴胺神经细胞的逐渐减少，主要会阻碍自主运动，典型症状是严重的行动不平衡及迟缓，一些临床症状包括颤动、迟缓和僵硬。值得注意的是，神经退行性疾病的一些影响因素可能包含年龄、性别、基因型以及生活方式。

多发性硬化症是中枢神经系统炎性脱髓鞘性T细胞介导的自身免疫病，其神经病理学特点是神经炎症逐渐破坏轴突周围的髓鞘，导致髓鞘脱失和疤痕组织形成，影响神经传导，最终导致神经元退变。

（二）国内研究

Wu等利用2007—2010年台湾地区北部三家教学医院60岁及以上老年人群的一项病例－对照研究分析了PM_{10}与AD、血管性痴呆（vascular dementiame，VD）之间的关系，其中包含249例AD患者，125例VD患者，497名健康对照，采用MMSE评价了他们的认知能力。大气中PM_{10}的数据来自台湾空气质量监测网络平台台北至基隆24个监测点在1993年到2006年间的数据，结果表明PM_{10}＞49.23 $\mu g/m^3$与＜44.95 $\mu g/m^3$相比会增加老年人AD（OR＝4.17，95％CI：2.31～7.54，P＜0.01）和VD（OR＝3.61，95％CI：1.67～7.81，P＜0.05）的患病风险。

Jung等人于2001—2010年对台湾地区95 690名老人（年龄≥65岁）进行历时9年的队列随访研究，同时从台湾环境保护机构获取2000—2010年间PM_{10}的数据，因为$PM_{2.5}$是在2006年之后才开始监测，作者采用2006—2010年间$PM_{2.5}$和PM_{10}的平均比值估计了2000—2005年间$PM_{2.5}$的值，结果显示大气中$PM_{2.5}$浓度每增加4.34 $\mu g/m^3$，AD患病风险会增加138％，该结果提示人群长期暴露在高于EPA标准的$PM_{2.5}$与AD的患病风险增加显著相关。

Chen等开展了一项巢式病例对照研究，基于2000年台湾地区全民健康保险研究资料库，库中包含100万人的资料及他们在1995年到2013年间的医疗记录，通过在台湾环境保护机构获取大气污染数据资料，选用年龄高于40岁在1995—1999年居住在台湾地区的人群，在排除了2000年1月1日前患有PD、痴呆、中风及糖尿病的人群后，获得54524名研究对象，一直追踪至2013年12月31日，在观察期间发现新增1060名PD患者，采用多因素对数回归模型对大气污染物中10种元素与PD的发展进行了研究，结果发现PM_{10}暴露显著增加了PD的发病率（T3 level：＞65 $\mu g/m^3$ versus T1 level：≤54 $\mu g/m^3$；OR＝1.35，95％ CI：1.12～1.62，0.001≤P＜0.01）。

（三）国外研究

Calderón-Garcidueñas等在人脑嗅球旁神经元发现了颗粒物，在额叶到三叉神经节血管内的红细胞中发现了小于100 nm的颗粒物，从而强调，大气污染应该被认为是导致阿尔茨海默病和帕金森病等神经退行性疾病发生的风险因子。对生活在高污染城区的居民进行尸检的结果表明，脑组织中淀粉样β蛋白－42（Aβ42）、高度磷酸化tau样蛋白和α突触核蛋白的积累量增加，而这些改变与AD和PD的发病机理有关。

年均$PM_{2.5}$暴露增加与常见的神经退行性疾病（痴呆、AD、PD）的首次住院率有关。1999—2010年期间，在美国东北部地区的50个城市中，$PM_{2.5}$的年均浓度每增加1 $\mu g/m^3$，在医保参保的64岁以上的老年人中，痴呆、AD和PD的首次住院率将分别提高1.08％（95％ CI：1.05％～1.11％）；1.15％（95％ CI：1.11％～1.19％）和1.08％（95％ CI：1.04％～1.12％）。

老年人长期暴露会增加 AD 患病风险，患有痴呆的老年人处于 $PM_{2.5}$暴露和高压生活状态下会加重病症。对马德里的一项时间序列研究发现 $PM_{2.5}$短期暴露与当时 AD 患者的入院率显著相关。Weuve 等发现 $PM_{2.5}$浓度每升高 4.3 $\mu g/m^3$，新诊出 AD 病人的概率增加 138%。Oudin 等人对瑞典北部人口的纵向研究结果发现，当地的交通污染与 AD 或血管性痴呆有关，暴露时间的长短是一个重要因素。在一项 2001—2012 年对 220 万加拿大老年人开展的队列研究中，研究者调查了 243611 例痴呆病例，31 577 例 PD 病例及 9 247 例 MS 病例，发现住宅临近交通主干道与痴呆发生率相关，在交通要道 50 m、50～100 m、101～200 m 及 201～300 m 以内居住的居民与在交通要道 300 m 以外居住的居民相比具有更高的患 AD 的风险，其调整后的风险比分别是 1.07、1.04、1.02 及 1.00，而在大城市主干道的人群及从未搬迁过的人群受影响更为明显，但与 PD 或多发生硬化疾病没有显著相关，在众多影响因素中 $PM_{2.5}$和 NO_2起主要作用。

对于颗粒物与 PD 发病率的流行病学调查结论存在较大差异，可能与不同地区颗粒物的组分不同或所研究的人群易感性不同有关。2007 年 Finkelstein 的研究发现在加拿大多伦多市交通源污染物的升高与 PD 无明显相关性，而在颗粒物组分中 Mn 含量高的美国安大略湖汉密尔顿市，大气中总悬浮颗粒物每升高 10 ng/m^3，PD 发病率升高 1.034（1.00～1.7），确诊 PD 发生的年龄也提前了。Willis 等也发现生活在高锰排放的城市居民 PD 发生率增加。Palacios 等基于美国护理健康研究的队列研究表明，颗粒物污染与 PD 的发生无明显相关性，但基于相同队列的另一项研究则发现大气中汞浓度的增加与 PD 的风险存在一定的关系。Kirrane 等对美国爱荷华州及北卡罗来纳州大气污染物与农民 PD 的发病率的研究发现，$PM_{2.5}$与北卡罗来纳州农民 PD 的发病率有一定的相关性，但与爱荷华州农民 PD 的发病率则不相关。Liu 等对美国的一项病例对照研究发现，PM_{10}或 $PM_{2.5}$暴露与所调查的整个老年人群 PD 发病率风险并无很强的相关性，但不吸烟的女性老年人在高浓度的 PM_{10}或 $PM_{2.5}$暴露后患 PD 的风险显著上升。

空气颗粒物与多发性硬化症发病率的相关性研究结果存在争议。一项在美国开展的研究认为 PM 暴露与多发性硬化症的发病率不存在相关性。而一项在意大利一个城市开展的 2001—2009 年的时间序列研究表明，大气 PM_{10}污染与多发性硬化症的发病率及复发率相关；法国斯特拉斯堡市的一项研究也发现 PM_{10}浓度与多发性硬化症复发率显著相关。对患有多发性硬化症疾病的病人大脑进行磁共振成像的扫描，发现 PM_{10}浓度与多发性硬化症病人脑内钆密度显著相关。空气污染物中粗颗粒、吸烟可增加多发性硬化症的风险。

第三节　空气颗粒物与其他环境因素的交互作用研究

一、与气象因素的交互作用

空气颗粒物与气象因子结合可以导致雾霾发生，对人们日常生活造成不便，并且会严重危害人们的健康。空气污染增加了 ADL 障碍和认知功能损伤发展的概率。

1. 降雨量　降雨量增加可减少 ADL 伤残（41%）及认知功能障碍（16%）的可能性，更多的降雨量意味着更好的粮食收成和更清洁的水源，有助于保护老人的肺部功能、改善老人的营养状况，进而改善老人健康。

2. 气温　低温会增加 ADL 伤残可能性（44%）及死亡率（32%），高温增加了认知功能障碍的概率（41%），适宜的气温也有利于老人开展户外锻炼，降低在封闭环境中患传染病的风险。

二、与其他空气污染物的交互作用

（一）臭氧

Becerra 等在美国洛杉矶进行的 3～5 岁自闭症患儿与孕期空气污染暴露关系的 1∶10 病例对照研究显示，调整母亲年龄、母亲出生地、种族、教育、出生类型、产次、保险类型、孕周等混杂因素后，单污染物模型中，孕期 $PM_{2.5}$ 的暴露浓度每增加一个四分位数（4.68 μg/m^3），儿童患自闭症的风险增加 7%；在 $PM_{2.5}$ 与 O_3 共同作用的双污染物模型中，$PM_{2.5}$ 的暴露浓度每增加 4.68 μg/m^3，自闭症患病风险翻倍，增加 15%。该研究结果提示空气颗粒物与臭氧之间的交互作用将提高自闭症患病风险。

（二）烟草烟雾

王舜钦等在泉州市的研究中采用卡方自动交互检测法（CHAID）分析儿童神经行为功能的主要影响因素及各因素之间可能存在的交互作用。二年级有被动吸烟的女童和二年级有被动吸烟且生活在污染区的男童神经行为功能受影响率最高，分别为 72.55% 和 67.24%；机动车尾气暴露是影响三年级儿童神经行为功能的首要因素。因此，机动车尾气及被动吸烟暴露的儿童应该被视为重点关注和保护人群；避免在居室内吸烟、减少机动车尾气污染等措施有利于儿童神经行为功能发育。

然而与正常人相比，无吸烟史的人更易患 PD。Chen 等基于 305 468 名参与者中 1 662 名 PD 患者的调查研究表明发现吸烟的人患 PD 的风险降低，对于每天吸烟 20 支以上的人，吸烟史在 1～9 年、10～19 年、20～29 年及 30 年以上人群中，患 PD 的相对风险度分别为 0.96、0.78、0.64 和 0.59。另一项在以是否吸烟进行分类的先验分析中，从未有过抽烟史的个体暴露于 $PM_{2.5}$ 增加了 PD 发病的风险。

三、与噪声的交互作用

Tzivian 等在德国开展的横断面研究表明空气颗粒物污染（包括 $PM_{2.5}$、PM_{10}）和交通噪声之间存在对成年人认知影响的交互作用。暴露于强噪声的研究对象空气颗粒物污染与认知功能下降之间的相关性更强，同时交通噪声和认知损伤之间的关系也仅限于高空气污染的人群中。由于空气污染和交通噪声常常是相伴存在的，因此该横断面研究的结果还有待纵向研究的进一步验证。

四、与其他因素的交互作用

（一）基因型

载脂蛋白 E4（ApoE4）是公认最普遍存在的阿尔兹海默症（AD）遗传风险因子。有 ApoE 等位基因的人对空气污染更加敏感。Fitzpatrick 等对美国多种族动脉粥样硬化的老年人进行横断面研究，并用认知能力筛查量表测量空气污染对记忆能力的影响，结果表明长期空气污染暴露会增加载脂蛋白 4 等位基因表达，损伤记忆能力，从而降低认知测试得分。

男性与女性对神经毒性具有不同的易感性，原因是相对于男性而言，女性有相对较高的对氧磷酶 2（PON2）表达水平，这可以部分解释为什么男孩注意力缺陷多动症死亡率要明显高于女孩。

（二）性别

女性与男性之间存在生理差异，如激素水平和体型。已有研究证明这些因素会影响环境污染物在体内的生物转化过程，其他的生物学特性，如肺的大小、吸入颗粒物的沉积、气血屏障渗透性及炎症均有性别差异。另外，性别不同导致的职业与生活方式，如吸烟、饮酒等因素的差异在男性与女性不同暴露方式中也发挥着重要作用。对不同人群脑卒中死亡的分析结果表明，PM_{10} 对女性和≥65 岁人群

脑卒中死亡的影响更为明显。女性非抽烟者暴露于较高浓度的 PM_{10} 或 $PM_{2.5}$ 可能会导致 PD 风险增加。

（三）生活方式

1. 运动锻炼 运动锻炼可提高机体抵抗力，锻炼频率与老年人的认知功能高低呈正相关，适宜的体育活动可防止老年人认知功能下降，且长期运动锻炼可有效降低由 NO_2、O_3、颗粒物等污染物浓度过高而引发的个体过早死亡的发生率。居住在山区的老人生活自理能力更好、健康亏损指数较低，很可能与山区的居住环境良好，老人经常进行户外活动有关。然而，空气污染水平较高时的户外锻炼会增加空气污染物暴露水平，从而增加认知功能受损及神经系统有关疾病的风险。雾霾天气里应采取适宜的地点和方式进行锻炼，避免在交通繁忙地段进行活动，减少在污染空气中的暴露时间，有效降低空气污染对人体的损害。年龄在 15～64 岁时参与劳动较多可降低老年人患日常生活活动能力（ADL）障碍（26%）、认知功能损伤（20%）的概率。

2. 居住地 在一个以性别进行分类的先验分析中，对女性不抽烟者以移居状态为分类进行额外的敏感性分析，在基础调查和后续走访调查中维持在原有经纬度居住的女性定义为非移动者，经度或纬度有任一改变均被定义为移动者，非移动者随着所暴露 PM_{10} 浓度的增加，PD 风险呈单调递增趋势。以美国各地区进行分类分析得到的结果表明南部地区有较高的 PD 风险。居住在山区可降低 ADL 障碍的可能性（52%）。

3. 社会经济条件 除了性别、年龄之外，种族、文化程度和收入水平等社会经济因素也会对大气污染物的健康影响产生修饰效应。早前有研究证实了社区的社会经济条件和自然环境与健康和死亡率之间存在显著的相关性。较高的人均 GDP 和较低的文盲率会不同程度地降低认知功能损伤的概率（33%和 18%）。值得注意的是，较高的人均 GDP 增加了老年人得 ADL 障碍的概率。

第四节　问题与展望

一、我国研究目前存在的问题

我国目前开展的空气颗粒物对神经系统影响的研究相对较少，缺乏基础的研究数据。现有流行病学研究大多显示较高水平的产前和产后空气颗粒物暴露会对儿童神经心理发育产生不良影响，然而仍有需要改进的方面。

（1）在空气颗粒物短期暴露对我国人群神经系统健康影响方面，急性污染状况下神经系统疾病每日患病/发病及门诊量等研究证据尚不完善。

（2）在空气颗粒物长期暴露对我国人群神经系统健康影响方面，尚缺乏来自全国范围内多城市或多中心开展的前瞻性队列研究及病例对照研究的数据积累，如颗粒物与我国人群认知损伤、神经退行性疾病等的相关性还不甚明确。

（3）在室内颗粒物暴露对我国人群神经系统健康影响方面，室内颗粒物与老年人神经系统疾病的关系尚属空白。

二、未来研究展望

（1）首先应进行空气颗粒物与我国居民的神经系统疾病的流行病学调查研究，特别是针对老年人的前瞻性队列研究，包括认知功能、AD、PD 等神经退行性疾病。在空气颗粒物对儿童神经系统影响方面，目前大多研究针对的是整个孕期以及生后早期的颗粒物暴露的危害，然而妊娠及儿童发育不同

阶段颗粒物的暴露可能会不同程度地影响儿童神经心理发育，因此今后的研究可针对每个阶段的暴露来具体评估其危害。儿童行为问题存在着明显的性别差异，今后研究应考虑不同性别的儿童对空气颗粒物暴露的易感性。

（2）由于颗粒物的来源不同，成分也不同，不同组分的颗粒物可能会对神经心理发育产生不同的毒性作用，未来的研究可关注不同污染源附近颗粒物化学成分的差异及其危害性的大小，针对不同地区、不同来源的颗粒物开展与我国居民的神经系统疾病的流行病学调查研究，并与颗粒物的主要效应成分建立相关性。

（3）部分针对交通污染的研究未控制噪声的影响，而交通噪声会对儿童的神经心理发育产生不良影响，因此将来的研究应该更加全面的考虑包括噪声在内的各种混杂因素。

（4）解答 $PM_{2.5}$ 或更小的颗粒物是通过什么途径到达脑部、按照怎样的量效和时效关系起作用、通过什么生物学机制导致神经退行性疾病的发生等问题，以期从环境这个可调控因素的角度，发掘出潜在的可干预性和新的用药途径，从而为我国典型污染区神经系统疾病防治提供新的思路。

（秦国华　陈丽）

第七章　空气颗粒物对生殖健康的影响

空气污染不仅与人群过早死亡、期望寿命降低及人群心脑血管疾病和呼吸系统疾病的发生率和死亡率有关外，有研究还发现，空气污染物的暴露与人群生殖健康风险存在关联。21 世纪以来，国外陆续出现关于空气颗粒物污染与生殖健康研究的报道，但多数以流行病学调查为主，缺乏深入的机制探讨，而我国在该研究领域发展相对滞后，相关的研究证据极少。本章力图对当前空气颗粒物污染与生殖健康的研究进行梳理，以期为今后相关研究的开展提供思路和线索。

第一节　空气颗粒物对男性生殖健康的影响

WHO 将 21 世纪称为“生殖健康的世纪”，并将生殖健康视为人类健康的核心。目前全球不孕症的发病率约为 15%，其中男方因素所致不孕约占 50%，有荟萃分析指出，近几十年来，我国的男性生殖能力呈下降的趋势，而环境污染的加重在其中可能扮演重要的角色。目前，针对颗粒物暴露对男性生殖健康的影响多以精液分析的结果作为主要指标，流行病学研究较多，而对于污染物暴露对生殖健康影响内在机制的研究尚处于初级阶段。

一、空气颗粒物暴露对男性生殖系统的影响

目前有关空气颗粒物对于男性生殖系统的影响多集中于毒理学研究。相关研究针对颗粒物对于男性生殖系统的损伤提出了多种假说，其中颗粒物所致的炎症反应被视为对男性生殖功能影响的核心机制。多项体外实验结果显示，颗粒物的暴露可以引起多条细胞外的信号通路被激活，引发炎症反应；而这种局部组织或者系统性的炎症反应，被认为是导致生殖系统相关疾病发生发展的重要机制。男性生殖系统的炎症会导致血睾屏障的损伤，从而引起生精干细胞的凋亡，导致精子总数的减少；增加精子细胞的易感性，降低精子活力和正常形态率；引起精子的 DNA 损伤，从而导致遗传相关风险。

由于颗粒物极强的吸附作用，其所吸附的内容物也会对男性生殖系统产生影响。有研究指出颗粒物所包含的重金属，可能会通过破坏睾丸组织影响男性的生精功能，从而引起精子体积、精子总数、精子活力的降低以及异常精子形态的增加。颗粒物中的氧化活性物质容易导致体内活性氧的增加，通过氧化应激影响男性生殖系统的健康。由于精子的发生是一个激素依赖性的过程，颗粒物吸附的多环芳烃类（PAHs）物质，除了引起氧化应激反应之外，还可能通过影响睾丸内激素的合成，干扰睾丸间质细胞分泌雄激素，进而影响生精过程。有证据表明，在胎儿或者新生儿发育阶段暴露于内分泌干扰物质，在成年期可能会引起性分化的异常，精子产生以及附睾功能的障碍。但目前这些假设仍存在争议性，需要开展进一步的研究验证相关假设。

Guvens 等人的研究将柴油机废气视为一种由气体、颗粒物以及重金属组成的复合污染物，将小鼠模型暴露于柴油机废气中，发现小鼠的精原干细胞以及睾丸支持细胞均受到影响。且随着柴油机废气的暴露水平的不断增加，会进一步导致进行性的睾丸间质水肿，退行性坏死性的病变，生精上皮细胞的脱落，最终会导致无精子症的发生。此研究并未区分单一污染物的影响，同时所使用的的暴露剂量较高，且并不清楚是否可以将研究的结果推及人类的男性生殖系统，研究仅能提示其对男性精子发生

可能存在潜在风险。

此外不同个体对于颗粒物暴露的易感性之间可能存在差异。2009 年的一项研究通过收集出勤的警务人员的精液样本，分析其相关的基因表达后发现，谷胱甘肽硫转移酶 M1（glutathione s-transferase mu 1，GSTM1）阴性的纯合子对于 c-PAH 引起的代谢产物的清除能力更弱，更容易受到大气污染物的影响。同时 XPD6、XPD23 基因以及细胞色素 P450 酶的调控基因 CYP1A2Mspl 的单核苷酸多态性与大气污染物中的 c-PAH 引起的精子 DNA 的碎片化以及精子的不成熟密切相关。

目前，大多数研究都证实了空气颗粒物对男性生殖系统的影响，但其影响的具体机制尚需要进一步探索。由于大气污染物的种类繁多，同时，多种污染物之间往往存在着交互作用，难以有效评估单一污染物在机体中产生的具体影响及程度。因此尽早地对污染进行分类，探索颗粒物对于个体的具体影响势在必行。同时，由于个体易感性的差异，通过基因分析，及时筛选出易感人群，同样具有重要的公共卫生意义。

二、空气颗粒物对精液质量的影响

（一）精子脱氧核糖核酸（deoxyribonucleic acid，DNA）碎片化

多项研究均发现颗粒物的暴露与精子 DNA 片段的碎片化显著相关。在一项波兰进行的涉及 272 名健康男性的临床研究中指出，相较于低浓度的颗粒物暴露水平（β：0.30，95%CI：0.08～0.52），高浓度的颗粒物暴露（β：0.19，95%CI：0.02～036）有更高的概率发生 DNA 碎片化。而 2010 年 Calogero 等人通过在意大利某收费站采集到的 36 名正常男性精液标本与 32 名年龄相匹配的非暴露参与者相对照，结果显示收费站男性精子染色质和 DNA 碎片化程度高于对照组（增加 4.8%）。目前多数研究检测精子 DNA 碎片化的方式是通过精子染色质结构测定的方法进行的（sperm chromatin structure assay，SCSA），SCSA 通过测定细胞外 COMP-α_1 的含量来反映精子核 DNA 的易感性，而 COMP-α_1 与精子发生障碍以及不孕不育密切相关。Calogero 还通过 TUNEL（TdT-mediated dUTP Nick-End Labeling）分析来检测精子染色体的碎片化，发现这两种检测方法的结果具有很强的相关性，据此作者认为颗粒物暴露与精子 DNA 碎片化存在关联。然而 Radwan 等人在美国进行的一项涉及 327 名正常男性的队列研究中，却并未发现颗粒物暴露与 DNA 碎片化的关系。相关研究结果存在一定的异质性。

目前的流行病学研究均没有独立的测定颗粒物暴露的技术手段，大多数研究中采用环境污染物浓度代表个体暴露水平，并且少有对同一个体的多个精液标本进行评估。目前颗粒物对精子完整性影响的合理机制尚有待探索。有观点认为，颗粒物的暴露可能会引起氧分压的增加，促进 ROS 在体内的富集。由于 ROS 是自噬的重要标志物，易引起 DNA 碎片化的增加，最终导致精子染色体完整性的下降。染色体的完整性与长时间的不孕以及着床失败密切相关。同时，尽管 DNA 的碎片化并不是试管婴儿或体外受精一单精子注射等辅助生殖技术失败的预测指标，但是精子 DNA 破坏对于自然流产的潜在风险应当引起注意。基于目前的研究，颗粒物的暴露很可能是精子 DNA 的破坏因子之一，会导致 DNA 碎片化的产生，而通过探索 DNA 碎片化的相关因素可能有助于我们更好地探索不孕的机理。

（二）精子活力

2014 年 Zhou 等人在重庆进行的城乡对照的横断研究中并未发现颗粒物暴露对于精子活力的影响（PM_{10} 在城市和农村的平均浓度分别为 112.6 mg/m^3 和 88.8 mg/m^3），2017 年 Lao 等人发表的台湾地区采用卫星遥感数据精确估计每个研究对象 $PM_{2.5}$ 的个体暴露水平及 Wu 等人在武汉地区采用反距离权重法估计研究对象颗粒物暴露浓度的研究中，结果均显示颗粒物与精子总活力之间的关联性并不具有统计学意义。

2010 年 Hammoud 等人采用流行病学研究采集来自美国盐湖城 1 465 名健康男性中的 1 699 份精液标本，在控制了季节和温度的基础上，发现精液采集前 3 个月 $PM_{2.5}$ 平均暴露浓度每上升 10 μg/m³，精子活力显著下降 4.07%，且具有统计学意义。2006 年 Sokol 等人进行的一项横跨两年，涉及 48 名捐精者，每人捐精至少 10 次的队列研究却并未发现颗粒物暴露和精子活力的关系。Hammound 的研究提示 $PM_{2.5}$ 可能作为一种内分泌的干扰因子，在精子生成的晚期，在男性生殖道中影响精子活力相关蛋白的合成从而改变精子的活力。精子活力具有很高的临床价值，其与临床不孕的发生密切相关。但总的来说，目前的流行病学研究并不能有力地支持颗粒物暴露对精子活力的作用，即使这种作用存在，就目前的证据来看，也是极为有限的。

（三）精子总数

精子总数尽管与男性生殖能力的直接联系尚不明确，但可以有效反映睾丸产生精子的能力，同时也是度量男性生殖道状况的有效指标。2017 年 Wu 等人在武汉地区所做的研究中精液采集前 90 天 $PM_{2.5}$ 暴露范围为 27.3～172.4 μg/m³，PM_{10} 暴露范围为 67.2～197 μg/m³，在控制了社会人口学特征以及温湿度的基础上，$PM_{2.5}$ 浓度每上升一个 IQR（45.8 μg/m³），精子总数下降 22%，PM_{10} 浓度每上升一个 IQR（31.5 μg/m³），精子总数下降 8%。但 2006 年 Sokol 等人在洛杉矶的流行病学研究中却仅发现臭氧与精子总数下降之间的相关性，而颗粒物的暴露与精子总数的变化却无显著相关性。2011 年 Calogero 等人的研究发现，相较于无职业暴露的人群，存在颗粒物暴露的收费站员工精子总数有 73.2%的下降。Wijesekara 等人发现在病理性的参与者中，颗粒物暴露与精子浓度的下降相关，但在健康人群中却并未发现二者的联系。

精子总数取决于生精阶段的早期，并与促卵泡生成素（follicle-stimulating hormone，FSH）水平呈现正相关。FSH 与生殖细胞的发生和数量密切相关，同时也是维持睾丸功能和精子发生的关键调节因子。精子生成的最初阶段受到 FSH 的浓度的调节，但目前没有证据显示 FSH 的浓度受到颗粒物的影响，因此颗粒物对精子功能的影响很可能发生在精子生成的后期。Rubes 的研究提示 PM_{10} 的活性代谢物可以到达生精小管并与 DNA 发生反应形成复合物，这种毒性作用发生在生精过程的晚期阶段，这个时期缺少有效的修复机制，最终会导致 DNA 碎片化的增加。由于这种反应不影响精子发生的早期阶段，因此可能不会改变精子总数，而精子 DNA 的碎片化则可能会引起精子形态和活力的改变。

（四）精子形态

多项临床对照研究提示个体颗粒物暴露的增加会引起精子正常形态率的下降。2017 年 Lao 等人在台湾地区所做关于颗粒物与精液质量关联性的研究的结果显示了 $PM_{2.5}$ 的短期和长期暴露均会对精子形态产生影响，$PM_{2.5}$ 短期暴露每增加 5 μg/m³，精子正常形态率下降 0.83%，$PM_{2.5}$ 长期暴露每增加 5 μg/m³，精子正常形态率下降 1.29%。2016 年 Santi 等人在意大利进行的一项回顾性队列研究发现，精子的正常形态率可能与颗粒物的粒径相关，PM_{10} 的暴露会引起精子正常形态率的下降，但并未发现 $PM_{2.5}$ 与精子正常形态率之间的相关性。精子的正常形态率与临床不孕症的关系是存在争议的，目前并无有力的证据证明其与自然妊娠有明显的关联性，但在体外生殖技术中，精子的正常形态率与着床率和妊娠率密切相关。值得注意的是，有研究提示，即使是较低剂量的暴露水平也会影响精子质量。甚至有报道指出，即使环境污染物浓度低于目前的国际标准，依然有可能对男性的精子质量产生影响。

综上所述，尽管目前的流行病学研究提示，颗粒物的暴露与反映精液质量的各指标间关系尚不明确，但是颗粒物对于精子形态和精子 DNA 碎片化的负面作用得到了部分证据的支持。由于目前的研究大都缺乏规范化的测定个体暴露水平的手段，而采用环境污染物的平均浓度难以有效反映个体真实的暴露水平。同时也少有研究收集分析同一个体的多个样本，精子质量个体内部的高度变异以及个体易

感性的差异未能引起广泛注意。进一步研究中，标准化的实验流程和个体暴露水平评估对于判定颗粒物对男性精液质量的影响是必要的。

第二节　空气颗粒物对女性生殖健康的影响

世界范围内人类生育力的下降已成为不争事实，但其具体机制众说纷纭，最广为接受的观点认为与女性生育年龄推迟和社会因素相关，而营养状态、肥胖、药物使用、吸烟、生活压力及环境污染物如空气污染物暴露亦与之相关。由于女性标本较男性精液样本难以获取，因此关于女性卵巢功能及生殖系统健康的影响资料则更为有限。

一、空气颗粒物对女性卵巢功能的影响

始基卵泡是卵巢基本的内分泌及生殖单元。卵泡的生长发育与其组成的生殖细胞（卵子）及卵子周围的颗粒细胞相互作用密切相关。卵巢颗粒细胞通过旁分泌或自分泌途径影响卵母细胞生长发育。卵泡液代谢组学研究证实卵细胞质量与卵泡液中代谢产物有关，而卵泡液中的多种细胞因子及雌孕激素主要由颗粒细胞产生。在女性生育年龄，每个周期卵泡池的一批始基卵泡被募集，其中优势卵泡颗粒细胞分裂率持续快速，卵泡液生成快，增大迅速逐渐成熟，而非优势卵泡颗粒细胞分裂率逐渐减慢、凋亡，导致卵泡闭锁，最终仅有一个卵泡成熟排出。在不同时期，颗粒细胞表面受体表达不同，主要有卵泡刺激素（follicle stimulating hormone，FSH）、雌激素（estrogen，E）、雄激素（androgen，A）、促黄体生成素（luteinizing hormone，LH）受体等，具备对上述激素的反应性，为卵泡生长发育所必需。空气颗粒物对女性卵巢功能的影响可能通过作用于上述激素受体，也可能通过其他途径引起颗粒细胞功能障碍致使卵子与颗粒细胞间通讯失常，或直接影响卵细胞质量，造成卵泡生长发育障碍，影响卵巢功能。

（一）流行病学证据

尚没有明确证据表明空气颗粒物可能对人卵巢功能产生影响。Tomei 等通过分析罗马境内女性警察的普查数据发现，长期暴露于汽车尾气中的交警与从事室内工作的同事相比，卵泡期及黄体期雌激素水平降低，尽管月经周期及排卵期激素水平未受影响，但作者认为卵泡期和黄体期的雌激素波动仍有可能对卵泡发育和排卵产生影响。而另外两项对石油化工厂女性工人的调查则发现，长期有机污染物暴露可引起女性月经周期紊乱，表现为月经稀发或周期缩短。汽车尾气中存在大量的颗粒污染物，而颗粒物可携带多种有机污染组分，由此推断，空气颗粒物有可能通过影响激素水平对女性卵巢周期产生影响。

（二）实验室证据

动物实验可为空气颗粒物对卵巢功能的影响提供更多线索。Veras 等发现空气颗粒物慢性暴露可致小鼠动情周期延长，窦卵泡数减少。该研究组随后开展的另一项研究发现宫内或出生后柴油机尾气暴露（暴露水平与当日 $PM_{2.5}$ 水平呈正比）可致小鼠原始卵泡数量减少，但子宫组织学形态无明显异常，说明颗粒物对女性生育能力的影响主要表现为对卵巢功能尤其是其卵巢储备功能的影响。空气颗粒物中携带多种重金属，而重金属可同样对卵巢功能造成损伤。Gerhard 等将 111 名复发性流产患者按病因分为三组：黄体功能不全、自身免疫抗磷脂抗体综合征、原因不明性复发性流产，其中黄体功能不全组患者尿汞含量最高，提示汞可能与卵巢黄体功能不全的发生相关。

如前所述，卵泡的生长发育与颗粒细胞功能密切相关，而空气颗粒物可能正是通过影响颗粒细胞

功能对卵巢功能造成损伤。有研究发现经 $PM_{2.5}$ 水溶成分染毒的人颗粒细胞活力降低、细胞膜受损、性激素合成分泌水平增加、颗粒细胞凋亡水平升高；从分子水平探索，经 $PM_{2.5}$ 水溶成分处理后的颗粒细胞性激素合成通路关键酶 CYP11A1、3β-HSD 、17β-HSD Ⅰ 及 17β-HSD Ⅱ 及性激素受体表达下降；此外，颗粒细胞内细胞内活性氧产生增加，氧化应激水平上升。以上证据均表明，空气颗粒物可损伤颗粒细胞的正常代谢功能，但具体是何种成分发挥主要作用尚不得而知。

二、空气颗粒物与女性不孕相关疾病

（一）流行病学证据

女性生育力的下降与多种因素相关，在一项针对护士群体的大样本健康状况调查中，Mahalingaiah 等分析了 1989 年至 2003 年间美国 14 个州 116 430 位护士的随访资料发现，居住于主干道附近的群体不孕率有所上升，与 $PM_{2.5\sim10}$ 的浓度存在相关性。其中，在原发性不孕女性中，$PM_{2.5\sim10}$ 每升高 10 $\mu g/m^3$，HR 增长 1.10，继发不孕女性中增长率也为 1.10。此项研究是目前为止规模最大的一项空气污染对生育力影响的流行病学调查，纳入样本量大，覆盖范围广，具有较强的信服力，但究竟是通过何种机制发挥作用尚有待进一步研究。

对于已确诊不孕并接受助孕治疗的女性中，分析空气质量对体外受精一胚胎移植（in vitro fertilization and embryo transfer，IVF-ET）周期的影响有助于选择合适的排卵、受精及着床时机。辅助生殖技术（assisted reproductive technology，ART）的实验室操作均在洁净层流室及超净工作台中完成，受外界空气颗粒物影响的可能性相对较小，主要与装修及仪器设备的挥发性有机化物（volatile organic compounds，VOCs）所带来的室内污染有关。研究空气颗粒物对 ART 结局的影响最终仍归结于对患者本身的影响上。Legro 等将整个 ART 过程分为 4 个不同时期：促排卵到采卵为 T1 期，采卵到胚胎移植为 T2 期，胚胎移植到妊娠试验为 T3 期，胚胎移植到妊娠结局随访为 T4 期，分别评价不同空气污染物（SO_2、NO_2、O_3、$PM_{2.5}$ 和 PM_{10}）对 7 403 名首次接受助孕治疗女性的影响，结果发现不同时期的 NO_2 水平对 IVF 结局影响明显，而空气颗粒物暴露的负面效应并不显著。体外培养阶段（T2 期）的 $PM_{2.5}$ 水平与妊娠率存在负相关，但与活产率之间无明显相关性。各期 PM_{10} 水平对 ART 结局均无显著影响。在另外一项 Perin 等人在巴西对约 400 名因男性不育因素首次接受 IVF 助孕的女性的回顾性队列研究发现，孕前短期 PM_{10} 暴露与获卵数、受精率及胚胎形态等指标存在明显相关性，但卵泡期 PM_{10} 暴露与早期妊娠丢失相关，PM_{10} 每上升 1 个单位，早期妊娠丢失风险增长 5%，但活产率不受影响。该小组的另一项研究则发现，无论是自然妊娠还是行 IVF 助孕，孕前卵泡期的高浓度 PM_{10} 均可使早孕流产风险增加 2.6 倍。

早孕期妊娠维持常与黄体功能相关，综合以上发现推测，空气颗粒物暴露可能通过影响卵泡发育，致使黄体功能障碍，引起激素分泌异常，不利于妊娠维持，终致女性不育。最新 Gruchala 等在波兰开展的一项队列研究为这一推测提供了新的证据。它通过分析 133 名女性月经不同周期的空气污染物暴露水平，发现 PM_{10} 及 SO_2 暴露与女性黄体期缩短相关，提示二者可能引起黄体功能不全，而对卵泡期和月经周期长度无明显影响。

多囊卵巢综合征（polycystic ovarian syndrome，PCOS）是育龄期女性常见的内分泌及代谢异常性疾病，因患 PCOS 的女性多存在排卵障碍，也是女性不孕的原因之一，其病因尚不清楚。除遗传因素外，环境因素亦不容忽视，北医三院专家团队通过使用气象色谱一质谱联用方式对 PCOS 患者血清进行测定发现，与对照组相比，PCOS 女性血清中多种有机污染物成分水平较高，其中包括多环芳烃类（PAHs）、有机氯类杀虫剂（DDE）、多氯联苯（PCBs）等。由此推断，空气颗粒物亦可能与 PCOS 发

病相关，但仍有待进一步证实。

（二）实验室发现

阐明空气污染影响生殖健康的具体机理将有助于甄别易感人群，减轻其对人类健康的影响。目前仅有少数实验室利用实验动物开展城市空气污染物暴露对生育力影响的研究，主要原因可能与各地污染物组分相差甚远且主要作用成分不明有关。

小鼠模型表明空气污染对雌性小鼠生育力的影响贯穿于卵泡生长至妊娠整个过程。孕前及孕期空气细颗粒物慢性暴露可致小鼠发情周期发生变化，这意味着小鼠的排卵周期及卵巢激素分泌将受到影响。此外，空气污染暴露可引起窦卵泡数目减少，而人类卵泡数目衰减加速则预示着卵巢早衰及绝经期提前。对小鼠胚胎进行研究，Maluf 等发现汽车尾气中的 $PM_{2.5}$ 暴露可影响小鼠囊胚发育，尽管囊胚形成率及囊胚细胞总数无差异，但内细胞团数目减少，相应地，内细胞团/滋养层细胞比例随之降低。而通过对人类囊胚随访中发现，内细胞团及滋养层细胞质量与整倍体囊胚的发育潜能相关。

毋庸置疑，孕期空气颗粒物暴露可引起不良妊娠结局。而在早期胚胎着床阶段，空气污染物亦会对子宫内膜容受性造成影响。Scoriza 等曾观察到孕早期空气污染物暴露造成小鼠子宫内膜局部自然杀伤细胞（uNK）及肥大细胞数目减少，此现象可能与小鼠胚胎着床障碍相关。uNK 细胞为 T 细胞亚群，在正常小鼠中可促进蜕膜血管生成、滋养细胞增长，参与母胎界面免疫调节，维持正常妊娠。肥大细胞作用虽尚不明确，但在正常妊娠早期，肥大细胞数目及活化状态与未孕状态相比发生变化，可能参与妊娠期免疫耐受和妊娠维持过程。这些证据表明空气污染可通过影响母体子宫内膜免疫微环境直接或间接影响胚胎着床及发育。另有研究表明，将小鼠自孕前 45 天开始暴露于环境细颗粒物（$PM_{2.5}$）直至妊娠第 4 日可致子宫内膜容受性指标表达发生变化，着床窗口期白细胞抑制因子（Leukemia inhibitory factor，LIF）表达受到抑制，行子宫内膜组织切片染色镜检则证实子宫内膜厚度及容量下降，子宫内膜腺上皮及腔上皮直径和厚度下降。这表明空气污染物可通过抑制 LIF 表达影响子宫内膜基质细胞的增殖分化的精细调节，干扰蜕膜化进程影响胚胎着床。

三、空气颗粒物与女性生殖系统肿瘤

乳腺癌是女性最常见的肿瘤，其高危因素包括遗传因素、生活方式、生育史、吸烟及饮酒史等。有流行病学调查发现，城市地区乳腺癌发病率高于农村地区。在城市空气污染物组分中，至少有 30 种物质（苯并芘、多环芳烃类化合物等）与动物乳腺肿瘤发生率上升相关，据此推断，人类交通相关空气污染暴露亦有可能与乳腺癌的发生相关。我国学者杨其峰教授等曾报道长期空气颗粒物暴露与乳腺癌发生相关，居住于高污染地区的整个家族乳腺癌患病风险更高，且肿瘤恶性程度更高。需要指出的是，在该文中，高污染地区与低污染地区乳腺癌恶性程度的差异只存在于雌激素受体（estrogen receptor，ER）阳性的群体中，说明污染物可能通过充当外源性雌激素作用于细胞表面的 ER 发挥作用。研究还发现，高污染地区女性初潮年龄更早，也暗示了空气颗粒物可能通过性激素介导的信号通路产生影响。

其他国家亦有类似的报道。1996 年，美国学者 Lewis、Michl 等在美国纽约开展的一项回顾性病例对照研究发现，居住于交通密集地区的绝经期女性乳腺癌发病风险增高。Bonner 等在纽约的病例对照研究则指出出生时高浓度污染物暴露可致绝经后乳腺癌发病风险升高。然而，也有研究存在完全相反的发现，丹麦学者 Andersen 等对 22 877 名护士进行随访，并未发现空气主要污染物 $PM_{2.5}$、PM_{10} 和 NO_2 暴露水平与乳腺癌发生相关。

关于颗粒物污染与卵巢癌发病关系的研究极少。台湾学者 Hung 等发现居住于 $PM_{2.5}$ 水平较高的市

区中的人群卵巢癌死亡风险较低 $PM_{2.5}$ 地区死亡风险高。同样，2005 年日本学者 Iwai 等进行了的一项覆盖全日本 1 881 个空气质量监测点的大型横断面流行病学调查，结果表明空气悬浮颗粒物暴露是多种疾病的死因之一，除心肺疾病及呼吸系统疾病之外，乳腺癌、内膜癌及卵巢癌的死亡率增加亦与之相关。

四、生物学机制

空气颗粒物对健康的影响与其粒径相关，粒径较大的颗粒物沉积于上呼吸道，而粒径较小的颗粒物则可进入肺部在支气管及肺泡中沉积，影响肺内气体交换，少部分粒径极小的（$<PM_{0.1}$）细颗粒物可穿透气血屏障进入循环系统，进一步在其他器官中沉积造成二次损伤。颗粒物表面还可吸附大量有害重金属、酸性氧化物、有害有机物、细菌、病毒等，甚至可在人体中发生二次反应产生更强的毒性。具体来说，空气颗粒物对女性生殖系统的影响可分为以下几个方面。

（一）内分泌干扰作用

具有内分泌干扰作用的环境毒素通常具有与内源性激素类似的化学结构，能与激素受体结合，干扰内源性激素在发育、性器官成熟和配子发生过程中的正常作用。例如，某些脂溶性的环境毒素如 PAHs 可发挥与类固醇激素相似的作用，通过被动扩散途径穿透细胞膜进入细胞内，与类固醇激素受体结合，进入细胞核，激活或抑制相应基因表达。空气颗粒物组分（如重金属、环境雌激素、PAHs 等）亦可作用于下丘脑一垂体一性腺轴，干扰卵巢生长发育和生长周期。

（二）氧化应激

为清除沉积于肺泡的异源性物质，肺泡巨噬细胞活化吞噬颗粒物，而在清除颗粒物时所诱发的炎症反应可破坏血气屏障的完整性，促进颗粒物向肺外转运。此外，沉积的颗粒物携带多种有机成分（如 PAHs）、重金属离子等可致呼吸道上皮释放大量细胞因子，促进活性氧生成，加重炎症及氧化应激反应。沉积于其他组织器官的颗粒物可引起在位组织器官类似的炎症反应。过量的 ROS 可引起细胞膜蛋白及脂质的氧化损伤，破坏细胞膜完整性，影响细胞功能。在女性正常排卵过程中，生理剂量的 ROS 有利于促进卵母细胞减数分裂及排卵，然而过量的 ROS 则是有害的。在谷胱甘肽（具有抗氧化作用）基因敲除小鼠中，原始卵泡数目衰减加速，颗粒细胞扩增速度加快、小卵泡比例增加，说明原始卵泡募集速度加快，由此推断，氧化应激造成卵巢储备功能下降的机制可能是通过加速原始卵泡募集、同时在卵泡发育早期诱导凋亡所致。

（三）DNA 遗传修饰改变

颗粒物可能通过引起机体氧化应激反应对遗传物质造成损伤，致使 DNA 链断裂。此外，颗粒物中的有机污染物及重金属可与 DNA 分子碱基共价结合形成加合物（如 PAH-DNA 加合物），这种加合物一旦逃避细胞的自身修复系统，即有可能成为致癌、致突变因素，已有许多证据表明 DNA 加合物形成是化学物质引起肿瘤发生的重要起始事件。在正常细胞中，甲基化修饰是维持哺乳动物基因组稳定最常见的表观遗传修饰形式之一，小鼠实验中发现长期颗粒物暴露可引起精子全基因组甲基化水平升高，其他细胞是否可受到相同的影响有待进一步研究。另有研究报道，在黑人儿童中 $PM_{2.5}$ 及 PM_{10} 水平升高与口腔上皮细胞端粒酶长度增加相关，具体机制尚不明确。

综合当前研究，尽管多数流行病学和实验室研究资料均表明其可影响女性生殖系统正常功能，但空气颗粒物与女性生殖系统不良结局的关系仍存在较多不确定性，尚有很多问题亟待解决——目前人群数据主要来自流行病学调查，无法完全排除其他重要混杂因素暴露如烟草使用等产生的不良影响，且动物学及人体研究中均无强有力的证据证实究竟是何种成分起关键作用。不可否认的是，几乎所有

文献都肯定了进一步进行机制研究及前瞻性临床研究的重要性。

第三节　空气颗粒物与不良妊娠结局的关系

一、空气颗粒物与不良妊娠结局的关系

不良妊娠结局主要包括早产、胎膜早破、自然流产、低出生体重、出生缺陷和新生儿窒息等，尽管影响不良妊娠结局的因素众多，近几年越来越多的流行病学研究认为妊娠期颗粒物的暴露会增加不良妊娠结局的发生风险。

（一）低出生体重

低出生体重指活产儿体重不足 2 500 g，包括足月分娩的低出生体重儿和妊娠期＜37 周的低出生体重儿，后者通常与早产相伴随。低出生体重是影响婴儿后期健康的重要危险因素，并导致婴儿死亡率增加。

国内关于颗粒物对低出生体重影响的研究尚不多见。樊利春对三亚、海口市出生监测数据进行时间序列研究结果显示，海口市 PM_{10} 滞后 1 d（1.024，95%CI：1.011～1.038，$P<0.05$）和滞后 6d（1.064，95%CI：1.042～1.087，$P<0.05$）对新生儿低出生体重数影响的相对危险度较高。而 Huang 等在北京奥运期间开展的一项研究发现，妊娠早、中、晚期 PM_{10} 暴露与低出生体重无相关性（$P>0.05$）。

国外的许多流行病学研究发现 $PM_{2.5}$ 可导致新生儿出生体重降低。Pedersen 等采用随机效应模型对欧洲 12 国 14 个母婴队列合并研究发现，母亲孕期暴露于 $PM_{2.5}$，污染物浓度每升高 5 $\mu g/m^3$，低出生体重的 OR 值为 1.18（95%CI：1.06～1.33）、PM_{10} 浓度每升高 10 $\mu g/m^3$，低出生体重的 OR 值为 1.16（95%CI：1.00～1.35）。Savitz 等人采用病例对照方法研究 2008 年至 2010 年美国纽约 252967 例新生儿出生体重与颗粒物暴露的关系时，发现校正后妊娠早、中、晚期和整个妊娠期 $PM_{2.5}$ 暴露浓度每升高 10 $\mu g/m^3$，新生儿出生体重分别下降 18.4 g、10.5 g、29.7 g 和 48.4 g。另一项针对美国中大西洋地区和东北部地区 2000—2007 年出生新生儿的研究发现，部分 $PM_{2.5}$ 成分可导致低出生体重的发生。铝、元素碳、镍、钛均显示与低出生体重之间的关联性，其浓度每上升一个四分位数间距（IQR），低出生体重的发生风险分别升高 4.9%、4.7%、5.7%和 5.0%。冯仁杰等人系统收集 2000—2016 年公开发表的有关空气颗粒物对低出生体重影响的相关文献，meta 分析结果显示妊娠全期暴露的 $PM_{2.5}$ 的浓度每上升 10 $\mu g/m^3$，生产出低体重儿的风险的合并 OR 值为 1.11（95%CI：1.02～1.21）。

关于室内颗粒物的暴露对新生儿体重的影响，在加纳首都阿克拉的一项横断面研究结果显示，围孕期暴露于使用木炭烹饪或室内垃圾焚烧造成的污染物会增加新生儿低出生体重的发生风险。室内木炭或其他固态燃料燃烧、垃圾焚烧会释放 CO 和颗粒物等物质。颗粒物的吸入会损害孕妇的肺功能，增加孕妇肺疾病的患病风险，从而影响母体向胎儿运输氧的能力引起氧化应激和细胞损伤，增加新生儿低出生体重发生风险。

颗粒物导致新生儿低出生体重的可能机制，有研究观察了荷兰 7801 例孕妇妊娠期颗粒物暴露对胎盘生长和功能的影响。结果发现，PM_{10} 暴露浓度升高与妊娠中期母血和脐血中胎盘生长因子水平降低和胎盘重量降低有关。有研究将观察组小鼠暴露于环境大气、对照组置于滤除颗粒物的空气中，观察脐带及其血管的形态改变进行对比发现，吸入环境大气的小鼠因类黏液蛋白和胶原减少，脐带体积减小。脐血管的形态改变和异前列烷、内皮素受体增多相关。因此推断，颗粒物暴露导致出生体重下降

可能与脐带组织结构异常、内源性血管张力调节子和氧化应激等机制有关。

（二）早产

早产是指妊娠满 28 周至不足 37 周的分娩，是胎盘和胎儿发育紊乱的标志，也是婴幼儿甚至成年期死亡的重要危险因素。

国内关于颗粒物暴露与早产风险的研究，均一致提示了颗粒物暴露可增加早产的发生风险。一项在武汉市开展的前瞻性队列研究认为，PM_{10}暴露浓度每升高 5 $\mu g/m^3$，早产风险增加 2%。与另一项对上海市 2004 年出生监测数据进行时间序列分析结果相近。另外，兰州市开展的队列研究同时对极早产儿发病情况进行分析，结果显示，妊娠最后 2 个月 PM_{10}暴露可能是重要的危险因素。关于 $PM_{2.5}$暴露对早产的影响，薛小平等人在我国太原市开展病例对照研究结果发现，太原市区孕妇全孕期 $PM_{2.5}$暴露浓度为 51.2～100.9 $\mu g/m^3$，进一步研究发现分娩前第 2 周 $PM_{2.5}$浓度暴露每增加 10 $\mu g/m^3$，早产风险增加 8.7%，轻度早产风险增加 9.9%，早产发生风险随孕晚期 $PM_{2.5}$暴露浓度升高而增大。

2004—2008 年，WHO 在全球进行了孕产妇和围生期保健调查——WHOGS 项目，该项目是一个多国家的横断面调查，数据源自非洲、拉丁美洲及亚洲等 24 个国家或地区，涉及 373 个研究机构，研究对象超过 290 000 名。其研究结果显示，中国孕妇生活区 $PM_{2.5}$平均浓度达 36.5 $\mu g/m^3$ 远高于其他研究地点。同时研究还发现，中国研究区域早产发生与孕晚期高浓度 $PM_{2.5}$暴露密切相关，然而其他研究地区未发现明确的 $PM_{2.5}$与早产之间存在关联性的证据。

国外的相关研究同样发现了颗粒物暴露与早产间的关联。Pereira 等人对 2000—2006 年美国康涅狄格州 29175 例至少有 2 次单胎活产史的产妇，比较同一例产妇历次妊娠不同浓度 $PM_{2.5}$暴露时发生早产的危险性，结果发现，妊娠早、中、晚期和整个妊娠期 $PM_{2.5}$暴露浓度每升高 1 个四分位数（2.33 $\mu g/m^3$），早产危险性的 OR 值分别为 1.07（95%CI：1.00～1.15）、0.96（95%CI：0.90～1.03）、1.03（95%C：0.97～1.08）和 1.13（95%CI：1.01～1.28），提示妊娠期 $PM_{2.5}$暴露浓度越高，早产发生的危险性也越大，且以妊娠早期暴露的危险性最大。Young Ju Suh 等人利用韩国国家统计局的出生数据进行分析，研究结果显示，在孕早期和孕晚期暴露于 PM_{10}相比较孕中期暴露，早产发生的风险比（HR）增加，且孕龄越小的组，其 HR 值更大。

尽管目前有许多关于颗粒物的暴露与早产发生风险关系的研究。但关于颗粒物不同化学组分与早产关系的研究十分有限。颗粒物是有机物和无机物的混合物，暴露于颗粒物会因其中所含化学组分的不同及效应器官的不同，而产生不同的健康效应。同时，关于早产与 $PM_{2.5}$暴露的窗口期的关系仍存在争议，有研究支持孕早期是 $PM_{2.5}$暴露的窗口期，也有研究支持孕晚期是 $PM_{2.5}$暴露的窗口期。颗粒物对早产影响的相关机制有多种假说，有研究认为孕晚期 $PM_{2.5}$的暴露会导致炎症早期细胞因子的激活，引发早产。也有研究认为，胎儿的植入和胎盘的形成发生在第一个妊娠期，而在这段时间内，$PM_{2.5}$的暴露可能会导致基因突变，从而增加胎儿畸形、流产甚至死亡的风险。

（三）出生缺陷

出生缺陷（birth defects，BD）为儿童在出生时就已经发生或存在的身体结构或功能的异常，包括先天畸形、智力障碍、代谢性疾病等，是造成孕母流产、死胎死产及死亡的重要原因，同时也是婴幼儿和儿童死亡及致残的主要原因。目前认为造成出生缺陷的主要原因是遗传因素，但 6%～8%的出生缺陷与环境因素有关，其中大气污染是致出生缺陷的重要因素。

现有研究认为，妊娠早期空气污染物 PM_{10}的暴露是先天性心脏病的危险因素。由于出生缺陷疾病种类繁多，针对具体疾病种类和敏感期各异，因此研究结果较为分散。施森等人关于畸形胎儿的病例对照研究发现，妊娠头 1～3 个月 PM_{10}暴露浓度越高，胎儿血管畸形的危险性越高。暴露浓度每增加 1

个四分位数，胎儿心血管畸形的发生风险增加 1.218。Zhang 等人在武汉城区开展的一项长达两年的队列研究表明，孕期 $PM_{2.5}$ 的暴露会增加先天性心脏病，尤其是室间隔缺损的发生风险。室间隔缺损与孕 7～10 周 $PM_{2.5}$ 的暴露有关，四个周平均 $PM_{2.5}$ 浓度每增加 10 $\mu g/m^3$，心室间隔缺损发生的 OR 值为 1.11～1.17（95%CI：1.02～1.20，1.03～1.22，1.05～1.24，1.08～1.26）。另一项在我国福州开展的病例对照研究表明，仅孕第 1、2 月 PM_{10} 的暴露与心血管畸形、房间隔缺损、动脉导管未闭、室中隔缺损、法洛四联症有关，PM_{10} 浓度在 41.6～74.7 $\mu g/m^3$ 水平时，相关性最强。研究并未发现其他孕阶段 PM_{10} 暴露与心血管畸形间的关联性。国外研究者 Gilboa 等人对 1997—2000 年在德克萨斯州出生的出生缺陷儿的病例一对照研究，发现 PM_{10} 与房间隔缺损的发生呈正相关。

关于室内颗粒物暴露对出生缺陷影响的研究发现，烹调油烟含有的成分可致动物胚胎畸形，甲醛可导致神经管闭合不全、体位翻转不全、脑部形态异常和心脏发育迟缓等畸形，并呈现剂量-效应关系。在我国山西省是唇腭裂发生率最高的省份，一项山西省农村地区室内空气污染与唇腭裂发生风险的研究表明，围孕期暴露于室内污染物（燃煤取暖和被动吸烟造成的污染）会增加子代唇腭裂的发生风险。

目前关于颗粒物导致出生缺陷的机制尚不明确，有研究者认为可能的机制是引起基因毒性和氧化损伤。颗粒物可以直接或通过其携带金属离子间接诱导氧化应激的发生，进而造成早期胚胎损伤，甚至造成 DNA 的损伤。2012 年 Tillett 的研究发现妇女在怀孕期间前 3 个月 PM_{10} 暴露可能导致线粒体 DNA 功能障碍。另外，颗粒物还可与胎盘生长因子受体结合导致胎盘发生炎症反应，造成胎儿胎盘氧气营养物的交换障碍。颗粒物也会导致血凝的变化，内皮功能和血流动力学的变化等，这些机制可以单独也可以联合作用而影响胎盘和胎儿之间营养物质的交流，造成胎儿损伤。

（四）其他不良妊娠结局

颗粒物暴露也是其他不良妊娠结局，如流产、死产、婴儿期死亡（新生儿死亡和新生后死亡）等的危险因素。

侯海燕等人利用回顾性病例对照研究对天津市空气颗粒物与妊娠早期稽留流产的关系进行分析，经控制妊娠妇女年龄、妊娠产次影响的基础上，发现围妊娠期高浓度总悬浮颗粒物质（TSP）的暴露可能增加稽留流产发生的危险性，但未发现妊娠前后 PM_{10} 的暴露与发生稽留流产的相关性。而 Enkhmaa 等人对蒙古大气污染物浓度和 2009—2011 年 1 219 名流产妇女相关性分析表明，$PM_{2.5}$、PM_{10} 均与自然流产密切相关（$r>0.8$、$r>0.9$）。Dejmek 等人对捷克 3 349 名孕产妇进行研究发现，孕早期 PAHs 暴露水平与胎儿宫内发育迟滞程度关性，其可能原因是，孕早期胎儿各组织器官分化发育对环境有害因子的反应更加敏感所致。

目前，我国关于室内颗粒物暴露导致不良妊娠结局的研究较少。林权惠等人采用生殖流行病学的方法研究烹调油烟对女工生殖健康的影响，将孕妇的年龄、工龄等配对后行病例对照研究，结果表明，接触油烟组（社区女性厨师）早产、自然流产、先天畸形等妊娠结局指标的检出率和子代周岁内易感者的检出率明显高于对照组（在家没有煮饭的女性），差异有统计学意义（$P<0.05$）。而过期产、死胎死产等妊娠结局指标的检出率差异无统计学意义（$P>0.05$）。

综上所述，关于颗粒物对妊娠的影响，目前的研究较为一致地提出，颗粒物是低出生体重、早产等不良妊娠结局发生的危险因素。然而其影响机制，还需要更多实验研究来进行证实。毋庸置疑，控制空气颗粒物污染，加强妊娠期保健知识的普及，对于预防各种不良妊娠结局有重要意义。

二、空气颗粒物在胚胎发育过程中引起的表观遗传学改变

环境颗粒物与多种环境相关疾病有关。越来越多的研究表明，表观遗传学在环境相关疾病的发生、

发展中发挥着重要的作用。胚胎时期表观遗传修饰异常可能诱导胚胎甚至成年后多种疾病的发生，从而更好地解释环境因素不良损害与胎儿发育间的潜在联系。

表观遗传学（epigenetics）是研究在DNA序列没有发生改变的情况下，基因功能发生可遗传的遗传信息变化，并最终导致可遗传的表型变化。环境颗粒物可引起DNA甲基化、组蛋白修饰、染色质重塑和miRNAs表达等导致表观遗传学改变。这种改变往往发生在疾病产生的早期，因此环境颗粒物对人类健康长期潜在的表观遗传学效应受到越来越多的关注。表观遗传学改变可以发生在生命的任何时期，但大多数表观基因组已经在生殖细胞中建立，而对于胚胎来说，表观基因组对胚胎发育和胎盘发育的调控特别重要。胎盘在胚胎的养分转移、生长和器官发育方面起着关键作用。

迄今，关于线粒体DNA表观遗传改变与早期生命环境暴露的关系报道较少。Bram G Janssen采用环境出生队列，探究胎盘线粒体甲基化与早期暴露于空气颗粒物关系的研究表明，在整个孕期，$PM_{2.5}$的暴露与mtDNA甲基化（MT-RNR1和D-loop）呈正相关，两者之间的相关性在孕早期（孕前3个月）更为显著。而$PM_{2.5}$的暴露浓度增加与胎盘组织中mtDNA的含量呈负相关。也有研究表明，妊娠早期PM_{10}暴露与胎盘相关的LINE1和HSD11B2的DNA甲基化有关，LINE1和HSD11B2的甲基化改变可能会导致生殖和发育毒性。另一项环境出生队列的研究表明，胎盘DNA低甲基化水平与孕早期（包括胚胎植入期）空气颗粒物暴露之间呈正相关。即，从受精到胚胎植入的整个过程是$PM_{2.5}$对胎盘DNA甲基化影响的易感窗口期。有研究检测了子宫（含胚胎）组织中基质金属蛋白酶与特异性基质金属蛋白酶组织抑制剂家族的mRNA及蛋白的表达的变化，观察到$PM_{2.5}$可以通过影响子宫MMPs/TIMPs平衡而引起早期妊娠失败。

目前，精子发生过程中的表观遗传学修饰研究尚处于起步阶段，已知表观遗传修饰异常可影响精子质量及子代发育。Wu等人在武汉市的一项研究表明，在精子形成期，周围颗粒物的暴露会影响精液质量，尤其是精子的数量和浓度。颗粒物的暴露引起精液质量下降的可能机制是氧化自由基的增加或抗氧化防御系统功能的降低导致氧化应激，进而导致一系列细胞病理学过程，如炎症、细胞凋亡、细胞分裂受损等。但空气颗粒物是否会对精子的DNA甲基化、基因组印迹、组蛋白甲基化/乙酰化修饰、RNA沉默等过程产生影响尚有待进一步探讨。

第四节　问题与展望

一、国内相关研究目前存在的问题

我国关于空气污染与生殖健康研究发展相对滞后，相关的研究证据较少。尽管当前在国内开展的部分流行病学和毒理学研究均表明空气污染与生殖健康之间存在一定关联性，但由于研究地点、研究对象、样本量以及暴露评估方法等的不同，研究结果存在明确的异质性。具体存在的问题包括以下几点。

（1）空气污染与生殖健康研究仍然是以流行病学研究居多，关于污染物暴露对生殖健康影响内在机制的研究尚处于初级阶段。

（2）颗粒物对生殖健康影响的流行病学研究中，研究设计较为局限多以病例对照研究或回顾性队列研究为主，尚缺乏前瞻性大型队列的研究结果。

（3）少有研究收集分析同一个体的多个样本，精子质量个体内部的高度变异以及个体易感性的差异未能引起广泛注意。

（4）不同地区由于工业和地理环境的不同，颗粒物的化学组分之间存在着一定的差异性，尚缺乏

探索不同颗粒物组分对生殖健康效应差异的研究。

（5）围孕期颗粒物暴露对新生儿的长期影响包括生长发育、智力发育等的研究尚有待进一步探讨。

二、未来研究展望

颗粒物污染现阶段已成为全球公共卫生问题，其对健康的影响也已成为全球关注的热点。而近年来伴随着生育力的不断下降，颗粒物污染对生殖健康影响的相应研究日益增多，需从以下几个方面加强研究工作。

（1）有计划、有组织地策划大型前瞻性队列研究，系统阐明空气污染物暴露对生殖健康影响的短期和长期效应，为科学评价空气污染的暴露风险提供重要的基础数据保障。

（2）进一步开展围孕期暴露的生殖健康影响研究，比较在不同时期内颗粒物暴露对生殖健康影响的差异，为孕产妇的孕期保健和预防提供依据，同时也为开展实验室机制研究提供方向。

（3）深入开展空气污染物不同组分的生殖健康影响研究，找出对生殖健康影响的关键成分以及具体生理机制，为甄别易感人群，展开针对性的预防工作，减轻颗粒物对生殖健康的影响等提供理论依据。文中部分引用文献的主要研究结果见表 7-1。

表 7-1　本章部分引用文献的主要研究结果

研究	国家/地区	研究设计	研究年份	研究对象	污染物	主要结果
Niya Zhou 等（2017）	重庆市，中国	队列研究	2013—2015	男性	PM_{10}，$PM_{10\sim2.5}$，$PM_{2.5}$	PM_{10}与精子正常形态的减少有关；$PM_{10\sim2.5}$与低精液浓度显著相关
Xiang-Qian Lao 等（2017）	台湾省，中国	横断面研究	2001—2014	男性	$PM_{2.5}$	$PM_{2.5}$每增加 5 $\mu g/m^3$，精子正常形态率下降 1.29%，精子浓度增加 1.03×10^6/mL
MariaJosé Rosa 等（2017）	美国东北部	队列研究	2007—2011	女性	$PM_{2.5}$	孕晚期 $PM_{2.5}$每升高 5 $\mu g/m^3$，新生儿出身体重 Fenton z 分数下降 0.075
MarcoVinceti 等（2016）	雷焦艾米利亚市，意大利	病例对照研究	1998—2006	女性	PM_{10}	孕产妇怀孕期间暴露于 PM_{10}与新生儿肌肉骨骼和染色体异常出生缺陷有关
Bin Zhang 等（2016）	武汉市，中国	队列研究	2011—2013	女性	$PM_{2.5}$，PM_{10}	随着 $PM_{2.5}$浓度的增加，室间隔缺损风险增加，在孕 7～10 周，$PM_{2.5}$每升高 10 $\mu g/m^3$，室间隔缺损的调整 OR 值为 1.11～1.17
Rebecca Massa Nachman 等（2016）	波士顿，美国	队列研究	1999—2012	女性	$PM_{2.5}$	$PM_{2.5}$暴露与孕前三个月及孕早中晚期的宫内炎症都存在着正相关关系
DanieleSanti 等（2016）	意大利	回顾性队列研究	2014—2015	男性	PM_{10}，$PM_{2.5}$	PM 与精子质量之间没有发现关联

续表

研究	国家/地区	研究设计	研究年份	研究对象	污染物	主要结果
David M. Stieb 等(2016)	加拿大	横断面研究	1999—2008	男性/女性	$PM_{2.5}$	整个孕期 $PM_{2.5}$ 每升高 10 μg/m³，小于胎龄儿 OR 值为 1.04，出生体重降低 20.5 g
Yingying Liu 等(2016)	山西省，中国	病例对照研究	2002—2014	女性；新生儿	室内污染物	围孕期暴露于室内污染物（燃煤取暖和被动吸烟造成的污染）会增加子代唇腭裂的发生风险；唇腭裂与烹调油烟暴露无相关性。
Wu Li 等(2016)	武汉市，中国	横断面研究	2013—2015	男性	$PM_{2.5}$，PM_{10}	精子形成期，周围颗粒物的暴露会影响精液质量，尤其是精子的数量和浓度
程雁鹏等(2016)	太原市，中国	病例对照研究	2013	女性；新生儿	$PM_{2.5}$	孕妇在孕晚期尤其是在分娩前半个月，$PM_{2.5}$ 高浓度暴露会导致早产风险增加
Chao-Bin Liu 等	福州市，中国	病例对照研究	2007—2013	女性；新生儿	PM_{10}	仅孕第 1、2 月 PM_{10} 的暴露与心血管畸形、房间隔缺损、动脉导管未闭、室中隔缺损、法洛四联症有关，PM_{10} 浓度在 41.6～74.7 μg/m³ 水平时，相关性最强
Sarah Johnson 等(2016)	纽约市，美国	横断面研究	2008—2010	男性/女性	$PM_{2.5}$	$PM_{2.5}$ 与早产没有关联，NO_2 在孕中期与早产呈现负相关
HuaHao 等(2016)	格鲁吉亚	横断面研究	2002—2006	男性/女性	CO，NO_2，SO_2，O_3，PM_{10}，$PM_{2.5}$，EC，OC	在孕早期、孕中期、孕晚期、整个孕期中，CO 每增加一个四分位数间距，OR 值分别为 1.005，1.007，1.010，1.011
Merklinger-Gruchala 等(2015)	波兰	横断面研究	1995—2009	男性/女性	PM_{10}	PM_{10} 的浓度与新生男孩出生体重无关；孕早期与新生儿出生体重呈负相关，而孕中晚期新生儿出生体重与 PM_{10} 浓度无关
David A. Savitz 等(2015)	纽约市，美国	队列研究	2008—2010	女性	$PM_{2.5}$	未调整前 $PM_{2.5}$ 与妊娠高血压呈正相关，调整后没有发现关联性
Niya Zhou 等(2014)	重庆市，中国	比较性研究	2007	男性	PM_{10}	PM_{10}、SO_2 和 NO_2 的浓度与正常的精子形态百分比和精子运动参数相关
Hammoud 等(2010)	盐湖，美国	横断面研究	2002—2007	男性	$PM_{2.5}$	$PM_{2.5}$ 与精子活力呈现负相关

（马露　王笑臣）

第八章　空气颗粒物的健康影响机制

室外和室内环境中颗粒物虽然在组成成分和污染物来源方面均有一些差异，但其所致健康危害的作用机制有很多共同之处。近30年来，国内外研究者采用流行病学研究、动物毒理学研究和体外细胞实验进行了一系列颗粒物作用机制的探索，但其详尽的作用机制尚不清楚。目前比较一致的关于颗粒物所致健康危害作用机制包括炎症反应、氧化应激、免疫损伤、自主神经功能损伤、内皮功能损伤等。探讨颗粒物的作用机制主要是通过毒理学实验研究，本章从动物实验和细胞实验中颗粒物的暴露方法，各系统损伤的作用机制及干预机制来阐述颗粒物对健康影响机制的研究进展。

第一节　实验研究中常用的颗粒物暴露方法

空气颗粒物主要经呼吸道进入人体，也有一小部分通过消化道或皮肤进入。目前实验室研究中多采用气管滴注、鼻腔滴入与动态吸入等方式进行实验动物的颗粒物暴露。

一、颗粒物气管滴注暴露

（一）气管滴注法

气管滴注法是将药物直接注入气管的一种技术，依据是否暴露气管，将其分为暴露式和非暴露式两种。暴露式气管滴注法是指在实验动物的颈腹面切口暴露出气管，用针头直接刺入气管进行滴注。而非暴露式气管滴注法是将滴注用的导管或磨钝的穿刺针通过喉部插入气管内进行滴注。祖峰、苗雨丹等人对比了暴露式与非暴露式两种气管滴注法在以脂多糖（LPS）为刺激物建立小鼠急性肺损伤模型中的造模效果。实验结果发现，与非暴露式气管滴注法比较，暴露式气管滴注法不但具有更高的造模成功率，而且该方法引起的大鼠急性肺部炎症反应更加明显，病理改变以渗出性肺水肿为主，能够更好地模拟急性肺损伤的发病过程。尽管如此，非暴露式气管滴注法由于具有无创性，易操作的优点仍被广泛用于实验室研究。

（二）气管滴注法的特点

与其他染毒方法相比，气管滴注法是一种方便、有效且便于精确控制染毒剂量的方法，也是目前应用较多的方法。该方法操作简单，不需要特殊设备，操作本身对实验动物无影响。但是操作前需麻醉动物，若麻醉过深容易导致窒息死亡，麻醉过浅动物易中途苏醒，影响滴注效果，甚至刺破气管。

（三）气管滴注法在颗粒物暴露中的应用

许多研究表明，利用气管滴注法对动物进行颗粒物的暴露，可以引起大鼠或小鼠的急性肺损伤、哮喘、支气管炎等肺部和心血管疾病。郭新彪课题组利用一次性气管滴注的方法，分别研究了北京城区 PM_{10}、$PM_{2.5}$ 暴露对 Wistar 大鼠肺部及心脏的急性作用。研究发现，一次性暴露 3.75 mg/（kg・bw）的 PM_{10} 对大鼠无明显作用，暴露剂量高于 7.5 mg/（kg・bw）时大鼠血液中 SOD 活性显著下降，肺脏及心脏组织出现明显氧化性损伤。

赵金镯等在大气细颗粒物对高血压大鼠心血管系统作用的研究中，利用气管滴注法对正常 Wistar

大鼠（WKY）和自发性高血压大鼠（SHR）分别给予 1.6 mg/（kg·bw）、8.0 mg/（kg·bw）和 40 mg/（kg·bw)的细颗粒物暴露，气管滴注量 1.5 mL/（kg·bw），每天染毒 1 次，连续染毒 3 天。结果显示，气管滴注细颗粒物后两组大鼠进食量和饮水量明显减少，体重均显著下降，自主神经功能与心肌组织各项指标均出现显著性变化。敬岳等选择健康雌性小鼠采用相同染毒剂量每 7 天滴注一次，滴注 3 次后，小鼠出现肺部炎症和肺组织纤维化样变。

徐东群等利用气管滴注的方式建立了 $PM_{2.5}$ 亚慢性暴露的大鼠模型，他们采用 1.5 mg/（kg·bw）、3.75 mg/（kg·bw）和 10 mg/（kg·bw）的颗粒物悬液，分别对雌性 Wistar 大鼠连续染毒 6 个月，每周一次。研究发现，低剂量组大鼠肺组织内尘细胞数量在 3 个月时明显增加，而中、高剂量组的尘细胞数量在 1 个月时即显著增加。同时，细颗粒物对免疫系统的损伤随着染毒剂量和暴露时间的增加而增加，高剂量组尤为明显。

在动物暴露实验中往往实施多次气管滴注的操作，由于插管操作很容易引起动物的痛苦和不适，尤其小鼠气管生理结构脆弱、狭窄，导致滴注的难度增加。为了提高插管效率和成功率，很多人尝试了插管的可视化操作。郭新彪课题组建立了一套小鼠透射灯照射下经口咽气管插管、滴注的方法，对雄性 C57BL/6J 小鼠以 1 次/2 d 的频率重复插管滴注 0.06 mL 2.5 mg/mL 的炭黑颗粒物，6 次暴露后小鼠双肺散在分布炭黑颗粒物。这种方法速度快，插管与滴注连续操作；液体和推注气体一次性注入，可保证滴注物质较为均匀的分散；由于选用塑料材质，且是可视状态的操作，因而对动物几乎无损伤，可用于重复实验。肖纯凌课题组依靠冷光源内窥镜和电泳点样吸头为插管工具，建立了一套新型的插管操作系统。利用高倍放大，完成了 CB17-SCID 小鼠气管插管、滴注的反复操作，每次用时 2～3 min。一周后解剖小鼠可见气管低端和肺内有散在的空气细颗粒物分布。

二、颗粒物鼻腔滴注暴露

（一）鼻腔滴注法

鼻腔滴注法是将药物滴入动物鼻腔，随其呼吸进入肺部的一种技术。操作时一般先将动物进行麻醉，然后左手抓取动物使其头部充分暴露并倾斜 15°，右手使用移液枪吸取滴注液，逐滴滴入动物的鼻腔，待其自动吸入并听到湿啰音，说明滴注成功。

（二）鼻腔滴注法的特点

鼻腔滴注法具有操作简单、可准确控制暴露剂量、无创性的特点，无需特殊设备。但研究者要注意到由于每次滴注量的限制，操作比较耗时，而且滴注液可能经口腔到达胃部。

（三）鼻腔滴注法在颗粒物暴露中的应用

动物暴露实验中，空气颗粒物以悬浊液的形式存在，由于鼻腔滴注过程中颗粒物易沉积在鼻腔或咽部，导致肺部暴露剂量降低，因此目前鼻腔滴注法主要用于颗粒物鼻咽部暴露的研究。

刘小凯等采用雄性 SD 大鼠，每天鼻腔滴注 500 μl 浓度为 0.004 μg/ μl 的 $PM_{2.5}$ 悬液，分别在第 7 d、14 d、30 d 取鼻黏膜及上颌窦黏膜。结果显示，$PM_{2.5}$ 滴注 30 d 后，大鼠的鼻黏膜组织结构发生了改变，上皮完整性受损，上皮层增厚，黏膜下腺体增生，并有轻到中度炎性细胞浸润；而上颌窦发生了轻微的炎症反应，上皮完整性被破坏，黏膜下层有轻到中度的炎细胞浸润。

史纯珍等采用鼻腔滴注法研究了 $PM_{2.5}$ 对小鼠肺组织代谢的影响。先用乙醚将小鼠麻醉，用丝线挂住小鼠上门齿，使其自然悬挂在自制泡沫架上。用移液枪吸取悬浮液并注入鼻腔中，每天滴注一次，滴注量 3 mL/（kg·bw）（60 μl/只），连续滴注 3 天。结合代谢途径分析，发现 $PM_{2.5}$ 滴注时小鼠肺组织出现氧化损伤，氧化应激反应增强，削弱了肺泡细胞的三羧酸循环，嘌呤代谢抑制。

刘晓玲、邢志敏等利用大鼠鼻腔滴注 PM_{10} 悬浊液和腹腔注射卵清蛋白 OVA 的方法研究了 PM_{10} 在诱发大鼠变应性鼻炎过程中所起的作用，采用 5 mg/mL 的 PM_{10} 悬液以 1 mL/（kg・bw）进行鼻腔滴注，每日 1 次，连续 10 天。研究结果显示，大鼠鼻黏膜均呈现不同程度的纤毛排列凌乱倒伏、缠绕，而且 PM_{10} 可以加重卵清蛋白引起的鼻黏膜损伤和变应性炎症反应。

三、颗粒物动态吸入暴露

（一）吸入式暴露

吸入式暴露是研究各种有毒有害物经呼吸道暴露的重要方式，广泛应用于环境保护、工业卫生及毒理学研究中，主要包括静态吸入和动态吸入。静态吸入暴露一般在密闭舱内进行，实验过程中会不可避免地受到舱内动物呼出气体的影响，而且随着暴露舱内氧气的消耗而导致的低氧状态会对实验动物造成影响，因此静态吸入暴露已较少使用。动态吸入暴露是指实验动物处于空气流动的暴露舱内，将含有污染物的空气以恒速持续输入暴露舱内，同时以相等的恒速将空气排出暴露舱。

（二）动态吸入暴露的特点

由于短时间、一次性、大剂量的暴露引起的损伤病理过程不符合机体长时间、反复、吸入导致的慢性病理过程，因此与气管或鼻腔滴注法相比，动态吸入暴露更好地模拟了呼吸道吸入的实际状态。范少欣等比较了暴露式气管滴注法与雾化吸入法在以脂多糖（LPS）暴露建立小鼠急性肺损伤（ALI）模型研究中的不同效果，发现虽然两种方法均可以成功建立小鼠 ALI 模型，但是雾化吸入法对于建立小鼠 ALI 模型更有效。

但是动态吸入暴露一般用于气态或液态药物的研究，需要特殊设备。如果是固态颗粒或粉末，实验过程中如何形成稳定浓度的气溶胶，并均匀分布在暴露舱内是吸入暴露中的关键因素。由于吸入暴露采用动态进行，所以监测暴露浓度以及计算实际暴露量对于后期效应研究也是至关重要的。

（三）动态吸入法在颗粒物暴露中的应用

动态吸入颗粒物进行暴露，最早在纳米颗粒物的研究中尝试应用。李园园等将烘烤后的纳米级炭黑颗粒置于气溶胶发生器中，用过滤的空气生成炭黑气溶胶，调整气溶胶发生器参数保持染毒柜内炭黑浓度在 30 mg/m^3 左右，并以滤膜增重法定时检测染毒柜内炭黑的浓度。结果显示，BALB/C 小鼠暴露 7 天后炭黑颗粒主要沉积于小鼠细支气管，散在分布于肺泡或肺间质中，小鼠肺组织结构的损伤，炎性因子 IL-8 的表达增加。这种方法在实施过程中需要保证纳米颗粒物以稳定的浓度分散在染毒柜中，避免颗粒物的沉降以及动物舔舐落在身体上的颗粒物。因操作中颗粒物耗费量较大，不适于样品量少的研究。针对该问题，有实验室自制研发了空气颗粒物的染毒箱。

刘箐等将煤、汽油、木屑的混合物充分燃烧，产生的气体通过空气过滤器，过滤后的气体进入烟熏染毒箱。实时监测染毒箱内 $PM_{2.5}$ 的浓度，使其维持在 500 $\mu g/m^3$，对大鼠进行每日 8 h 染毒。同时制备颗粒物悬液，以 8.0 mg/（kg・bw）进行气管滴注暴露，每日染毒 1 次。暴露 3 个月后，对比研究发现两组大鼠均出现肺内炎性细胞浸润、气道壁增厚及肺泡腔的扩大等 COPD 典型的病理改变。由于 $PM_{2.5}$ 气管内滴注往往因颗粒物沉积在局部而分布不匀，若 $PM_{2.5}$ 局部浓度过大，还易造成急性肺损伤，导致大鼠呼吸循环衰竭甚至死亡，而吸入 $PM_{2.5}$ 颗粒所致大鼠呼吸系统的病变更符合 COPD 的特点，因此认为，吸入式暴露较气管内滴注更适合建立 COPD 动物模型。

邓元荣等利用多功能雾化器将 $PM_{2.5}$ 混悬液以 18 mL/min 的流速向自制密封容器（容积约 5 L）开始喷雾，容器另一端有一个出口以保证容器内气雾正常流动，到玻璃容器内全部充满白色雾为准，气溶胶达到要求浓度，将动物放入吸入装置中，自然呼吸，接受染毒。每天 6 h，每周 5 d，连续 8 周。他

们同时对比了不同染毒方法：滴注法与吸入法染毒组动物死亡率分别为30%和10%；两组动物气管和肺组织病变均值都较正常组高且有显著差异。进行两组间均值秩和检验发现差异无显著性，说明两种方法效果相当，但滴注法死亡率高，因此吸入法暴露效果更好。

随着研究需求的不断增加，近几年出现了用于$PM_{2.5}$的动物吸入式暴露装置。丁文军课题组在$PM_{2.5}$动态吸入暴露装置上完成了$PM_{2.5}$对小鼠肺部纤维化作用机制的研究。该装置有进气口和出气口，一定流量的室外空气在抽气泵的作用下经过$PM_{2.5}$切割器分别进入暴露舱或经过一个滤膜后进入洁净舱，暴露舱内的$PM_{2.5}$浓度与室外$PM_{2.5}$浓度基本一致。这个系统可以根据需要加装浓缩或浓度监测装置，真正实现了$PM_{2.5}$的动态吸入暴露。

四、其他暴露方法

（一）吸入式气管滴注法

在非暴露式气管滴注和鼻腔滴注的基础上，结合二者特点，晋乐飞等建立了一种快速吸入式气管滴注法，具体步骤如下：将小鼠或大鼠放入乙醚麻醉缸内，迅速封住缸口，麻醉标准为倒下不动、呼吸深慢似熟睡状。用丝线挂住小鼠或大鼠上门齿，使其自然悬挂在自制塑料架上。用移液枪吸取滴注液，左手拿镊子，右手持移液枪。用镊子将小鼠或大鼠的舌头拉出，将滴注液注入口中，放下镊子，用左手轻轻捏住小鼠或大鼠的鼻腔5s左右，使其通过呼吸主动将滴注液吸入肺部，若听到湿啰音，则说明滴注成功。该方法操作时间较鼻腔滴注和非暴露式气管滴注明显缩短：小鼠鼻腔滴注的操作时间为（92.6±5.4）s，吸入式气管滴注操作时间为（25.2±4.0）s；大鼠非暴露式气管滴注操作时间为（102.6±6.5）s，吸入式气管滴注操作时间为（39.9±3.3）s。滴注效果好，成功率高，吸入式气管滴注组小鼠和非暴露式气管滴注组大鼠的肺组织散在分布蓝色印迹，而鼻腔滴注组小鼠的肺部着色不明显；吸入式气管滴注和鼻腔滴注的成功率为100%，而非暴露式气管滴注的成功率为83.7%。

（二）尾静脉注射法

尾静脉注射可以使药物直接进入血液，操作方便，染毒剂量易于控制。但是因与实际颗粒物暴露方式不同而较少应用，目前也有研究者开展了颗粒物中可溶组分的暴露研究。庞卫乾等利用尾静脉注射的方式研究了大气细颗粒物$PM_{2.5}$不同成分对大鼠血流动力学和心肌组织血管紧张素Ⅱ含量的影响，通过从$PM_{2.5}$颗粒物中提取得到有机成分、水溶成分和混合成分，对大鼠尾静脉注射染毒10天，探讨了$PM_{2.5}$不同成分直接进入循环系统后对心血管功能的影响。药红梅分别提取$PM_{2.5}$的水溶性成分（WSC）及酸溶性成分（ASC），通过尾静脉注射的方式对大鼠进行一次性染毒，同时用气管滴注的方式进行$PM_{2.5}$悬液的暴露，研究了不同成分对动脉粥样硬化大鼠的心脏毒性的作用机制。

（三）经皮暴露法

国内很少采用经皮方式研究颗粒物的动物暴露。赵贤四等利用BALB/c小鼠作为受试动物研究了上海市大气悬浮颗粒物的致癌能力。大气悬浮颗粒物通过二氯甲烷提取，挥发后有机物残渣用丙酮溶解配成5 mg/200 μl和2 mg/200 μl的样品液。前期诱导实验中，将不同剂量的样品液涂抹在小鼠背部无毛区，5 mg剂量组一次性涂完，10 mg剂量组每天涂抹2 mg，连续5天涂完。同时采用致癌物3-甲基胆蒽（3-methylcholanthrene，3-MCA）作阳性对照。诱导一周后，用佛波酯（12-O-Tetradecanoylphorbol-13-acetate，TPA）作促癌剂，在小鼠背部无毛区进行每周两次涂抹，剂量为2 μg/200 μl丙酮，连续涂抹30周。结果显示，雄性小鼠在10 mg剂量诱导时乳头状瘤发生率为5%～25%，且出现肿瘤时间与3-MCA相近。表明上海市大气悬浮颗粒物有一定的致癌能力。

第二节　空气颗粒物对呼吸系统的健康影响机制

空气颗粒物，特别是细颗粒物（fine particular matter，$PM_{2.5}$）易经呼吸道进入肺组织深处，破坏呼吸道防御屏障，使肺功能受损，进而诱发或加重多种肺部疾病，如肺炎、慢性支气管炎、慢性阻塞性肺病、支气管哮喘等。认清 $PM_{2.5}$的病理作用机制对于疾病的预防和控制尤其重要。本节围绕 $PM_{2.5}$对呼吸系统疾病的病理作用机制进行系统阐述。

一、空气颗粒物与哮喘

哮喘是一种以气道高反应性和可逆性气道阻塞为特点的慢性炎症性疾病。近年来，哮喘发病率和死亡率呈现上升趋势。在影响哮喘的环境因素中，空气颗粒物，尤其 $PM_{2.5}$的危害作用越来越受到关注。$PM_{2.5}$沉积于支气管和肺泡，可损伤呼吸系统功能，进而成为导致哮喘病发生和发展的重要因素。$PM_{2.5}$在哮喘病理过程中的作用机制，主要包括气道炎症、气道组织重构和气道平滑肌力学行为变异导致的气道高反应性。

（一）$PM_{2.5}$对气道炎症的作用和氧化应激损伤

$PM_{2.5}$在进入人体肺部后，部分经气道表面的黏膜纤毛阻挡下来或通过咳嗽排出体外，其余颗粒物则会被肺泡和气道上皮表面的肺泡巨噬细胞（alveolar macrophage，AM）吞噬。吞噬颗粒物过多时，吞噬细胞的吞噬功能和趋化作用受到抑制，将产生免疫炎性反应，增加细胞内氧化物的产生并释放促炎症因子如肿瘤坏死因子 α（tumor necrosis factor，TNF-α）和白细胞介素 1（interleukin-1 踢旋 L-1）等。此外，研究发现，气道上皮细胞也会在 $PM_{2.5}$的刺激下产生大量炎症因子，包括肿瘤坏死因子（TNF）-α、白细胞介素 6（IL-6）、白细胞介素 8（IL-8）、转化生长因子（TGF）-β 等。$PM_{2.5}$通过增强编码转录因子的基因转录水平诱导气道炎症因子产生。NF-κB 是调节炎症因子基因转录水平的重要因子之一，在 $PM_{2.5}$介导的炎症效应中发挥重要作用。$PM_{2.5}$在进入气道系统后通过刺激活化转录因子 NF-κB 启动一系列相关炎症基因的表达，从而引起机体广泛弥漫的炎症损伤。

$PM_{2.5}$沉积于气道和肺泡上皮后，能导致气道上皮的氧化应激（oxidative stress），刺激气道上皮细胞产生活性氧。研究发现 ROS 可引起核酸、蛋白等大分子的氧化损伤，导致 DNA 交联、断裂，对组织细胞产生损害作用，并诱导细胞膜脂质过氧化损伤，导致膜活动性降低，膜上受体与酶类灭活，膜通透性增高等，引起气道炎症反应和其他病理生理改变。同时，氧化应激反应也可导致 NF-κB 等转录因子的活化，使许多编码炎症介质、细胞因子等的促炎症基因表达上调，包括 IL-8、IL-1β、粒细胞集落刺激因子（granulocyte-macrophage colony stimulating factor，GM-CSF）、血管细胞黏附分子-1（VCAM-1）等。这些炎症介质可以趋化并激活相关炎症细胞，引发气道慢性炎症状态。

（二）$PM_{2.5}$对气道重塑的影响

哮喘病人的气道不仅存在持续的炎症症状，而且往往还伴随气道结构的改变，即气道重塑（airway remodeling）。气道重塑是指气道在慢性炎症刺激下所发生的气道壁结构和病理组织学变化，主要表现为管腔狭窄、细胞外基质过度沉积和间充质组织纤维化、气道平滑肌细胞增生和肥大等。气道重塑的机制尚未完全阐明。目前主要认为和炎症介质、氧化与抗氧化有关，也可能和基底硬度等力学因素有关。已有研究表明，细胞因子 TGF-β1 可以诱导上皮下成纤维细胞分化为表达 α－SMA 的成肌纤维细胞。成肌纤维细胞过度合成和分泌细胞外基质蛋白，导致细胞外基底膜增厚和基底硬度增加。而细胞外基底硬度增加能促进气道成纤维细胞向成肌纤维细胞的分化，加剧气道重塑反应。

气道高反应性是指气道对各种刺激因子出现过强或过早的收缩反应，表现为过强的气道平滑肌收缩，从而引起气道过度狭窄和相应的气道阻力增加，肺部通气不足并引发咳嗽、胸闷、呼吸困难和喘息等症状。研究证明，$PM_{2.5}$与气道高反应性的形成和加剧密切相关。研究发现，高浓度的$PM_{2.5}$可引起正常模型小鼠的气道阻塞和对乙酰胆碱的高反应性。对于致敏模型小鼠，$PM_{2.5}$则可进一步加剧其气道高反应性和气道炎症。而且$PM_{2.5}$加剧致敏小鼠气道高反应性的程度与$PM_{2.5}$剂量呈依赖关系。人的体内试验也证明，$PM_{2.5}$可以加剧哮喘病人的气道高反应性。研究发现，哮喘病人在短时间暴露于$PM_{2.5}$污染环境后，其呼吸阻力显著增高，对吸入乙酰胆碱后激发的气道阻力增高的反应性也明显提高。

（三）$PM_{2.5}$对气道平滑肌细胞的影响

气道平滑肌细胞（airway smooth muscle cells，ASMCs）是气道高反应性的关键功能性细胞，其收缩能力直接决定气道收缩和阻塞的最终程度。研究发现，细颗粒物对平滑肌细胞的直接或间接作用可引起平滑肌细胞硬度和收缩力等细胞力学性质的改变。

气道平滑肌细胞的收缩受气道内多种因素的影响，其中包括各类免疫细胞所释放的炎症因子。$PM_{2.5}$侵入气道系统后刺激气道上皮持续释放某些细胞因子，特别是与哮喘相关的细胞因子。这些细胞因子可能通过与气道平滑肌细胞发生特定的信息交流起作用，导致气道平滑肌细胞出现表型转变及动力学异常等改变，最终介导气道平滑肌细胞过度收缩并导致气道高反应性。TGF-β1 是$PM_{2.5}$刺激气道免疫细胞和上皮细胞释放的重要炎症因子之一，能够增加平滑肌收缩蛋白 α－SMA 的表达，可使气道平滑肌细胞收缩细胞器增加从而表现出收缩型特征。$PM_{2.5}$通过这些细胞因子的作用间接调控气道平滑肌细胞的收缩能力，使得气道平滑肌细胞在受到乙酰胆碱等刺激时发生过早和过度收缩，并导致气道的高反应性和阻塞。

除了上述通过细胞因子对气道平滑肌力学行为的间接调控外，$PM_{2.5}$也有可能对气道平滑肌细胞力学性质产生直接的影响。在人的活检组织中可以观察到气道平滑肌细胞通常紧挨着气道上皮细胞，表明侵入和沉积在气道上皮细胞上的$PM_{2.5}$极有可能通过短距离扩散运动跨过上皮细胞层到达紧邻的气道平滑肌细胞，甚至透过上皮细胞层损伤破坏的局部区域直接接触所暴露的气道平滑肌细胞，从而发生直接的相互作用。研究发现，当气道平滑肌细胞直接暴露于细颗粒物时，气道平滑肌细胞的刚度及其对收缩激动剂的响应都显著提高，表明细颗粒物的作用直接导致气道平滑肌细胞硬化和收缩力增强。而气道平滑肌细胞硬化和收缩力增强被认为是气道重塑和气道高反应性的重要机制。细胞内的大分子组装成微丝，并进一步形成细胞骨架。细胞骨架决定了细胞的力学性质如刚度和收缩力。$PM_{2.5}$可以通过抑制或激活细胞表面的受体，进而引起下游信号的改变，导致细胞骨架结构的变化，从而改变细胞的力学性质；另外，通过黏附作用进入细胞内的$PM_{2.5}$在胞质中处于游离状态，有可能直接与细胞骨架或收缩器相互作用，引起细胞力学性质的改变。

$PM_{2.5}$对气道的病理作用，特别是对气道平滑肌细胞生物力学行为的影响是广泛而复杂的。研究阐明$PM_{2.5}$与哮喘病理生物学的关系，对于正确认识空气颗粒物对哮喘病发生和发展的影响，以及探索更有效的防治细颗粒物危害的方法和技术都具有十分重要的意义。

二、空气颗粒物与慢阻肺

慢性阻塞性肺病（chronic obstructive pulmonary disease，COPD，简称慢阻肺）是呼吸系统最常见的疾病之一，以气道、肺实质和肺血管的慢性炎症为特征，多种炎症细胞、细胞因子及炎性介质参与其发生发展，引起小气道的重构、肺实质的损坏，最终导致进行性、不可逆性肺通气功能下降。多

项研究表明慢阻肺的发生发展与空气颗粒物特别是 $PM_{2.5}$ 关系密切。$PM_{2.5}$ 与慢阻肺的患病率、急性加重住院率以及日死亡风险的增加均有关。

慢阻肺的发病机制尚未完全清楚，但炎症反应被认为是其基础的致病机制。$PM_{2.5}$ 影响慢阻肺主要是通过炎症机制和氧化应激机制。呼吸道、肺实质及肺血管的慢性炎症是慢阻肺的特征性改变，氧化物可直接作用并破坏许多大分子如蛋白质、脂质和核酸等，导致细胞功能障碍或细胞死亡，还可破坏细胞外基质

（一）$PM_{2.5}$ 所致炎症反应对慢阻肺的影响

炎症反应是 $PM_{2.5}$ 对呼吸系统的最基本的致病机制。沉积肺内的 $PM_{2.5}$ 主要依赖肺泡巨噬细胞和上皮细胞的吞噬作用将其清除。研究发现，巨噬细胞和支气管肺泡上皮细胞参与了 $PM_{2.5}$ 在慢阻肺炎症反应中的作用。

肺泡巨噬细胞发挥吞噬作用主要依靠其表面的模式识别受体（toll like receptors，TLRs），颗粒物中所含的小部分生物源性成分如脂多糖（LPS）、细菌等可与 TLRs 相互作用从而激活肺泡巨噬细胞。研究证实大气中的颗粒物携带的生物源性成分可活化 TLRs 信号通路。$PM_{2.5}$ 中主要含有病原体、衣原体脂蛋白等成分，主要通过肺泡巨噬细胞表面的 TLR2 受体启动信号传导通路。PM_{10} 中主要有机成分为内毒素，可与肺泡巨噬细胞表面的 TLR4 受体相互作用启动信号的级联放大反应。由此可以推测不同粒径的颗粒物可作用于肺泡巨噬细胞不同的细胞受体从而产生不同的毒性效应。

支气管上皮细胞在清除气道和肺泡腔内的吸入性颗粒中发挥了重要作用。支气管上皮细胞主要通过 TLR2 识别 $PM_{2.5}$，从而激活 TLR-My D88 信号通路，通过活化相关激酶和转录因子引起 NF-κB 抑制蛋白 IκBα 磷酸化，继而活化 NF-κB，导致促炎性基因表达。研究发现，颗粒物刺激作用后，支气管上皮细胞可与巨噬细胞发生协同作用，导致炎症因子 IL-1、IL-6、TNF-α、GM-CSF 的释放增加。

长期慢性炎症是慢阻肺的主要特征，当受到颗粒物影响时炎症反应更加明显。因此，暴露于颗粒物中可加重慢阻肺患者的肺部炎症、减弱免疫应答，导致慢阻肺患者病情的发展。

（二）$PM_{2.5}$ 所致氧化应激对慢阻肺的影响

$PM_{2.5}$ 含有的大量过渡金属元素是诱导细胞产生 ROS 的主要来源。颗粒物进入肺组织后，产生的 ROS 对肺组织细胞的氧化性损伤是导致慢阻肺患者肺部炎性损伤的重要原因。研究发现多种参与慢阻肺炎症反应的细胞因子、趋化因子均受 NF-κB 的调节，NF-κB 的表达和活化与慢阻肺患者气流受限相关。$PM_{2.5}$ 可经 ROS 途径诱导 NF-κB 转录因子活化。此外，$PM_{2.5}$ 引起的氧化应激导致内质网中钙离子释放，也可引起 NF-κB 的活化，促进炎症介质生成。

$PM_{2.5}$ 可通过 TLR4-MyD88-IRAK4 信号通路活化促分裂素原活化蛋白激酶（MAPK），使 P47phox 磷酸化，从而活化还原型烟酰胺腺嘌呤二核苷酸磷酸（NADPH）氧化酶。NADPH 氧化酶是产生细胞源性 ROS 的重要来源。慢阻肺患者增加的 TGF-β 可抑制气道平滑肌细胞抗氧化酶的表达，上调氧化酶类的基因表达。TGF-β 与 ROS 等自由基之间通过减少抗氧化物质而相互促进的恶性循环过程，不断放大氧化应激反应加重肺部的炎性反应。

$PM_{2.5}$ 可对染色体和 DNA 等不同水平的遗传物质产生毒性作用。研究指出 $PM_{2.5}$ 中的过渡金属（尤其是锌）和多环芳烃是诱导机体 DNA 损伤的主要物质，其产生的活性氧可引起 DNA 断裂并破坏 DNA 损伤修复系统，干扰线粒体功能并启动细胞程序性死亡，破坏细胞膜的正常结构和吞噬细胞表面的标志物，导致肺巨噬细胞的吞噬功能下降，使得颗粒物在肺部沉积引发炎症反应，从而损伤肺组织。

总的来说，$PM_{2.5}$ 与慢阻肺的病理进程有着密切联系。控制非特异性炎症、氧化应激反应是慢阻肺预防和治疗的关键。

三、空气颗粒物与肺癌

肺癌是全球第一大癌，按照细胞类型分为非小细胞肺癌（NSCLC，约占 85%）和小细胞肺癌(SCLC)，NSCLC 源自肺上皮细胞，而 SCLC 则源于神经内分泌细胞。流行病学研究证实，空气颗粒物，特别是 $PM_{2.5}$能够增加肺癌的患病风险。关于 $PM_{2.5}$致肺癌的机制研究，主要有氧化应激与基因突变学说、内质网应激和炎症机制学说、Th1/Th2 亚群失衡学说、NFAT 信号通路与肺癌的机制学说。

（一）氧化应激与基因突变学说

研究表明，几乎所有肿瘤细胞均有一共性，即细胞内氧化一抗氧化体系失衡，高水平的氧化应激状态一方面可直接导致组织损伤，另一方面也可导致氨基酸残基氧化修饰，从而致使 DNA 发生突变、酯类及蛋白质空间结构改变，最后造成一系列病理性改变。研究表明细颗粒物具有自由基活性，$PM_{2.5}$表面富含的铁、铜、锌、锰等过渡金属及多环芳烃和脂多糖等，可增加肺脏自由基的生成，同时消耗抗氧化物成分而引发氧化应激，诱导基因突变。

空气颗粒物可显著提高机体内 ROS 水平，而 ROS 可通过氧化作用诱导 DNA 单双链的结构断裂或者 DNA 链之间交联，或引起嘌呤、嘧啶及脱氧核糖改变而引发 DNA 突变，导致原癌基因的激活或抑癌基因的失活，基因的改变将导致细胞异常增生而形成肿瘤。同时，线粒体 DNA 中包含线粒体结构蛋白翻译合成所需要的多个 tRNA、rRNA 基因和三羧酸循环中氧化磷酸化复合体内多条多肽链的基因，而关于一些肺癌及其他癌症的研究均发现了线粒体 DNA 的突变，而其突变导致的酶类变化，影响细胞氧化磷酸化过程，最终引起肿瘤的发生。

Deng 等研究表明，$PM_{2.5}$产生的活性氧可以作为信号分子激活 Nrf2 调节防御系统，暴露于 $PM_{2.5}$的肺泡上皮细胞可诱发线粒体电子传递链复合物Ⅲ产生活性氧，进一步激活 ASK1 及 JNK 信号通路诱发上皮细胞死亡，亦可增加肺泡一毛细血管屏障通透性。Tian L 等研究表明，暴露于 $PM_{2.5}$后引起小鼠肺组织促炎因子增高，同时总抗氧化能力（T-AOC）降低，说明 $PM_{2.5}$可导致氧化一抗氧化系统失衡，并引起肺部组织损伤。$PM_{2.5}$作用于呼吸系统后可影响肺组织细胞的核酸修复反应，如引起 DNA 损伤、表达及修复紊乱等。$PM_{2.5}$作用于正常的人类胚胎肺成纤维细胞后可引起低水平的 DNA 损伤，并且影响核酸切除修复基因的表达而不能诱导核酸切除修复。亦有研究发现 $PM_{2.5}$可以引起腺癌人类肺泡基底上皮细胞（A549）基因表达的改变，产生活性氧和 DNA 损伤，从而引起细胞损伤。燃烧型来源 $PM_{2.5}$表面所富含的苯并芘等多环芳烃物质，是发现最早的环境致癌物之一。苯并芘进入肺部组织后，经过代谢活化形成二氢二醇环氧苯并芘，可与细胞 DNA 分子的鸟嘌呤结合，引起 DNA 高度甲基化、特异性抑制组蛋白乙酰化、改变多种转录因子的表达等导致细胞恶变。此外，苯并芘还可抑制 DNA 损伤修复来促进细胞癌变。

（二）内质网应激和炎症机制学说

$PM_{2.5}$可以增加内质网的应激和未折叠反应蛋白的含量，从而导致一系列细胞凋亡、炎症反应及超敏反应。颗粒物进入肺内后，作为化学激惹物，刺激肺细胞分泌大量的细胞因子，导致肺部弥漫性炎症，造成肺部的损伤。慢性呼吸道炎症导致肺部炎症微环境的形成，使支气管上皮细胞发生表型改变，上皮细胞转化为间质细胞，并最终诱发肺癌。有研究表明，小鼠吸入 $PM_{2.5}$后机体可产生局部或全身急性炎症反应。存在于肺泡和气道上皮表面的巨噬细胞在遇到 $PM_{2.5}$时将启动吞噬功能，同时吞噬细胞将释放细胞因子如白细胞介素-6（interleukin-6，IL-6）等，引起急性免疫反应的发生。另外，气道上皮细胞也会在 $PM_{2.5}$的刺激下释放大量细胞因子如 IL-6、IL-8、IL-1β 等，参与炎症反应。张玫等研究发现，采集冬、夏季太原市 $PM_{2.5}$，气管滴注染毒雄性 SD 大鼠，染毒 60 天后发现大鼠肺内质网应激指标

一葡萄糖调节蛋白 78（GRP78）、活化转录因子 6（ATF6）、C/EBP 同源蛋白（CHOP）、半胱氨酸天冬氨酸蛋白酶 12（Caspase12）及血红素氧合酶-1（HO-1）mRNA 和蛋白表达显著增加。说明太原市 $PM_{2.5}$ 亚慢性染毒可诱导大鼠肺内质网应激相关基因 GRP78/ATF6/CHOP/HO-1 表达，肺内质网应激反应加强，而 CHOP 和 Caspase-12 上调，提示与细胞凋亡关联的内质网相关性死亡途径被激活。

炎症细胞和炎症调节因子可通过复杂的信号传导途径加速血管生成、促进肿瘤生长增殖、侵袭和新陈代谢，从而促进肺癌等多种癌症的发生发展。炎症起始阶段，在巨噬细胞和肥大细胞的调控作用下，组织中的中性粒细胞会最先迁移到炎症部位。随着炎症的发展，各种细胞如巨噬细胞、树突状细胞、淋巴细胞和其他炎症细胞会被激活，释放多种炎性因子造成局部低氧等，从而形成一个有利于细胞恶性转化并增殖的炎症微环境。环境致癌物的长时间暴露能诱导慢性肺部炎症，并最终导致肺癌发生发展。慢性炎症向肺癌的发生发展过程中，有多种重要的关键调控分子参与。细胞因子信号参与肺癌的发生发展主要表现在两个方面：一是在炎症发生部位刺激细胞的生长和分化；二是抑制这些炎性细胞的凋亡。慢性炎症的主要特征是持续的组织损伤，并诱导细胞增殖。巨噬细胞在慢性炎症微环境中起主导作用，而白细胞产生大量的活性氧和氮以抗感染。但是，在组织持续损伤和细胞持续增殖的情况下，抗感染反应也不断增加，反而会产生致突变物（如亚硝酸盐），导致 DNA 突变。巨噬细胞和 T 淋巴细胞释放出的 TNF-α 和巨噬细胞移动抑制因子（MIF），则能加速 DNA 的损伤。移动抑制因子削弱了 p53 依赖的保护性反应，最终导致癌基因突变的积累。

（三）Th1/Th2 亚群失衡学说

恶性肿瘤的发生及其转移是受多因素调控的复杂过程，其中细胞免疫功能低下，肿瘤细胞逃逸机体的免疫监控起着十分重要的作用。近几年来，T 淋巴细胞亚群 1（Th1）、T 淋巴细胞亚群 2（Th2）的比例变化与肿瘤免疫的关系已越来越受到人们的重视。Th1 细胞主要介导细胞免疫应答，而 Th2 细胞主要介导体液免疫应答。一般认为细胞免疫是机体抗肿瘤免疫最主要的形式，正常情况下 Th1、Th2 处于相对平衡状态，一旦 Th1 向 Th2 漂移，机体的抗肿瘤免疫将受到严重干扰。许多毒理学研究表明，$PM_{2.5}$ 可抑制 Th1 型淋巴细胞，引起 IL-2 表达的改变，同时伴随细胞免疫功能的降低，导致 Th2 型细胞优势，对肺癌的易感性增强。

在正常机体中，T 细胞亚群相互作用，维持着机体的正常免疫功能，当细胞亚群平衡被破坏，就会出现免疫抑制。郑林娟等给小鼠咽后壁接种灭菌 PBS 或 PM 标准品 SRM1649a 混悬液各 30 μl，从妊娠至分娩，每 3 天接种 1 次，共 7 次。正常分娩后胎鼠，Th1/Th2 失衡状态在出生后 30 天仍存在。可以推论，Th1/Th2 失衡是导致幼年期免疫功能异常，使哮喘、肿瘤等免疫相关性疾病易感性增加的重要原因。抽取志愿者的外周血提取淋巴细胞培养 48 小时后，用不同浓度的交通源 $PM_{2.5}$ 进行染毒。颗粒物作用 24 小时后，淋巴细胞亚群和 Th/Ts 出现降低趋势，提示尾气颗粒物已经对淋巴细胞产生一定的细胞免疫毒性，颗粒物作用 48 小时后，淋巴细胞 CD3＋、CD4＋、CD8＋、CD4＋/CD8＋均有明显降低，说明尾气细颗粒物对人外周血淋巴细胞已经产生明显的免疫毒性。

（四）NFAT 信号通路与肺癌的关系

T 细胞激活核因子（NFATs）存在于细胞浆中，可以被胞浆内的钙离子浓度依赖磷酸酶激活，去磷酸化后进入细胞核内，促进下游诸如 IL-2、IL-4、TNF 等靶基因的表达。研究显示，$PM_{2.5}$ 可通过 NFAT 信号通路对肺淋巴细胞产生免疫毒性作用。T 细胞的活化需要特定的抗原信号介导所提供的共刺激如 CD2 和 CD8 分子，当收到这些信号之后，细胞内一系列的信号被触发，包括钙动员和蛋白激酶 C（PKC）激活，导致细胞因子的产生和增殖。在这个过程中关键的几个转录因子易位，其中最重要的是 NFAT 家族。NFAT 被活化后立即转移至细胞核内，同时激活许多细胞因子和细胞表面的受体基

因，其中包括 IL-2、IL-4 等。NFAT 家族在免疫系统是广泛表达的。然而在正常的人类 T 细胞中，只有 NFAT1、NFAT2 和 NFAT4。有研究发现 NFAT1 在正常 T 细胞的主要形态是组成型表达，是肿瘤抑制因子。NFAT4 在 T 细胞受到刺激时表达是非常低的，而 NFAT2 在受到刺激后表达往往会升高，并且具有致瘤性。

童国强等研究发现，以 100 μg/mL 交通源 $PM_{2.5}$ 刺激 Jurkat T 淋巴细胞 3～24 小时后，在静息态下，$PM_{2.5}$ 能诱导细胞内 NFAT 的转录水平上升，与生理盐水比较差异显著（$P<0.05$）。当加入拮抗剂 EGTA 和 CSA 后，在激活态下，100 μg/m L 组的 NFAT 转录水平和 24 h 染毒时间段 NFAT 蛋白水平受到了一定的抑制（$P<0.05$）。并且交通相关 $PM_{2.5}$ 可通过 Ca^{2+} －CaN-NFAT 信号通路调控 IL-2 的释放。

（五）$PM_{2.5}$ 对血管新生的促进作用

肿瘤的生长和转移与血管新生有密切的关系。肿瘤在形成初期＜2 mm 时并无血管形成，当肿瘤生长到＞2 mm 时，就需要建立自己的血管来供应营养物质和氧气，排除代谢物质。肿瘤新生血管形成已被公认为是恶性肿瘤最重要的标志之一。VEGF 是促进肿瘤血管新生的重要调节因子。$PM_{2.5}$ 诱导肿瘤细胞合成和释放 VEGF，诱导内皮细胞向肿瘤组织迁移，以芽生方式形成肿瘤血管。另外也有研究表明，$PM_{2.5}$ 可促进血管内皮细胞的前体细胞骨髓血管祖细胞（endothelial progenitorcells，EPCS）转化成内皮细胞，参与肿瘤血管的形成。$PM_{2.5}$ 长期作用于 EPCS 会促进 ROS 的产生，激活 NF-κB 信号通路，促进肿瘤血管形成。

吴鸿章等采集杭州大气 $PM_{2.5}$ 对肺癌细胞 A549 进行染毒，24 h 后 VEGF、MMP-9 与 HIF-1α 的 mRNA 和蛋白表达增加，并具有一定的量效关系。建立人肺癌鸡胚移植瘤模型，用 50 μg/mL、100 μg/mL、150 μg/mL 的 $PM_{2.5}$ 染毒液处理肺癌移植瘤后，肺癌鸡胚移植瘤模型新生血管数目和面积比高于对照组，差异有统计学意义。结果证明 $PM_{2.5}$ 可通过上调 VEGF、MMP-9 与 HIF-1α 基因的表达，促进肿瘤血管新生。

颗粒物致肺癌的机制非常复杂，许多结论尚处于假说阶段，缺乏直接研究证据。深入研究阐明 $PM_{2.5}$ 的毒性作用规律及其致癌机制的研究，对肺癌的防治具有重要意义。

四、颗粒物与其他呼吸系统疾病

进入呼吸道的颗粒物特别是 $PM_{2.5}$ 通过刺激和腐蚀肺泡壁，破坏呼吸道防御屏障，使肺功能受损，除引起哮喘、慢阻肺、肺癌的发病率增加外，还可导致肺炎、慢性支气管炎的发生，并可加重肺纤维化进程。

（一）$PM_{2.5}$ 对肺炎、慢性支气管炎的作用

$PM_{2.5}$ 对肺炎、慢性支气管炎产生的作用机制主要包括自由基的氧化损伤、转录因子及其炎症相关因子激活、细胞钙稳态失调以及致纤维化、致突变作用。

自由基的氧化损伤学说认为，自由基所产生的氧化损伤是颗粒物生物活性的重要机制之一，自由基产生后主要作用于脂质、蛋白质，引起膜脂质过氧化、蛋白质氧化或水解、诱导或抑制蛋白酶活性和 DNA 损伤。

转录因子及其炎症相关因子学说认为，颗粒物的刺激会引起机体一系列编码转录因子、炎症相关因子基因转录水平的增高。较多的毒理学实验表明，暴露于空气颗粒物、柴油车尾气颗粒和汽油燃烧产物会引起实验动物呼吸道中性粒细胞浸润，淋巴细胞与肥大细胞聚集等较为明显的炎症反应。

钙离子是细胞内重要的信号转导分子之一，细胞内低钙是保证其发挥正常功能的前提条件。如果

细胞内外 Ca^{2+} 浓度差减小，则会引起细胞功能性损伤。对颗粒物的成分分析表明，空气颗粒物中吸附的铅、锡、汞等重金属与 Ca^{2+} 具有类似的原子半径，可在质膜、线粒体或内质网膜的转运部位上发生竞争，进而导致细胞内钙稳态失调。研究发现超细颗粒物可以使人类单核细胞系（MM6）中 Ca^{2+} 浓度水平增高。细胞内钙离子浓度的持续增高会抑制抗氧化酶的合成，氧自由基生成增加，加重组织损伤。

（二）$PM_{2.5}$ 对肺纤维化进程的作用

在慢阻肺病理变化中长期的慢性炎症和反复的组织损伤会造成肺组织纤维化。Ⅱ型肺泡上皮细胞（alveolar epithelial type Ⅱ cell，ATⅡ）可分泌表面活性物质，同时参与肺泡的防御和修复，是肺泡的保护细胞。研究表明，ATⅡ细胞的反复损伤可能是造成肺部纤维化的一个重要原因，特别是受到转化生长因子-β（transforming growth factor β，TGF-β）、TNF-α、表皮生长因子（epidermal growth factor，EGF）、ROS 以及细胞外基质中的纤维蛋白活化的刺激后，ATⅡ会改变自身的形态。TGF-β 诱导的 ATⅡ上皮向间质细胞转化参与了肺部纤维化的发生和发展，同时 TGF-β 也可激活纤维蛋白原细胞。研究发现 $PM_{2.5}$ 不仅通过 ROS 的产生，促进 TGF-β 的活化，而且可以增加肺泡上皮细胞表面的硬性，进而增加 TGF-β 的活化水平，促进肺纤维化进程。

空气颗粒物是多种成分组成的复杂混合物，而且不同的时期和不同的地点的颗粒物成分差别很大，对机体健康损伤的表现程度及机制也有所不同。颗粒物对呼吸系统的损伤机制十分复杂，特别是各个作用途径之间的相互联合作用有待进一步深入研究。

第三节　空气颗粒物对心脑血管系统的健康影响机制

空气颗粒物污染是心血管疾病的危险因素，心血管疾病是严重威胁人类健康的重大疾病，研究空气颗粒物的心血管毒性及机制具有重要现实意义。本节详细阐述了空气颗粒物对高血压、动脉粥样硬化、心力衰竭，以及急性冠状动脉综合征、脑血管疾病等其他心脑血管疾病的机制研究现况，并对潜在机制进行概括和总结，为推进空气颗粒物对心脑血管疾病的机制探讨提供新线索。

一、空气颗粒物与高血压

原发性高血压是以体循环动脉压升高为主要临床表现的心血管综合征，通常简称为高血压。高血压是一种遗传因素和环境因素交互作用所致的心血管综合征，是心血管疾病最主要的危险因素，常与其他心血管危险因素共存，可损伤重要脏器，如心、脑、肾的结构和功能，最终导致这些器官的功能衰竭。

（一）血管内皮收缩功能

内皮素（endothelin，ET）不仅存在于血管内皮，也广泛存在于各种组织和细胞中，是调节心血管功能的重要因子，对维持基础血管张力与心血管系统稳态起重要作用。Miyata 等人研究发现，PM_{10} 可通过升高血管中 iNOS 和 COX-2 的表达和血清中 ET-1 的水平，促进对血管收缩的调控作用；而加入 iNOS、COX-2 或 ET-1 相关抑制剂后，可缓解 PM_{10} 对血管功能的影响。采用气管滴注法对自发性高血压大鼠（SHR）进行 $PM_{2.5}$ 暴露染毒，导致 SHR 大鼠的血管内皮素系统（ET-1）、肾素－血管紧张素系统（血管紧张素转换酶）和凝血系统（组织因子、纤溶酶原激活物抑制剂-1）激活，同时 $PM_{2.5}$ 可改变平均血压和心率。柴油机尾气暴露可降低大鼠内皮细胞 ETB 受体活性，增强 ETB 依赖性血管收缩和冠状血管对 ET 的反应性，表明柴油机尾气暴露能够诱导 ET-1 的释放，提示 ET-1 在空气污染促进高血压发生发展过程中起重要作用，是颗粒物诱发高血压的关键分子事件。此外，血管紧张素是一类具有极强的收缩血管和刺激肾上腺皮质分泌醛固酮等作用的肽类物质，参与血压及体液的调节。Sun 等人研究表明，血管紧张素Ⅱ灌注 SD 大鼠暴露于 $PM_{2.5}$后，可通过主动脉血管超氧阴离子介导的 Rho/ROCK 通路加剧对高血压的影响。

（二）血管内皮舒张功能

气管滴注超细颗粒物 UFP 作用于 ICR 小鼠，导致全身系统炎症和氧化应激，并改变内皮依赖性和非依赖全身血管张力的调节。流行病学和临床研究表明，柴油机尾气颗粒物与高血压密切相关。Labranche 等人对暴露柴油机尾气颗粒物（柴油机尾气颗粒物悬浊液和水溶性柴油机尾气颗粒物提取物）的 Wistar 大鼠离体血管功能进行评估，以主动脉血管舒张反应为观测终点，结果发现：颗粒物通过上调 p22phox 对血管内皮功能和血管张力产生损害作用。将细颗粒物使用 0.9%氯化钠配制成浓度为 4 000 μg/mL的悬浮液，对人脐静脉血管内皮细胞（endothelial cells，EC-304）进行暴露染毒后，EC-304 的存活率明显下降、细胞上清液 MDA 明显升高、细胞内 SOD 及细胞上清液中 NO 较对照组明显下降，从而导致血管 NO/NOS 系统失衡。NO/NOS 系统在血管紧张度和切应力调节过程中具有重要作用，NO/NOS 系统失衡可导致血管舒张功能改变，从而诱发高血压；而染毒后加入干预措施（阿托伐他汀钙）后，能有效改善细颗粒物对血管内皮细胞 NO/NOS 系统和血管紧张度的调节作用，使 EC－304 上清液 MDA 较对照组明显下降，细胞存活率、细胞内 SOD 及细胞上清液中 NO 较对照组增加，并存在剂量－反应关系。Xu 等研究表明，香烟烟雾颗粒可增加 ETB 受体在动脉平滑肌细胞表达，采用肌动描记技术发现，香烟烟雾颗粒使动脉收缩力增强，并通过激活 MAPK/Erk 和 NF-κB 信号通路升高 ETB 受体 mRNA 水平和蛋白水平。

二、空气颗粒物与动脉粥样硬化

国内外人群流行病学研究已证实：$PM_{2.5}$是动脉粥样硬化的独立危险因素。$PM_{2.5}$可经呼吸道暴露由肺泡进入血液循环并到达全身各脏器，进入循环后首先作用于心血管系统，引起包括动脉粥样硬化(Arteriosclerosis，AS) 在内的诸多心血管事件及心血管疾病。动脉粥样硬化是心血管疾病的共同病理基础，它以血管内膜形成粥样斑块为特征，主要累及大动脉和中等动脉，可使动脉壁变硬、中膜弹性降低、管腔狭窄，并导致严重的并发症，包括：缺血性心脏病、心肌梗死、脑卒中、血栓等。但目前空气颗粒物诱发动脉粥样硬化的分子机制尚不清楚。

目前，关于动脉粥样硬化发病机制研究较为公认的学说是“损伤应答学说”，认为动脉粥样硬化是动脉壁对内皮细胞损伤的一种慢性应答反应。动脉粥样硬化是一种慢性、复杂、炎症性疾病，其基本病理生理过程为：在各种危险因素刺激下，血管内皮细胞功能失调，单核巨噬细胞聚集黏附至受损血管局部、穿越至血管内皮下、摄取/吞噬修饰型低密度脂蛋白，逐渐形成泡沫细胞，同时单核巨噬细胞与迁移至血管内皮下的平滑肌细胞及细胞外基质等相互作用，加重血管局部炎症，泡沫细胞凋亡坏死，形成坏死核心，进一步导致细胞外基质稳态失衡，纤维帽变薄、破裂、血栓形成等，造成急性心血管事件。其中，血管内皮损伤、脂代谢异常、巨噬细胞泡沫化和血管慢性炎症是动脉粥样硬化形成的关键环节。

（一）血管内皮损伤

血管内皮损伤是动脉粥样硬化的早期指标。实验室研究发现，暴露 $PM_{2.5}$可引起机体氧化应激，改变细胞因子和生长因子的水平，诱导内皮功能紊乱和系统炎症，引发和促进早期动脉粥样硬化病变。暴露于高浓度 $PM_{2.5}$后，可引起活性氧 ROS 产生及氧化应激，进而导致全身系统炎症，促进动脉粥样硬化的形成，诱发血压增高及心肌梗死等一系列心血管事件。Sun 等人研究发现，低剂量 $PM_{2.5}$长期暴

露可引起 ApoE$^{-/-}$小鼠血管紧张度发生改变，导致血管慢性炎症，促进动脉粥样硬化。$PM_{2.5}$可引起血管内皮细胞产生大量 ROS，使转录组表达谱改变，激活 JAK1/STAT3 信号通路引起炎症反应。此外，$PM_{2.5}$还可引起斑马鱼 microRNA 表达改变，通过抑制转基因斑马鱼血管再生造成血管损伤。血管内皮通透性改变尽管不会造成明显的病变，但是血管通透性增加可能造成血管疾病的发生发展，包括动脉粥样硬化、高血压、心力衰竭等。Dai 等人研究发现，$PM_{2.5}$明显增加 SD 大鼠血管内皮细胞的通透性，导致血管内皮功能紊乱。其作用机制为：$PM_{2.5}$诱导转录激活因子 3（STAT3）磷酸化，进而促进 miR-21 的表达，进一步抑制金属蛋白酶组织抑制剂 3（TIMP3），同时促进间质金属蛋白酶 9（MMP9）的表达，最终导致血管内皮功能紊乱，促进动脉粥样硬化的发生发展。

此外，超细颗粒物暴露可增加血管内皮细胞内 GSSG/GSH 比值和 eNOS S-谷胱甘肽化修饰，而谷氧还蛋白-1 过表达（抑制 S-谷胱甘肽）可缓解超细颗粒物介导的 NO 产生减少，Du 等人研究提示 eNOS S-谷胱甘肽化修饰是空气超细颗粒物诱导血管内皮细胞 NO 含量减少的分子机制。暴露环境相关可吸入浓缩的空气颗粒（CAPs）物通过诱导 ApoE$^{-/-}$小鼠 ROS、RON 增加，改变血管紧张度，诱导血管炎症，促进动脉粥样硬化的形成。随着 $PM_{2.5}$的浓度增加，western blot 检测发现 p53 磷酸化增加，BCL-2/Bax 降低，下游蛋白 caspases-9、caspases-7、caspases-3 和 PARP 活性升高，提示 p53-Bax-caspases 信号通路是 $PM_{2.5}$诱导血管内皮细胞凋亡的主要途径。燃油机尾气颗粒物暴露可造成血管内皮细胞 ATP 耗竭，血管肌动蛋白细胞骨架去极化，从而抑制 PI3K/Akt 活性导致血管内皮细胞凋亡发生。

（二）脂代谢异常

脂质代谢异常是先天性或获得性因素造成的血液及其他组织器官中脂质及其代谢产物质和量的异常。脂质的代谢包括脂类在小肠内消化、吸收，由淋巴系统进入血循环，通过脂蛋白经肝脏转化，储存于脂肪组织，需要时被组织利用。脂质在体内的主要功用是氧化供能，脂肪组织是机体的能量仓库。磷脂是所有细胞膜的重要结构成分，胆固醇是胆酸和类固醇激素（肾上腺皮质激素和性腺激素）的前体。脂类代谢受遗传、神经体液、激素、酶以及肝脏等组织器官的调节。当这些因素有异常时，可造成脂代谢紊乱和有关器官的病理生理变化。血浆脂质如甘油三酯（TG）、游离胆固醇（FC）、胆固醇脂（CE）和磷脂等很少溶于水，只有与载脂蛋白（APO）结合成为脂蛋白后，才能在血中溶解、转运和代谢。高脂蛋白血症可促进动脉粥样硬化发生发展。

Shi 等人研究表明，人微血管内皮细胞（HMEC-1）暴露于 $PM_{2.5}$后，导致氧化型低密度脂蛋白，TNF-α 和 IL-8 的水平升高，诱发 Caspase-3 依赖的血管内皮细胞凋亡。空气颗粒物暴露与动脉粥样硬化有关。然而，用动物模型模拟真实暴露研究颗粒物对内脂素的调控作用的报道甚少。Wan 等人将 40 只 ApoE$^{-/-}$小鼠分为 $PM_{2.5}$暴露组和清洁空气组置于暴露仓中，持续暴露 2 个月。对各组 ApoE$^{-/-}$小鼠血清和主动脉中的内脂素，血样中的炎症生物标志物，氧化应激和脂代谢水平，和支气管肺泡灌洗液等指标进行检测，结果表明，$PM_{2.5}$暴露组 ApoE$^{-/-}$小鼠的血清内脂素，OX-LDL，MDA，TC，LDL，TNF-α，以及肺泡灌洗液中的 IL-6，TNF-α，OX-LDL 和 MDA 明显高于对照组；然而，ApoE$^{-/-}$小鼠血清和肺泡灌洗液中的 SOD 和 GSH-Px 活性在 $PM_{2.5}$暴露组呈下降趋势。主动脉病理学检测分析表明，在 $PM_{2.5}$暴露组 ApoE$^{-/-}$小鼠斑块面积和内脂素的增加显著高于清洁空气组。上述结果提示，$PM_{2.5}$暴露组可加速动脉粥样硬化，该过程与内脂素表达上调、氧化应激和激活炎症反应密切有关。Brocato 等人对沙特阿拉伯地区 PM_{10}对小鼠肺组织转录组表达影响的研究结果表明，FVB/N 小鼠暴露于 PM_{10}后，血液中性粒细胞浓度和 TNF-α，IL-6 水平均增加。用 Affymetrix Mouse Gene 1.0 ST Array 基因表达谱分析显示，PM_{10}引起 FVB/N 小鼠 202 个基因表达上调，40 个基因明显下调。这些基因涉及炎症、胆固醇和脂代谢，以及动脉粥样硬化。表明 PM_{10}可改变代谢综合征和动脉粥样硬化相关基因的表达水平。

（三）巨噬细胞泡沫化

巨噬细胞泡沫化是动脉粥样硬化的早期标志和主要特征。在动脉粥样硬化形成过程中，巨噬细胞通过表面清道夫受体对 ox-LDL 不断摄取，形成泡沫细胞和血管内膜脂纹。ox-LDL 作为携带胆固醇的脂蛋白，是巨噬细胞泡沫化的主要诱因，可通过多种途径参与动脉粥样硬化形成过程。巨噬细胞通过其表面清道夫受体吞噬以胆固醇为主的 ox-LDL 后，成为巨噬细胞源性泡沫细胞并形成脂纹，泡沫细胞在血管内膜下积聚，导致内膜病变加剧。大量的胆固醇在巨噬细胞体内堆积导致细胞胀破崩解，最终在血管内膜形成粥样斑块的脂质核心。

现有研究发现，泡沫细胞贯穿于动脉粥样硬化病变全过程，加剧动脉粥样硬化发生发展。Rao 等人研究发现 $PM_{2.5}$可引起 $ApoE^{-/-}$ 小鼠巨噬细胞清道夫受体 CD36 介导的 7-酮基胆固醇摄取增多，导致巨噬细胞内脂质异常累积。CD36 表达阳性的巨噬细胞对氧化型脂蛋白的摄取能力更显著。CD36 敲除的造血细胞可消除空气污染物导致的 7-酮基胆固醇蓄积现象，从而缓解了 $PM_{2.5}$对动脉粥样硬化的促进作用。柴油机尾气颗粒物可引起 $ApoE^{-/-}$ 小鼠肺泡巨噬细胞总数和颗粒物肺泡巨噬细胞阳性比值高出对照组 8 倍，增加动脉粥样硬化斑块脂质含量泡沫细胞形成和平滑肌细胞含量，导致动脉粥样硬化斑块中氧化应激标志物，iNOS，CD36 和硝基酪氨酸的表达明显增加了 1.5 倍－2 倍，最终导致暴露组动脉粥样硬化斑块不稳定性。人源巨噬细胞 U937 暴露于市区灰尘颗粒物（UDP）和柴油机尾气颗粒物（DEP）后，通过比较 UDP 和 DEP 的有机提取物（OE-UDP/OE-DEP）和脱颗粒（sUDP/sDEP）来探讨相关机制。人源巨噬细胞 U937 暴露于 OE-UDP，OE-DEP，UDP，DEP 和 2，3，7，8-四氯代二苯并二噁英，导致细胞内 IL-8，TNF-α，环氧合酶－2 mRNA 表达比脱颗粒组增加更多，而 sUDP，sDEP，UDP 和 DEP 组的细胞内 C 反应蛋白和 IL-6 水平显著增高。颗粒物和有机提取物可诱导环氧合酶-2 与细胞色素 P450（CYP）高表达，通过加入芳香烃受体（AhR）拮抗剂这种联合毒性被明显抑制，表明该效应主要是有机成分介导，可活化 AhR 和 CYP1A1。上述结果表明，颗粒物可引起炎症反应和胆固醇蓄积的泡沫细胞形成。

（四）血管炎症

动脉粥样硬化是一种血管慢性炎症性疾病，在巨噬细胞泡沫化形成的同时，巨噬细胞则可分泌 TNF-α、IL-1、IL-8、IL-10、IL-6 和 IL-12 等多种炎症细胞因子，扩大炎症反应的级联，导致血管局部的炎症反应长期存在。$PM_{2.5}$可通过激活 ERK/AKT/NF-κB 信号通路引起内皮细胞 EA. hy926 发生氧化应激，增强细胞黏附分子 ICAM-1、VCAM-1 的表达，激活炎症反应。高脂饮食 $ApoE^{-/-}$ 小鼠暴露于 $PM_{2.5}$（每天 6 小时，每周 5 天，连续 6 个月）后发现，巨噬细胞浸润、诱导型一氧化氮合酶的表达明显升高，促进 ROS 产生和氧化应激，并且提高蛋白质硝化产物 3-硝基酪氨酸含量。$PM_{2.5}$能通过活化转录因子（如 Nrf2 和 AhR）上调Ⅰ期和Ⅱ期代谢酶的表达诱导氧化应激和炎症反应。Pope 等人发现 $PM_{2.5}$可升高内皮微粒（annexin V＋/CD41－/CD31＋）水平，抑制促血管生长因子（EGF 表皮生长因子）、sCD40L（可溶性 CD40 配体）、PDGF（血小板源生长因子）、RANTES（调节激活正常 T 细胞表达和分泌）、GROα（生长调控蛋白 α）和 VEGF（血管内皮生长因子），增加 TNF-α，IP-10 和促炎性因子（MCP-1、MIP-1α/β、巨噬细胞炎性蛋白 1α/β），IL-6，IL-1β，和内皮黏附分子标志物（sICAM-1、VCAM-1）。$PM_{2.5}$暴露与增加循环单核细胞和 T 淋巴细胞的数目有关，这些改变能导致动脉粥样硬化和急性冠状动脉事件。$PM_{2.5}$暴露可诱导小鼠主动脉内皮细胞 FHL2 和 IL-6 表达升高，活化免疫反应相关信号通路；FHL2 敲除后，$PM_{2.5}$介导的 NF-κB 相关通路和 IL-6 的分泌被抑制。超细颗粒物暴露可抑制小鼠血小板高密度脂蛋白的抗炎能力，通过增加肝 MDA 水平和上调 Nrf－2 调控的抗氧

化基因诱导氧化应激和系统炎症。而 PM_{10} 可通过激活 TLR 受体和炎症小体，促进炎症因子 IL-1β 的释放，导致血管炎症。

三、空气颗粒物与心力衰竭

心力衰竭（heart failure）简称心衰，是由心脏结构或功能异常所导致的一种临床综合征。由于各种原因的初始心肌损害（如心肌梗死、心肌炎、心肌病、血流动力负荷过重等）引起心室充盈和射血能力受损，导致心室泵血功能降低，患者主要表现为呼吸困难、疲乏和液体潴留。心力衰竭是一种进展性疾病，表现为渐进性心室重构（ventricular remodeling）；心力衰竭是一种症状性疾病，表现为血流动力学障碍（hemodynamics disorder），心室腔压力高于正常［左室舒张末期压＞18 mmHg（2.4 kPa），右室舒张末期压＞10 mmHg（1.3 kPa）］即为心功能不全（cardiac insu-fficiency）。心力衰竭是心血管疾病的最严重阶段，死亡率高，预后不良。

国内外研究 Wold 等人发现，C57BL/6 雄性小鼠暴露于浓缩的空气颗粒物（$PM_{2.5}$）或过滤空气（FA），6 小时/天，5 天/周，9 个月后，对心肌收缩功能、冠状动脉血流储备、心肌细胞功能、肥大标志物表达、钙处理蛋白和心肌纤维化等指标进行检测，结果表明，$PM_{2.5}$ 暴露可增加肥厚性标志物表达，导致肌球蛋白重链（MHC）亚型介导的不良心室重构和心肌纤维化，降低左室短轴缩短分数［（39.8±1.4）FA 和（27.9±1.3）$PM_{2.5}$，FS%］和降低多巴酚丁胺负荷收缩压［（62.3±0.9）FA，（49.2±1.5）$PM_{2.5}$，FS%］，导致二尖瓣舒张功能不全，但对最大血管舒张血流储备无明显改变。体外条件下，$PM_{2.5}$ 可显示抑制心肌细胞收缩峰值［（8.7±0.6）FA 和（7±0.4）$PM_{2.5}$，PS%］和舒张功能［（253.1±7.9）FA 和（282.8±9.3）$PM_{2.5}$，MS］。心脏组织 SERCA2a 表达水平和 α/βMHC 比值在 $PM_{2.5}$ 暴露组均呈显著下降趋势，提示长期暴露于浓缩的环境 $PM_{2.5}$ 导致与早期心力衰竭一致的心脏表型改变。有报道指出空气颗粒物 $PM_{2.5}$ 和充血性心力衰竭（CHF）有关，但其作用机制尚不清楚。CREBA133 小鼠暴露于空气颗粒物后表现出严重的扩张型心肌病病变，产生明显的降低心率变异性，呼吸不同步，增加室性心律失常。全基因转录组芯片表达分析显示，CREBA133 小鼠左心室出现钠离子和钾离子通道信号通路基因表达显著下调，而 SCN5A 编码酪氨酸磷酸化和钠离子通道电压门控型心肌 α 亚基硝化作用显著增加。通过雷诺嗪（血管扩张药）进行干预处理，可缓解颗粒物诱发的 CRE-BA133 小鼠心律失常和缩短 QT 间期延长。颗粒物暴露加重了心脏钠离子通道失调，上述结果可为流行病学调查结果提供实验室依据，表明颗粒物暴露可增加充血性心力衰竭人群易感性。$PM_{2.5}$ 可诱发自发性高血压心力衰竭（SHHF）大鼠心肌炎和心肌纤维化，并伴随 HRV 的急性改变。同时马建新等人研究发现可吸入颗粒物可导致 SD 大鼠心率变异性降低。Gao 等人对空气颗粒物 $PM_{2.5}$ 联合美托洛尔和特布他林对急性心肌梗死大鼠模型心脏功能影响的研究结果发现，短期暴露于 $PM_{2.5}$ 加剧心肌梗死大鼠的心功能损伤程度，而 β1-AR 阻滞剂与 β2-AR 受体激动剂联合应用，优于 β1-AR 阻滞剂单独作用对 $PM_{2.5}$ 暴露诱发心力衰竭的干预作用，提示 β1-AR 阻滞剂和 β2-AR 激动剂的联合应用可减少 $PM_{2.5}$ 暴露所致的心肌梗死患者死亡率。此外，Yan 等人对柴油机尾气颗粒物致心力衰竭的研究中，采用 SD 大鼠注射 ISO 或正常生理盐水 7 天后，两组进一步给予柴油机尾气颗粒物或正常的生理盐水气管内滴注，并用超声心动图测定各组大鼠器官滴注 24 小时前和 24 小时后左室短轴缩短分数（FS）、左室舒张末期内径（LVDd）。研究结果表明，急性暴露柴油机尾气颗粒物可改变左室收缩功能，诱发心力衰竭。

四、空气颗粒物与其他心脑血管系统疾病

空气颗粒物暴露会增加脑血管疾病的风险。然而，现有研究中关于空气颗粒物对脑血管作用的相关报道较少。Xiao 等人探讨了 $PM_{2.5}$ 对大鼠脑动脉内皮素（ET）受体的表达及其可能的作用机制。在

有丝分裂原活化蛋白激酶（MAPK）通路抑制剂的作用下，用 $PM_{2.5}$ 水悬浮液培养大鼠基底动脉。ET 受体介导的血管舒缩功能的敏感肌动描记结果表明，$PM_{2.5}$ 显著增强 ETA 和 ETB 受体介导的基底动脉收缩和增加基底动脉受体 mRNA 和蛋白的表达，提示 $PM_{2.5}$ 上调动脉收缩性受体 ETA 和 ETB。SB386023（MEK ERK1/2 抑制剂）、U0126（ERK1/2 抑制剂）、SP600125［c-Jun 氨基末端激酶（JNK）抑制剂］，或 SB203580（p38MAPK 抑制剂）抑制 $PM_{2.5}$ 引起的大鼠基底动脉 ETB 受体上调。$PM_{2.5}$ 上调大鼠基底动脉收缩性受体 ETA 和 ETB，且 ETB 受体上调参与 MEK/ERK1/2、JNK 和 p38 MAPK 信号通路，而 ETA 受体上调与 MEK/ERK1/2 信号通路相关。

近年来，空气颗粒物污染与急性冠状动脉综合征得到了越来越多的关注。在大多数研究中，$PM_{2.5}$ 和急性冠状动脉综合征之间存在显著的相关性。$PM_{2.5}$ 诱发急性冠状动脉综合征可通过多种机制，包括血管内皮损伤、炎症反应增强，氧化应激，自主神经功能紊乱，线粒体损伤以及遗传毒性的影响。这些影响可能会导致一系列的病理生理改变，包括冠状动脉硬化、高血压、能量供应和需求之间的不平衡，心脏和全身血液高凝状态。甄玲燕等人研究发现 $PM_{2.5}$ 可导致大鼠心脏自主神经功能异常并改变凝血纤溶的平衡。Emmerechts 等人采用城市颗粒物（UPM）或柴油废气颗粒（DEP）以气管滴注方式给予 C57Bl6/N 小鼠，结果发现，与 DEP 组相比，UPM 可明显增强小鼠动脉血栓形成，增加支气管肺泡灌洗液（BALF）剂量依赖性细胞总数（主要为中性粒细胞）和细胞因子（IL-6、MCP-1、RANTES、MIP-1α）。UPM 和 DEP 组均可诱导纤维蛋白原升高，提示 $PM_{2.5}$ 对血栓形成具有促进作用。

流行病学研究表明，高血压和糖尿病患者是颗粒物污染相关心血管疾病的亚危险人群。赵金镯等人研究发现 $PM_{2.5}$ 引起 WKY 和 SH 大鼠心血管系统出现明显的炎性反应，且对 SH 大鼠的作用更为明显，提示 $PM_{2.5}$ 对机体心血管系统有一定的损伤作用。研究表明，空气颗粒物可能会损害葡萄糖耐受性导致心血管疾病。Yan 等人探讨了颗粒物对肥胖和健康大鼠胰岛素抵抗（IR）的影响。采用雄性 SD 大鼠饲喂高脂饮食（HFD）或正常饮食（NCD）6 周。分别给予 PM_{10}，$PM_{2.5}$ 或生理盐水（n＝6 只/组）气管滴注，采用空腹血糖、胰岛素测定和稳态模型评估胰岛素抵抗指数（HOMA IR）评价 IR。结果表明，6 周后，HFD 大鼠的体重、胰岛素、HOMA IR 与 NCD 相比显著增加。在高脂饮食组，$PM_{2.5}$ 增加 HOMA IR，在暴露结束后进一步增加胰岛素抵抗。然而，在正常饮食大鼠 PM_{10} 暴露后，未观察到这种增长现象。在高脂大鼠和 NCD 大鼠长期 $PM_{2.5}$ 暴露后还可增加纤维蛋白原。表明 $PM_{2.5}$ 能够增强高脂饮食组大鼠 IR，提示肥胖患者可能是空气颗粒物污染的易感人群。

第四节　空气颗粒物对其他系统的健康影响机制

一、空气颗粒物的免疫毒性机制

空气颗粒物已经成为影响人类健康的重要环境因素之一，虽然近年来针对空气颗粒物的实验室研究逐渐增多，对其机制研究逐渐深入，但是关于空气颗粒物的免疫毒性及毒性机制研究还较少。目前，研究已经发现颗粒物进入机体后，通过影响机体的固有免疫系统和适应性免疫系统，引起免疫系统功能损伤，降低机体的免疫能力，最终导致发生疾病的风险增高。

（一）空气颗粒物对固有免疫系统的影响

空气颗粒物可以损伤机体的固有免疫系统。黏膜系统是固有免疫系统的重要组成部分，是人体接触外源性物质后的第一道防线，徐东群等收集北京市大气细颗粒物，采用气管滴注的方法对 Wistar 大鼠进行染毒，研究发现：经 $PM_{2.5}$ 染毒后，大鼠肺部巨噬细胞的吞噬功能下降，肺组织的非特异性免疫

功能降低；$PM_{2.5}$急性染毒可致大鼠支气管黏膜损伤，表现为黏膜增厚、出血、水肿，肺泡腔内有单核细胞和中性粒细胞浸润，巨噬细胞内有棕褐色碳墨状物质，并且呈现明显的剂量依赖关系，剂量越高，炎性反应越重。此外 $PM_{2.5}$染毒后的大鼠肺泡灌洗液中的 IgA 的滴度升高，说明 $PM_{2.5}$可通过损伤正常的黏膜组织引起黏膜免疫应答，同时也可以引起体液免疫应答。PM_{10}与抗原共同刺激可以明显加重大鼠变应性鼻炎的症状，PM_{10}吸入后，它所含成分通过理化刺激作用可导致鼻黏膜上皮损伤，黏液纤毛系统的清除能力降低，导致抗原在局部蓄积，使穿透损伤黏膜的 PM 吸收量增加，进而引起 IL-4 因子的释放增加，IL-4 因子被认为是变应性鼻炎发病机制中起重要作用的细胞因子。

（二）空气颗粒物对适应性免疫系统的影响

空气颗粒物可以损伤机体的适应性免疫系统。有研究发现：$PM_{2.5}$可以使小鼠细胞免疫功能受到抑制，具体表现为淋巴细胞转化功能、白细胞介素（IL-2）活性、NK 细胞活性、T 淋巴细胞亚群等指标的改变。晓开提·依不拉音等研究发现沙尘暴 $PM_{2.5}$可以引起大鼠肺泡灌洗液中的 TNF、IL-1、IL-6 及 IL-8 显著升高，TNF 表达升高可以促进 IL-6 和 IL-8 的产生，IL-6 是急性炎症反应的主要标志之一，具有调节免疫应答、参与机体炎症反应和抗感染防御作用；同时 $PM_{2.5}$染毒大鼠肺泡灌洗液中的 IgG、IgM 的含量显著升高，说明两者同时参与调节局部炎症及体液免疫反应。并且发现 $PM_{2.5}$染毒后的大鼠肺泡灌洗液中的 IgA 的滴度升高，说明 $PM_{2.5}$可引起体液免疫应答。研究表明，空气颗粒物的提取液可以抑制小鼠脾脏和胸腺细胞增殖，并呈现明显的剂量依赖性关系，同时显著抑制 IL-2 的活性；研究显示长时间暴露于焦炉车间现场的大鼠，60 天后其脾淋巴细胞转化功能受到抑制，免疫功能下降。小鼠妊娠期空气颗粒物 $PM_{2.5}$亚急性暴露后出现胸腺和脾脏的病理学改变，且随着暴露剂量的增加，组织损伤程度明显加重，同时观察到空气颗粒物可以抑制幼鼠脾淋巴细胞增殖反应，降低幼鼠的细胞免疫功能，增加幼鼠对疾病的易感性，IFN-γ/IL-4 比值下降，说明产生了 Th1/Th2 比例失调，反映了 Th1 功能抑制和 Th2 功能亢进的状态，研究发现 T-bet 表达降低，GATA-3 表达升高，说明 T-bet 和 GATA-3 表达变化可能是导致 Th1/Th2 比例平衡破坏的原因。赵金镯等收集上海市大气细颗粒物，采用气管滴注的方法对 BAL B/c 小鼠进行染毒，研究发现小鼠急性暴露于 $PM_{2.5}$可以引起脾脏中 Treg 和 Th17 细胞占 CD4＋细胞的比例显著增加，Treg 细胞比例升高提示机体可能出现防御性的免疫应答上调，启动对外来毒物的防御机制，而 Th17 细胞比例升高是机体出现炎症反应，组织器官炎性损伤的标志，而 $PM_{2.5}$可导致机体 Treg 和 Th17 细胞平衡发生改变，说明 Treg/Th17 细胞的不平衡可能是空气颗粒物引起炎症反应和免疫损伤的可能机制。

空气颗粒物可以产生免疫毒性，进而引起机体免疫功能抑制，关于空气颗粒物的免疫毒性研究已有报道，并且取得了一些进展，但是由于地域、时间、空间变化的影响，导致空气颗粒物的来源不同、化学组成成分复杂、颗粒物的粒径不一，同时免疫系统毒性的机制复杂，导致空气颗粒物致免疫毒性机理仍不很清楚。目前，关于空气颗粒物免疫毒性的可能机制主要包括以下几种①细胞凋亡机制，许多外源化合物可引起细胞凋亡，从而引起免疫细胞不正常的减少，影响正常的免疫功能；②钙稳态失衡机制；③氧化损伤机制；由于机体的免疫系统广泛分布于人体的各个部位，空气颗粒物通过破坏机体免疫系统的稳态平衡，进而引起机体产生免疫抑制或导致自身免疫性疾病的发生，并且空气颗粒物对人体不同系统的免疫毒性不尽相同，具有一定的组织、细胞特异性。因此，在未来的空气颗粒物的免疫毒性研究中，应该加强空气颗粒物免疫毒性的更深层次的机制探讨，进而深入探讨空气颗粒物对人体免疫毒性的作用机制，为空气颗粒物对人体免疫毒性评价提供实验依据，以减少空气颗粒物对人体危害，保证人类的健康。

二、空气颗粒物的神经系统毒性

近年来，空气颗粒物暴露对神经系统的损伤逐渐受到研究者们的重视，虽然目前空气颗粒物对神经系统损伤研究的广度和深度不及心血管毒性和呼吸毒性的研究，但是也已获得了一些阳性结果，提示空气颗粒物暴露可以引起氧化应激，导致脑损伤，损害认知功能等神经系统功能影响，目前我国相关方面的研究还较少。

（一）颗粒物致神经损伤的突触机制研究

突触可塑性是大脑进行正常功能活动的分子细胞学机制，同时也是神经系统生长发育、神经损伤修复以及学习记忆的神经生物学基础，是阐明空气颗粒物污染诱导认知损伤发生及其机制的关键。郭琳等收集山西省太原市空气颗粒物 PM_{10}，采用超声震荡法进行颗粒洗脱，进行多次气管滴注大气细颗粒物 $PM_{2.5}$ 染毒 SD 大鼠，每三天一次，共染毒 5 次，结果显示：PM_{10} 气管滴注染毒大鼠，可增加突触素（SYP）、突触后致密物（PSD-95）、NMDA 受体 2B 亚型（NR2B）的表达，上调磷酸化胞外信号调节激酶（p-ERK）和环磷腺苷效应元件结合蛋白（p-Creb）的表达水平。大鼠海马区突触超微结构检测发现，不同浓度 PM_{10} 暴露后，大鼠海马区神经元突触间隙减小，突触前突触小泡数目明显增多，突触后致密物增厚，并呈现一定的剂量—效应关系，这说明 PM_{10} 暴露可能通过改变突触可塑性引起神经功能损伤。其作用机制可能是 PM_{10} 暴露导致 NR2B 表达上升，刺激兴奋性的谷氨酸释放，过度激活突触后膜 NR2B 受体的数量，导致 NMDA 通道开放，Ca^{2+} 内流入突触后膜，使得 CREB Ser-133 位点发生磷酸化，激活 ERK 表达，从而参与了 NMDAR 介导的突触信号过程，引发神经元损伤。

（二）颗粒物致神经系统氧化损伤研究

刘晓莉等收集山西省太原市大气细颗粒物 $PM_{2.5}$，采用超声震荡法进行颗粒洗脱，进行单次气管滴注大气细颗粒物 $PM_{2.5}$ 染毒 SD 大鼠，结果显示大鼠脑组织中 SOD、CAT 活性随染毒剂量的增加而降低，说明 $PM_{2.5}$ 或者其毒性产物可通过血脑屏障，对大鼠脑组织造成损伤。朱雨晴等收集湖北省武汉市大气细颗粒物 $PM_{2.5}$，采用超声震荡法进行颗粒洗脱，进行多次气管滴注大气细颗粒物 $PM_{2.5}$ 染毒 SD 小鼠，结果显示，暴露组脑组织中 ROS 和 MDA 含量升高，GSH 含量下降，并且呈现剂量依赖性关系，结果证明短期急性的高剂量暴露会造成小鼠脑组织的氧化损伤。氧化损伤和自由基学说是目前公认的颗粒物对组织损伤的机制，空气颗粒物作用于机体产生的自由基可以随血流循环进入大脑，而大脑的高能量消耗、低水平的内源性清除、广泛的轴突和树突网络、细胞的脂类物质和蛋白质含量高以及自身代谢的需要，更容易受到氧化损伤，而雌性仔鼠体内相对较高的雌激素水平在一定程度上会限制氧化损伤的程度。

（三）颗粒物致海马组织损伤的研究

哺乳期是仔鼠中枢神经系统发育的重要时期，李久存等采用空气颗粒物暴露箱暴露，暴露时间 1 年，结果显示：在妊娠期和哺乳期暴露于空气颗粒物可以对仔鼠的学习记忆能力和海马内神经递质的变化产生影响，空气颗粒物暴露组的仔鼠 Morris 水迷宫寻找平台潜伏期均比对照组延长，暴露组的仔鼠穿过平台所在象限时间减少，穿越平台次数也减少，说明暴露组大鼠记忆获取能力和记忆保持力有所下降，产生这种现象的原因可能是空气颗粒物诱导产生自由基，从而引起氧化损伤，进而影响大鼠的神经系统发育；而海马与脑的高级神经活动密切相关，检测仔鼠海马组织神经递质含量发现，暴露组雄性仔鼠海马内 NE、DA 和 5-HT 含量均减少，雌性仔鼠海马内的 NE 和 5-HT 的含量减少，其原因可能是脑组织受颗粒物影响生成大量氧自由基，引起膜发生脂质过氧化损伤后，NE、DA 和 5HT 能神经细胞受损伤，从而导致神经递质含量下降，进而导致学习记忆减退，但是雌性和雄性之间的这种

差异，可能是由于仔鼠雌激素水平有所差异所致，雌激素可以通过调节 DA 的释放、摄取，发挥抗细胞凋亡、抗氧化和抗自由基作用进而保护神经系统。陈旭峰等收集河北省唐山市大气细颗粒物 $PM_{2.5}$，采用超声震荡法进行颗粒洗脱，进行多次气管滴注大气细颗粒物 $PM_{2.5}$ 染毒 SD 大鼠，结果显示：随着染毒剂量的增加，大鼠海马中铅、锰、铝含量逐渐升高，血清 NO 含量以及染毒组海马组织中 NO 含量低于对照组，海马组织中 NOS 活力低于对照组，并呈现一定剂量依赖性关系。提示 $PM_{2.5}$ 可导致大鼠海马中铅、铝、锰含量升高，海马中 NO 含量和 NOS 活力降低。

冯德达等气管滴注 PM_1 后，可以出现大鼠脑皮层和海马组织出现病理性损伤，大鼠脑皮层组织内氧化应激水平升高，炎性细胞因子 TNF-α、IL-1β 含量改变，NF-κB 表达变化，进而引起 NE、DA 和 5HT 含量变化，导致大鼠脑皮层和海马组织中神经细胞凋亡。其机制可能是氧化应激引起炎症反应和细胞毒性，导致炎性细胞信号通路 NF-κB 通路激活促发炎症反应，进而导致线粒体功能紊乱及凋亡信号通路激活，使细胞出现程序性死亡。提示 PM_1 作为一种比 $PM_{2.5}$ 更小的可入肺颗粒物，在一定条件下可对动物中枢神经系统产生一定的毒性效应，初步探讨认为这种毒性效应的产生可能与 PM_1 进入机体后引起全身或局部组织氧化应激反应、炎症反应增强及细胞凋亡水平升高有关。但是关于 PM_1 对中枢神经系统毒性效应产生过程、影响因素及其导致损害的确切机制，尚待进一步深入研究。

空气颗粒物对神经系统的影响是各种效应和因子相互作用的复杂结果，空气颗粒物参与毒性效应的物质种类很多，导致的神经系统改变也不尽相同，包括神经元损伤、炎性因子的改变和神经递质变化等。因此，要阐明空气颗粒物对神经系统的损伤机制并制定相应的防控策略，未来仍然需要开展很多探索工作。

三、空气颗粒物的生殖毒性机制研究

随着空气颗粒物污染研究的不断深入，研究者和相关人员越来越关注空气颗粒物污染对生殖发育的影响，目前空气颗粒物暴露对生殖发育影响的人群资料还不够完善，未形成比较统一的结论，且生物学机制比较复杂，现阶段关于空气颗粒物对生殖发育影响的生物学机制主要包括颗粒物对母婴交换的影响、颗粒物对遗传物质损伤的影响、颗粒物对生殖细胞数量和功能的影响等。

（一）大气细颗粒物对雄性生殖系统的影响

王晓飞等收集河北省唐山市大气细颗粒物 $PM_{2.5}$，采用超声震荡法进行颗粒洗脱，进行长期气管滴注大气细颗粒物 $PM_{2.5}$ 染毒 SD 大鼠，每周一次，连续染毒 3 个月，结果发现，$PM_{2.5}$ 暴露对大鼠睾丸的整体代谢网络产生了显著影响。通路分析显示，$PM_{2.5}$ 暴露会引起大鼠睾丸的氨基酸和核苷酸代谢紊乱、类固醇激素代谢失衡以及脂类代谢异常，而这些重要通路可能是 $PM_{2.5}$ 生殖毒性的关键分子事件。$PM_{2.5}$ 处理组大鼠睾丸中 17-羟孕酮（17-hydroxyprogesterone）、7-双烯醇酮（7-dehydropregnenolone）和二氢雄甾酮（dihydroandrosterone）这 3 个与类固醇激素相关代谢物的水平明显上升，表明 $PM_{2.5}$ 可能会引起体内类固醇激素合成代谢的紊乱，而类固醇激素在促进性腺发育与生殖控制方面起重要作用。睾酮是雄性生殖调节过程中最重要的激素，二氢雄甾酮作为睾酮的代谢物，其表达在 $PM_{2.5}$ 处理组中明显升高，表明 $PM_{2.5}$ 暴露加速了睾酮代谢，降低体内的睾酮水平，进而影响雄性大鼠生殖功能。

$PM_{2.5}$ 处理组大鼠睾丸中脂类代谢物发生了显著变化，涉及前列腺素（prostaglandins）的生成与代谢、溶血磷脂（lysophospholipid）代谢、磷脂酰胆碱（phosphatidylcholine）代谢、磷脂酰乙醇胺（phosphatidylethano－lamine）代谢、鞘磷脂（sphingomyelin）代谢和三酰甘油代谢（monoacylglycer-ide，diglycerideand triglycer-ide）。睾丸组织的脂类代谢在维持正常的雄性生殖功能方面起到了非常重要的作用，尤其是在保持细胞膜的流动性、精子运动能力和维持精子形态等方面；前列腺素含量变化

已被证明能够显著影响雄性生殖能力，包括影响睾丸的发育，精子的生成及活性；磷脂酰胆碱、磷脂酰乙醇胺和鞘磷脂作为生物膜的主要成分，在维持精子细胞膜完整和功能正常方面起到了重要作用。而且三酰甘油代谢与精子生成供能密切相关；这表明 $PM_{2.5}$ 暴露会造成大鼠睾丸内脂类代谢紊乱，进而可能会影响到大鼠睾丸的正常生理功能、精子生成及精子的正常形态，从而损害大鼠的生殖功能。$PM_{2.5}$ 处理组大鼠睾丸中色氨酸和亮氨酸的代谢水平显著升高，说明 $PM_{2.5}$ 暴露可以干扰睾丸中部分氨基酸的合成和代谢通路。

刘晓莉等收集山西太原的大气细颗粒物 $PM_{2.5}$，采用超声震荡法进行颗粒洗脱，然后进行急性气管滴注 $PM_{2.5}$ 染毒雄性 Wistar 大鼠，并于染毒后 24 h 处理大鼠，结果显示：大气细颗粒物 $PM_{2.5}$ 可以引起睾丸组织中 GSH-Px 含量下降，MDA 含量升高，且呈现剂量依赖性的关系。SOD/MDA 呈现剂量依赖性降低，MDA/GSH-Px 呈现剂量依赖性升高，说明大鼠急性气管滴注染毒 $PM_{2.5}$ 可以导致睾丸组织抗氧化能力降低，脂质过氧化水平升高。张琳等收集甘肃省金昌市大气细颗粒物 $PM_{2.5}$，采用超声震荡法进行颗粒洗脱，然后进行急性气管滴注 $PM_{2.5}$ 染毒雄性 Wistar 大鼠，结果显示：大气细颗粒物 $PM_{2.5}$ 可以引起细胞周期各时相的细胞数发生改变，随着 $PM_{2.5}$ 染毒剂量的增加，G0/G1 期和 S 期细胞比例减少，G2/M 期细胞比例增加，说明 $PM_{2.5}$ 染毒导致 G1/S 调控失调，导致进入 G2/M 期细胞增多，引起 G2/M 期阻滞，细胞增殖失控，说明 $PM_{2.5}$ 可能干扰大鼠生精细胞周期，刺激细胞的有丝分裂，导致细胞出现异倍体，其后果可能与肿瘤的发生相关。

（二）大气细颗粒物对雌性生殖系统的影响

方芳等采用柴油机尾气颗粒物急性染毒 ICR 小鼠，可以导致卵巢中 SOD、GSH 活力均明显下降，而 MDA 的含量明显升高，且呈现剂量依赖性关系，说明空气颗粒物具有引起脂质过氧化的毒性作用，可导致卵巢清除自由基能力明显下降，引起脂质过氧化物大量堆积，进而导致生殖腺损伤，脂质过氧化损伤是空气颗粒物导致生殖腺损伤的机制之一；空气颗粒物可引起卵母细胞超微结构改变，抑制卵母细胞第一极体释放，并降低受精率，随着空气颗粒物染毒剂量的增加卵母细胞 mtDNA 含量降低，说明卵母细胞线粒体缺失可能是导致受精率降低的机制之一。

吴思雨等研究发现，在受孕早期暴露于 $PM_{2.5}$，可导致受孕大鼠的胚胎个数减少，并且随着剂量的增加，胚胎个数减少的程度加重，并且导致胚胎的质量下降，其原因可能是由于 $PM_{2.5}$ 携带的重金属毒性成分所致，其具体的机制还待更多的研究进行证实；李旭冰等研究发现暴露于柴油机尾气颗粒物可以导致昆明小鼠的吸收胎率和死胎率增加，活胎率减少，且活胎鼠出现开眼、突眼、短肢等外观畸形，总活胎鼠的体重和雌性活胎鼠的体重减少，心脏系数和肾脏系数减少，并且活胎鼠胎盘和重要脏器组织出现明显的病理变化，胎盘组织基带滋养细胞空泡化，迷路带和绒毛间隙严重充血；心脏组织的心肌排列紊乱和充血，心肌细胞水样变性和脂肪变性；肺脏组织显示有肺气肿，伴有充血和炎性浸润；肾脏组织的肾小管上皮细胞发生水样变性、脂肪变性和颗粒变性，伴有炎性浸润；其机制可能是由于进入母体的柴油机尾气颗粒物及其代谢产物，通过母体血管内的巨噬细胞，在吞噬收集物过程中释放大量有毒物质，透过胎盘进入胎儿体内，诱导炎症和细胞损伤，进而影响心脏、肺脏和肾脏的发育，造成损伤。孕期暴露于柴油机尾气颗粒物 $PM_{2.5}$ 对后代的出生体重未见影响，但是于出生后第 2 周可观察到后代体重的显著降低，其原因可能是产前母体暴露柴油机尾气颗粒物 $PM_{2.5}$ 可导致食物摄入量减少，而食物摄入量减少是由于产前暴露柴油机尾气颗粒物 $PM_{2.5}$ 导致下丘脑分泌的促进食欲的神经肽 Y 表达下调所致；相反的是产后哺乳期暴露柴油机尾气颗粒物 $PM_{2.5}$ 可导致后代哺乳期和成年期间体重明显增加，脂肪堆积减少，下调棕色脂肪中 UCP1 的表达，但是不改变食物的摄入量。孕期和哺乳期暴露于 $PM_{2.5}$ 可显著降低子代心肌中转录因子 GATA4 和 Nkx2.5 的 mRNA 水平，并显著降低 TNF-α 和

IL-1β的水平，进而加剧心脏组织的结构损伤，这可能与氧化应激减少转录因子GATA4和Nkx2.5表达相关。$PM_{2.5}$还可以诱导胚胎生长发育迟缓并伴有细胞凋亡和G0/G1期阻滞，其机制可能是$PM_{2.5}$引起ROS产生增加，激活ERK和JNK信号通路，下调Bcl－2/Bax蛋白比值，上调p15INK4B，p16INK4A和p21WAF1/CIP1基因转录水平，诱导细胞凋亡和细胞周期阻滞，进而引起$PM_{2.5}$的胚胎发育毒性。

虽然已有一些关于空气颗粒物生殖发育毒性的机制研究，但是由于空气颗粒物结构的复杂性，存在的时空特异性，同一地域不同时间污染物成分不同，同一时间不同地域污染物成分不同，并且在$PM_{2.5}$生殖毒性作用机制中，颗粒物是否仅作为载体，抑或与所携带的毒性物质存在交互作用，有待进一步深入研究。因此，阐明空气颗粒物的生殖发育毒性的生物学机制至关重要，可以为政府和相关管理部门制定空气颗粒物的控制措施提供科学依据，进而减少空气颗粒物对人类生殖发育系统的有害影响。

四、空气颗粒物的内分泌毒性机制研究

目前，关于空气颗粒物对人体健康影响主要包括心血管疾病、呼吸系统疾病、哮喘等，而关于大气颗粒对内分泌系统的影响报道较少，关于机制研究更是少见。张丰泉等收集河南省新乡市冬季大气细颗粒物$PM_{2.5}$，采用超声震荡法进行全颗粒洗脱，利用$PM_{2.5}$连续气管滴注4周龄SD雌性大鼠，分别检测妊娠前和妊娠后大鼠雌二醇、孕酮、绒毛膜促性腺激素、黄体生成素、促卵泡激素水平，结果发现妊娠前和妊娠后$PM_{2.5}$染毒组雌二醇、绒毛膜促性腺激素水平明显低于对照组，孕酮、促卵泡激素在低剂量组降低不明显，在高剂量组降低显著，而黄体生成素妊娠前$PM_{2.5}$组显著低于对照组，妊娠后$PM_{2.5}$低剂量组略有升高，高剂量组反而显著降低。因此推测$PM_{2.5}$可以影响生殖内分泌激素的分泌，进而影响相关结局。

有研究报道空气颗粒物污染与II型糖尿病有关，将Nrf2基因敲除小鼠和野生型小鼠暴露于空气颗粒物$PM_{2.5}$，暴露12周后发现，$PM_{2.5}$可引起糖耐量受损，抑制糖原合成，引起胰岛素抵抗，并发现$PM_{2.5}$可以激活c-Jun氨基末端激酶（JNK）信号通路，提示$PM_{2.5}$可通过触发Nrf2介导氧化信号通路和活化的JNK介导的抑制信号通路，导致胰岛素抵抗。

空气颗粒物已成为影响人类健康的重大公共卫生问题，而关于空气颗粒物对内分泌系统的影响研究目前才刚刚开始，对其机制探讨还很有限，还需要研究者在未来的研究中进一步进行探索，进而阐明空气颗粒物对内分泌系统的影响，保护人类健康。

第五节　空气颗粒物与其他环境因素的交互作用和干预研究

一、空气颗粒物与臭氧的交互作用

（一）$PM_{2.5}$与O_3的联合健康效应

O_3的水溶性较小，易进入呼吸道的深部，引起人群中肺功能降低，呼吸系统功能改变以及哮喘的发作。近年来，颗粒物和O_3之间的交互作用也受到更多的关注，O_3也是对人类健康威胁最普遍的大气环境污染物之一。颗粒物在交通高峰期浓度达到最高，O_3是氮氧化物和挥发性有机物的二次污染物，与光照有关，一般在下午的时候达到最大值。

大量的流行病学资料证明，O_3和$PM_{2.5}$的污染对呼吸系统和心血管的健康有明显不良影响。O_3和$PM_{2.5}$的联合暴露会引起肺功能的降低，提高气道反应，加重哮喘和COPD的发作和发展，同时增加医

疗保健的投入和人群的入院率。同时，O_3和$PM_{2.5}$的联合作用引起的肺部氧化应激也可能导致下游的心血管系统受到干扰而促进心血管疾病的发展，引起心血管系统亚临床的病理生理反应，包括全身性炎症、血栓、氧化应激、血压增加、血管功能紊乱、动脉粥样硬化和心率变异性的降低等，增加心血管的发生率和死亡率。有研究者对O_3和$PM_{2.5}$的协同效应进行研究，发现在$PM_{2.5}$和O_3的联合暴露中，机体出现全身性的炎症损伤更为明显。

Li等人采用Meta分析，对925篇继往发表的文章进行研究，结果发现$PM_{2.5}$浓度每升高10 μg/m^3，糖尿病相关的疾病死亡危险性增加1.123倍（95% CI：1.036～1.217），O_3每增加一个四分位数间距，死亡危险增加1.065倍（95% CI：1.017～1.115）。而O_3和$PM_{2.5}$的联合作用可引起心脏组织和全身系统明显的损伤，并且这种影响存在剂量一效应关系。

（二）$PM_{2.5}$与O_3的联合作用机制

O_3和$PM_{2.5}$的联合作用机制目前尚不明确，相关的毒理学研究也甚少。目前认为炎症反应和自主神经功能的损伤在其中有着重要的作用。复旦大学公共卫生学院宋伟民课题组的研究发现，给7周龄的大鼠亚急性吸入暴露于0.41 mg/m^{3}的O_3（2次/周，共3周）或正常空气3 h，然后每组大鼠分别气管滴注0 mg、0.2 mg、0.8 mg和3.2 mg的$PM_{2.5}$，每周3次持续3周，结果发现，大鼠同时暴露于$PM_{2.5}$和O_3，心率明显下降，血压上升，并表现为C一反应蛋白明显增加，表明O_3可增强$PM_{2.5}$所致的心脏自主神经功能障碍和系统炎症反应。后续的研究发现，O_3还可增强$PM_{2.5}$所引起的大鼠肺内炎症反应以及肺的病理损伤。因此$PM_{2.5}$与O_3具有明显的协同作用。此外，在自主神经功能机制的探索中，来自密西根大学的一项研究给予SD大鼠高脂饮食或普通饮食，同时暴露于$PM_{2.5}$与O_3，观察大鼠心率、血压、心率变异性的影响，结果发现，$PM_{2.5}$与O_3短期（9天）联合暴露导致心率明显降低，此外，$PM_{2.5}$与O_3联合暴露虽然能导致高脂饮食SD大鼠血压的降低，但对正常饮食组SD大鼠血压无明显影响；虽然O_3单独作用导致心率变异性升高，但$PM_{2.5}$单独作用却导致心率变异性降低，观察$PM_{2.5}$与O_3的联合作用时发现，大鼠心率变异性明显降低，结果表明$PM_{2.5}$与O_3的联合暴露中，$PM_{2.5}$对心率变异性的作用起着主导作用。而另一项来自美国北卡罗来纳州大学的研究探索了浓缩的$PM_{2.5}$、超细颗粒物与O_3的联合作用，给正常雌性C57BL/6小鼠暴露于190 μg/m^{3}浓缩的$PM_{2.5}$及0.642 mg/m^{3}的O_3，另一组暴露于140 μg/m^{3}浓缩的$PM_{0.1}$及0.642 mg/m^{3}的O_3，测定了小鼠心率和动态心电图，结果发现，无论是$PM_{2.5}$或$PM_{0.1}$单独暴露均不能引起心电图的改变，而O_3和$PM_{2.5}$的联合暴露导致心律变异性明显降低，O_3和$PM_{0.1}$的联合暴露也能明显增加QRS一间期，QTc间期和非传导性心律失常，并能降低左心室发展压（left ventricular developed pressure，LVDP），结果表明O_3和$PM_{0.1}$及$PM_{2.5}$的联合暴露所致的心功能改变可能存在不同的机制，其对心脏的影响不是简单的相加作用而是一种综合的作用机制。

二、空气颗粒物与二氧化氮、二氧化硫的交互作用

（一）NO_2，SO_2与$PM_{2.5}$的联合暴露对健康的影响

NO_2，SO_2与$PM_{2.5}$往往共存于大气中，三者有很强的联合作用。由于SO_2和NO_2易溶于水，95%被鼻腔和上呼吸道黏膜吸收，很少到达呼吸道深部。但如果NO_2、SO_2与$PM_{2.5}$结合，NO_2、SO_2便可随$PM_{2.5}$进入肺部较敏感的部位（细支气管和肺泡）。$PM_{2.5}$不仅可携带NO_2、SO_2进入呼吸道深部，$PM_{2.5}$中含有的锰、铁等金属氧化物还可催化SO_2氧化成SO_3，甚至形成硫酸，而硫酸的刺激和腐蚀作用比SO_2大4～20倍，同时$PM_{2.5}$也可与NO_2发生反应，形成硝酸，产生刺激和腐蚀作用。

随$PM_{2.5}$进入呼吸道深部的NO_2、SO_2，对肺泡产生刺激和腐蚀作用，引起细胞破坏和纤维断裂，

形成肺气肿，长期作用下将引起肺泡壁纤维增生而发生肺纤维变性。此外，吸附有 NO_2、SO_2 的 $PM_{2.5}$ 也是一种变态反应原，能引起支气管哮喘发作，日本的石油工业基地四日市的哮喘病就是典型例症。据对四日市哮喘的研究，40 岁以上人群发生哮喘，可能与硫酸雾损伤呼吸道黏膜而引起继发感染产生自身免疫有关；11 岁以下人群发生哮喘可能与高浓度 SO_2 诱发过敏有关。

（二）NO_2、SO_2 与 $PM_{2.5}$ 联合暴露的作用机制

目前，研究者也开始关注 NO_2、SO_2 与 $PM_{2.5}$ 联合暴露的作用机制。来自山西大学的一项研究采用大鼠观察 SO_2 与 $PM_{2.5}$ 联合暴露对大脑的影响，研究发现，大鼠联合暴露于 1.5 mg/（kg・bw），6.0 mg/（kg・bw），24.0 mg/（kg・bw）的 $PM_{2.5}$ 及 5.6 mg/m³ SO_2，大脑 TNF-α 和 IL-6 的 mRNA 表达较对照组、单独 SO_2 或单独 $PM_{2.5}$ 组明显升高，结果表明，炎症反应的增加可能是 SO_2 与 $PM_{2.5}$ 联合暴露所致机体损伤的重要机制。同样地研究发现，SO_2 与 $PM_{2.5}$ 联合暴露所致的肺损伤也可能与肺内 TLR4/p38/NF-κB 炎症信号通路有关。近年来，也有研究采用健康 C57BL/6 小鼠，分别给予 28 d 低剂量和高剂量 NO_2、SO_2 与 $PM_{2.5}$ 的联合暴露，低剂量组：0.5 mg/m³ 的 SO_2，0.2 mg/m³ 的 NO_2 和 1 mg/（kg・bw）的 $PM_{2.5}$；高剂量组：3.5 mg/m³ 的 SO_2，2 mg/m³ 的 NO_2 和 3 mg/（kg・bw）的 $PM_{2.5}$，结果发现，NO_2，SO_2 与 $PM_{2.5}$ 的联合暴露能损伤小鼠的学习和记忆能力，同时脑部神经病理学出现改变，而这种损伤可能与脑细胞凋亡、线粒体功能失调及线粒体分裂蛋白的升高有关，表现为脑内凋亡蛋白 Bax 和 p53 明显升高，同时出现 Bax/Bcl-2 的不平衡，此外，脑皮质线粒体中 Mfn1，Mfn2 和 OPA1 蛋白明显升高，而 Fis1 和 Drp1 蛋白明显降低。

三、空气颗粒物对健康影响的干预研究

空气颗粒物对健康影响的干预方面，除了通过政府决策及使用低碳能源等方式降低室外环境颗粒物污染浓度及通过个体佩戴口罩及使用空气净化器降低个体颗粒物暴露浓度外，营养素的补充，提高机体免疫力等方法也是降低颗粒物损伤的重要手段。

（一）大气 $PM_{2.5}$ 对健康危害的营养物干预

目前认为，$PM_{2.5}$ 对健康的危害主要与其所致的炎症反应和氧化应激有关。而抗氧化剂（维生素，Omega－3 脂肪酸）、抗氧化酶（超氧化物歧化酶，谷胱甘肽过氧化物酶等）及抗炎物质可以对 $PM_{2.5}$ 所致损伤产生一定的干预作用。食物中含有丰富的营养物质，但是营养学家的调查显示，中国人群特别是育龄期妇女营养素的摄入明显不足，所以适量补充营养素对于提高自身免疫力、提高机体对疾病的抵抗力、降低机体对 $PM_{2.5}$ 的易感性有重要的作用。目前很多营养学家和环境学家开始关注营养素的补充是否可以有效地减少 $PM_{2.5}$ 所致机体的损伤，关于这方面的研究也得到了一些证据。

1. 维生素　维生素可以帮助机体维持体内氧化－抗氧化的平衡，预防心血管病，调节氧化损伤和炎症反应。维生素 C（vitamin C，V_C）是一种在人体中含量丰富的水溶性维生素，同时存在于肺组织的细胞外液中。V_C 的食物来源主要是新鲜蔬菜与水果。在各类蔬菜中，辣椒、茼蒿、苦瓜、豆角、菠菜、土豆、韭菜等中 V_C 含量丰富；在各类水果中，酸枣、鲜枣、草莓、柑橘、柠檬等含量最多；在动物的内脏中也含有少量的 V_C。目前研究认为，进入循环系统中的 $PM_{2.5}$ 能降低一氧化氮（nitric oxide，NO）的生物利用度，造成内皮功能障碍并促进血小板的活化，从而促发动脉粥样硬化斑块的形成，最后导致大血管动脉粥样硬化形成及冠心病的发生。而 V_C 的摄入可增加机体 NO 的生物利用度，提高内皮功能障碍患者的内皮功能。关于 V_C 对抗 $PM_{2.5}$ 所致损伤的研究比较缺乏，有研究认为摄入足够的 V_C 能提升颗粒物低暴露区哮喘儿童的最大呼气流速，提高其肺功能。

维生素 E（vitamin E，V_E）是氧自由基的清道夫，能保护细胞膜及细胞内的核酸免受自由基的攻

击，保护机体免受氧化损伤。富含 V_E的食物有果蔬、坚果、瘦肉、乳类、蛋类、压榨植物油等。果蔬中富含 V_E的包括猕猴桃、菠菜、卷心菜、菜塞花、羽衣甘蓝、莴苣、甘薯、山药、柑橘等。坚果中富含 V_E的包括杏仁、榛子和胡桃等。研究发现 V_E对过氧化氢诱导的血管内皮细胞氧化损伤具有保护作用，能提高细胞抗脂质过氧化能力。一项流行病学研究在台湾的台南市（空气污染较为严重）和花莲市（空气污染较少）展开，分别选择 105 名和 324 名哮喘儿童进行调查，通过营养膳食调查评估 V_E的摄入量，对 V_E摄入不足的患者给予口服维生素补充，结果发现 V_E的充足摄入可以降低空气污染所致的哮喘患者最大呼气流速的缩减。关于 V_E对吸入性污染物所致危害的保护作用，多数研究比较关注 V_E对香烟烟雾所致危害的保护作用，有研究认为通过食物补充适量的 V_E有助于降低不吸烟妇女的肺癌风险，动物实验的研究也认为 V_E能降低烟雾暴露所致的小鼠 DNA 氧化和细胞膜损害。关于 V_E对空气污染甚至 $PM_{2.5}$所致危害保护作用的研究甚少，有研究认为，居住于高污染区域的人群血液中的 V_E降低了 51%。此外，一项人群调查研究也发现直接暴露空气污染的人群血液中抗氧化物谷胱甘肽明显降低，结果表明空气污染导致明显的氧化应激损伤，而连续 6 个月每天补充 V_C和 V_E能改善这种氧化损伤。赵金镯课题组通过动物实验发现，提前灌胃给予普通 SD 大鼠 V_E14 天，然后通过气管滴注方式使大鼠暴露于 $PM_{2.5}$，结果显示，与灌胃给予生理盐水的对照组相比，提前灌胃给予 V_E能明显降低 $PM_{2.5}$所致的炎症反应，表现为心肌和血液中炎症因子 IL-6、TNF-α 的降低及氧化损伤指标 MDA 的降低，同时也能提升心肌组织内抗氧化酶超氧化物歧化酶（superoxide dismutase，SOD）、谷胱甘肽（glutathione，GSH）。但目前还没有其他的直接证据能够证明 V_E的补充能明显改善 $PM_{2.5}$所致的健康危害，所以对于维生素的保护作用仍需进一步探索。

2. 多不饱和脂肪酸 脂肪经消化后，分解成甘油及各种脂肪酸。脂肪酸依据结构可分为饱和脂肪酸和不饱和脂肪酸，其中不饱和脂肪酸又分成单不饱和脂肪酸和多不饱和脂肪酸两种。多不饱和脂肪酸（polyunsaturated fatty acid，PUFA）按照从甲基端开始第 1 个双键的位置不同，可分为 Omega-3 和 Omega-6 多不饱和脂肪酸。其中 Omega－3 同维生素、矿物质一样是人体的必需品，其中对人体最重要的两种成分是二十碳五烯酸（eicosapentaenoic acid，EPA）和二十二碳六烯酸（docosahexaenoic acid，DHA）。具有清理血管中的垃圾（胆固醇和三酰甘油）的功能，俗称“血管清道夫”。DHA 具有软化血管、健脑益智、改善视力的功效。深海鱼类（野鳕鱼、鲱鱼、鲑鱼等）的内脏中富含该类脂肪酸。1970 年，丹麦的医学家霍巴哥和洁地伯哥经过研究确信：格陵兰岛上的居民患有心脑血管疾病的人要比丹麦本土上的居民少得多，这是因为格陵兰岛上的居民食用深海鱼更多，而深海鱼类中含有更多的 Omega-3 脂肪酸。

有研究提出，$PM_{2.5}$可以引起心脏自主神经功能的改变，造成心率变异性的下降，这可能是 $PM_{2.5}$导致心血管疾病死亡率增加的病理生理机制的一部分。在墨西哥养老院的研究中发现，给予研究对象 2 g/d 的鱼油或豆油，3 个月后发现鱼油和豆油均能改善 $PM_{2.5}$所致的心率变异性的降低，而鱼油的作用更为明显。随后在这所养老院中进行同样的干预实验，结果发现给予鱼油的补充能使研究对象体内 SOD、GSH 活力分别增加 49.1% 和 62%，而使脂质过氧化物（lipid peroxide，LPO）活力减少 72.5%，表明鱼油的摄入可以更加有效的对抗 $PM_{2.5}$暴露引起的氧化损伤。同样地，有研究者以 29 位正常普通人为研究对象进行研究，研究对象随机分为两组，一组每天补充 3 g 鱼油（包含 65%的 Omega-3不饱和脂肪酸），一组每天给予安慰剂，连续四周之后将研究对象暴露于浓缩了 $PM_{2.5}$（平均 278 $\mu g/m^3$）的暴露仓中 2 h，结果发现补充鱼油安慰剂的研究对象心率变异性明显降低，同时胆固醇和低密度脂蛋白明显升高，而补充鱼油的研究对象心脏自主神经功能和能量代谢则被明显保护。

来自哈佛医学院的一项动物实验采用 C57BL/6 小鼠观察补充 Omega-3 脂肪酸对 $PM_{2.5}$所致健康危害的干预作用，研究采用口咽抽吸的方法给予小鼠 1.8 $\mu g/\mu l$ $PM_{2.5}$，每周两次，共 6 周，暴露结束后，

给小鼠补充 Omega-3 脂肪酸，结果发现，Omega-3 脂肪酸能明显降低 $PM_{2.5}$ 所致的肺灌洗液中巨噬细胞的浸润及白细胞的增多，同时也能降低肺内髓过氧化酶活性及血液中脂质过氧化物和 TNF-α、IL-6、IL-1β 和 MCP-1 等炎症因子，结果表明，Omega-3 脂肪酸能明显减轻 $PM_{2.5}$ 所致的肺及系统炎症反应。

（二）植物化学物

1. 多酚类物质　多酚类物质具有潜在的健康效应，存在于一些常见的植物性食物，如可可豆、茶、大豆、红酒、蔬菜和水果。研究发现黑巧克力中含有丰富的类黄酮——一种有效的抗氧化物质。Villarreal-Calderon R 等人的研究，将 Balb/c 雌鼠暴露于 $PM_{2.5}$ 污染的空气中，喂含有 60%可可粉固体的黑巧克力，每周三次，结果发现与暴露于干净空气的小鼠相比，暴露于 $PM_{2.5}$ 污染空气的小鼠有明显的心肌炎症反应，而巧克力中含有的多酚物质可能减少空气污染所致的心肌炎症，具有心血管保护功能。但是巧克力含有大量的脂肪和糖，长期食用可能会对健康产生影响，如导致体重增加、诱发胰岛素抵抗和糖耐量异常等，因此通过长期摄入黑巧克力来增加多酚类物质的摄取而保护人体健康还有待进一步研究。

2. 茶多酚（epigallocatechin gallate，EGCG）　茶多酚是绿茶主要的水溶性成分和活性成分，具有抗氧化、抗肿瘤和预防心血管病的作用。有研究发现 EGCG 可通过激活丝裂原、活化蛋白激酶和细胞外调节蛋白激酶 1/2 信号通路上调核因子 E2 相关因素/血红素氧合酶来保护人脐静脉内皮细胞（human umbilical vein endothelial cells，HUVECs）免受 $PM_{2.5}$ 所致氧化应激损伤。

3. 皂苷　皂苷是广泛存在于植物茎、叶、根中的化学物，具有调节脂质代谢、抗血栓、抗氧化等生物学作用。人参皂甙 Rg1 是其主要活性成分之一。有研究通过体外培养 HUVECs 观察 Rg1 对 $PM_{2.5}$ 染毒所致内皮损伤的干预作用，结果表明 Rg1 和 $PM_{2.5}$ 共同作用于 HUVECs 能使 $PM_{2.5}$ 所致地抑制内皮细胞生长的作用被减弱，同时使活性氧水平下降。说明人参皂甙可以通过抑制 $PM_{2.5}$ 诱导的氧化应激对机体起到保护作用。

（二）大气 $PM_{2.5}$ 对健康危害的药物干预

他汀类药物具有降低低密度脂蛋白、三酰甘油和升高高密度脂蛋白的作用；引起血管扩张、抗凝和血小板抑制；具有抗氧化和抗炎的功能，从而稳定动脉粥样硬化的斑块，减少心房颤动和心肌梗死。赵金镯等的研究发现，对 HUVECs 给予 400 μg/mL $PM_{2.5}$ 有机或水溶性的提取物进行染毒，同时分别给予 0.1 μmol/L、1 μmol/L 和 10 μmol/L 的阿托伐他汀钙进行干预后，阿托伐他汀钙能明显增加细胞活性，减少氧化应激以及内皮功能的损伤，表明阿托伐他汀钙可以减少由 $PM_{2.5}$ 引起的炎症反应、氧化应激以及内皮细胞功能的紊乱。目前，欧美国家的人群通过长期补充阿托伐他汀钙药物来降低血脂和预防血管损伤，但是这种长期的药物服用是否可预防 $PM_{2.5}$ 所致的氧化应激或心血管系统的损伤有待于进一步研究。培哚普利是一种强效和长效的血管紧张素转换酶抑制剂，可用于治疗各种高血压与充血性心力衰竭。有研究发现，用 400 μg/mL 的 $PM_{2.5}$ 对 HUVECs 分别染毒 0 h、12 h、24 h 和 48 h 后加入 10 μmol/L 的培哚普利再孵育 24 h 可抑制 $PM_{2.5}$ 染毒后所致的血管紧张素转换酶（angiotensin converting enzyme，ACE）基因表达上调。因此，一些抗炎或是抗氧化应激的药物可能通过提高细胞的抗氧化和抗炎功能来保护机体免受 $PM_{2.5}$ 所致的氧化应激损伤。

第六节　问题与展望

环境污染与人类健康的关系是全球共同关注的一个重要公共卫生问题，其中空气污染与各种疾病的关系在流行病学和毒理学研究中得到了广泛的论证。空气颗粒物对人体健康的影响不但与其颗粒物大小有关系，同时与颗粒物里面的组成物质也有很大的关系。$PM_{2.5}$ 的表面吸附面积很大，可以富集各种有毒有害物质，$PM_{2.5}$通过呼吸进入机体，可以引起机体疾病的发生。目前关于颗粒物采样与毒理学研究主要存在的问题及未来的研究方向主要包括在检测分析技术和对心、肺系统之外的其他系统的影响。采样和分析技术是研究颗粒物的重要环节，而对心、肺系统之外的其他系统的毒性效应研究也是重中之重。

一、颗粒物暴露特征的复杂性

未来对颗粒物监测的研究应该更注重于高分辨率、高放大倍数的显微镜形貌分析和高灵敏度、低检测限的化学技术和设备的研究。在我国，$PM_{2.5}$污染除了高浓度暴露特征外，中国各城市特别是大城市空气中$PM_{2.5}$的来源和组成成分也十分复杂，其来源包括煤烟型、机动车尾气型及复合型，组成成分包括镍、铅、镉、锰等金属元素和多环芳烃类、有机酸及其盐类、醛类、酮类、杂环化合物等有机成分。这种复杂污染状况所致健康效应也有很大的差异，空气颗粒物不仅能作为载体吸附空气中的有害物质，还能形成二次颗粒物，对健康造成更大的危害。因此探索不同天气及不同来源区域$PM_{2.5}$的浓度并分析其组成成分对健康所造成的危害具有重要科学意义。

此外，大气$PM_{2.5}$爆发增长是近年来针对$PM_{2.5}$暴露特征提出的另一个重要概念，是指大气$PM_{2.5}$浓度在数小时内迅速上升到每立方米数百微克甚至更高的现象。大气$PM_{2.5}$爆发增长与短期内雾霾的形成密切相关，而且$PM_{2.5}$的爆发增长对人群健康的影响也更大，因为短时间内$PM_{2.5}$的激增可能导致人群缺乏应有的防护、机体防御系统尚没有调节到应对其危害的良好状态，从而导致健康危害迅速发展。但大气$PM_{2.5}$爆发增长形成的机制目前尚不清楚，同时也没有有效的预防手段降低其危害，需要研究者进一步关注。

二、颗粒物所致健康危害的作用机制尚不明确

关于空气颗粒物对健康影响的作用机制，虽然各国研究者进行了许多有意义的探索，但其详细地作用机制尚不清楚。目前认为，除固有的炎症反应机制、内皮功能损伤机制、氧化应激机制、自主神经功能失调、免疫损伤机制外，线粒体功能失衡、能量代谢失衡及下丘脑调节功能障碍等也是颗粒物导致健康损伤及疾病发生的重要机制。此外，一些研究者也开始探讨神经损伤、代谢组学指标的改变对心肺系统甚至代谢系统、脑血管系统的影响。

三、缺乏有效的颗粒物健康危害干预方法

我国最新颁布的《环境质量标准》增加了$PM_{2.5}$的卫生质量标准，日平均质量标准订为75 $\mu g/m^3$，为保护环境、保护人类健康迈出了重要一步，但是该标准还是明显高于WHO制定的$PM_{2.5}$日均指导值25 $\mu g/m^3$。$PM_{2.5}$污染对人群健康影响涉及多方面，包括呼吸系统以及心血管系统等，但是关于$PM_{2.5}$对健康损害的干预研究相对匮乏，人类可通过佩戴口罩或使用空气净化器的途径降低暴露$PM_{2.5}$的浓度，保护机体的健康。目前我国在市面上出售的防$PM_{2.5}$口罩和空气净化器的质量良莠不齐，使得预防效果存在很大的差异，因此需要相关部分制定口罩和口气净化器质量的相关标准以及宣传正确的使用方法。此外，由于口罩和空气净化器在降低空气中$PM_{2.5}$方面存在局限性，所以它们对机体的保护作用还需要进一步验证。维生素、Omega-3脂肪酸、植物化学物和一些抗炎或是抗氧化应激的药物具有抗氧化和调节炎症反应的作用，可以保护机体免受空气颗粒物的损伤，但是这些物质的使用剂量、使用时间及其他的不确定因素需要进一步阐明，同时其保护作用是否具有临床意义还需要进一步的研究。

（赵金镯　段军超　李艳博　林本成　张芳）

第九章　空气颗粒物组分与人群健康

空气颗粒物是由多种化学的和微生物的成分组成的混合物。受排放源、地理位置、气候、经济发展程度、生活习惯等的影响，不同时间或地区的颗粒物的组分具有一定差异。

颗粒物的化学组成主要分为有机物和无机物，针对不同研究领域，其具体的分类方法不同，且含有不同化学组分的颗粒物因为比例不同，对环境和健康的影响也有区别。颗粒物的无机成分主要指元素及其他无机化合物，如金属、金属氧化物、无机离子等。空气颗粒物表面往往会吸附重金属等有毒物质，可对人体造成健康危害。空气颗粒物中含有的重金属铝（Aluminum，Al）、铁（Iron，Fe）、铂（Platinum，Pt），主要来源是道路交通工具的排放、建筑工地扬尘及发电站；水溶性离子是大气可吸入颗粒物（inhalable particle，IP，PM_{10}）和细颗粒物（fine particle，$PM_{2.5}$）的重要组成部分，与大气降水的酸度密切相关；颗粒物的有机成分大部分来自煤和石油燃料的燃烧，以及化工相关行业，不同的有机成分显示了不同采集时间的季节特点，如多环芳烃（polycyclic aromatic hydrocarbons，PAHs）及藿烷等在冬季浓度增加。

空气颗粒物的成分非常复杂，不仅各种有毒有害的化学物质可以吸附到颗粒物上，空气中的微生物也能附着到颗粒物的表面，这些微生物包括细菌、真菌、病毒、噬菌体等，可以随空气颗粒物被人体呼入，进入人体的气管、支气管、甚至到达呼吸道深部的肺泡区，对人体的健康产生危害。颗粒物的微生物组分，即微生物气溶胶具有 6 大特性：来源的多相性、种类的多样性、活性的易变性、传播的三维性、沉积的再生性和感染的广泛性。

第一节　空气颗粒物化学组分对人群健康的影响

既往大量研究表明，空气颗粒物对人群健康的影响与其化学组分密切相关，包括临床和亚临床的健康结局。空气颗粒物的不同化学组分与人群的疾病的发病率、死亡率、入院率、急诊率等有关，也有研究表明不同化学组分的颗粒物与人群心肺功能及机体其他功能改变有关。

一、空气颗粒物化学组分与人群呼吸系统健康

大量的流行病学研究显示，空气颗粒物的浓度升高与呼吸系统相关疾病的入院率、死亡率均呈正相关。颗粒物的粒径越小，其对呼吸系统产生的不良影响越严重。空气颗粒物的毒效应不仅与粒径有关，还受其来源和化学组分的影响。粒径越小，其比表面积大，停留在空气中的时间越长，则更易吸附、携带不同种的化学物质，不同的化学物质可对人体健康产生不同的影响。

（一）室外空气颗粒物化学组分对呼吸系统的影响

国内外的研究显示，暴露于携带有不同组分的颗粒物可使呼吸道防御功能受到损害，发生哮喘、支气管炎，同时可加重慢性阻塞性肺疾病患者的症状。长期居住在颗粒物污染严重地区的居民，可出现肺活量降低、呼气时间延长，呼吸系统疾病患病率增高等。且颗粒物的粒径越小，其对呼吸系统产生的不良影响越严重。空气颗粒物的毒效应不仅与粒径有关，还受其来源和化学组分的影响。粒径越

小，其比表面积大，停留在空气中的时间越长，则更易吸附、携带不同种的化学物质，从而对人体健康产生不同的影响。对我国空气颗粒物污染与健康效应的 Meta 分析显示，TSP 浓度每升高 100 $\mu g/m^3$，慢性支气管炎的死亡率增加 30%，肺气肿的死亡率增加 59%。

肺功能是反映呼吸系统早期健康损伤的指标之一，也是反映机体心肺健康的指标之一。空气颗粒物污染可导致肺功能下降、慢性阻塞性肺疾病（简称慢阻肺）、支气管哮喘等。Wu 等采用定组研究设计，选择年轻健康大学生作为研究对象，观察研究对象从北京市郊区迁移到城区的迁移过程中空气颗粒物及其组分与肺功能的关系。结果发现，研究对象从颗粒物浓度较高的郊区迁移到颗粒物浓度较低的市区后，其肺功能有了明显的下降，进一步的研究发现，研究对象夜间最大呼气流量（peak expiratory flow，PEF）和早晚的第 1 秒用力呼气量（forced expiratory volume in the first second，FEV_1）与细颗粒物的不同化学组分有关联，其中的四种组分（Cu，Ca，As，Sn）的增加与肺功能的降低密切相关。Zhou 等在中国武汉研究了 2 700 多名居民体内多环芳烃代谢水平与肺功能水平的关系，发现随着尿中 PAHs 代谢产物水平增加，肺功能水平下降。除一些金属元素和水溶性离子外，空气颗粒物中汽车尾气、燃煤来源的 PAHs 也是引起肺功能下降或慢阻肺的重要原因。

随着有关空气颗粒物对慢阻肺的影响报道越来越多，流行病学研究也逐渐开始关注颗粒物不同组分对患有呼吸系统疾病患者症状的影响。Hwang 等研究了 2008—2010 年间台湾南部哮喘急诊发生率与细颗粒物浓度及其组分的关联，结果显示哮喘的急诊就诊率与硝酸根（nitrate，NO_3^-）的浓度具有显著相关性，NO_3^- 浓度的增加与急诊就诊率的增加具有相关性。Chen 等对上海市 28 名患有慢阻肺的病人在 2012 年 12 月到 2013 年 5 月进行了时间序列定组研究，检测 $PM_{2.5}$中 10 种主要成分对肺功能的影响。结果发现元素碳（element carbon，EC）和 NO_3^- 浓度与早晚测得的 FEV_1 有关，EC 和硫酸根（Sulfate，SO_4^{2-}）与 PEF 具有较强关联，该研究提示短期 $PM_{2.5}$暴露与肺功能下降有关，以上组分可能起到影响作用。Chen 等在 2014 年 5 月至 7 月对生活在上海的 28 名慢阻肺患者进行了重复测量研究，探讨慢阻肺患者 $PM_{2.5}$暴露与气道炎症生物标志物呼出气一氧化氮（fractional exhaled nitric oxide，FeNO）及其编码基因 NOS2A 甲基化之间的关联。研究发现总 $PM_{2.5}$及其携带的组分：EC、OC、NO_3^-、铵根（ammonium，NH_4^+）浓度每升高一个四分位数间距可分别导致 1.19%、1.63%、1.62%、1.17%、1.14%NOS2A 甲基化水平降低，以及 13.30%、16.93%、8.97%、18.26%、11.42% FeNO 水平升高。

以老年人群作为研究对象的研究得到了类似的结果。Zhang 等于 2012—2014 年间在美国加州选取 97 名老年人作为研究对象进行队列定组研究，包括气道氧化应激和炎症相关的生物标志物检测、呼出气冷凝液丙二醛（exhaled breath condensate malondialdehyde，EBC MDA）、FeNO、血浆氧化修饰低密度脂蛋白（oxidized low-density lipoprotein，Ox-LDL）、血浆白细胞介素 6（Interleukin-6，IL-6）的检测。结果发现气道氧化应激和炎症与交通相关的空气污染物、超细颗粒物、过渡金属有显著的正相关。超细颗粒物携带的 PAHs 浓度增加与 EBC MDA 和 FeNO 的升高均有关；Ox-LDL 与交通相关污染物、超细颗粒物、过渡金属呈正相关，但相关性并不显著。以上结果提示暴露于具有较高氧化能力的污染物（交通相关污染物、超细颗粒物、过渡金属）可能导致老年人气道氧化应激和炎症反应的增加。还有研究结果显示柴油机排放和植物燃烧来源的黑碳浓度变化对患有哮喘和慢阻肺的老年人健康有一定影响。

（二）室内空气颗粒物化学组分对呼吸系统的影响

资料表明，人的一生中约有 80%以上的时间是在室内度过的，因此，室内空气质量与人体健康关系更为密切。近几年来，室内颗粒物污染对人群呼吸系统的健康影响已引起国外较多的关注，但国内

相关研究较少，关于室内空气颗粒物化学组分对呼吸系统的影响，仍需要更多的研究结果来阐明。

许嘉等在2009年天津市一老年人社区对室内外PM_{10}进行采样收集并分析其成分，用蒙特卡洛模型对老年人暴露于PM_{10}载带的金属元素（铬、锰、钴、镍、铜、砷、镉和铅）进行非致癌和致癌风险评估，结果表明：35%的受试老年人暴露于PM_{10}载带的金属元素，累计风险指数大于1，这些金属元素可能诱发人体的非致癌性呼吸道疾病。会引发非致癌性呼吸道疾病；结合个体暴露颗粒物的源解析结果，发现与环境污染源相比，受试对象暴露于室内污染源所贡献的PM_{10}载带的铬（Chromium，Cr）致癌风险更高。石同幸等2013年11月和12月在广州市中心城区部分公共场所进行的研究表明，在购物、住宿和餐饮3类公共场所中，餐饮场所的$PM_{2.5}$中金属元素和PAHs污染水平较高，平均浓度分别为（436.78±102.31）ng/m^3和（31.14±8.79）ng/m^3，而PAHs中的某些化学物质如苯并[a]芘已经染毒试验证实可引起肺癌。另外，颗粒物上携带的放射性元素如氡也会对呼吸系统产生影响，长期接触易患支气管癌、肺癌等。

目前国内关于室内空气颗粒物化学组分对人群呼吸系统影响的相关研究较少，但室内空气颗粒物对人体健康的影响已开始受到重视。奉水东等的一项Meta分析结果显示，居民肺癌的发病率尤其是妇女肺癌的发病率与室内烹调油烟有关，其合并比值比（Odds Ratio，OR）为2.94（95%CI：2.43～3.56）。室内燃煤和烹调油烟产生的颗粒物吸附有大量有毒有害物质，这些物质会对人体健康造成影响。

二、空气颗粒物化学组分与人群心脑血管系统健康

空气颗粒物污染导致的心血管相关事件有很多，包括心律失常、房颤、心肌缺血、心肌梗死、动脉粥样硬化等。以往的研究表明，空气颗粒物对心血管系统的影响主要通过以下途径：①颗粒物上的一些可溶性物质沉积于呼吸道并深入肺泡，甚至进入血液循环从而对循环系统造成损伤。②颗粒物携带的一些氧化性物质可引起体内发生氧化应激，干扰自主神经功能，从而使心率变异性（Heart Rate Variability，HRV）降低、心律失常、血压变化异常等。③一些粒径较小的颗粒物可进入肺部引起炎症反应进而使系统发生氧化应激和炎症。而这种炎症状态被认为可促进心血管相关疾病发病的一系列病理过程，如血栓形成、内皮功能障碍、胰岛素抵抗、动脉粥样硬化等。

（一）室外空气颗粒物化学组分对心脑血管系统的影响

Lin等使用时间序列模型对广州市的空气颗粒物不同化学组分与缺血性、出血性脑卒中的关系进行了分析，结果显示，$PM_{2.5}$的化学组分中，OC、EC、SO_4^{2-}、NO_3^-等与脑卒中的死亡率有显著的关联，且具有显著关联的是出血性脑卒中而不是缺血性脑卒中。同时，以上结果还提示燃煤和二次气溶胶来源的颗粒物污染与广州市心血管疾病死亡率有很大关联。还有其他研究也发现$PM_{2.5}$携带的NO_3^-和EC的浓度增加与出血性脑卒中急诊入院率的增加有关。

Wu等对北京40名健康大学生进行了定组研究，在研究对象从郊区的校园迁移至污染水平高的城区校园前后采集血样，结合空气质量监测站获得的空气污染数据，分析血液生物标志物变化与暴露变化的关系。结果发现$PM_{2.5}$中的Fe、镍（Nickel，Ni）与Ox-LDL具有正相关关系；钙（Calcium，Ca）与血浆中可溶性CD36（Soluble CD36，sCD36）呈正相关，有研究显示sCD36与胰岛素抵抗、糖尿病、动脉硬化密切相关。以上结果提示颗粒物上的一些金属可能导致与动脉粥样硬化相关的氧化应激的主要污染物。其他研究结果也提示$PM_{2.5}$的化学组分可能对空气污染影响心血管系统的生理机制具有潜在的作用。该学者还通过研究得出了$PM_{2.5}$的某些特定化学组分与血压变化相关，进而对心血管疾病产生影响。还有研究表明颗粒物上携带的PAHs进入人体可诱导产生活性氧产生与心血管疾病相关的健康

效应。

Chen 等对台湾缺血性、出血性卒中的急诊入院率与 $PM_{2.5}$ 各组分间的关系进行了研究，选取的研究对象为 65 岁以上的女性患者。发现硝酸盐和 EC 浓度的增加与出血性卒中急诊入院率的增加有关；较温暖季节中，OC 和 EC 浓度的增加与缺血性卒中急诊入院率的增加有关。$PM_{2.5}$ 所携带的组分而不是颗粒与出血性卒中急诊入院率相关。Cao 等在校正了 $PM_{2.5}$ 质量后，其携带的组分与总死亡率具有正相关。其他相关研究也得出了相同的结论。Dai 等研究了 $PM_{2.5}$ 不同组分与老年人血压的关系，使用退伍军人标准老龄化研究的数据与 $PM_{2.5}$ 浓度及组分相关数据，运用线性混合效应模型进行分析。结果显示 Ni 和钠（Sodium，Na）浓度变化均与收缩压改变有关，而其中仅有 Ni 的浓度变化与舒张压改变相关。提示颗粒物携带的 Ni 可能与老年人的血压升高有关。

（二）室内空气颗粒物化学组分对心脑血管系统的影响

国内关于室内空气颗粒物化学组分对心脑血管系统影响的研究较少。范娇在 2011 年冬季对天津市 80 名 60 岁以上的老年人进行了 $PM_{2.5}$ 的个体暴露监测，分析细颗粒物中金属元素的水平，同时检测血浆各指标，计算出致动脉粥样硬化指数（Atherogenic Index of Plasma，AIP），进而将 AIP 与金属元素进行关联。由于研究时间为冬季且研究对象为老年人，处在室内环境的时间较长，因此认为个体污染物暴露主要为室内暴露。该研究结果显示，细颗粒物上的金属元素 Ca、铅（Lead，Pb）、镉（Cadmium，Cd）、钾（Potassium，K）、钒（Vanadium，V）等均与男性 AIP 值有关联性，相关系数分别为－0.444、－0.399、－0.440、0.663（$p<0.05$），这些元素可能参与动脉粥样硬化的发生发展。

三、空气颗粒物化学组分与人群其他系统健康

除了较为常见的呼吸系统毒性、心血管系统毒性以外，空气颗粒物不同化学组分还可对人体的神经系统、生殖系统和免疫毒系统等产生影响。

以往的研究表明，暴露于空气颗粒物可对神经系统造成损害作用。郭琳等为探讨不同季节 PM_{10} 对神经元的损伤效应，建立了小鼠大脑皮层原代神经元体外染毒模型。结果表明：PM_{10} 暴露刺激原代培养神经元炎性因子释放增加，进而引发炎症级联反应，最终导致神经元损伤。且上述作用呈现季节依赖性变化，以冬季的效应最为明显。颗粒物的粒径越小，越易穿过血脑屏障进入大脑，对神经元引起一定损害，如炎症、病变或坏死。暴露于高浓度水平的颗粒物所引发的潜在神经毒性结果，可能是由于颗粒物中的某些组分（如重金属成分）引起了机体发生氧化应激，进而增加了暴露人群对神经退行性疾病的易感性，对人体造成损伤。Liu 等在北京开展的体外培养实验结果显示，$PM_{2.5}$ 可通过巨噬细胞介导的神经毒性损伤血脑屏障，其诱导细胞内生成一种兴奋性神经递质谷氨酸，谷氨酸可释放到细胞外囊泡，进而引起神经损伤。另外，颗粒物携带的重金属进入人体可破坏中枢神经系统以及引起退行性神经疾病，导致认知功能下降，记忆力减退等。

空气颗粒物进入机体后，可降低机体免疫防御能力，损伤免疫系统。首先，颗粒物可损伤机体黏膜系统，出现炎症反应，浓度增加时，炎性病变加重，机体免疫力降低。此外，颗粒物还可直接刺激固有免疫细胞产生促炎因子，激活相关受体介导的免疫途径对机体产生健康危害。当颗粒物不能被固有免疫细胞清除时，机体启动适应性免疫，B 淋巴细胞开始分化为浆细胞，抗原刺激浆细胞后产生免疫球蛋白 E（immunoglobulin E，IgE），其增加与哮喘、过敏性鼻炎等相关。虽然颗粒物的免疫毒性研究已经取得了一定的进展，但对于其免疫毒性机理仍不明确。其中一个原因可能是实验研究环境颗粒物的健康效应采用的物质与真实环境中不同，颗粒物上携带的化学组分也不同。

流行病学研究显示，空气颗粒物污染与生殖毒性有关，孕妇若生活在空气颗粒物污染较严重的地

区，更容易产下低出生体重儿。近年来，我国出生缺陷发生率逐年增加，先天性心脏病、多指（趾）、唇腭裂等属于围产儿高发畸形。Zhang 等依据武汉市围产期保健系统，选取了在 2011 年 6 月到 2013 年 6 月居住于武汉城区的孕妇共 105 988 例出生记录，进行了一项队列研究设计。结果显示，孕 7～10 周 $PM_{2.5}$浓度每升高 10 $\mu g/m^3$，胎儿发生室间隔缺损的危险性增加 1.11～1.17 倍。Pedersen 等对在 1994 年至 2008 年间进行的欧洲八项队列研究数据进行提取分析，发现 $PM_{2.5}$中硫元素的增加与低出生体重发生的风险有关，具体表现为 $PM_{2.5}$中硫元素每增加 200 ng/m^3，低出生体重发生的风险变为原来的 1.36 倍（OR＝1.36，95%CI：1.17～1.58），其他组分如 Ni 和锌（Zinc，Zn）也可使低出生体重发生的风险增加。

第二节 空气颗粒物微生物组分对人群健康的影响

空气中悬浮颗粒物的成分非常复杂，不仅各种有毒有害的化学物质可以吸附到颗粒物上，空气中的微生物也能附着到颗粒物的表面，这些微生物包括细菌、真菌、病毒、噬菌体等，可以随空气颗粒物被人体吸入，进入人体的气管、支气管、甚至到达呼吸道深部，从而对人体的健康产生危害。

空气颗粒物的微生物组分和空气中的微生物是两个相互交叉的概念。环境空气中的微生物，有的是单个孢子或细菌，有的是几个集合在一起的复合体，也有的会附着在其他颗粒物表面，成为颗粒物的一部分。但是，由于大气中没有供其直接利用的养分，微生物不能单独繁殖和生长，所以空气中没有固有的微生物群，而是均由暂时悬浮于空气中的颗粒物携带。从这个角度来讲，颗粒物是各类微生物的载体，微生物可以是空气颗粒物的组成部分之一。

气溶胶（aerosol）指的是固态或者液态微粒悬浮于气体介质中所形成的分散体系。空气颗粒物即为大气气溶胶体系中分散的各种固体或者液体微粒，因此也有许多研究称其为大气气溶胶颗粒（atmospheric aerosol particle）或者大气气溶胶（atmospheric aerosol）。目前，粒径是颗粒物最为人们所关注的性质，根据颗粒物的空气动力学直径不同，我们通常将颗粒物称呼为总悬浮颗粒物、可吸入颗粒物、细颗粒物等。但当我们主要探讨空气颗粒物的微生物组分，而非物理性质对人体健康的影响时，研究中倾向于称呼它们为微生物气溶胶（microbiological aerosol），即分散相为带有微生物的颗粒物的气溶胶。虽然术语气溶胶指的是整个分散体系，即颗粒物/气体的混合物，但我们所关注的重点普遍是其中的分散相，即颗粒物本身。因此，在下述对颗粒物的微生物组分与健康的讨论中，我们也将关键词为微生物气溶胶的相关研究纳入其中。

一、空气颗粒物的微生物组分的性质

含有微生物组分的颗粒物既有一般颗粒物的性质，也因为其微生物组分，具有一些特殊的性质。总体来说，可分为以下六大特性：来源的多相性、种类的多样性、活性的易变性、传播的三维性、沉积的再生性和感染的广泛性。下面对其中微生物气溶胶与健康关系比较密切的四个特性：来源的多相性、种类的多样性、活性的易变性和感染的广泛性进行简单介绍。

（一）来源的多相性

附着在空气颗粒物上的微生物是自然因素和人为因素共同作用的结果。它来源广泛，既可来源于自然界中的土壤、水体，动物、植物以及各种腐烂物、污染物，也可来源于人类的生产、生活等社会活动中。这些微生物在外力如人力、风力、水力的作用下进入空气中，可形成大量的微生物气溶胶。

（二）种类的多样性

空气中微生物以非病原型的腐生菌为主，除此之外，还有病毒、霉菌、放线菌等。根据微生物种

类的不同，微生物气溶胶主要分为细菌气溶胶（bacterial aerosol）、真菌气溶胶（fungal aerosol）、病毒气溶胶（viral aerosol）等。

（三）活性的易变性

颗粒物的微生物组分的活性很不稳定，微生物的菌种、菌龄、菌型等自身性质以及大气温度、湿度、风速、光照等环境因素均可对其活性造成一定的影响。

（四）感染的广泛性

颗粒物上附着的微生物组分可以通过皮肤损伤、黏膜、呼吸道及消化道等侵入机体，其中呼吸道是主要感染途径。微生物气溶胶在环境中无处不在，其感染的广泛性由人和微生物气溶胶接触的频繁性、密切性以及呼吸道的易感性所决定。

二、我国空气颗粒物微生物组分的研究现状

目前，国内对于颗粒物的微生物组分的研究还较为局限，系统、深入地研究颗粒物的微生物组分及其造成的健康效应的文献报道较少，多为研究微生物颗粒物的粒径分布或种属分布两方面。虽然不能直接关联健康效应，但粒径与微生物构成均是影响其健康效应的重要性质，因此下面我们先对这两类研究进行简要综述。

（一）空气微生物颗粒物的粒径分布

粒径是空气颗粒物十分重要的性质，各种因素造成的微生物颗粒物的空气动力学直径的差异可能导致微生物在人肺中沉积效率的差异，从而影响其健康效应。

1. 室外微生物颗粒物的粒径分布 Gao 等对 2013—2014 年采集的北京市可培养生物气溶胶的分析表明，$PM_{2.5}$的空气质量指数（air quality index，AQI）越高，微生物颗粒物尺寸越大，即偏向于形成更大的空气动力学直径。其他一些学者的研究也也得到了相似的结论。2013 年 7－12 月，司恒波等采集了西安市不同空气质量情况下的微生物气溶胶，并分别绘制了细菌气溶胶和真菌气溶胶的浓度、粒径分布图，发现不同空气质量情况下空气中细菌微生物气溶胶的峰值均出现在 2.1～3.3 μm 处；对真菌微生物气溶胶而言，雾霾天气时浓度峰值在 3.3～4.7 μm，略大于晴朗天气（2.1～3.3 μm）。任启文等在北京市使用培养皿法测量空微生物浓度，发现空气微生物浓度与空气 TSP、PM_{10}浓度之间存在显著相关性，与 $PM_{2.5}$、PM_1浓度相关关系则不显著。国外类似研究中，Alghamdi 等于 2012—2013 年在沙特阿拉伯进行了关于微生物载量和颗粒物粒径的关系的初步研究，发现 PM_{10}的总微生物载量高于 $PM_{2.5}$的，二者的微生物载量显著相关（$r=0.57$，$P\leqslant 0.05$），与上述国内研究结论一致。

也有学者的研究结果与上述研究不很一致。李鸿涛等绘制了 2015 年 3－4 月沙尘发生前后兰州与青岛两地微生物浓度与颗粒物粒径的关系图。沙尘发生前，两地样品微生物浓度均呈双峰分布，最高峰值出现在＞7.0 μm 的粗粒径上；沙尘发生时，这种粒径分布发生较大变化，青岛市在＞4.7 μm 粒径的颗粒物上微生物浓度增加，但兰州呈现出与上述结论相反的变化，高峰值粒径减少至 1.1～2.1 μm。张杏辉等于 2009 年 3－4 月对广西某学校校园内空气颗粒物进行了研究，结果表明，上午空气中的 TSP 浓度与空气中细菌微生物浓度显著相关，但与霉菌相关性不显著，但下午时 TSP 浓度与细菌、霉菌的微生物气溶胶浓度相关性均不显著，研究者认为此差异可能是上下午校内人流量变化所导致。

2. 室内微生物颗粒物的粒径分布 对室内颗粒物的研究中，李艾阳等在北京市某高校公共场所的研究中发现，室内空气 $PM_{2.5}$、PM_{10}浓度及温度、湿度均与微生物浓度无显著相关关系，微生物气溶胶浓度主要受人类活动影响。Liu 等人认为，微生物的生长通常取决于多个环境因素，需要一种非线性拟合技术来探究微生物颗粒物与各种环境因素的关系。因此，他们尝试使用广义回归神经网络（gener-

al regression neural network，GRNN）预测模型，通过输入室内颗粒物浓度（$PM_{2.5}$和PM_{10}），温度，相对湿度和CO_2浓度几个方便测量的室内环境指标来快速估计室内空气中可培养细菌的浓度。实验证实，该模型在经过实验数据库收集到的 249 个数据组训练之后，可以在较低的标准差下有效预测室内空气中可培养细菌浓度。

（二）空气颗粒物微生物组分的种属分布

众多研究表明，无论 TSP、PM_{10}或$PM_{2.5}$，都含有大量微生物组分。上文提到的 Gao 等的研究中估计，在室外环境中进行轻度运动的成年男性进行鼻呼吸期间，可培养的微生物颗粒物的总沉积效率为 80%～90%，其中上呼吸道中约 70%，肺泡中 5%～7%，支气管及细支气管区域（原文是 in the bronchial couple with bronchiolar regions）区约 3%。倘若这些颗粒物中包含致病性或条件致病性微生物，就可能会对人体健康产生一定的损害。因此，阐明空气中颗粒物微生物的种属分布对其健康效应而言具有重要意义。

1. 室外颗粒物微生物组分的种属分布　廖旭等使用末端限制性片段长度多态性（terminal－restriction fragment length polymorphism，T-RFLP）方法、克隆文库法和测序法对 2012 年厦门冬季$PM_{2.5}$中细菌和真核微型生物的群落组成进行分析，发现$PM_{2.5}$中细菌和真核微型生物群落多样性较高，拟杆菌门（Bacteroidetes）、放线菌门（Actinobacteria）、厚壁菌门（Firmicutes）和变形菌门（Proteobacteria）是$PM_{2.5}$中细菌的主要类群，不等鞭毛类（Stramenopiles）、囊泡虫类（Alveolata）、后生动物（Metazoa）、真菌和绿色植物是$PM_{2.5}$中真核微型生物的主要类群。这与段巍巍等于 2009 年 3－4 月采用 T-RFLP 法对新疆沙尘暴源区塔克拉玛干沙漠进行的研究，以及吴等等于 2013 年 5 月采用克隆文库法对青岛市人工湿地春季空气细菌群落进行的研究结果均一致。

苟欢歌等在石河子市对 2015 年春季大气 TSP 和PM_{10}中的微生物群落进行研究，在门的水平上结论与上述结果一致；并且，他们利用 16S rDNA 和 18S rDNA 测序方法，将细菌群落精确到属，发现了可能对人类致病的菌种。包括条件致病菌不动杆菌（Acinetobacter），它可以引起肺部感染、呼吸机相关性肺炎等，也可以引起手术后病人或其他机体免疫力低下人群的败血症。还有能引起医院内感染的重要条件致病菌沙雷氏菌属（Serratia）和少见的机会致病菌代夫特菌属（Delftia）。使用同样的方法，王步英等分析了 2013 年 1 月北京严重雾霾污染期间$PM_{2.5}$和PM_{10}的微生物组成，发现节杆菌属（Arthrobacter）和弗兰克氏菌属（Frankia）是北京冬季大气中细菌群落的主要类群。在门和属的水平上，$PM_{2.5}$和PM_{10}中细菌群落结构特征呈现出相似的规律。在门水平上，放线菌门在$PM_{2.5}$中的相对百分比较大，而厚壁菌门在PM_{10}中的相对百分比较大。在属水平上，梭菌属（Clostridium）在PM_{10}中的相对百分比较大。2014 年 1 月，Xu 等使用高通量测序和实时定量 PCR 的方法，在足够的测序深度下，对济南市雾霾期间的亚微米级颗粒物进行研究，发现乳杆菌属，芽孢杆菌属，假单胞菌属和嗜冷杆菌属占主导地位；43.7%的细菌种类在种的水平上（包括乳酸球菌 Lactococcuspiscium，草莓假单胞菌 Pseudomonas fragi，菊苣属假单胞菌 Streptococcus agalactiae，无乳链球菌 Pseudomonas cichorii）可能会对人类和植物产生影响。

但是，上述研究中使用的包括 16S rRNA 或 18S rRNA 基因测序在内的方法，只能将空气微生物群落分类到科或属中，无法精确到种，且无法确定菌种是否存活。同一科或属的不同种微生物在致病性上可能存在显著差异，因此，微生物过敏原和病原体的发现需要在种甚至菌株水平上鉴定细菌，真菌和病毒。Cao 等人采用宏基因组测序的方法，分析了 2013 年 1 月严重雾霾天气时北京市PM_{10}和$PM_{2.5}$的微生物组成。这种方法拥有足够的测序深度，可以在物种层面鉴定包括细菌，古细菌，真菌和双链 DNA 病毒在内的空气微生物。该研究发现，与$PM_{2.5}$样品相比，在PM_{10}中发现的真核生物（包括真菌，植物，藻类和动物碎屑）的相对丰度和 α 多样性（一种物种多样性指标，主要关注局域均匀生境下的物种数目，也称为生境内的多样性）较高。研究从 PM_{10} 和 $PM_{2.5}$ 样品中检测出 1 315 个不同的微生物物种，大多数对人体无致病性，但也确定了几种能引起人类过敏和呼吸系统疾病的微生物的序列，包括肺炎链球菌，烟曲霉和人腺病毒 C。

2. 室内颗粒物微生物组分的种属分布　目前国内针对室内颗粒物微生物组分的成分构成的研究使用的方法均较简单，仅通过使用传统的培养皿计数和鉴定方法进行分析，由于这种方法只能对微生物进行细菌、真菌的分类鉴别，较为粗糙，在此不再叙述。

在上述对颗粒物的微生物组成的具体研究中，我们虽然能从属甚至种的水平上鉴别出可能对人体健康产生危害的微生物，但仍没有明确的证据将这种危害与人体健康相联系。

三、国内外空气颗粒物的微生物组分对人群健康影响的研究状况

国内研究中，能够明确表明空气颗粒物的微生物组分与人群健康效应关系的相关研究非常少，因此在此部分，我们也纳入部分国外的经典研究。

（一）空气颗粒物中的病原体造成的健康影响

从上述对国内有关空气颗粒物的微生物组分的研究中可知，空气颗粒物微生物组分中可能存在病原体或致敏原。但是，致病是一个复杂的过程，与颗粒物中的微生物数量、侵袭力、毒素、侵入部位以及人体的免疫力等多种因素相关，不能就此判定空气颗粒物的微生物组分对人群健康的影响。空气通常被认为是细菌性病原体的重要载体介质，如肺炎链球菌，化脓链球菌，肺炎支原体，流感嗜血杆菌，肺炎克雷伯杆菌，铜绿假单胞菌和结核分枝杆菌等，许多致病性微生物都可以通过空气传播，引起呼吸道传染性疾病。在已知空气颗粒物中存在可能致病的微生物组分的情况下，如果能证明这些致病或条件致病性微生物是在形成颗粒物后在空气中传播，与空气颗粒物之间存在关联，从某种途径侵入人体从而影响人类健康的，就能间接证明空气颗粒物的微生物组分对人体的危害。

1. 室外空气颗粒物中的病原体　Smets 等认为，尘埃颗粒等颗粒物在细菌等微生物的雾化和运输过程中起重要作用，这可能对疾病传播产生重要的影响。这里有一个经典病例，Molesworth 等人的研究描述了在撒哈拉以南的非洲一个被称为“脑膜炎带（meningitis belt）”的地区，这一地区爆发的由脑膜炎球菌引起的流行性脑脊髓膜炎，在时间上与沙尘暴频繁的干旱季节强烈对应，并在湿季开始时停止。研究中提出两种假说，其一认为在湿度低的环境中，尘埃颗粒可以通过引起鼻咽黏膜的擦伤来促进感染，从而促使了脑膜炎奈瑟菌进入人体；另外一个额外的补充假说则认为，吸入组分中带有脑膜炎奈瑟球菌细胞的粉尘颗粒可能是一种感染途径。

2. 室内空气颗粒物中的病原体　Ooi 等人对马来西亚巴生港地区的 9 座大厦的通风系统和室内家具的灰尘拭子进行检测，logistic 回归分析结果显示，从通气系统检测到的棘阿米巴原虫与环境中可吸入颗粒物之间存在显著相关（$r=0.276$，$P=0.01$）。并且，居民的不良建筑物综合征的患病率与通风系统（$r=0.361$，$P=0.01$）和家具上（$r=0.290$，$P=0.01$）检测到的棘阿米巴相关，在通气系统中检测到棘阿米巴原虫时，居民患 SBS 的概率是未检出者的 5 倍。在另一个案例中，Rami 等于 2014 年对瑞士某医院所使用的加热一冷却系统（heater-cooler units，HCUs）进行了实验研究，发现该系统被分歧杆菌（Mycobacterium chimaera）污染后，其产生的气流足以穿越手术室超净通风（ultraclean air ventilation）技术的层流气流，将分歧杆菌气溶胶引导至外科手术区域，最终导致手术部位的侵入性分歧杆菌感染。

此外，也存在其他的致病菌，如存在于水和土壤中的军团菌，常经供水系统、空调和雾化吸入器

而被吸入，引起呼吸道感染。但目前没有找到更多的证据能够将空气中携带病原体的颗粒物与疾病的发生相互关联起来。

（二）空气颗粒物中的其他微生物组分造成的健康影响

空气颗粒物的微生物组分中，除了病原体外，其他微生物成分（如内毒素，真菌毒素，葡聚糖等）也可能会在特定的环境中影响人体健康。空气中的这些生物因子已成为农业，工业和生物技术中突出的安全与健康问题，关注焦点多在这些生物因子引起过敏反应或炎症反应的能力。这些来自细菌成分的生物因子中，被称为内毒素的脂多糖（lipopolysaccharides，LPS）在空气中最常见。Rylander 等在一篇关于细菌内毒素与职业性呼吸道疾病的综述中总结到，高浓度的内毒素可以引起急性和慢性健康影响。内毒素存在于革兰氏阴性细菌的外膜中，可以引起强烈的免疫应答反应，并且可以独立于细菌存活之外而存在。内毒素的耐久性与无处不在的特性，使其成为人体呼吸道的常客。

1. 室内空气颗粒物中其他微生物组分的健康影响　下面将从不良建筑物综合征、过敏性疾病、免疫系统 3 个方面阐述室内空气颗粒物中其他微生物组分的健康影响。

（1）不良建筑物综合征。不良建筑物综合征（sick building syndrome，SBS）是近年来国外有关专家提出的概念，指由于某些建筑物内存在空气污染或空气交换率较低，以致在该建筑物内活动的人群产生一系列自觉症状，离开该建筑物后这些症状即可消退。这些症状包括头晕头痛、眼部及皮肤刺激、鼻咽部不适、咳嗽胸闷、呼吸困难、易疲劳、嗜睡等。除了上述研究中提到的棘阿米巴原虫、真菌、内毒素等微生物组分也可能与 SBS 有关。

国内外均有讨论颗粒物中的微生物组分与 SBS 的关系的研究。Zhang 等人在太原市某学校内选择了 1 143 名学生，于 2004—2006 年对空气中颗粒物的微生物组分与 SBS 相关症状的发生率之间的联系进行了为期 2 年的随访研究。研究者收集研究对象教室内的沉降颗粒物，分析其中动物过敏原、真菌 DNA、LPS、胞壁酸（muramicacid，MuA）和麦角甾醇（ergosterol，Erg）的含量，使用多元 logistic 回归的方法分析这些微生物组分的浓度与 SBS 相关症状发生率之间的关联。结果表明，SBS 相关黏膜症状的发生率与总 LPS，MuA，C14（LPS 的一种，14 个碳链长度的 3-羟基脂肪酸，下文同理），C16 和 C18 呈负相关；SBS 相关一般症状（指头痛、恶心等症状）的发生率与 C18 和 LPS 呈负相关；学校相关的 SBS 症状（指离开学校后会改善的症状）的发生率与 C16、LPS 呈负相关，但与总真菌 DNA 呈正相关。整体来说，细菌成分（LPS 和 MuA）可以降低 SBS 相关黏膜症状和一般症状的发生率，而以真菌 DNA 测量的真菌微生物组分的暴露会增加 SBS 学校相关症状的发生率。

Norbäck 等人的研究也获得了相似的结果。研究者于 2007 年在马来西亚柔佛州新山市选择 8 所中学的 462 名学生，同样使用多元 logistic 回归方法分析了教室内颗粒物的 5 种不同类型的内毒素、MuA、Erg 和 5 种真菌 DNA 序列的含量与 SBS 相关症状的关系。研究发现，LPS 水平（$P=0.004$）与 Erg 水平（$P=0.03$）和鼻炎症状之间、C12 与咽喉症状（$P=0.004$）之间存在显著负相关，即保护性关联。研究者指出，学校尘埃中的内毒素可能对鼻炎和咽喉症状具有保护作用，但不同类型的内毒素可能具有不同的效果。

（2）人群过敏性疾病。环境中的过敏原大多是来自植物，动物和真菌的蛋白质，可以引发免疫系统产生化学和生物级联反应，进而导致 IgE 的形成与各种变应性反应。主要过敏原包括花粉、豚草、霉菌和尘螨等。除过敏原之外，佐剂与免疫系统之间的相互作用在过敏反应的发展中也起关键作用。在此，佐剂专指促进过敏性免疫应答的物质，可通过多种方式触发与促进免疫系统反应。

空气颗粒物的微生物组分既可能作为过敏原，又可能作为佐剂引起机体免疫系统异常应答反应导致过敏。花粉粒通常属于空气颗粒物的粗粒成分（粒径＞10 μm），但在 $PM_{2.5}$ 中也发现了真菌孢子和花粉碎片，可深入人体呼吸道深部。虽然很多文献单独提及颗粒物或者微生物在引起过敏反应中的作用，但目前仍缺乏将颗粒物与微生物二者联系起来，即颗粒物中的微生物组分对过敏反应的作用的相关研究。

（3）人群免疫系统健康。不少研究证实，空气颗粒物中的内毒素成分会对人群免疫系统产生影响。这些研究均源自国外，多为实验性研究，对颗粒物内毒素组分对人体基本免疫应答的影响及其影响机制进行了探索，在此只介绍其中部分。Degobbi 等人对颗粒物有关的内毒素的毒性作用进行了汇总研究，阐述了空气颗粒物中内毒素的相对含量以及内毒素对颗粒物毒性贡献的证据。Mueller-Anneling 等人在一年内每 6 周测量一次南加利福尼亚州 13 个社区的 PM_{10} 及其中内毒素含量，结果表明，PM_{10} 中内毒素含量平均为 13.6EU/mgPM（EU，Endotoxin Unit，内毒素活性单位），PM_{10} 浓度与内毒素浓度显著相关。温度与相对湿度会影响 PM 中内毒素载量以及内毒素的雾化过程。

Ning 等进行的体外实验发现，相比使用单独的内毒素，源自波士顿大气浓集颗粒物（Concentrated Ambient Particles，CAPs）的痕量内毒素能够使小鼠体内巨噬细胞炎症蛋白-2（MIP-2）的产量升高近 30 倍，微量的内毒素可能能够和 PM 中的肺泡巨噬细胞活化组分产生协同作用，从而激活肺巨噬细胞。Alexis 等人的一项体内实验研究评估了吸入粗颗粒物（$PM_{2.5\sim10}$）的健康受试者的免疫应答水平。研究者将受试者分为 3 组：对照组（生理盐水组），$PM_{2.5\sim10+}$（含有微生物组分的 PM）组和 $PM_{2.5\sim10-}$（热处理灭活生物活性的 PM）组，测量受试者暴露后的纯化唾液巨噬细胞的肿瘤坏死因子 α（tumor necrosis factor，TNF-α）的信使核糖核酸（messenger ribonucleic acid，mRNA）表达。结果证明，与对照组相比，$PM_{2.5\sim10+}$ 组暴露后的唾液巨噬细胞 TNF-α mRNA 表达增强，但 $PM_{2.5\sim10+}$ 组并未出现这种现象。这表明，$PM_{2.5\sim10}$ 的内毒素对诱导来自肺泡巨噬细胞的细胞因子应答反应贡献更大。此外，内毒素作为空气中颗粒物的重要成分，可以增强颗粒物中的过渡金属元素成分所引起的免疫反应，这种协同效应在多个以细胞模型为基础的研究中均有所体现。

影响内毒素导致的免疫反应的类型和程度的因素十分复杂，并且结果既可能有益，也可能有害。目前研究最广泛的内毒素的有益之处是其对免疫系统的刺激和促进成熟作用。一些研究表明，儿童早期暴露于微生物及其成分（如内毒素）可以发展免疫系统，预防过敏和特应性哮喘的发病。

2. 室外空气颗粒物中其他微生物组分的健康影响 室外空气颗粒物中其他微生物组分的健康影响方面的研究较少。Ryan 等在辛辛那提进行的有关儿童时期过敏和空气污染的出生队列研究中发现，3 岁儿童持续喘息与 12 个月前交通相关颗粒物水平增加有关（OR＝1.75，95％CI：1.07～2.87），且此因素与内毒素共同暴露之间存在协同效应。

综合上述研究可见，空气颗粒物中内毒素等其他微生物组分对健康的影响效应结果不一。目前，对空气中内毒素及其他颗粒物微生物组分采样及分析，我们缺乏一个标准的、国际化的规程，且内毒素等微生物组分在实验室间具有一定变异性，这可能是导致研究结果不一致的原因之一。

第三节　问题与展望

一、目前我国相关研究中存在的问题

不同来源和不同地区颗粒物所携带化学组分和微生物组分不尽相同，甚至差别很大，由此所导致的颗粒物毒性及其人群健康也会千差万别。然而，由于各种条件的限制，既往大部分研究多关注于颗粒物质量浓度与人群健康的关系及其机制，专门探讨颗粒物组分特别是微生物组分对人群健康影响及其机制的研究报道非常有限。具体来看，目前我国有关空气颗粒物组分与健康的关系研究还存在以下

几方面的不足。

（1）尽管有部分毒理学研究在探讨颗粒物组分与其健康影响机制方面做了一些工作，但由于不同来源颗粒物在实际环境中会受到温度、湿度和光照的影响，其成分也在实际环境中发生复杂的变化，因此实验室采用的模拟颗粒物成分与人群实际暴露情况相去甚远，导致其结果存在一定的局限性；

（2）迄今为止，仅有的一些颗粒物组分与健康影响研究多关注室外空气颗粒物，而对室内空气颗粒物及其组分的健康影响研究不足；

（3）目前为数不多的一些探讨颗粒物组分与人群健康关系的研究也多集中在颗粒物的化学组分上，有关颗粒物微生物组分的健康影响及其机制研究非常有限。

二、未来研究展望

随着我国经济和城镇化进程的健康有序发展以及社会产业模式的调整，空气颗粒物的污染水平和污染特征都将发生一定的改变，空气颗粒物的质量浓度将在我国政府大力气治理空气污染过程中会有显著下降，然而，由于颗粒物的组分在其毒性中扮演重要角色，因此，颗粒物质量浓度一定水平的下降并不意味着人群健康风险降低，因此，有关颗粒物与人群健康影响及其机制研究今后有必要从以下方面开展相关工作。

（1）大力发展颗粒物组分实时监测技术和颗粒物采集和分析技术，加强环境流行病学调查和毒理学实验研究的合作和交流，相互取长补短，弥补既往研究的不足；

（2）加强室内颗粒物与健康的影响研究，特别是农村地区室内颗粒物的研究；

（3）不仅要关注颗粒物的化学组分，还要重视颗粒物的微生物组分的健康影响。

文中提到的主要研究如表 9-1 所示。

表 9-1 国内空气颗粒物化学组分与健康效应研究总结

期刊名	发表年份	卷号（期号）	起止页码	研究地点	研究对象	颗粒物	组分	健康效应
Environ Sci Technol	2017	51（3）	1687-1694	上海	慢阻肺患者	$PM_{2.5}$	EC，NO_3^-，SO_4^{2-}	肺功能（PEF，FEV1）降低
EnvironSciPollut Res Int	2017	24（17）	1-10	台湾	哮喘急诊患者	$PM_{2.5}$	NO_3^-	哮喘疾病急诊量增加
Int J Hyg Environ Health	2016	219（2）	204-211	广州	脑卒中死亡人数	$PM_{2.5}$	OC，EC，NO_3^-，SO_4^{2-}，NH_4^+	脑卒中死亡率增加
EnvironPollut	2016	208（Pt B）	758-766	广州	心血管疾病死亡人数	$PM_{2.5}$	OC，EC，NO_3^-，SO_4^{2-}，NH_4^+	心血管疾病死亡率增加
Sci Total Environ	2016	569-570	1427-1434	台湾	老年人死亡人数、循环系统疾病死亡人数	$PM_{2.5}$、PM_{10}	OC，NO_3^- NO_3^-，SO_4^{2-} OC，EC，NO_3^-，SO_4^{2-}	老年人全死因死亡率增加，循环系统疾病死亡率增加，总急诊量增加
EnvironSciPollut Res Int	2015	191（6）	656-664	北京	非意外死亡人数	$PM_{2.5}$、PM_{10}	K^+，SO_4^{2-}，Ca_2^+，NO_3^-	非意外总死亡率增加

续表

期刊名	发表年份	卷号（期号）	起止页码	研究地点	研究对象	颗粒物	组分	健康效应
Chemosphere	2015	135	347-353	北京	健康年轻人	$PM_{2.5}$	Fe，Ni，Ca	动脉粥样硬化相关指标（Ox-LDL，sCD36）改变
Sci Total Environ	2014	473-474（3）	446-450	台湾	脑卒中急诊患者	$PM_{2.5}$	OC，EC，NO_3^-	脑卒中急诊量增加
J Hazard Mater	2013	260（6）	183-191	北京	健康年轻人	$PM_{2.5}$	Cu，Ca，As，Sn	肺功能（PEF，FEV1）降低
Environ Health Perspect	2013	121（1）	66-72	北京	健康年轻人	$PM_{2.5}$	OC，EC，Cl^-，F^-，Ni，Zn，Mg，Pb，As	血压改变
Environ Health Perspect	2012	120（3）	373-378	西安	总死亡人数、心血管系统疾病死亡人数和呼吸系统疾病死亡人数	$PM_{2.5}$	OC，EC，NH_4^+，NO_3^-，Cl^-，Ni	心血管系统、呼吸系统、总死亡率增加
PartFibreToxicol	2012	9（1）	49	北京	健康年轻人	$PM_{2.5}$	SOC，Cl^-，Zn，Mo，Sn，Mg，Fe，Na，Ti，Co，Cd，Se，Al	循环生物标志物（TNF-α，纤维蛋白原，PAI-1①，t-PA②，vWF③，总同型半胱氨酸等）改变

注：①纤溶酶原激活物抑制因子-1（plasminogen activator inhibitor type 1，PAI-1）；②组织型纤溶酶原激活因子（tissue-type plasminogen activator，t-PA）；③血管性血友病因子（von Willebrand factor，vWF）。

（邓芙蓉　迟锐　楚梦天）

第十章　空气颗粒物健康影响的群体和个体干预研究

本章讨论的干预是指旨在减少空气污染暴露及其促进人群健康效应的行动，或是以减少空气污染或相关健康效应为附带结果的措施。干预研究的意义一方面在于通过降低污染物暴露量来验证污染物与健康终点之间的因果关联，另一方面在于证明干预手段的有效性，为推广使用作参考。相比之下，空气质量干预措施的健康效应相关研究目前较为有限。常见的干预措施可分为群体水平干预和个体水平干预两种方式。

第一节　群体干预措施的人群健康收益

空气污染的群体干预措施通常指在特定时期内，为了在局部地区或城市实现空气质量的迅速改善，当地政府采取快速有效的控制措施，旨在一定时间内降低室外空气污染水平。分析群体水平的干预措施，评估室外空气质量的变化及其健康影响是一个越来越活跃的研究领域。对室外空气污染的干预，常常涉及多种污染物的污染源排放，相关研究的主要污染物除了 $PM_{2.5}$ 和 PM_{10} 之外，也涉及 SO_2、NO_2、O_3、CO、TSP、BC 等污染物。常见的例子有，各国政府在举行重大事件（如奥运会）前，通常会采取强有力的控制措施，比如控制车辆交通、暂停工厂运行、限制燃料使用等，从而快速降低空气污染水平。这种群体水平干预措施可在短时间内显著降低空气污染水平，为相关污染物的健康效应研究提供了绝佳的机会。国外学者将群体水平空气污染干预研究定义为问责研究（accountability study），目的在于说明该类型研究关注政府的污染干预政策为人群所带来的长期或短期健康收益。国内外研究者利用群体干预前后的污染水平变化，探究了空气颗粒物污染对人群呼吸系统、心血管系统等带来的健康收益以及急慢性暴露反应关系。目前，针对群体水平空气颗粒物污染干预的研究主要为生态学研究，也包括横断面研究、定组研究等。现有的相关研究已表明，群体水平空气颗粒物污染干预可带来人群的健康收益，并且空气颗粒物污染与呼吸系统疾病、心血管系统疾病等发病率和死亡率之间存在统计学关联。然而，不同地区、不同时间颗粒物浓度水平、成分组成等因素不同，且不同人群对空气颗粒物污染的反应也不尽相同。另外，各国采取的群体干预措施内容与时间跨度也有所区别。因此，在各种因素的影响下，不同研究的结果结论存在一定差异。

一、国内外群体水平空气颗粒物污染干预的研究现状

（一）国外研究现状

针对群体水平空气污染干预的健康效应，国外研究者在早期进行了相关生态学研究。1990 年 9 月，爱尔兰政府为控制都柏林市的空气污染，采取了禁止使用含沥青煤炭的政策，在短时间内明显降低了空气污染水平。Clancy 等通过分析干预前（1984—1990 年）和干预后（1990—1996 年）都柏林市空气污染物（黑烟和 SO_2）浓度与呼吸系统疾病标化死亡率、心血管系统疾病标化死亡率以及总死亡率变

化，调整气象指标、呼吸系统传染病以及爱尔兰其他地区死亡率后，结果显示1990年9月采取干预措施后，该地区呼吸系统标化死亡率与心血管系统标化死亡率在12月就出现下降。因此，该研究得出结论，有效控制空气污染可显著降低呼吸系统与心血管系统死亡率。另一项研究在德国展开，1990年东西德统一后，德国政府采取控制燃料排放、限制车辆等措施，有效降低空气污染水平。Breitner等利用前东德城市爱尔福特市在干预前后（1991年10月至2002年3月）的空气质量变化，分析了NO_2、CO、PM_{10}、$PM_{2.5}$以及超细颗粒物与死亡率的联系，结果显示短期内空气质量改善可显著降低死亡率相对风险值。另外，研究者发现超细颗粒物短期暴露可提高死亡率风险。与爱尔兰展开的研究相比，该研究纳入的空气颗粒物成分更加具体、全面，包含了PM_{10}、$PM_{2.5}$以及超细颗粒物，且关注了污染物变化与急性死亡率变化的关系。此外，有研究者在全国层面分析了美国1987—2000年空气颗粒物（包括PM_{10}和$PM_{2.5}$）与总死亡率、心血管系统死亡率、呼吸系统死亡率和其他死亡率变化的关系，发现空气颗粒物浓度降低与死亡率下降存在统计学关联。

上述研究主要关注一定时间内某地区或国家空气质量改善带来的人群健康效应，除此之外，也有研究利用政府在重大特殊事件期间快速改善空气质量而进行人群健康效应的分析。如2002年韩国釜山奥运会期间，政府通过多种空气干预措施（如交通管制）有效降低各种空气污染物浓度。研究者利用这个机会进行了生态学研究，研究时期分为亚运前期（9月8日—9月29日）、亚运期（9月29日—10月15日）和亚运后期（10月15日—10月4日），探究结果发现空气污染物浓度下降（包括PM_{10}）与儿童哮喘入院率降低存在显著联系。有两项类似的研究对1996年美国亚特兰大夏季奥运会期间空气污染变化与人群健康收益进行了探索，但关注的空气污染物是大气臭氧。此类研究的时间通常较短，可以用于分析空气污染物（包括颗粒物）短期变化所带来的急性人群健康收益。

（二）国内研究现状

近年来，出于各种需要，我国也多次采取了基于群体水平的空气污染干预举措，例如2008年北京奥运会、2010年广州亚运会、2014年南京青奥会、2014年北京亚洲一太平洋经济合作组织（Asian-Pacific Economic Cooperation，APEC）峰会等期间的相关控制措施。因此，许多研究者利用这些机会进行了空气颗粒物变化带来的群体健康收益的研究。

为了顺利举办2008年奥运会及残奥会，政府采取了前所未有的空气污染干预措施。比如，7月1日至9月20日，北京严格实施单双号限行并禁止排放不达标准的卡车行驶等措施；8月8日（奥运会开幕式日期）起，实施对北京及周边省份的污染型企业进行严格限制等措施。在强有力的干预措施下，北京的空气质量在奥运会期间及前后得到显著改善，空气主要污染物（包括颗粒物，如$PM_{2.5}$和PM_{10}）浓度明显下降，为研究人群健康收益提供了绝佳机会。一些研究者对此进行了相关生态学研究，探究空气颗粒物浓度与心血管事件急诊量、心血管系统疾病死亡率以及哮喘门诊量变化的联系，其中大部分研究分成三个阶段，奥运前、奥运期和奥运后（不同研究的具体时期划分有所差异），采用泊松回归或类似模型进行分析，结果均发现了空气颗粒物浓度下降带来的不同程度的人群健康收益。一项横断面研究调查了奥运会期间空气质量改善与新生儿出生体重增加存在联系。除此之外，一些研究者展开相关定组研究，利用奥运会期间的空气污染变化，研究其对小范围人群的健康效应，现有结果涉及儿童哮喘生物标志物、自主神经功能、心血管生物标志物等，结果发现空气颗粒物浓度下降可带来不同程度的健康收益。近年来，定组研究在空气污染流行病学研究方面得到广泛应用，其主要特点是在不同时间点对研究对象进行暴露和健康测量，从而得到污染物暴露反应关系。在群体水平空气颗粒物研究方面，定组研究有助于得到较准确的暴露变化与健康收益的关系，但其缺点在于研究对象样本较小，

结论难以推广至所有人群。

2010 年广州亚运会期间，一系列干预措施有效地降低了当地空气颗粒物浓度水平，如 $PM_{2.5}$ 浓度下降了 17.1%～27.8%。Lin 等研究者收集了该市越秀区和荔湾区的污染物数据（包括 PM_{10}）和人群非意外总死亡人数、心血管系统疾病死亡人数和呼吸系统疾病死亡人数，结果显示亚运会期间 PM_{10} 平均浓度为 80.61 $\mu g/m^3$，而 2006—2009 年以及 2011 年同期 PM_{10} 平均浓度为 88.64 $\mu g/m^3$，亚运会期间每日非意外总死亡人数从 32 人降至 25 人，每日心血管系统疾病死亡人数从 11 人降至 8 人，每日呼吸系统疾病死亡人数从 6 人降至 5 人。2014 年，为了举办青奥会，南京采取了一系列干预措施有效改善了空气质量。一项类实验研究探究了青奥会前后空气质量变化对 31 名研究对象的健康影响。研究结果发现，与青奥会前期（7 月 15 日－8 月 1 日）比较，青奥会期间 $PM_{2.5}$ 浓度从 53.6 $\mu g/m^3$ 降至 37.3 $\mu g/m^3$，青奥会期间研究对象的血液炎症生物标志明显下降，如 sCD40L 从 4.23 ng/mL 降至 3.38 ng/mL。统计结果显示，$PM_{2.5}$ 水平下降与血液炎症生物标志物浓度的降低呈显著相关。

除了北京奥运会、广州亚运会和南京青奥会外，2014 年北京 APEC 峰会（11 月 5 日－11 月 11 日）期间政府也实施了短期有效的空气污染控制措施。为保证会议期间北京市不受空气污染影响，政府规定 11 月 3 日－11 月 12 日北京以及周边省市（河北、天津、山东等）采取控制车辆、暂停工厂活动、暂停建筑活动、整治街道卫生等一系列措施。然而，目前发表的针对北京 APEC 峰会期间的相关研究非常有限。其中，一项研究探究了 $PM_{2.5}$ 浓度降低与多环芳烃引起的癌症风险变化，根据其研究结果，如果该空气干预措施能够持续进行，肝癌的人群归因分值可以从 0.75%降至 0.45%。另一项类似研究在京津冀地区的五个城市展开，评估了 APEC 峰会期间 $PM_{2.5}$ 中含有的金属元素和砷元素导致的健康风险。研究结果说明，由于短期空气干预措施，APEC 峰会期间的人群健康风险明显低于 2012 年和 2013 年的相同时期。还有一项研究显示 APEC 峰会期间 $PM_{2.5}$ 和 PM_{10} 引起的非意外总死亡、心血管系统疾病和呼吸系统疾病明显低于其他时期，另外，会议期间由 $PM_{2.5}$ 和 PM_{10} 导致的医疗经济成本也大幅降低。相较于北京奥运会，APEC 峰会期间空气污染干预的持续时间短，因此可能难以进行大规模的生态学研究和横断面研究或定组研究。

二、国内群体水平空气颗粒物干预案例介绍

（一）2008 年北京奥运会期间研究案例

如上文所述，国内群体水平空气颗粒物干预研究主要集中在 2008 年北京奥运会前后，包括生态学研究、横断面研究、定组研究等，从不同层面探究了空气颗粒物污染降低带来的人群健康收益。

1. 生态学研究和横断面研究　2008 年奥运会前后，Li 等展开一项研究，将研究过程分为三个时期：夏季基线期（6 月 1 日－6 月 30 日，未实施空气污染干预措施）、奥运准备期（7 月 1 日－8 月 7 日，实施车辆单双号限行）和奥运期（8 月 8 日－9 月 20 日，实施车辆单双号限行与污染型工厂企业减排），收集了北京市朝阳医院三个时期的成人哮喘门诊患者数量以及北京市每日空气质量信息（包括 $PM_{2.5}$、O_3、SO_2、NO_2 和 CO），利用时间序列泊松回归模型计算空气污染水平变化引起的哮喘门诊相对风险值。研究结果显示，对比基线期，奥运会期间 $PM_{2.5}$ 浓度从 78.8 $\mu g/m^3$ 降至 46.7 $\mu g/m^3$，成人哮喘门诊患者数量显著降低（RR＝0.54，95%CI：0.39～0.75）。该研究得出结论，空气干预措施引起的 $PM_{2.5}$ 浓度下降与成人哮喘发病风险的降低存在统计学关联。

另一项类似研究探讨了空气颗粒物污染与心血管疾病死亡率之间的关系，研究也分为三个阶段，分别为奥运前（5 月 20 日－7 月 20 日）、奥运期（8 月 1 日－9 月 20 日）和奥运后（10 月 1 日－12 月 1 日）。Su 等从北京市疾控中心收集心血管系统疾病死亡数据，将研究人群分为 0～74 岁组和 75 岁及

以上组。$PM_{2.5}$数据和超细颗粒物数据分别来自位于北京市海淀区的采样点，PM_{10}和气态污染物数据来自北京市环境监测中心网络，日均温度与湿度数据来自国家气象数据分享服务平台。与奥运前比较，奥运期$PM_{2.5}$浓度从87.4 μg/m³ 降至56.2 μg/m³，PM_{10}浓度从151.9 μg/m³ 降至69.7 μg/m³。研究采用准泊松回归模型分析PM_{10}、$PM_{2.5}$以及超细颗粒物浓度变化与心血管系统疾病死亡率变化的关系，并探讨了上述污染物对该死亡率的急性、滞后（1～4天）和累积（5天）效应。结果显示颗粒物污染暴露对心血管系统疾病死亡率存在滞后（1天）效应和累积（5天）效应。研究者在三个不同阶段期间设置了10天过渡期，有助于排除空气干预措施实施或解除不完全导致的偏倚。另外，该研究纳入了不同粒径的空气颗粒物，包括PM_{10}、$PM_{2.5}$和超细颗粒物。然而，由于无法取得官方测量数据，$PM_{2.5}$和超细颗粒物的数据来自于单一监测点，成为该研究的一项局限性。

一项横断面研究中，Rich等选择了北京四个地区2007—2009年的83672例足月产新生儿，分析比较不同时期（奥运期间和非奥运期）空气污染水平以及新生儿出生体重，从而探讨奥运会期间空气质量改善与新生儿出生体重变化联系。研究者发现妊娠第八个月在奥运会期间的新生儿出生体重显著高于2007年或2009年同时期出生的新生儿。同时，该研究还分析了怀孕期间空气颗粒物（$PM_{2.5}$）浓度变化对新生儿出生体重的影响，结果显示妊娠期第八个月$PM_{2.5}$上升19.8 μg/m³（一个四分位间距），新生儿出生体重下降18克。由此可见，空气颗粒物污染会对妊娠结局造成不良影响，从而说明有效的群体水平空气颗粒物污染干预措施可能会带来妊娠结局方面的健康收益。因空气质量改善的持续时间较短，妊娠时间相对较长，该研究在探讨空气污染对妊娠结局的影响方面存在局限性。

生态学研究和横断面研究是国内外常用于探究空气污染变化对人群健康影响的研究类型。通过比较同一地区两个或两个以上不同时期的空气颗粒物浓度差异，分析人群中某一个或多个健康指标的变化，从而探讨有效的群体水平干预措施带来的人群健康收益。此类研究可以从宏观上表现空气颗粒物水平与人群健康指标的变化趋势，从而体现群体水平干预措施带来的人群健康收益，为两者的联系提供依据。然而，此类研究难以排除其他诸多因素的干扰，难以证实空气颗粒物污染与人群健康指标变化的因果关系，且难以获得污染物暴露与健康指标的线性关系。

2. 定组研究 近年来定组研究也在空气污染流行病学研究中得到广泛应用。北京奥运会前后，一些研究者采用了定组研究的方式对群体水平空气颗粒物干预措施的健康收益进行了相关探索。

一项定组研究针对空气污染变化对儿童呼吸道健康的影响而展开。Lin等研究者在北京市区选择一所靠近繁忙交通干道的小学，从中招募38名四年级儿童作为研究对象，研究安排了五次随访，其中2007年三次（6月11日—22日、9月10日—20日和12月10日—21日），2008年两次（6月16日—27日、9月1日—12日）。每次随访期间的工作日中午测量儿童的呼出气一氧化氮（eNO），作为呼吸道炎症生物标记物。通过分析不同时期空气污染水平和儿童健康指标的变化，探讨奥运会期间空气污染干预对儿童的健康效应。结果发现奥运会期间的随访期，儿童呼eNO标明显低于前四次随访期（10.7 mm³/m³ VS 14.1 mm³/m³，12.2 mm³/m³，16.9 mm³/m³，15.0 mm³/m³），而且在0～24h滑动平均值范围内，BC和$PM_{2.5}$的浓度升高与eNO的升高显著相关，两者每升高一个IQR，即BC升高4.0 μg/m³，$PM_{2.5}$升高149 μg/m³，eNO分别升高16.6%（95%CI：14.1%～19.2%）和18.7%（95%CI：15.0%～22.5%）。由此可见，奥运会期间的空气颗粒物水平下降可以明显降低儿童呼出气一氧化氮指标，从而说明有效的群体水平空气干预有助于降低儿童急性呼吸系统炎症反应，改善儿童呼吸系统健康。

另一项研究选择了14名出租车司机作为研究对象，在奥运前（5月26日—6月19日）、奥运期（8月11日—9月5日）以及奥运后（11月27日—11月4日）三个阶段测量其在岗时间（9：00～21：00）的车内$PM_{2.5}$浓度以及他们的心率变异性变化，心率变异性是衡量自主神经功能的重要指标，

其降低可增加心血管疾病发病的风险。与奥运前比较，奥运期研究对象车厢内 $PM_{2.5}$ 从 104.2 μg/m³ 降至 45.5 μg/m³。该研究通过混合效应模型对 $PM_{2.5}$ 浓度变化和研究对象的心率变异性各项指标进行分析。结果显示奥运会期间研究对象的多项心率变异性指标（SDNN、HF、LF）显著高于其他两个时期，且 $PM_{2.5}$ 浓度的升高与心率变异性指标（SDNN、HF、LF）降低存在关联。该研究说明空气颗粒物污染变化会影响成人的自主神经功能，从而为群体水平空气干预的人群健康收益提供证据。

Baccerelli 等研究者在北京展开了空气颗粒物与血压变化关系的研究，以 60 名卡车司机和 60 名办公室员工作为研究对象。研究者选择了 2008 年奥运会前（6 月 15 日—7 月 27 日）作为研究时间，在研究对象下班后对其进行血压测量，每个研究对象测量两次，中间相隔 1 周—2 周。同时，研究者对研究对象的个体暴露（包括 BC 和 $PM_{2.5}$）进行评估，同时从监测站获得健康测量前 1～8 天的 PM_{10} 浓度数据，然后利用混合效应回归模型分析空气颗粒物水平与血压变化的联系。研究者发现，除舒张压外，卡车司机和办公室员工的不同血压指标之间不存在显著差异，另外，PM_{10} 的 8 日平均值水平每升高 10，所有研究对象的收缩压、舒张压和平均压分别升高 0.98 mmHg（95%CI：0.34～1.61 mmHg）、0.71 mmHg（95%：0.18～1.24 mmHg）和 0.81 mmHg（95%：0.31～1.30 mmHg），而个体 BC 和 $PM_{2.5}$ 暴露水平与血压变化不存在统计学联系。该结果可能说明城市背景 PM_{10} 水平升高可能引起人群血压升高，而不同工作环境的 BC 和 $PM_{2.5}$ 浓度变化对人群血压变化影响不大。由此可以推测，通过有效的群体水平空气颗粒物污染干预措施降低城市颗粒物浓度，可能为人群带来心血管系统方面的健康收益。

除上述研究外，还有一项研究纳入了 125 名健康年轻人，选择奥运前（6 月 2 日—7 月 20 日）、奥运期（7 月 21 日—9 月 24 日）以及奥运后（9 月 25 日—10 月 31 日）三个研究时期，测量 $PM_{2.5}$ 及其组分（有机碳、元素碳和硫酸盐）和气态污染物浓度，以及通过医院随访获得研究对象炎症和血栓的生物标志物，利用混合效应线性模型进行相关性分析，结果发现奥运会期间空气质量改善可以引起健康年轻人炎症和血栓生物标志物的急性积极变化。

近年来，定组研究在空气污染流行病学研究的应用越来越广泛。从上文可见，已有许多研究者利用定组研究对群体水平空气颗粒物干预措施的人群健康效应进行相关研究。除 2008 年北京奥运会外，上文提到的 2014 年南京青奥会期间的研究也是一项定组研究。一般来说，定组研究选择数名至上百名特定研究对象，在多个时间点重复测量研究对象的暴露指标和健康指标，探究环境变化对人体健康的短期效应，可以较为准确地把握污染物暴露与健康结局的时间效应关系。有效的群体干预措施（如 2008 年北京奥运会期间）前后空气颗粒物会在短期内发生明显变化，为定组研究提供了非常有利的机会。多项定组研究表明，2008 年奥运会前后的群体干预措施带来的空气质量显著改善为人群带来了不同程度的健康收益，以及空气颗粒物暴露水平的变化与某些健康指标存在显著的相关关系。

3. 小结　在国内，生态学研究、横断面研究和定组研究在群体水平空气颗粒物干预措施的健康效应研究中较为常用。现有的研究在研究人群、颗粒物类型、健康指标和研究方法等方面存在一定区别，故得出的结果结论也有所差异。然而，大多数研究结果表明空气质量改善、空气颗粒物浓度降低能够为人群带来积极健康效应，为国内空气污染干预政策制定提供了具有说服力的理论依据。

（二）2014 年北京 APEC 峰会期间研究案例

上文提到，除了北京奥运会外，2014 年北京 APEC 峰会（11 月 5 日—11 月 11 日）期间政府也实施了短期有效的空气污染干预措施。为保证会议期间北京市不受空气污染影响，政府规定 11 月 3 日—11 月 12 日北京以及周边省市（河北、天津、山东）采取控制车辆（降低至 50%）、暂停工厂、暂停建筑活动、整治街道卫生等一系列措施。在严格的干预措施下，2014 年北京 APEC 峰会期间空气质量得到明显改善。针对该期间的空气质量变化，一些研究者展开相关研究，探究群体水平空气颗粒物干预

给人群带来的健康收益。

为了探究APEC峰会期间的干预措施对健康的影响，Xie等研究者展开了健康风险模拟评估的研究，关注了$PM_{2.5}$浓度降低对多环芳烃（PAH）导致的肺癌人群归因分数的影响。研究者应用土地利用回归模型和Monte Carlo方法模拟评估北京市2152万人口的$PM_{2.5}$暴露以及$PM_{2.5}$结合的多环芳烃暴露水平，然后通过人群归因分数计算人群的肺癌风险。研究结果显示，如果APEC峰会期间的干预措施持续进行，$PM_{2.5}$暴露浓度可从37.5 $\mu g/m^3$ 降至24.0 $\mu g/m^3$，$PM_{2.5}$结合的多环芳烃暴露浓度可从7.1 ng/m^3 降至4.2 ng/m^3，从而可以导致肺癌人群归因分数从0.75％降至0.45％。

另一项研究中，Zhang等选择北京、天津、石家庄、保定和济南五个城市作为研究地点，比较2014年APEC峰会期间与2012年和2013年同时期的$PM_{2.5}$浓度和成分差异。该研究结果发现2014年APEC峰会期间的$PM_{2.5}$浓度明显低于2012年和2013年同时期水平，以北京为例，APEC峰会期间$PM_{2.5}$浓度分别比2012年和2013年低20.8％和33.1％。APEC峰会期间$PM_{2.5}$导致的人群健康风险总体低于另外两个时期。该结果说明短期内有效的空气污染干预措施能够显著降低空气颗粒物水平，进而为人群带来一定健康收益。

Liu等研究者从人群健康的经济效应的角度进行了相关研究，将研究时期分为三个阶段：APEC峰会前（10月20日—11月1日）、APEC峰会期间（11月3日—11月12日）和APEC峰会后（11月19日—11月30日），比较三个阶段北京地区的$PM_{2.5}$和PM_{10}浓度水平，评价归因于$PM_{2.5}$和PM_{10}的非意外总死亡人数、心血管系统疾病死亡人数和呼吸系统疾病死亡人数，并评估$PM_{2.5}$和PM_{10}导致的死亡相关的经济成本。通过研究获得的数据可知，与APEC峰会前比较，APEC峰会期间的$PM_{2.5}$和PM_{10}浓度分别下降了50.6％和57.0％。会议期间归因于$PM_{2.5}$和PM_{10}的非意外总死亡人数、心血管系统疾病死亡人数和呼吸系统疾病死亡人数也明显低于其他两个时期，另外，对比会议前和会议后，$PM_{2.5}$和PM_{10}导致的死亡相关的经济成本分别下降了（61.3％和66.6％）和（50.3％和60.8％）。该研究的结果表明，短期控制污染物排放可以快速降低空气颗粒物水平，降低人群健康风险，进而削减空气污染造成的医疗成本，为空气污染的长期控制干预措施提供了理论支持。

2014年北京APEC峰会期间空气质量控制的持续时间远远短于2008年北京奥运会期间，因此研究者难以展开研究时间较长的研究，如奥运会期间的横断面研究、生态学研究和定组研究等。一些研究者通过对人群健康风险的评估，探究APEC峰会期间空气干预措施给人群带来的健康收益。上述研究表明，即使APEC峰会期间的空气污染干预时间非常短暂，在空气颗粒物得到有效控制的情况下，人群的健康风险可以产生明显下降趋势。

三、总结

综上所述，特殊时期群体干预为研究者提供了研究空气颗粒物浓度变化对人群健康影响的关系提供了机会。现有关于群体水平空气颗粒物干预措施的人群健康收益的研究数量较为有限，在国内主要集中在2008年北京奥运会和2014年北京APEC峰会期间。研究类型主要包括生态学研究、横断面研究和定组研究等。这些研究的结果都显示群体干预导致的空气质量改善可以为人群带来健康收益，主要体现在心血管系统、呼吸系统等发病率和死亡率等方面。其中一些研究还探讨了空气颗粒物与某些健康指标的急慢性暴露反应关系。这些研究结果为控制空气颗粒物对健康的危害作用提供依据。为了更加深入地探究群体干预的健康效应，研究者未来可以采用更丰富、更巧妙的研究设计进行调查，从而为将来制定空气颗粒物的群体干预和人群健康保护政策提供更充足、更有力的科学依据。文中提到的主要研究如表10-1所示。

表 10-1　国内群体水平空气颗粒物污染干预的健康影响研究总结

文献作者	事件	研究设计	研究地点	研究人群	颗粒物种类	健康影响
Li 等	北京奥运会	生态学研究	北京市	哮喘门诊患者	$PM_{2.5}$	奥运会期间成人哮喘门诊患者数量显著降低。
Chang 等	北京奥运会	生态学研究	北京市	心血管疾病死亡数	超细颗粒物、$PM_{2.5}$、PM_{10}	奥运会期间心血管疾病死亡人数低于奥运前和奥运后时期。
Rich 等	北京奥运会	横断面研究	北京市	足月产新生儿	$PM_{2.5}$	妊娠第八个月在奥运会期间的新生儿出生体重显著高于 2007 年或 2009 年同时期出生的新生儿。
Lin 等	北京奥运会	定组研究	北京市	儿童	$PM_{2.5}$	奥运会期间的随访期，儿童呼出气一氧化氮指标明显低于前三次（奥运会前）随访期。
Wu 等	北京奥运会	定组研究	北京市	出租车司机	$PM_{2.5}$	奥运会期间研究对象的多项心率变异性指标（SDNN、HF、LF）显著高于奥运前与奥运后时期。
Baccarelli 等	北京奥运会	定组研究	北京市	卡车司机与办公室员工	$PM_{2.5}$、PM_{10}	城市背景 PM_{10} 水平升高可能引起人群血压升高。
Rich 等	北京奥运会	定组研究	北京市	健康年轻人	$PM_{2.5}$	奥运会期间空气质量改善可以引起健康年轻人炎症和血栓生物标志物的急性积极变化。
Lin 等	广州亚运会	生态学研究	广州市	非意外总死亡人数、心血管系统疾病死亡人数和呼吸系统疾病死亡人数	$PM_{2.5}$	亚运会期间的人群非意外总死亡数、心血管系统疾病死亡数以及呼吸系统疾病死亡数均低于 2006—2009 年以及 2011 年的相同时期。
Li 等	南京青奥会	定组研究	南京市	健康成人	$PM_{2.5}$	青奥会期间研究对象的血液炎症生物标志明显下降。
Xie 等	北京 APEC 峰会	模拟评估	北京市	总人口	$PM_{2.5}$	APEC 峰会期间的干预措施持续进行，导致肺癌人群归因分数从 0.75%降至 0.45%。
Zhang 等	北京 APEC 峰会	模拟评估	北京等五个城市	总人口	$PM_{2.5}$	APEC 峰会期间 $PM_{2.5}$ 导致的人群健康风险低于 2012、2013 年同期。
Liu 等	北京 APEC 峰会	健康风险评价	北京市	非意外死亡人数、心血管系统疾病死亡人数和呼吸系统疾病死亡人数	$PM_{2.5}$、PM_{10}	会议期间归因于 $PM_{2.5}$ 和 PM_{10} 的非意外总死亡、心血管系统疾病和呼吸系统疾病数量也明显低于其他两个时期。

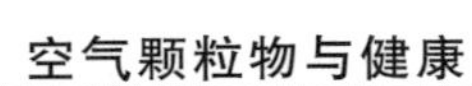

第二节　个体干预措施的健康收益

个体水平的干预通常指通过一定手段减少个体的空气颗粒物暴露或降低空气颗粒暴露对个体产生的健康危害。已有国内外研究表明，有效的个体干预措施能够为人体带来健康收益，包括使用空气净化设备、佩戴口罩、服用膳食补充剂和药物等。空气净化设备和口罩的作用在于减少个体的空气颗粒物暴露，而服用膳食补充剂和药物的作用在于阻断或减弱空气颗粒物对人体的作用通路，两种方式均可为人体带来不同程度的健康收益。目前，国内的相关研究相对较少，但已有的证据已提示了此类干预的积极作用，为将来的研究以及干预措施的推广提供了科学依据。

一、室内空气净化设备

近年来，空气污染越来越引起人们广泛的关注。其中，室内空气污染与人们的身体健康息息相关，主要原因在于：第一，室内环境是人们密切接触的环境之一，人一生中大约有70%的时间在室内活动，因而室内环境的空气质量直接关系着每个人的健康，尤其是老、弱、病、残、孕等人群；第二，室内污染物的种类和来源越来越多，随着经济、生活和生产水平的不断提高，室内污染物的种类和数量与以往相比明显增加；第三，建筑物密闭程度增加，使室内污染不易排出，增加了室内人群与污染接触的机会；第四，室外的大气污染物可通过开窗通风、墙体缝隙等途径渗透进入室内环境，加重室内的污染水平，这业已成为室内空气污染主要的来源之一。据世界卫生组织估计，全世界每年与室内空气污染（主要为固体燃料相关污染）相关的死亡人数已达400万。因而，室内空气污染是全球面临的重大公共卫生问题。在众多的室内空气污染物中，细颗粒物（$PM_{2.5}$）被广泛认为是对人体健康影响最大的污染物之一。

我国当前空气污染形势严峻，雾霾频发。室内空气净化，被认为可有效降低污染物的个体暴露总剂量，从而减轻空气污染的健康危害。室内空气净化器是指能够吸附、分解或转化各种空气污染物（一般包括颗粒物、花粉、异味、甲醛、细菌、过敏原等），有效提高空气清洁度的产品，能改善室内空气质量、创造健康舒适的办公室和住宅环境。据报道，在典型的室内环境下，滤网型空气净化器将$PM_{2.5}$的室内/室外（I/O）比从0.40降低到0.08（减少80%，95%CI：79%～81%）；静电型空气净化器，可将I/O比值从0.8降低到0.05（降低94%，95%CI：93%～95%）。

近年来，国内外有不少流行病学研究发现，室内空气净化器可有效改善室内空气质量，从而减轻空气污染的健康危害。

在国外，一项在加拿大不列颠哥伦比亚省开展的随机双盲交叉研究纳入了来自于31个家庭的56名研究对象。在该研究中，每个阶段的干预时间为7天，在干预结束后，立刻对研究对象进行健康测试。研究结果表明，室内空气净化器干预可以使细颗粒物浓度降低60%；与此同时，健康指标也得到了改善，比如反应性充血指数增加了9.4%，C-反应蛋白水平降低了32.6%。另一项在丹麦哥本哈根开展的类似研究，纳入了21对夫妇作为研究对象，每个干预阶段时长为2天。不同于前述研究的是，在干预的这两天，要求研究对象一直待在室内，以便研究对象可以48小时暴露于洁净的空气中。研究结果表明，空气净化器干预可以有效地降低室内超细颗粒物、$PM_{2.5}$和PM_{10}的浓度，净化效率在60%左右；与此同时，微血管功能得分增加了8.1%，血液中的血红蛋白浓度也有相应的增加。加拿大开展的另一项研究选取了20个家庭的37人作为研究对象，采用了长达3周的干预时间，分别为第一周的真净化器干预、第二周的假净化器干预和第三周的洗脱期。研究结果表明，在$PM_{2.5}$浓度显著降低的同时，肺功能指标也得到了一定改善；如果室内有人抽烟的话，空气净化器的净化作用不足以抵消吸烟带来的室

内颗粒物污染。在家用通风系统中使用高性能的空气过滤器可以有效降低室内空气过敏原水平，从而减少过敏和哮喘症状。

上述研究表明，2～14天的空气净化器干预可以使室内颗粒物浓度得到明显改善，而且随着空气质量的改善，其健康指标包括呼吸系统疾病症状、微血管功能、肺功能和系统炎症指标都得到相应的改善。然而，上述研究均在发达国家开展，其空气污染水平远低于包括我国在内的发展中国家。在我国空气污染较严重的背景下，目前有以下相关文献报道了室内空气净化器对颗粒物相关健康效应的改善作用。

在上海地区，Chen等采用随机交叉对照设计，选取了35名健康大学生，给予真空气净化器和假空气净化器两次干预，每次干预时间为48小时，两次干预阶段间隔2周的洗脱期。结果显示使用空气净化器能使室内$PM_{2.5}$浓度降低57%，与此同时，$PM_{2.5}$浓度的剧烈降低，可观察到肺功能升高、血压降低、呼吸道炎症水平降低，以及循环系统中反映炎症、凝血、血管内皮功能障碍的细胞因子含量降低。在另一项基于室内空气净化器的随机交叉对照研究中，Li等对一批健康大学生进行了长达9天的连续干预，结果发现了随着$PM_{2.5}$个体暴露水平的降低，受试者的血压和炎症水平有了显著降低，神经内分泌相关激素也随之降低。

在北京地区，Shao等纳入了35名慢性阻塞性肺炎（Chronic obstructive pulmonary disease，COPD）患者开展一项基于空气净化器的随机交叉干预试验，每阶段持续干预2周。结果显示，室内的$PM_{2.5}$及其主要毒性成分水平均有显著降低。然而，研究者仅发现了净化器对一种炎症细胞因子（IL-8）的降低作用，并未观察到对其他效应生物标志、肺功能、血压和心率变异性的影响。然而，真实生活环境下存在诸多强混杂因素，在本研究中，这些因素可能是掩盖空气净化器健康改善作用的潜在原因。

另一项在湖南长沙展开的研究，Day等比较了一款净化器移除高效颗粒物滤网（High Efficiency Particulate air Filter，HEPA滤网）和静电除尘器后的不同健康效应。研究结果显示，移除HEPA滤网与研究对象生物标志物的变化不存在显著关系，而移除静电除尘器与血浆可溶性P-选择素下降和收缩压下降存在显著关系。因静电除尘器工作时产生臭氧，可能对人体健康带来负面影响，进而掩盖颗粒物污染暴露降低带来的健康改善作用。该研究说明，不同原理的净化装置对人体的健康效应存在差异，需要更加深入的研究探讨对人体健康最有利的室内空气净化方式。

二、口罩

口罩对进入肺部的空气颗粒物有一定的过滤作用。在呼吸道传染病流行时，或在粉尘等高污染的环境中作业时，戴口罩具有非常好的防护作用。在我国当前持续发生雾霾的背景下，除室内空气净化器之外，口罩是另一种防护雾霾健康危害的常用手段。

雾霾天气情况下风力小，空气流动慢，空气中$PM_{2.5}$的浓度较高，此时进行户外活动，将导致人体吸入更多的有害物质，可能导致气管炎、咽喉炎、结膜炎等呼吸系统疾病。室内空气净化器虽然能显著降低室内$PM_{2.5}$的浓度，减少$PM_{2.5}$暴露造成的健康风险，但是受限于其工作范围，室内空气净化器不能提供个体室外活动时个人防护。出于公众健康考虑，卫生部等相关部门均推荐公众在雾霾天气外出时应佩戴合适的个人防护产品，如口罩。

流行病学研究表明短时间暴露于空气污染环境下会加重已有心肺功能疾病，进而导致入院率和死亡率的提高。Langrish等在北京进行了一项随机对照交叉研究，他们招募了15名健康志愿者（平均年龄28岁），分成佩戴高效口罩组和对照组，参与者在预先设定的路线上行走。他们的空气暴露情况和运动情况分别会连续不断地被便携式监测仪和全球定位系统记录，并通过连续12导联心电图评估心血管效应，以及使用动态血压仪监测血压。结果表明，空气质量、温度和相对湿度在监测时段内无较大差异，佩戴口罩组的收缩压降低［（114±10）mmHg vs（121±11）mmHg，$P<0.01$］，心率在两组间无统计学差异（91±11/min vs 88±11/min，$P>0.05$），24 小时的心率变异性相关指标增加，提示心血管功能有一定改善。

Langrish 等在北京还开展了另外一项基于口罩的干预研究。与上次不同的是，本次研究的研究对象都具有冠心病病史，且样本量增至 102 人。本次研究较上次增加了 $PM_{2.5}$的成分和毒性分析，测量的健康指标仍是动态心电图和动态血压。该研究发现，佩戴口罩组可以减少患者自报的综合征（如头痛、眩晕和恶心等）和心电图中最大 ST 段下移。在 2 小时室外行走过程中，佩戴口罩组的受试者其动脉血压值较不带口罩组有所降低，同时心率变异性得到了改善。

Shi 等在上海开展了类似的研究，评估了佩戴口罩的短期心血管健康影响。2014 年，研究者在上海招募了 24 名健康年轻人开展了随机交叉试验，将受试者随机分为两组，即戴口罩组和不戴口罩组，每次干预持续 48 小时，间隔 3 周。在每次干预的前 24 小时内，连续监测心率变异性和动态血压。在每次干预结束时测量循环系统生物标志物。结果显示，在干预期间，$PM_{2.5}$的平均浓度为 74.2 $\mu g/m^3$。与不戴口罩组相比，佩戴口罩组的收缩压下降了 2.7 mmHg（95%CI：0.1～5.2 mmHg）；心率变异性各参数呈现显著性增加，包括高频功率（HF）、正常相邻心动周期差值的均方的平方根（rMSSD）、R 间期差值超过 50 ms 的心搏数占总心搏数的百分比（pNN50）等参数。另外，戴口罩也可使低频高频功率比（LF/HF）下降 7.8%（95%CI：3.5%～12.1%）。这些结果说明口罩的短期佩戴可能通过改善自主神经功能和降低血压来保护心血管系统。

在国外，Vieira 等招募了 26 例心衰患者和 15 名对照志愿者进行了一项随机双盲对照的临床试验。受试者被分为三组：暴露于清洁空气组、柴油机废气暴露组和口罩过滤柴油废气暴露组。观察终点是内皮功能评估、反应性充血指数、动脉僵硬度、血清生物标志物、6 分钟步行距离和心率变异性。结果显示，在心衰患者中，柴油机废气暴露与反应性充血指数下降和 B 型利尿钠肽升高呈显著相关。口罩过滤显著降低了柴油废气中的颗粒物浓度。在心衰患者中，口罩过滤组反应性充血指数得到显著提高，且 B 型利尿钠肽降低。同时，柴油机废气暴露减少了 6 分钟步行距离和动脉僵硬程度。这项试验证明佩戴口罩存在一定健康收益，当患者暴露于交通来源的空气污染时，可广泛使用口罩，有利于患者健康，减轻心衰疾病负担。

综上，国内外的研究表明，戴口罩可以有效减少 $PM_{2.5}$的个人暴露，对心血管系统产生明显的保护作用，可持续提高心血管功能、改善心肌缺血、降低血压、改善心率变异性，降低心血管系统的效应生物标志物。当短期内无法将空气污染降低到健康水平时，人们可以通过在户外活动时佩戴口罩，降低急性心血管事件的发病率，并改善患者的整体健康状况。然而，值得注意的是，长时间使用口罩可能会引起意想不到的健康问题。比如，因为由过滤介质截获的 $PM_{2.5}$经常携带多种类型的经空气传播的细菌。这些由人类唾液培养的细菌可以在过滤介质上存活数天，并由于强烈的喷嚏和咳嗽而被吸入，这对戴口罩者的健康造成了意想不到的威胁。因此，人们应注意经常更换或清洁口罩。

三、膳食或营养补充剂

大量的实验证据表明，健康的饮食习惯有利于健康，降低慢性疾病的发病风险。营养不良人群患慢性疾病的风险明显较高。一个健康的饮食习惯需要保证均衡的卡路里摄入、合理的体育锻炼、多吃水果蔬菜膳食纤维和鱼类、严格控制食盐的摄入、适量的脂肪和增加糖类的消耗。尽管空气颗粒物影响人群健康的机制尚不明确，但大量研究显示，空气颗粒物的主要致病通路与氧化应激途径有关。因而，现有的营养干预措施主要基于其抗氧化的功效，比如鱼油。目前，国内尚无人体实验论证营养干预措施对空气颗粒物的健康防护作用，现有研究均来自发达国家。

从鱼油中摄入更多的Ω-3-多不饱和脂肪酸可以有效降低罹患心血管疾病的风险，例如高三酰甘油血症和心脏功能障碍。然而，只有少数研究报道了Ω-3-多不饱和脂肪酸对空气污染心血管健康影响的防护作用。

在墨西哥城进行的一项随机对照试验中，研究人员在一批养老院的老年居民中评估了Ω-3-多不饱和脂肪酸对$PM_{2.5}$心血管反应的影响。在为期一个月的预补充期后，老年人每天补充2克鱼油或豆油。在豆油组中，室内$PM_{2.5}$（24 h平均值）每增加一个标准差，心率变异性的高频参数下降54%；而在鱼油补充后，仅下降7%。因此，从鱼油中得到的Ω-3-多不饱和脂肪酸可以避免$PM_{2.5}$对老年人心率变异性的负面影响。墨西哥城的研究还评估了老年人群中补充Ω-3-多不饱和脂肪酸对$PM_{2.5}$氧化反应的影响。吸入的污染物（如$PM_{2.5}$）与呼吸道内衬液体（RTLF）的非酶抗氧化成分发生反应，包括减少谷胱甘肽（GSH）和酶抗氧化剂，如超氧化物歧化酶（SOD）。因此，RTLF的抗氧化成分可能在个体对颗粒物的易感性中扮演着重要角色。肺清除活性氧的功能和内源性的协同作用和外源性的抗氧化作用是呼吸系统自由基中和的关键。食用含有Ω-3-多不饱和脂肪酸鱼油四个月后，超氧化物歧化酶的活性增加了49%，谷胱甘肽酶的水平增加了62%，脂过氧化作用降低了72%。因此，Ω-3-多不饱和脂肪酸能有效降低颗粒物暴露引起的有害心血管效应。

Tong等则选用了随机控制暴露研究来探讨摄入Ω-3-多不饱和脂肪酸是否可以改善由颗粒物污染导致的心脏反应。本研究共纳入29名健康中年人作为研究对象。干预措施分别是3 g/天的鱼油或橄榄油。研究阶段类似上述研究，分为2个阶段，分别是摄入前期（为期2周）和摄入期（为期4周）。在摄入期结束后，分为给予2小时的清洁空气和颗粒物浓缩空气暴露。在这个阶段，分别在暴露前、暴露结束时和暴露结束后24小时进行健康测试。健康指标有血液生化指标和动态心电图指标。研究结果表明，2小时的颗粒物浓缩空气暴露可以使橄榄油组的受试者产生急性的心脏和脂质变化，而鱼油组则没有发生显著变化。这表明鱼油可减轻暴露于空气颗粒物所引起的血管不良反应。

Romieu等分析了Ω-3多不饱和脂肪酸对暴露于$PM_{2.5}$的老年人氧化应激标记物的影响，结果发现补充Ω-3多不饱和脂肪酸能减轻$PM_{2.5}$引起的不良反应，调节机体暴露于颗粒物的氧化反应，特别是鱼油组更为显著。

维生素E和维生素C分别为脂溶性和水溶性的抗氧化物。研究者对直接或间接暴露于电厂燃煤排放的个体，对PM诱导氧化应激的影响进行了评价，测量了个体体内的氧化应激标志物，在服用维生素C（500 mg）和维生素E（800 mg）6个月后再测量一次健康指标。结果显示，暴露于颗粒物后，脂肪和蛋白质的损伤标志物上升，非酶性氧化物水平（维生素E、GSH、蛋白质硫醇）下降。一些涉及抗氧化免疫系统的酶活性受损，但SOD的活性增高。数据显示，在暴露于颗粒物的情况下，抗氧化剂的使用可提高氧化应激防御系统功能。因此，抗氧化物的摄入能直接或间接减轻颗粒物所引起的氧化应激反应。Wilhelm等的研究也证实此观点，他研究了抗氧化剂对暴露于煤炭燃烧和焚烧医用垃圾污染的人群的健康效应，发现抗氧化剂能有效地减轻煤炭粉尘和医用垃圾焚烧粉尘所引起的氧化应激反应。

B族维生素（包括B_2、B_6、B_{12}和叶酸）是通过叶酸和蛋氨酸循环的一碳代谢的重要辅助因子和基质。一碳代谢涉及许多甲基化反应、脂肪的生物合成、核苷酸和蛋白质。一碳代谢的扰动与许多疾病有关，比如心血管疾病、神经系统疾病和癌症。一项在波士顿地区年迈男性中展开的控制暴露研究发现，给予受试对象更高的B_6（≥3.65 mg/d）、B_{12}（≥11.1 μg/d）、叶酸（≥495.8 μg/d）和蛋氨酸（≥1.88 mg/d）摄入量能有效预防$PM_{2.5}$对心率变异性的不良影响。

综上，充足且适量的营养素摄入，如Ω-3-多不饱和脂肪酸、B族维生素、维生素C、维生素E、维生素D等，可增强抵御外界毒物的免疫防御能力，是降低颗粒物有害健康效应的重要途径。

四、药物

针对空气颗粒物危害人体健康的作用通路，理论上一些用于临床治疗的药物可能具有阻断或减少颗粒物健康危害的功效。目前，这方面的研究很少，仅国外个别研究报道了他汀类药物的干预作用。

第三节　问题与展望

在我国当前严峻的大气污染形势下，除在根本上着力于减排之外，开展富有成效的群体和个体干预措施，是环境与健康部门进行雾霾相关健康威胁防护的重要抓手。通过政府部门开展强力减排措施，可短期内快速改善当地的环境空气质量。干预研究作为一种实验性流行病学设计，是证实大气污染与居民健康关系的“金标准”。通过施加个体的干预措施，如使用室内空气净化器和佩戴口罩，可以降低个体水平的颗粒物暴露水平。通过补充营养添加剂、服用药物，可增强机体的防御外界化学有害物质（如颗粒物）的能力，阻断这些有害物质影响人体的作用通路。目前，国内外群体和个体水平的干预研究虽然开展得还不多，但已有比较充分的证据表明，即便是短至数天的有效干预，便可显著降低颗粒物的暴露水平，收获显著的心肺系统健康收益，因而具有重要的公共卫生意义。

在群体层面，北京奥运会、广州亚运会、南京青奥会等数个大型干预研究证实，短期大气质量改善对居民健康确有益处。借助上述大型活动空气质量保障的契机，我国学者证实有效的空气质量管理政策，确能改善空气质量、提高人民健康水平。国内外虽已经对不同防护措施对降低颗粒物不良健康效应进行了探讨，但是大部分研究是在国外开展的，而在像我国这样空气污染形势严峻的发展中国家，此类研究还相对匮乏。考虑到发展中国家和发达国家的研究背景不同，比如颗粒物的成分和毒性不同、粒径大小构成不同、人群的易感性差异等，因此有必要在我国开展更多类似干预研究，以科学评价不同干预措施对我国人群的健康影响。展望未来，应着力开展下述工作：①充分利用我国在中央和地方层面施行的大气污染防治政策，开展多中心流行病学研究，进行干预政策的长期效应评估；②结合数值模拟的手段，评估干预政策减少的疾病负担；③结合基于颗粒物来源、组分和粒径的研究结果，探索干预措施对特定颗粒物来源、组分和粒径的效果，以及相关健康收益。

在个体层面，国内外已有研究者发现，使用室内空气净化器、高效率过滤口罩，以及适当的营养干预措施能有效改善受试者的心肺系统健康状况，降低不良反应的发生率。然而，现有的证据尚不太充分，展望未来，环境卫生工作者应与临床医学、基础医学、环境科学等同道积极合作，开展跨学科研究，着力开展下述工作：①由于现有的证据基本都是短期的干预研究，未来亟须开展中长期的干预实证研究；②由于不同的个体干预措施，往往着眼于某一方面，因而探讨合适的整合方案显得尤为必要；③一些营养或药物干预措施，存在过量中毒的风险，因而探寻既能减轻颗粒物健康危害，又不至于产生附带损害的剂量选择方案，具有重要的现实意义。

（邓芙蓉　陈仁杰　董伟）

第十一章　空气颗粒物的人群疾病负担

国内外的大量研究表明，空气颗粒物污染对暴露人群的心血管系统、呼吸系统等均有着不良的影响，可导致多种疾病的发病率和死亡率显著升高。世界卫生组织（World Health Organization，WHO）2014 年发布的报告显示，据估计，2012 年全球约有 300 万人因暴露于室外空气中的可吸入颗粒物（inhalable particle，PM_{10}）而过早死亡，有 430 万人因长期接触室内空气颗粒物及有害气体而过早死亡，每年因空气颗粒物污染而死亡的人数高达 700 万人，空气污染已经成为全球最大的环境健康风险，给人类带来了巨大的疾病负担。我国是空气颗粒物污染较为严重的国家，全面评估空气颗粒物污染所致的疾病负担，对了解疾病的危害程度和特点、确定优先解决的公共卫生问题、制定科学的环境保护和疾病预防政策有着重大意义。

本章将在简要介绍疾病负担的定义、发展历程的基础上，详述流行病学疾病负担、经济学疾病负担和不同来源颗粒物所致疾病负担的研究方法，并结合我国空气颗粒物所致疾病负担现状和评估案例，对该领域研究存在的问题进行展望。

第一节　空气颗粒物的人群疾病负担概述

一、疾病负担简介

（一）定义

疾病负担（burden of disease，BOD）这一概念最早由世界银行在《1993 年世界发展报告——投资与健康》中提出。狭义的疾病负担一般指的是流行病学负担，用以描述疾病导致生命质量的损失。广义的疾病负担指疾病（disease）、伤残（disability）和早死（premature death）对整个社会经济和健康的压力，包括流行病学疾病负担和经济学疾病负担。

（二）评价指标的发展

疾病负担的概念基于流行病学传统健康状况指标发展而来，由于疾病对不同人群的危害程度不同，单一以死亡率、发病数等指标来衡量疾病负担，是不够全面的，不仅等同了不同年龄死亡人群的生命价值，还忽视了失能带来的生命质量的损失，评价疾病负担需要建立一个多维测量的综合指标。随着人们对疾病负担认识的加深，疾病负担指标也在不断发展，可以分为以下四个阶段。

第一阶段：在 1982 年以前，流行病学家普遍认为疾病造成的死亡人数越多，疾病负担就越大。因此，疾病负担一般用死亡率和死因顺位等传统指标来评价，这一思想单纯从死亡出发，认为疾病负担就是疾病造成死亡人数的多少。这类评价指标优点是易于调查，计算较为简便，能从一定程度上反映疾病对人群的影响，但存在许多不足。首先，这类指标忽视了死亡对象的年龄、家庭角色和社会地位等信息，认为所有类型人群死亡带来的社会损失都是相同的；其次，它未考虑疾病或伤害造成的伤残程度和持续时间，不能反映失能对人群生命质量的影响；此外，这类指标不能直接用于干预措施的成本一效益分析，无法适应卫生经济学的发展需要。

第二阶段：1947 年，美国学者 Marry Dempsey 最早提出了潜在寿命损失年（potential years of life lost，PYLL）的概念和计算方法，但未被推广使用。直到 1982 年，美国疾病预防控制中心使用 PYLL 进行了死因顺位的统计和不同年度早死所致负担比较，这一指标才逐渐被学者认可和推广。PYLL 的基本思想是在考虑死亡数量的基础上，以期望寿命为基准，根据死亡年龄计算出个体或人群的寿命损失，该指标强调了早死对健康的影响，对疾病负担有了更为全面的认识，弥补了以死亡率为指标时未考虑死亡年龄的不足，是量化疾病负担的重要工具。但 YPLL 的计算是以期望寿命为基准，对于超过期望寿命的死亡难以评价。此外，该指标只考虑了死亡一种不良结局，不能反映失能对生命质量的影响。

第三阶段：这一阶段以伤残调整生命年（disability adjusted of life years，DALY）的提出为标志。1994 年哈佛大学的 Murray 教授在《世界卫生组织公报》中对 DALY 的原理和计算方法进行了系统的介绍，这一指标开始受到学者的关注。DALY 这一指标的出现是对非死亡结局所致负担进行量化的首次尝试，之后被广泛运用于流行病学研究之中，并在此基础上衍生了健康寿命年（healthy life years，HeaLY)、质量调整生命年（quality adjusted life years，QALYs）和伤残调整期望寿命（disability adjusted life expectancy，DALE）等指标。DALY 目前运用较为广泛，它综合了死亡和失能对人群健康造成的影响，将死亡寿命损失年（years of life lost，YLL）和伤残寿命损失年（years lived with disability，YLD）进行综合计算，并以年龄和贴现率作加权调整，更为全面地反映了疾病所带来的负担。

第四阶段：随着人们对医学认识的不断加深，传统的生物医学模式已经转变为生理-心理-社会三维的医学模式。要全面评价疾病负担，不能仅从死亡和失能的生理层面出发，还需要关注疾病带来的心理影响和社会损失。同时，疾病带来的损失不仅仅是针对个人，它还会给患者的家庭和社会造成巨大的创伤。因此，衡量疾病负担需要系统分析疾病给个人、家庭和社会造成的所有损失，结合生理、心理和社会三个维度进行评价。疾病综合负担指标（comprehensive burden of disease，CBOD）是全面评价疾病负担的一个有效指标，它是通过测量疾病带来的个人负担、家庭负担和社会负担，并对三者进行加权计算后得到的结果。目前关于家庭负担和社会负担的研究开展不足，且计算过程较为繁琐，该指标运用十分有限，如何科学计算 CBOD 仍需要进一步探索。

二、颗粒物造成的疾病负担现状

空气颗粒物是严重危害人群健康的环境污染物，由于其粒径较小，且富集了大量有害的化合物和金属粒子，可随人的呼吸进入呼吸道，沉着于肺部或进入血液中，导致各类疾病的发生。已有大量的流行病学研究证实，空气颗粒物可显著提高脑血管疾病、缺血性心脏病、急性下呼吸道疾病、慢性阻塞性肺疾病以及肺癌等疾病的发病率，造成较高的疾病负担。近年来，WHO 及许多国家都开展了空气颗粒物所致的疾病负担调查，为各国政府制定环境保护和健康干预策略提供了理论依据，取得了一定成效。本节将对疾病负担现状进行一个全面的介绍。

（一）颗粒物所致的全球疾病负担现状

自 20 世纪 90 年代开始，WHO、世界银行及多国专家合作开展全球疾病负担调查，以评估疾病和各类危险因素给全球带来的损失。颗粒物作为影响人群健康的重要危险因子，一直被各国专家所关注，其所致的疾病负担是 GBD 调查必不可少的一部分。GBD1990 结果显示，室外颗粒物污染导致了全球 291 万人早死及约 8100 万 DALY 损失，造成了较高的疾病负担。2000 年，WHO 对全球 14 个地区 300 多个城市进行了调查，发现 PM_{10} 和 $PM_{2.5}$ 暴露可导致约 80 万人早死和 640 万 YLL 损失，值得注意的是，空气颗粒物导致的疾病负担主要来源于亚洲发展中国家。GBD2010 年数据显示，室外颗粒物污染

在全球范围内造成了320万人早死及7600万DALY损失，与GBD1990相比，颗粒物污染造成的早死人数较20年前有较大幅度的上升，20年来的全球环境保护工作并没有取得良好的效果，一些学者对此进行调查，发现原因在于亚洲尤其是南亚地区居高不下的颗粒物污染。这些数据表明，我国及东南亚发展中国家是全球颗粒物污染最为严重的国家，治理空气污染迫在眉睫。据华盛顿大学的健康度量评估机构（Institute for Health Metrics and Evaluation，IHME）近期发布的2015年全球疾病负担数据，大气细颗粒物污染造成了10 310万（置信区间为［9 080万～11 510万］）DALY损失，位列造成死亡和伤残调整生命年的风险因素第五位和第六位。1990年至2015年的研究结果表明，全球空气颗粒物污染问题没有得到解决，它仍然是全球最严重的环境污染问题之一，应当受到各国政府的高度重视。

（二）空气颗粒物污染对人群归因死亡数的影响

自1952年的英国烟雾事件后，关于大气污染对人群健康影响的研究逐渐开展起来。随着颗粒物污染日益严重和人们对颗粒物认识的不断加深，颗粒物所致的健康效应也越来越受到关注。

国内有学者对大气污染短期暴露的归因死亡数应进行了研究。李国星等对2010年我国4个典型城市（北京、上海、广州、西安）空气污染所致短期健康效应进行了评估。该研究基于各城市的暴露反应关系模型，利用各城市的统计年鉴，计算城市水平上的超额死亡人数。结果显示4城市2010年归因于$PM_{2.5}$的超额死亡人数分别为2 349人、280人、1 715人和726人，合计5 070人，分别占当年死亡人数的1.9%、1.6%、2.2%和1.6%。张衍燊等对2013年1月灰霾污染事件期间京津冀地区$PM_{2.5}$污染的人体健康短期效应进行了评估。研究中收集了京津冀12个城市（北京、天津、石家庄、保定等）人口数、空气质量监测数据和人群基线死亡率数据。基于国内已有的暴露反应关系系数，推算2013年1月10日—31日京津冀地区人群因$PM_{2.5}$短期暴露导致超额死亡2725人，其中呼吸系统疾病超额死亡846人，循环系统疾病超额死亡人数为1 878人。

国内也有对颗粒物长期暴露归因死亡的研究。2007年WHO、世界银行和中国环保部环境规划院的研究发现，中国每年因空气颗粒物污染而过早死亡的人数在35万人至50万人。Liu等对2013年$PM_{2.5}$造成的超额死亡人数进行了分析。研究者首先基于2013年506个$PM_{2.5}$监测点数据和地区空气质量模型，估计了我国45 km×45 km水平$PM_{2.5}$的暴露情况，其次利用全球疾病负担评估工作组推荐的暴露反应关系模型计算了不同病因别的超额死亡人数。结果发现137万人归因于$PM_{2.5}$，其中脑卒中、缺血性心脏病、肺癌和慢阻肺的超额死亡人数分别为6.9万、3.9万、1.3万和1.7万。

此外，国外不少学者也开展了相关研究，2012年，Lim等为研究全球疾病危险因素的变化趋势，对GBD2010数据进行了分析，发现2010年全球因室外空气颗粒物污染和室内固体燃料燃烧所致污染而早死的人数分别为322万人和355万人。波兰的一项研究显示，华沙市每年因空气污染而造成约2 800人早死，其中颗粒物污染的贡献率最大，高达82%。Jain等对印度空气污染较为严重的城市瓦拉纳西进行调查，发现每年约有5 700人因空气颗粒物污染而早死，若当地$PM_{2.5}$浓度改善至印度（或WHO）空气质量标准，能有效避免1 900（或3 800）人过早死亡。

上述研究充分表明，空气颗粒物污染对人群健康有巨大的危害，能显著增加人群的死亡风险，是增加疾病负担的重要危险因素。

（三）空气颗粒物污染对YLL和DALY的影响

空气颗粒物不仅能增加人群死亡率，还能造成伤残或失能的发生，例如，$PM_{2.5}$污染可导致脑卒中发病率的增加，造成患者偏瘫和失能。由于死亡率指标既不能反映失能或伤残情况，也忽略了早死所致的寿命年损失，故在全面评估颗粒物的疾病负担时，一般选择YLL和DALY作为评价指标。自GBD1990调查推广了DALY等指标的使用后，许多学者开展了空气颗粒物污染所致YLL和DALY损失的研究。

国内一些学者开展了相关的研究。李国星等对2002—2006年间天津市PM_{10}所致短期疾病负担进行了研究，发现24 h PM_{10}浓度超过WHO标准（50 ug/m^3）时，造成27 485年损失，人均损失63.12小时。Guo等也对北京市2004年至2008年空气颗粒物所致疾病负担短期效应进行了研究，发现PM_{10}浓度每增加四分之一间距数，可导致YLL增加15.8人年。刘世炜等估算了我国颗粒物污染的长期效应，发现2010年颗粒物污染造成了2 523万人年DALY损失，较1990年有4.0%的上升。

近10年来，美国和欧洲的许多国家开展了大规模的疾病负担评估，发现空气颗粒物污染导致了较大的疾病负担。Gronlund等对美国63个城市进行调查，发现这些地区的$PM_{2.5}$污染导致了约200万DALY损失，若$PM_{2.5}$浓度降低10 $\mu g/m^3$，能增加0.33年的人群预期寿命。欧洲环境疾病负担研究项目调查发现，$PM_{2.5}$污染已经成为导致疾病负担增加的最重要环境因素，给德国、法国、意大利等6个国家造成了180万DALY损失，占环境因素所致DALY的68%。此外，希腊的研究也发现，雅典市居民平均每年因摄入PM_{10}导致了9 000DALY损失，相当于每人每年损失0.0018DALY，若以一个人寿命为75岁计算，相当于每人一生损失0.135DALY。英国也进行了本国的$PM_{2.5}$所致疾病负担测算，并计算了控制颗粒物污染对人群健康的收益，调查结果显示，若能消除人为产生的颗粒物污染，在未来106年内将会获得3 650万DALY收益，使人均期望寿命提高6个月。Lim等分析了GBD2010数据，发现室外颗粒物污染在全球范围内造成了约7616万DALY损失。

由此可见，空气颗粒物污染不仅会造成早死的发生，还能造成人群健康寿命年的损失，影响人群的生命质量。同时，国外的疾病负担评估研究对我国有重要的借鉴意义，上述国家的空气污染程度相对较轻，颗粒物年均浓度远低于我国，尚能造成严重的疾病负担。我国是空气颗粒物污染较严重的国家之一，更需要全面评估颗粒物污染带来的危险，为制定环境保护和人群健康干预政策提供科学依据。

第二节　空气颗粒物的人群疾病负担研究方法

一、颗粒物所致人群疾病负担

（一）基本原理

颗粒物所致人群疾病负担的评估是以健康风险评估为基础（详见第12章：空气颗粒物健康风险评价），进行DALY和归因DALY估算。①为DALY的估算过程，首先分别计算出失能和死亡带来的负担YLD、YLL，再通过加权调整后计算出DALY，但此时计算得到的是该疾病的总负担。由于该疾病可能由多个因素引起，还需要进一步探讨颗粒物对其贡献的大小，即计算归因DALY。②通过RR值和人群暴露情况计算出归因分值，最后可通过总DALY和归因分值计算出颗粒物所致疾病负担。

（二）DALY的计算

DALY主要由YLL和YLD两部分组成。YLL是因早死所致的寿命损失年，YLD是因失能所致的疾病负担。

YLL常用的公式为：

$$\mathrm{YLL}=N\times L \tag{11-1}$$

式中：N——各年龄组、各性别的死亡人数；

L——各年龄组的寿命损失值；

YLD计算公式为：

$$\text{YLD}=I\times\text{DW}\times L \tag{11-2}$$

式中：I——该疾病的发病人数；

L——研究对象从患病到失访或死亡的平均病程；

DW——伤残权重。

值得注意的是，一个疾病的发生是多种危险因素共同作用的结果，不能单独归因于空气颗粒物污染，上述公式计算出的 DALY 是疾病所带来的总负担。若要评估空气颗粒物污染带来的疾病负担，需要分析疾病总负担有多大程度可以归因于颗粒物污染，计算出归因疾病负担。

（三）归因疾病负担计算

归因疾病负担是将疾病负担按不同病因、不同危险因素进行分解，确定各因素对健康的影响。分类归因（categorical attribution）和反事实分析（counterfactual analysis）是归因的两种方法。分类归因是把某事件的发生全部归因于某一个危险因素，如职业粉尘接触导致矽肺，长期暴露于振动工具导致手臂振动病，但这种方法忽略了某些疾病的多病因特征。反事实分析是分析某个或某些危险因素从目前的暴露水平转变成一种可替代或参考暴露场景（即假设情况）的期望暴露水平后，比较人群发病、死亡以及失能情况变化的一种方法，可以用于研究不同危险因素所致的疾病负担，即归因疾病负担。

最常用的反事实场景是理论最小暴露分布，测量的指标包括人群归因分值（populationattributable fraction，PAF）和潜在影响分值（potential impact fraction，PIF）两类，代表某一危险因素对疾病负担的贡献。

PAF 是指如果危险因素的暴露水平降低到零或其他恒定值时，死亡或疾病负担降低的比例，计算公式如下：

$$\text{PAF}=\frac{P(\text{RR}-1)}{P(\text{RR}-1)+1} \tag{11-3}$$

式中：P——人群暴露分布（即各暴露水平在人群中所占的比例）；

RR——各暴露水平下的相对危险度；

PIF 是指如果危险因素的暴露水平降低到某一个反事实场景时，死亡或疾病负担降低的比例，它和 PAF 的区别是它可将多种暴露分布作为反事实场景，一般计算公式如下：

$$\text{PIF}=\frac{\int_{x=0}^{m}\text{RR}(x)P(x)\mathrm{d}x-\int_{x=0}^{m}\text{RR}(x)P'(x)\mathrm{d}x}{\int_{x=0}^{m}\text{RR}(x)P(x)\mathrm{d}x} \tag{11-4}$$

式中：RR（x）——暴露水平 x 下的相对危险度；

P（x）——人群暴露水平；

P'（x）——反事实场景下的人群暴露分布

m——最高暴露水平。

当以零暴露或其他恒定暴露作为反事实场景时，PIF＝PAF。

当计算出 PIF 或 PAF 后，可与对应性别，年龄的疾病总负担相乘，计算得到归因疾病负担。

二、颗粒物所致经济学疾病负担

疾病经济负担是由于疾病、失能或早死给患者、家庭和社会带来的经济损失以及为了防治疾病而消耗的卫生资源，是货币化的疾病负担。评估空气颗粒物所致的疾病经济损失研究，可以为防治政策的成本效益分析提供参考依据。

（一）分类

疾病经济负担通常可以分为直接疾病经济负担、间接疾病经济负担和无形疾病经济负担三类。

1. 直接疾病经济负担 直接疾病经济负担是个人、家庭和社会用于疾病预防控制、治疗及康复过程中消耗的所有经济资源，主要由两部分组成。一部分是卫生保健部门所消耗的经济资源，包括病人治疗疾病时的各项支出、财政对医疗保健机构的投入等。另一部分是与疾病有关的科研经费支出、患者就医时产生的交通费、差旅费等非卫生保健部门所消耗的经济资源。直接疾病经济负担的测算主要应用上下法、分布模型法、直接法等方法。

2. 间接疾病经济负担 间接疾病经济负担主要指疾病导致劳动力有效工作时间减少、工作能力下降和陪护人员（如患者的亲属）劳动时间损失所造成的经济损失，通常可用人力资本法、支付意愿法、现值法等方法进行测算。

3. 无形疾病经济负担 无形疾病经济负担是指疾病、伤残或早死给患者、家庭和社会其他成员带来的心理上、精神上的痛苦。

（二）健康经济损失评估的基本步骤

健康经济损失评估主要由两个部分组成，第一部分是进行健康损失的评估，确定颗粒物污染给暴露人群带来健康损失。第二部分是采用经济负担评价的方法，对健康损失进行货币化。由于颗粒物污染对循环系统、呼吸系统等多个系统有不良影响，导致多种疾病发病率和死亡率上升，故在进行健康经济损失评估时，需要考虑各种健康结局带来的经济损失，进行加总，具体公式如下：

$$L = \sum_{i=1}^{N} L_i = \sum_{i=1}^{N} E_i * \mathrm{LP}_i \tag{11-5}$$

式中：L——颗粒物污染所致的总损失；

L_i——健康结局 i 所对应的经济损失；

E_i——颗粒物所致健康结局 i 的健康损失，通常由流行病学负担研究获得；

LP_i 为健康结局 i 的单位健康损失对应的价值，可由疾病成本法、人力资本法和条件评价法等经济负担评估获得。

（三）疾病经济负担的测算方法

测算疾病的经济负担可以根据不同分类、不同角度和不同的健康结果来进行，所选取的角度不同，经济负担的评价方法也有所不同。在颗粒物所致疾病经济负担的研究中，常用的测算方法有条件评价法、疾病成本法和人力资本法三种。

1. 基于支付意愿的条件评价法（contingent valuation method，CVM） 基于支付意愿的条件评价法是使用模拟市场的方法，通过调查人们为降低特定数量的死亡风险的支付意愿（willingness to pay，WTP），来评估某一环境污染导致的经济价值损失，是目前国际上关于颗粒物污染所致疾病经济负担的研究最常用的方法。

统计生命价值（value of statistical life，VSL）是 CVM 方法中用于评价颗粒物污染对人群死亡影响的指标，是计算出来的人的生命价值，计算公式如下：

$$\mathrm{VSL} = \mathrm{WTP}/\Delta\mathrm{risk} \tag{11-6}$$

式中：Δrisk——颗粒物污染所致的死亡风险降低的概率。

VSL 常用来评价大气污染对人群死亡率的影响。因为“有权势的人的命是否比普通百姓的命值

钱”、“富人的生命价值是否高于穷人的生命价值”等问题常常会引起到伦理方面的敏感争论，所以我们要强调的是：VSL 是指社会中每个个体生命所蕴含的价值，是一个普世的概念，与人的社会地位、贫富状况、工作种类等无关。此外，还要强调的是 VSL 并非旨在衡量例如车祸或空难中的死亡赔偿额度；也不直接等同于例如某一病入膏肓、不久离世的病人为挽回自身生命而愿意支付的金钱价值。在大气污染健康危害评价中，VSL 用以衡量以死亡为终点效应的健康损失价值，人群的年龄及健康状态是 VSL 重要的影响因素。

我国在 VSL 评估方面的研究尚显不足，表 11-1 总结了我国部分的统计生命价值评估的研究结果。

表 11-1　我国现有 VSL 评估的研究结果

作者	研究内容	评估方法	VSL（万元）	发表时间
J. K. Hammitt	改善北京空气质量，降低早逝风险	条件评价法	36.4①	2006
J. K. Hammitt	改善安庆空气质量，降低早逝风险	条件评价法	11.92①	2006
Hong Wang & John Mullahy	改善重庆空气质量，降低早逝风险	条件评价法	28.6	2006
张清宇、徐君妃	改善杭州空气质量，降低健康风险	条件评价法	221.8	2008
曾贤刚、蒋妍	改善空气质量，降低早逝风险	条件评价法	100	2010

①表示 VSL 值由原文献计算得。

复旦大学研究团队根据 2008 年我国城镇和农村人口的人均年收入水平，采用 meta 分析方法，基于表 5 中的条件评价法估计结果，对我国大气污染相关死亡的统计生命价值进行估算。结果显示，我国城镇人口的 VSL 约为 94.5 万元，农村人口 VSL 约为 43.8 万元，按人口比重调整后的 VSL 约为 67 万元。

在开展一项新的 CVM 研究时，还可以使用经济学上的“成果参照法”，选择一个已开展相关调查的基准地区（也可是相同地区，但年份不同），采用收入转换或购买力转换的方法进行本地区 VSL 的估算。

根据收入转换计算公式如下：

$$VSLa = VSLb \times (Ia/Ib)^{\beta} \quad (11\text{-}7)$$

式中：VSLa 和 VSLb——a 区和基准地区 b 的 VSL；

Ia 和 Ib——a 地区和基准地区的可支配收入；

β——弹性系数，一般多取 1。

根据购买力法转换计算公式如下：

$$VSLa = VSLb \times (1 + \%\Delta P + \%\Delta Y)^{\beta} \quad (11\text{-}8)$$

式中：$\%\Delta P$ ——消费价格的变化百分比，反映了通货膨胀的程度；

$\%\Delta Y$——人均实际国民生产总值的变化百分比。如果基准 VSL 来自于不同的国家，还需利用两国的人均 GDP 进行校正。

2. 疾病成本法（cost of illness）　疾病成本法（cost of illness），是基于潜在的健康损害函数，将污染暴露程度与健康影响联系起来，污染与健康的“暴露—反应关系”的准确性决定估算结果的客观性。在疾病成本法中，成本是指由于环境污染引起某种疾病发病率增加，引起的医疗成本（治疗、药费、检查费等）和非医疗成本（误工费、交通费等）的增加。疾病成本法是对疾病的经济价值的直观

估计，但却忽略了人们的健康偏好和疾病导致的人的健康效用损失，如病痛导致的精神痛苦等无形损失，低估了大气污染相关疾病损失的经济学价值。它通常包括患病导致的所有医疗费用和工作缺勤带来的收入损失两部分，计算公式如下：

$$C_i=(C_{ni}+PCG_n\times T_i)*\Delta I_i \tag{11-9}$$

式中：C_i——污染物导致疾病经济负担；

C_{ni}——疾病的单位病例医疗成本；

PCG_n——n 地区人均 GDP 的日均值；

T_i——该疾病的误工天数；

$PCG_n\times T_i$——工作缺勤导致的 GDP 损失；ΔI_i为污染导致的健康结局的变化量。

3. 人力资本法（human capital method）　人力资本法在大气污染健康危害经济学评价中，将由于早逝导致的预期收入的损失作为死亡成本。此评价易受到时间、贴现率及地区收入水平等差异的影响。该方法是计算间接疾病经济负担的常用方法，其基本思想是通过测量颗粒物污染导致的早死、伤残和失能带来的收入损失，即颗粒物污染导致预期收入的损失，来评估疾病经济负担的间接费用，具体有以下几种方法。

（1）按工资计算：该方法认为工资是反映劳动者对社会贡献大小的指标，将早死或永久性伤残带来的预期收入损失视为疾病和伤害的结果，具体计算方法为：

$$C=w\times \mathrm{PY} \tag{11-10}$$

式中：C——间接经济负担；

w——年人均工资；

PY——疾病导致损失工作的总人年数（PY＝人口平均期望寿命－死亡或伤残发生的时间）。

（2）按劳动价值理论计算：该方法是基于劳动价值理论，认为国民生产总值（Gross National Product，GNP）、国内生产总值（Gross Domestic Product，GDP）或国民收入（National Income，NI）是劳动者工作创造的价值，因此，疾病带来的经济负担，应当是劳动者所创造的价值的损失，即预期 GNP、GDP 或 NI 的损失，具体计算公式如下：

$$\begin{aligned} &C=\mathrm{day}\times \mathrm{GNP}_{均}\div 365 \\ &或\ C=\mathrm{day}\times \mathrm{GDP}_{均}\div 365 \\ &或\ C=\mathrm{day}\times \mathrm{NI}_{均}\div 365 \end{aligned} \tag{11-11}$$

式中：day——疾病导致的总误工日（包括患者亲属陪护所致的误工日）；

$\mathrm{GNP}_{均}$、$\mathrm{GDP}_{均}$、$\mathrm{NI}_{均}$——人均 GNP、人均 GDP 和人均 NI；由于 GNP、GDP 和 NI 一般为年度数据，因此要除以 365 天，计算日均数据。

（3）按 DALY_i 计算：该方法充分考虑了早死、失能、年龄和贴现率等因素，使用第三阶段疾病负担指标 DALY 来计算经济损失，具体公式如下：

$$C=\sum_i^n[\mathrm{DALY}(i)\times \mathrm{GNP}_{均}\times p(i)] \tag{11-12}$$

式中：DALY（i）——年龄组 i 的 DALY；

p（i）——生产力权重。

由于不同年龄人群的生产力并不相同，赋予各年龄组不同的生产力权重，能更好反映疾病导致生产力损失带来的经济负担（各组权重见表 11-2）。

表 11-2　各年龄组生产力权重

年龄/岁	生产力权重 p
0～14	0.15
15～44	0.75
45～59	0.8
≥60	0.1

三种方法在大气污染健康危害经济学评价应用中的比较见表 11-3。

表 11-3　大气污染健康危害经济学评价方法的比较

方法	优势	局限
人力资本法	研究所需数据容易采集、节约资金和时间，实施容易	此评价易受到时间、贴现率及地区收入水平等差异的影响
疾病成本法	研究所需数据容易采集、节约资金和时间，实施容易	“暴露—反应关系”的准确性决定估算结果的客观性；无法计算病痛导致的精神痛苦等无形损失
条件评价法	能够灵活地对由于环境造成的健康损失进行全面的经济评价，包括使用价值和非使用价值；可对某一种或者几种环境污染引起的健康损失进行评估	需要精心设计问卷引导被调查者的真实支付意愿；过于灵活可能影响研究的可靠性、有效性；实际操作困难较大

（四）影响疾病经济负担的因素

1. 暴露因素　颗粒物的暴露水平、暴露途径、暴露持续时间等因素是影响疾病经济负担的重要因素，不同的暴露水平会导致不同的健康结局。当暴露水平低、持续时间短时，污染所致的疾病较轻，预后相对良好，造成的经济损失较小。相反，长时间、高浓度的暴露，会导致严重的健康结局，造成较大的经济损失。2013 年 1 月，我国东北、华北、华东等地区发生了大范围、高浓度、持续时间较长的 $PM_{2.5}$ 污染（简称为“雾霾事件”），穆泉等采用疾病成本法和人力资本法对 20 个省市进行经济损失的调查，发现雾霾事件造成交通和健康的直接经济损失约为 230 亿元，其中急性健康损失占总损失的 98%，相当于非雾霾事件下颗粒物污染造成的所有健康结局损失的近 2 倍。

2. 疾病因素　颗粒物污染所致疾病的诊断、治疗措施、预后和病程等因素也会影响经济负担。一般来说，不容易诊断、没有良好治疗措施的疾病，预后相对较差，患者在诊断、治疗时会消耗大量的经济资源，造成的经济负担较大。例如，空气颗粒物污染会导致哮喘和心肌梗死发病率上升，哮喘有良好的治疗措施，预后较好，容易缓解，而心肌梗死则需要通过安装血管支架来治疗，消耗的医疗费用较高，造成的经济负担较大。此外，病程的长短也是影响疾病经济负担的因素，许多慢性疾病病程较长，需要反复就医、长期服药，会导致较高的经济负担。

3. 人口学因素　从群体的角度，人口的分布密度，人口的构成等因素会影响疾病的经济负担；从个体的角度，不同年龄，性别，教育水平，社会地位的人对社会的贡献不同，所创造的价值不同，那么他们死亡或失能造成的经济负担也会不同。例如，通常情况下，在比较不同年龄死亡带来的经济负担时，人们认为老年人的死亡造成的损失会比青壮年死亡造成的损失要小得多，故在使用人力资本法计算疾病经济负担时，会赋予不同年龄组不同的生产力权重。

4. 其他因素 此外，病人卫生服务的利用程度、病人的期望值、卫生服务价格的变化、健康和疾病观念变化等因素也会影响疾病经济负担。

三、不同来源颗粒物所致疾病负担调查

目前我国空气颗粒物污染较为严重，雾霾天气频发、持续时间长、影响范围广，严重影响了我国居民的生命健康，造成了较高的疾病负担。空气颗粒物种类繁多，来源较为广泛，要到达控制污染、保障公民生命健康的目的，必须对颗粒物的来源进行解析，即对不同排放源的污染贡献进行定性识别和定量评价，以确定优先控制的污染源，使有限的资金优先投入到迫切需要治理的污染源，达到事半功倍的效果。

（一）不同来源颗粒物所致疾病负担的计算方法

计算不同来源颗粒物所致疾病负担的首要步骤是通过源解析技术获得各个排放源对空气颗粒物污染的贡献率，进而计算每个源所造成的疾病负担。在进行计算时，通常会假设每个源的颗粒物的组成和毒性是相同的，各个污染源所致疾病负担的高低只取决于其对空气污染贡献的大小，具体公式为：

$$\text{Cost}(j)=A_j\times C_{\text{总}} \tag{11-13}$$

式中：Cost（j）——第 j 个源排放空气颗粒物所致的疾病负担；

A_j——第 j 个源对污染的贡献；

$C_{\text{总}}$——空气颗粒物所致的疾病负担。

但最近的一些研究发现，不同来源的空气颗粒物的毒性和所致的健康效应不同，如 Lelieveld 等发现细碳质颗粒的毒性是地壳颗粒物质（crustal material）毒性的 5 倍，排放大量细碳质颗粒的污染源对人群健康的危害要比以排放地壳颗粒物质为主的污染源大。因此，使用以上公式计算不同来源颗粒物所致疾病负担会一定误差，需要进行敏感性分析（sensitivity analysis），结合现有文献，根据不同来源颗粒物的相对毒性估算出每个源所致的疾病负担，计算过程较为复杂。

（二）不同来源颗粒物所致疾病负担研究案例

2017 年 10 月北京大学和美国 Emory 大学合作，在 *Environmental Research Letters* 杂志上发表了一篇关于评估国内不同来源颗粒物所致超额死亡的文章，文中分析了 2013 年不同来源的 $PM_{2.5}$ 所致的疾病负担，其中包括煤炭燃烧、机动车尾气、工业排放、烟尘及其他污染源，对后续研究有借鉴意义，下文将对此研究进行简要介绍。

本研究选择 $PM_{2.5}$ 作为空气污染指标，以慢性阻塞性肺部疾病（COPD）、缺血性心脏病（IHD）、卒中和肺癌作为健康结局，通过计算 $PM_{2.5}$ 污染造成的超额死亡数，并分析不同 $PM_{2.5}$ 排放源对污染的贡献，估算各个排放源造成的超额死亡数。

首先收集研究所需数据：①用卫星反演数据和 506 个地面监测站点数据评估地面 $PM_{2.5}$ 浓度；使用两阶段空间统计模型（two-stage spatial statistical model）分析 AOD 数据、气象数据、土地利用数据和地面 $PM_{2.5}$ 测量数据，来评估 $PM_{2.5}$ 在每个 0.1°×0.1°空间格子中（大约是 10 km×10 km）的污染特征，作为暴露指标，使得人群暴露测量更为精确。②人口学资料：采用中国科学院地理科学与资源研究所的 1 km×1 km 空间人口数据，并将空间格子重新调整为 0.1°×0.1°，与 $PM_{2.5}$ 污染数据相匹配。③源解析数据：收集 15 个省、直辖市的环境保护局公布的 $PM_{2.5}$ 源解析数据。

其次进行暴露－反应关系评定：采用 GBD2010 提出的综合暴露反应关系模型（integrated expo-

sure-response model）计算 RR 值，并通过 RR 值计算出超额死亡数。

最后计算不同来源 $PM_{2.5}$ 所致超额死亡数：①假定所有来源 $PM_{2.5}$ 对人群健康的危险是相同的，分别计算煤炭燃烧、机动车尾气、工业排放、烟尘及其他污染源所致的超额死亡数。②考虑到不同来源 $PM_{2.5}$ 可能不同，进行敏感性分析。

本研究结果显示 2013 年我国煤炭燃烧、机动车尾气、工业排放、烟尘及其他污染源所致 $PM_{2.5}$ 分别造成了 24.9 万（95%CI：11.5～33.7）、22.8 万（95%CI：10.5～30.9）、20.3 万（95%CI：9.4～27.4）、19.7 万（95%CI：9.1～22.6）和 19.3 万（95%CI：8.8～26.2）人早死，煤炭燃烧是 $PM_{2.5}$ 最主要的来源，贡献了最多的超额死亡数（图 11-1）。该研究计算得到的各个污染源的超额死亡数只是一个保守的结果，因为煤炭燃烧产生的颗粒物对人群健康的危害远大于其他颗粒物的危害，若考虑不同来源的 $PM_{2.5}$ 毒性不同，那么归因于煤炭燃烧的超额死亡数会比该研究结果更多。

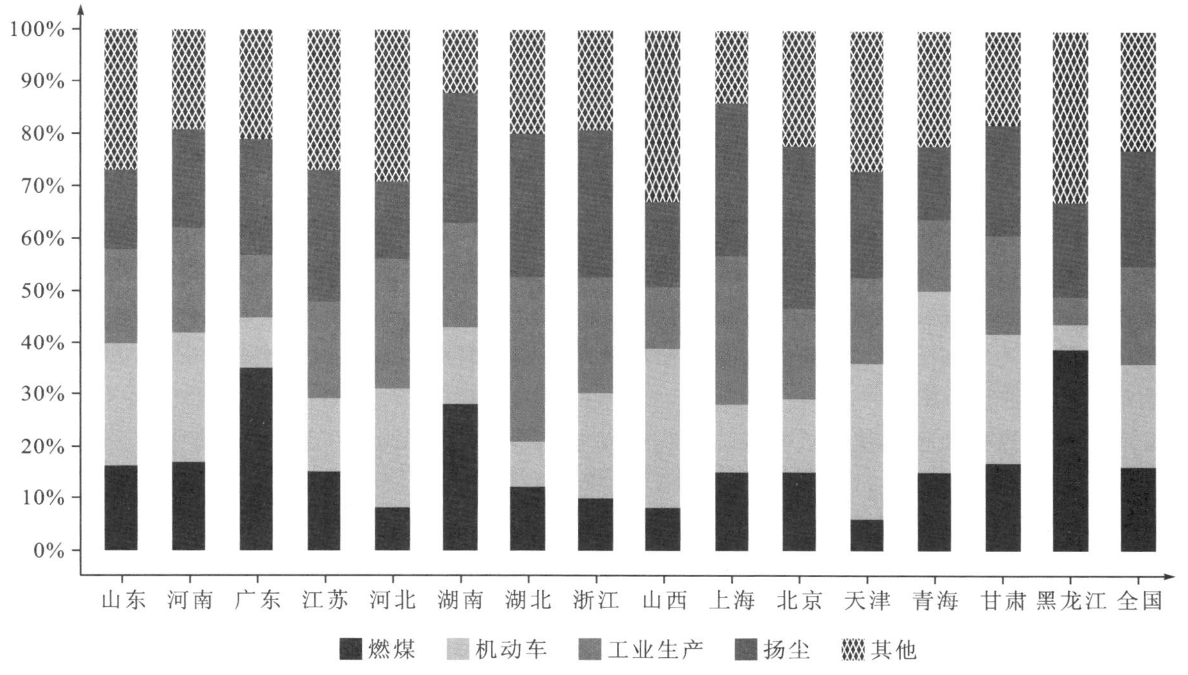

图 11-1　不同来源 $PM_{2.5}$ 所致超额死亡数的比重（Tian et al. 2017）

第三节　空气颗粒物所致的人群疾病负担

一、我国室内外颗粒物所致人群疾病负担

（一）室外颗粒物所致人群疾病负担

我国是空气颗粒物污染最为严重的国家之一，近年来，我国的“雾霾问题”一直未得到根本性的解决，华北、华中、华东等地区秋冬季空气颗粒物污染持续超标，影响了公民健康和道路交通安全，受到了世界各国的广泛关注。据 Yang 等调查，我国空气颗粒物污染在所有造成疾病负担的危险因子中排第四位，仅排在“饮食结构不合理”“高血压”和“吸烟”之后（表 11-4），能增加急性呼吸道疾病、

心血管疾病和癌症的发病风险。由此可见，空气颗粒物污染已对我国公众健康造成了严重的疾病负担。

表 11-4 我国疾病负担的主要危险因素（Yang et al. **2013**）

危险因素	所致 DALYs（1 000 人年）损失及 95％可信区间	危险因素顺位
饮食结构不合理	51 700（46 070～56 650）	1
高血压	37 940（33 309～42 707）	2
吸烟	30 005（23 431～35 918）	3
空气颗粒物污染	25 227（21 771～28 595）	4
来自室内固体燃料燃烧的空气污染	21 292（15 869～26 661）	5
高血糖	16 103（12 903～16 824）	6
饮酒	13 780（10 890～16 881）	7
职业危害暴露	12 395（9 234～16 106）	8
超重	12 256（8 625～13 166）	9
缺乏体力锻炼	11 439（9 492～13 679）	10

近十年来，我国也开展了许多大气污染与人群健康关系的调查。由于 PM_{10} 和 $PM_{2.5}$ 是 WHO 推荐的最具代表性的大气污染物，且 GBD 调查均以 PM_{10} 和 $PM_{2.5}$ 为评测指标计算大气污染造成的疾病负担，故在开展相关研究时，学者多以这两种颗粒物作为分析的对象。下文将分别对 PM_{10} 和 $PM_{2.5}$ 造成的疾病负担现状进行介绍。

1. PM_{10} 所致疾病负担现状 近年来，国内一些学者针对 PM_{10} 污染所致的疾病进行了研究，发现 PM_{10} 可导致许多疾病的发生，带来沉重的 YLL 和 DALY 损失。

Lu 等评估了南京大气污染与每日死亡和每日 YLL 之间的关系，发现 PM_{10} 浓度每增加一个 IQR（66.3 $\mu g/m^3$），YLL 会增加 20.5（95％CI：6.3～34.8）。曾强等对天津市 2001—2010 年 PM_{10} 对非意外 YLL 之间的研究也证实 PM_{10} 浓度每增加 10 $\mu g/m^3$，YLL 会增加 0.80（95％CI：0.47～1.13）。李国星等对宁波市 2011—2015 年 PM_{10} 对慢性阻塞性肺部疾病 YLL 的研究结果显示，PM_{10} 浓度每增加 10 $\mu g/m^3$，YLL 会增加 0.81（95％CI：0.30～1.33）。陈仁杰等分析了我国 656 个城市 2006 年的 PM_{10} 污染情况和人群死亡数据，发现 PM_{10} 污染导致了 50.66 万人早死和 526.22 万 DALY 损失。PM_{10} 污染不仅导致了早死，而且可造成人群健康寿命年的损失，影响暴露人群的生命质量。

目前我国开展的这些流行病学研究已经充分表明，PM_{10} 污染是危害人群健康的重要公共卫生问题。但随着近年来我国政府不断加大环境保护力度，PM_{10} 所致疾病负担已经有所降低。Cheng 等的研究发现，以 2001—2011 年为例，我国 PM_{10} 年均浓度已经从 116.0 $\mu g/m^3$ 降低至 85.3 $\mu g/m^3$，虽然因 PM_{10} 污染而早死的人数有所增加，但在排除了城市化发展、城镇人口增多等因素后，结果显示归因于 PM_{10} 污染的全人群死亡负担下降了 1.9％，PM_{10} 的控制避免了 511 000 人早死，我国空气污染治理工作已有初步成效。

2. $PM_{2.5}$ 污染导致的疾病负担现状 $PM_{2.5}$ 是比 PM_{10} 更微小的颗粒物，它的相对表面积较大，在大气中的留存时间长，易吸附有毒的化合物、金属粒子和病菌，能对人体产生比 PM_{10} 更大的危害，因此更受到学者的关注。

国内外的研究已经证实，与 PM_{10} 相似，$PM_{2.5}$ 作为危害极大的大气污染物，能增加心脑血管疾病、呼吸系统疾病和癌症等的发病率和死亡率，显著提升人群死亡风险。穆泉和张世秋等评估了我国 2001 年至 2013 年间 $PM_{2.5}$ 污染所致人群健康影响和经济损失，发现 2013 年因 $PM_{2.5}$ 重污染而过早死亡的人数为 6.5 万人，相应的经济损失高达 281 亿元，占 2001—2013 年 $PM_{2.5}$ 所致健康经济总损失的 54%。

目前许多学者的关注点已经由 $PM_{2.5}$ 所致的健康效应转移至 $PM_{2.5}$ 造成疾病负担。贺天锋等通过分析宁波市 2009—2013 年非意外总死亡数据和空气污染数据，发现 $PM_{2.5}$ 的短期效应显示其每增加 10 $\mu g/m^3$ 可导致非意外死亡人数增加 0.57%（95%CI：0.20%～0.95%），YLL 增加 2.97（95%CI：2.01～7.95）人年。Chen 和 Ebenstein 等人发现中国北方高浓度的 $PM_{2.5}$ 污染导致北方人口的人均期望寿命减少了 5.5 年，全人群期望寿命降低了约 3 年。*Nature* 期刊 2015 年一项全球尺度研究表明 2010 年中国由于室外 $PM_{2.5}$ 和臭氧所致超额死亡人数为 135.7 万人，位列全球第一位。最近，发表在 *Lancet* 杂志上的一项 2015 年全球疾病负担数据分析也显示，我国有 110.8 万人因暴露于室外 $PM_{2.5}$ 污染而早死，略高于早死数排在全球第二的印度（109.0 万人），中国和印度两国归因于 $PM_{2.5}$ 的死亡数共占全球的 52%，两国因 $PM_{2.5}$ 导致的 DALY 损失共占全球 DALY 损失的 50%。

（二）室内颗粒物所致人群疾病负担

室内颗粒物污染也是全球最重要的环境危险因素之一，WHO 发布的数据显示，2012 年全球因长期接触室内空气颗粒物及有害气体而过早死亡的人数达 430 万人，高于因暴露于室外空气污染而死亡的人数。在全球许多经济不发达的地区，居民需要依赖木柴、秸秆或煤炭等燃料进行照明和烹饪，若住所的通风情况不佳，则会造成颗粒物和有害气体大量聚积，刺激人体的呼吸道及多个器官的黏膜组织，导致呼吸道疾病、心血管疾病和癌症发生。我国广大农村地区和中西部落后地区的多数居民仍使用木柴或煤炭作为燃料，长期暴露于室内空气污染物。我国室内空气污染有哪些特点？对居民的健康产生了哪些危害？造成了多大的疾病负担？非常值得关注和研究，但目前我国学者大多关注空气颗粒物污染的危害，关于室内颗粒物污染的研究还较少。

殷鹏等人分析了 1990 年和 2013 年我国的疾病负担数据，发现室内空气污染能造成多种疾病的发生，共造成了 14.9%的 5 岁以下儿童下呼吸道感染、32.5%的慢性阻塞性肺部疾病（COPD）、12.0%的缺血性卒中、14.2%的出血性卒中、10.9%的缺血性心脏病和 13.7%的肺癌，导致了 80.7 万人早死，其中 COPD 和出血性卒中的早死人数最多，分别为 29.6 万例和 16.9 万例。从地区分别上来看，2013 年我国归因于室内空气污染的标化 DALY 率最低的为上海市，为 27.0/10 万；标化 DALY 率最高的为贵州省，为 2 233.0/10 万。从年龄分层上看，室内空气污染对老年人影响最重，70 岁以上年龄组 DALY 率为 7 006.0/10 万。与 1990 年数据相对比，2013 年我国归因于室内空气污染的标化死亡率下降了 59.3%，其中上海下降的幅度最大，但部分西部省份下降的幅度仍比较小。这说明在 1990 年至 2013 年这 23 年间，随着居民的住宿环境不断改善和清洁能源的推广，我国室内空气污染已经有所改善，其所致的疾病负担有较大幅度的下降，尤其是东部及沿海发达地区，但在部分西部落后地区，多数居民在日常生活中仍使用木柴、煤炭等燃料，室内空气污染问题还比较严重，应值得学者的关注，开展进一步的研究。

二、颗粒物所致的全球疾病负担评估案例

2017 年，世界银行和华盛顿大学 IHME 联合发布了 *The Cost of Air Pollution* 报告，系统地评估了全球 188 个国家 1990—2013 年大气污染造成的疾病负担和经济损失，受到了各国学者的广泛关注。

该研究以 $PM_{2.5}$ 作为空气污染指标，采用流行病学疾病负担研究和经济学疾病负担研究的方法，全面的评估了空气污染对人群健康和社会经济的影响，具体评估过程如下。

（一）暴露评定

该研究分别对室内和室外颗粒物污染的暴露水平进行评估。

（1）室外 $PM_{2.5}$ 暴露水平：目前许多国家的 $PM_{2.5}$ 监测站点集中在城市，且数量较少，全球大部分地区没有 $PM_{2.5}$ 的监测数据，在此情况下，仅用以某个空气监测站点的测量数据作为整个城市或地区居民的 $PM_{2.5}$ 暴露浓度，会导致较大暴露测量偏倚。此外，各国测量 $PM_{2.5}$ 的标准存在差异，也会导致测量偏倚的产生。针对这一问题，环境学家和流行病学家研究出了一些预测人群暴露情况的技术，提高了暴露测量的空间分辨率，减小了测量偏倚。该研究将基于卫星监测的气溶胶光学厚度数据（AOD）和 $PM_{2.5}$ 地面监测数据相结合，运用全球大气化学模型建立了 $PM_{2.5}$ 暴露预测模型，将空间分辨率提高到了 10 km×10 km 的空间网格水平。

（2）室内 $PM_{2.5}$ 暴露水平：该研究首先分析了 148 个国家的数据，估计不同国家或地区使用固体燃料（包括煤炭、木柴和秸秆等）的比例，再利用 16 个国家的 66 项研究，通过线性混合效应模型和时空高斯过程回归估计室内厨房的 24 小时污染物浓度均值，作为室内 $PM_{2.5}$ 浓度水平，最后根据不同人群时间活动模式的差异，分别估计成年男性、成年女性和 5 岁以下儿童的暴露浓度，作为个体暴露水平。

（二）暴露－反应关系评定

采用 GBD2010 项目提出的综合风险度评估模型（integrated exposure response model）计算 RR 值，计算公式如下：

$$z<z_{cf}，RR_{IER}(z)=1 \qquad (11\text{-}14)$$
$$z\geqslant z_{cf}，RR_{IER}(z)=1+\alpha\{1-\exp[-\gamma(z-z_{cf})^{\delta}]\}$$

式中：z——颗粒物暴露浓度（$\mu m/m^3$）；

z_{cf}——安全阈值；

RR_{IER}——综合的相对危险度；

α，γ 和 δ——通过非线性回归方法估计的系数。

该模型是根据主动吸烟、二手烟、室内固体燃料烟尘与 $PM_{2.5}$ 浓度的数学转换关系，综合分析它们与疾病死亡率的相关性，计算出 $PM_{2.5}$ 的 RR 值。

（三）疾病负担计算

根据 RR 值计算归因于 $PM_{2.5}$ 污染的各种疾病的超额死亡数，并采用 CVM 法和人力资本法计算疾病带来的经济损失。

（四）主要结果

CVM 法计算的结果显示，2013 年全球空气颗粒物污染共造成 5.11 万亿美元的损失。其中东南亚及太平洋地区是受空气污染影响最严重的地区，污染所致的经济损失分别占当地 GDP 的 7.4% 和 7.5%，中东和北非是受空气污染影响最轻的地区，但污染所致的经济损失占该地区 GDP 的比重也高达 2.2%（图 11-2），这说明空气污染是给全球各地区带来了较高的负担。由于计算原理不同，使用人力资本法计算得到经济损失远低于 CVM 法的计算结果。人力资本法计算结果显示，2013 年全球因 $PM_{2.5}$ 污染而导致的经济损失（早死或伤残带来的预期工资收入减少）为 2 250 亿美元，其中南亚地区的经济损失为 660 亿美元，约占该地区 GDP 总值的 1%。

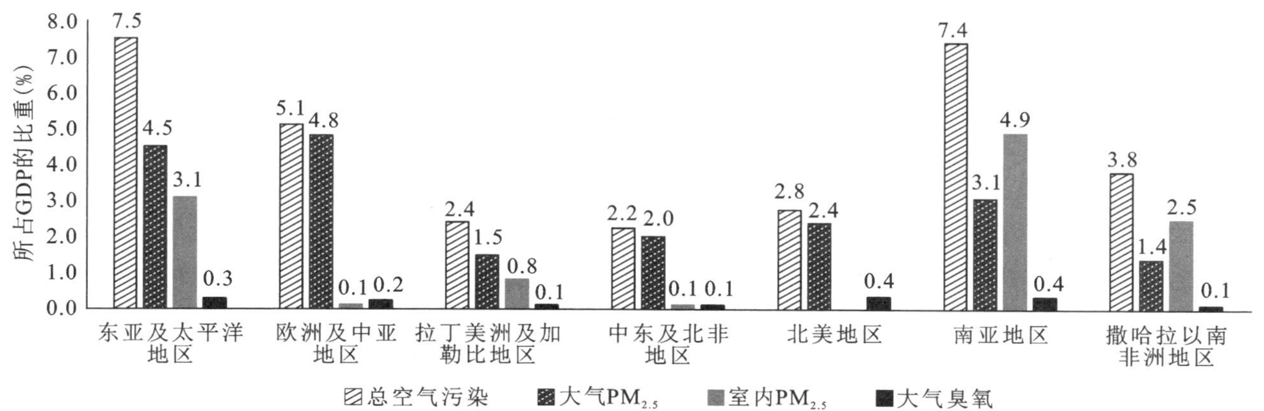

图 11-2　全球各地区空气污染所致经济损失占 GDP 比重（World Bank and IHME 2017）

近年来，我国许多学者也在全国范围内开展了空气污染所致的疾病负担调查，有一定的参考意义，具体结果见表 11-5。

表 11-5 我国空气颗粒物污染所致疾病负担相关研究介绍

范围	时间	暴露评价	健康结局	经济损失
111 个环保重点城市	2004	PM_{10}	早死 28 万人；COPD，呼吸道疾病住院，心血管疾病住院，内科门诊，儿科门诊，急性支气管炎，哮喘人数分别为 68 万，7 万，10 万，304 万，67 万，210 万和 266 万	292 亿美元（Zhang et al.，2008）
659 个城市	2004	PM_{10}	死亡，住院	1703 亿元（於方，2004）
113 个环保城市	2006	PM_{10}	早死 30 万人，COPD，内科门诊，心血管疾病门诊，呼吸道疾病住院人数分别为 19，762，17，9 万	3414 亿元（陈仁杰，2010）
珠江三角洲城市群	2004—2013	$PM_{2.5}$（估计死亡）；PM_{10}（估计入院）	2012 年死亡数最高，达 45 000 人；入院人数在 2013 年最高，达 91 000	2012 年损失最大，为 46 亿美元，约占当地 GDP 的 6.1%（Lu et al.，2017）

第四节　问题与展望

（一）我国目前存在的问题

空气颗粒物污染可对人群健康产生严重危害，已是不争的事实。近年来，我国开展了大量关于颗粒物污染的研究，取得了较大的进展，但仍存在着一些问题。

首先，目前我国大部分学者在开展疾病负担研究时，多以超额死亡数作为评价指标，不能反映颗粒物污染所致的失能和伤残情况，使用 DALY 作为评估指标的研究有限，且目前国内也缺少空气颗粒物与健康关系的队列研究，相关研究大多基于回顾性的时间序列分析，因果关系较弱。

其次，关于不同来源颗粒物所致疾病负担的研究还比较少，我国学者对颗粒物污染来源的解析工作已经开展得较多，但能将源解析技术与疾病负担调查相结合的研究却几乎没有，难以精确评估对人群健康和社会经济危害最大的污染源、确定优先控制的污染环节。

最后，室内颗粒物污染也是一个重大的公共卫生问题。WHO 数据表明，室内颗粒物造成较重的全球疾病负担，但我国目前的研究多围绕空气颗粒物进行，室内空气污染研究较少，还有待进一步加强。

（二）展望

今后的研究可以在以下几方面进一步开展。

(1) 建立空气颗粒物与健康关系的队列研究，并采用更为精准的 $PM_{2.5}$ 暴露预测模型进行暴露评定，将暴露水平的测量向个体化进一步推进，强化因果关系，增强说服力。

(2) 开展疾病负担调查，采用 DALY 等第三阶段疾病负担指标进行评价，更为全面地评估颗粒物污染对人群造成的健康影响，并运用疾病经济负担的研究方法，对颗粒物所致的健康影响进行货币化，量化其对全社会带来的经济损失。

(3) 将源解析技术与疾病负担研究相结合，评估不同排放源所致的健康影响和经济损失，确定优先控制的污染环节，有利于环境保护和疾病预防政策的制定。

(4) 关注室内颗粒物污染问题，对中西部落后地区和广大农村地区进行调查，评估固体燃料燃烧和室内通风不良所致的危害，为推进能源革新提供参考依据。

（李国星）

第十二章　空气颗粒物健康风险评价

健康风险评估（health risk appraisal，HRA）是一种方法或工具，用于描述和评估某一个体未来发生某种特定疾病或因为某种特定疾病导致死亡的可能性。环境健康风险评价是通过环境有害因子对人体不良影响发生概率的估算，评价暴露于该有害因子的个体健康受到影响的风险。其主要特征是以风险度为评价指标，将环境污染程度与人体健康联系起来，定量描述环境污染物对人体产生健康危害的风险。环境健康风险评估中有时也会引入归因危险度的概念，即估算在观察到的人群发病或死亡数中可归因于该环境有害因子暴露的比例，也叫作归因发病或归因死亡。环境健康风险评估综合利用现有的毒理学、流行病学、暴露科学等相关资料，可快速估算得到环境污染物对目标人群的危害性大小，因而其结果具有重要的公共卫生意义和政策意义。

第一节　环境健康风险评价方法

一、常见方法介绍

世界范围内工业化进程的不断发展，造成各类环境污染问题层出不穷，对人群造成的健康影响也日益显现。欧美等发达国家有近 50 年在环境健康风险评估及管理方面的经验。但是，我国环境健康风险评估才刚刚起步，且尚未得到有效的推广与应用。

环境健康风险评估是为环境健康风险管理而服务的。基于环境健康风险评估的结果，并综合其他一些管理要素。可以将风险评估的结果转化为相关的政策，对环境健康风险实施有效的管理。环境健康风险评估可为处理各类环境污染健康危害事件；制定环境保护、公共卫生相关政策与标准，筛选并采取可行的健康干预措施，与媒体及公众进行风险交流提供必要的基础数据支撑。

1983 年美国国家科学院颁布了题为《联邦政府的风险评估管理》的报告。提出了人群健康风险评估的经典模型，该模型提出了风险评估“四步法”，即危害识别、暴露一反应关系评定、暴露评价和风险特征。该模型已经被全世界广泛地接受与应用，同样适用于环境健康风险评估领域。

（一）危害识别

可以定义为对某种化学物质其固有能力引起的不良效果的识别。主要包括三方面内容：首先，要识别出有哪些污染物可能会产生健康效应；然后，要确定环境污染物是否存在健康危害效应，有什么样的健康危害；最后，结合暴露和毒性两方面的信息最终确定是否需要进行定量健康风险评估，需要对哪些化学物质进行评估。作为环境健康风险评估的第一步，危害识别的主要任务为：第一，识别具有潜在健康影响的污染物质。第二，根据调查的信息来权衡是否某一物质对人体具有可能的健康风险，需要进行下一步的评价。在危害识别的过程中，需要总结所掌握的信息，并进行综合判断以确认污染物引起人体各种不良健康反应的可能性。对于空气颗粒物而言，需要调研相关的毒理学、体外实验或流行病学文献，识别其对人体健康的潜在危害。

（二）暴露-反应关系评定

可定义为描述在某一化学物质一定的暴露剂量与暴露条件下，不良健康效应产生的可能性与严重程度。毒理学中，广义的暴露-反应关系定量研究通常可分为两类：①暴露于某一环境物质的剂量与个体的某种反应强度之间的关系，又称为剂量-效应关系；②某种化学物质的暴露引起某种反应的个体在暴露群体中所占的比例。在风险评估的四步法中的暴露-反应关系主要指的是后者。

暴露-反应关系评估的主要任务为获取所需评价的化学污染物致癌效应或非致癌效应的暴露-反应关系的毒理学数据。按照毒理学作用方式可将有害化学物分为有阈化学物质和无阈化学物质两类。有阈化学物质即已知或假设在一定剂量下，对动物或人不发生有害作用的化学污染物。无阈化学物质是已知或假设在大于零的任何剂量都可诱导出致癌效应的化学污染物。在执行评价的过程中，美国 环境保护署（EPA）视几乎每一种非致癌物均具有不良反应的阈值，属于有阈化学物质。而几乎每一种致癌物都没有这样的阈值，属于无阈化学物质。对于空气颗粒物而言，需要调研国内外流行病学文献，获得其与给定健康结局的暴露反应关系。

（三）暴露评估

可定义为遵照一定的技术规程，在对暴露浓度准确测量、对暴露行为方式准确评价的基础之上应用一定的模型对暴露量进行定量的过程，其最主要的任务是评估暴露量，主要包括测量和评估人群暴露于环境污染物的量级、方式、频率和暴露时间，暴露评估是环境健康风险评估至关重要的一环，可用于已有环境污染物导致的健康风险评估，也可以用于环境污染物在未来导致健康风险的预测。空气颗粒物对人群健康影响的暴露途径主要为经空气的吸入途径，经食物、水或土壤的经口摄入途径及经土壤或水的皮肤接触等途径，因对总暴露的贡献较小，一般不在健康风险评估中予以考虑。

美国 EPA 暴露评估导则将暴露量定义为以下几种：潜在剂量（potential dose）、应用剂量（applied dose）、内暴露量（internal dose）、到达剂量（delivered dose）、生物有效剂量（biologically effective dose）。潜在剂量是经口摄入、吸入或皮肤接触的剂量；应用剂量是直接与机体的吸收屏障（如皮肤、肺、胃、肠道等）接触可供吸收的剂量，由于人体吸收屏障大多位于人体内部，因此除皮肤接触途径以外的应用剂量不能直接测量获得；内暴露量就是被吸收且可用于大量生物受体相互作用的化学物质剂量；化学物质一旦被人体吸收后，就会经历新陈代谢、贮存、排泄或者在人体中运输，因此到达器官、组织或者通过体液运输的剂量被称为到达剂量，到达剂量仅仅是内暴露量的一小部分；生物有效剂量是到达作用点位（如细胞或膜）并引起负面效应的剂量，生物有效剂量仅仅是到达剂量的一小部分，显然生物有效剂量才是暴露评估过程中最关键的部分。

目前暴露评估的方法主要是内暴露评估和外暴露评估两种：内暴露评估通常是暴露发生以后，抽样选取一定数量的代表性人群，采集和分析该人群的生物样本（如血样、尿样、头发、指甲等）中的生物标志物，通过生物标志物的浓度水平来估算环境污染物的人体内的暴露量（称为再现内在剂量法），内暴露评估基于的是内暴露一反应关系。内暴露评估无法实现不同暴露途径分别产生的暴露量的分割计算；确认生物标志物浓度与环境污染物浓度的相关性、效应特异性较为困难；由于人体生物样本较难获得、其采样和分析成本太高，因此该方法不适合于大规模人群的暴露评估。外暴露评估就是通过外暴露浓度、暴露时间、暴露途径和暴露参数来估算外暴露量，包括点接触测量法和场景评价法。与内暴露评估相比，外暴露评估最大的优点就是更适合大规模人群的暴露评估，因此外暴露评估方法在国际环境健康风险评估工作中被广泛采用。对于空气颗粒物的外暴露评估，通常采用环境监测、个体暴露直接监测、暴露模拟等手段。由于空气颗粒物组分复杂，目前尚难以找到一个非常合适的内暴

露生物标志。国外有个别研究报道了诱导痰中巨噬细胞内的碳颗粒和尿液中的碳颗粒可作为颗粒物的内暴露生物标志，但相关研究尚处于起步阶段，尚难以进行大规模运用。

（四）风险表征

风险表征是健康风险评估的最后一阶段，它是指综合危害识别、暴露一反应关系评估、暴露评估的结果，结合风险评估过程中的定量和定性信息，遵循风险特征的透明性、清晰性、一致性和合理性的原则，定量、定性地描述健康风险，以评估各种暴露情况下可能对人体健康产生的危害性，并最终提出具有指导性的完整结论，为政策的制定提供可靠科学依据。风险特征的任务包括：利用定性、定量以及不确定性信息整合危害识别、暴露反应关系、暴露评价的信息；提高评估的整体质量以及在风险评估和结论描述的可信度；描述个体或种群所可能受到伤害的范围和严重性；将风险评估的结果传达给风险管理者。

由于致癌和非致癌的暴露一反应评估存在着本质的区别，它们的风险特征也截然不同，分别以 Risk（风险）及 HQ（危害系数）表示。

对于致癌性物质而言，可以根据公式（12-1）计算其终生（以 70 岁计）超额风险：

$$R=1-\exp\left[-(Q\times D)\right] \tag{12-1}$$

式中：Q——根据人群流行病学调查资料直接计算得到的人的致癌强度指数；

D——个体单位体重日均暴露量，单位为 mg/（kg·d）；

R——因接触致癌物而患癌的终生概率（数值为 0—1），10^{-6}为可接受风险水平。

HQ 用于非致癌性物质的评价，是污染物浓度与不引起非致癌危害的参考浓度（标准限值或基准值）的比值，系数小于 1，表示该污染物的暴露水平低于参考值，并且不大可能产生健康危害。风险系数大于 1，表示该污染物的暴露大于参考值，因而其暴露的来源、路径和接触方式应当进一步评估。

在空气污染健康风险评估时，通常还需要估计人群中归因于空气污染的超额发病/死亡数或伤残调整寿命年损失（DALYS）。以流行病学研究中获得的相对风险（RR）计算人群中的发病/死亡病例可归因于空气污染的部分，计算公式为（12-2）：

$$D=P*M*(\mathrm{RR}-1)/\mathrm{RR} \tag{12-2}$$

式中：P——暴露人口数；

M——人群中的发病/死亡率；

RR——暴露于某水平的空气污染相对于参考值时的死亡风险。该参考值可以设定为标准限值、WHO 的 AQG、观察到危害的最低浓度值，或者 0 值。当流行病学文献没有直接报道 RR 值，如仅报道暴露反应关系系数（β）时，可采用指数一线性转换为相应的 RR 值。将超额的归因死亡/病例数，乘以相应的单位 DALYS，便得到空气污染导致的 DALYS 损失。

在进行风险特征计算后，需主要表达和描述下述情况的风险：①在总人群中具有高风险分布的人群；②重要的分组人群，如高暴露或高易感性的人群或个体；③全部的暴露人群。

即使应用最准确的数据和最精密的模型，在评价过程中也会存在不确定性。不确定性分为以下几种：①不能准确测量的变量，包括了由于仪器的限制或由于测量中的变化所造成的定量不准；②模型运用过程中的不确定性；③统计分析中的不确定性。对于空气颗粒物而言，因为相关的流行病学资料较为充分，一般不涉及从动物到人种属外推带来的不确定性。

二、空气颗粒物健康风险评估相关参数

（一）危害识别

对颗粒物健康危害进行识别时，应调研在毒理学、体外实验和流行病学方面的高质量文献。此外，还需考虑其在进入人体后将可能转化为其他代谢物，识别其可能产生危害的衍生物及其代谢产物，并识别其危害性。对于颗粒物这种组分复杂的混合物，且同时具有致癌性和非致癌毒性，在进行健康效应判定时，应明确是评价其致癌性的一面，还是非致癌性的另一面。同时，在条件允许的情况下，还需要对颗粒物各种致癌性和非致癌性组分，分别开展风险评估。

（二）暴露一反应关系评估

首先是以实验数据或流行病学数据作为基础，判别污染物及其组分是否有具有阈值效应。有阈值化学物质，则推估参考剂量或参考浓度（referencedose，RfD；referenceconcentration，RfC）；如为无阈值化学物质，则需查询斜率因子（slope factor，SF）或吸入途径单位风险因子（inhalation unit risk factor，IUR）。在线性暴露一反应关系评估中，理论上在没有暴露的情况下，不会产生不良反应。但是只要有暴露，不论剂量多少都会有不良反应产生。在使用模型模拟了暴露一反应数据后，得出基于终生暴露的该污染物的 SF，常用单位为 $[mg/(kg \cdot d)]^{-1}$。SF 的含义为在某种预测的速率下，随着暴露量的增加，肿瘤发病风险增加的可能性。SF 是最普遍应用的评价可能的人类致癌风险的毒性数据。一般情况下，SF 是一生中每摄入一个单位的化学物质引起可能性效应的近乎合理的评估上限。在环境健康风险评估中，SF 用于估计暴露于一定水平的可能致癌物后，个体终生发展为癌症的可能性上限值。对于空气颗粒物而言，IUR 计为持续暴露于空气中浓度为 1 $\mu g/m^3$ 的物质，估计终生超额癌症风险的上限值，IUR 的单位为 $(\mu g/m^3)^{-1}$。

在暴露一反应关系评估时，对于流行病学文献的选取，有三个一般性原则：优先采用具有较高质量、因果推论能力较强的研究；优先采用本地的流行病学研究；当本地无高质量流行病学研究时，可采纳本国其他代表性地区的研究结果（或其 Meta 合并结果），最后才选用国外的研究结果。当选用国外的研究结果时，需要尤为注意在我国的适用性，如国外低污染水平下获得的暴露反应关系未必适用于我国高污染的背景，国内外的颗粒物组分可能存在较大差别。

在暴露一反应关系评估时，还应注意区分拟评价的是短期暴露的急性效应，还是长期暴露的慢性效应。尽管两者之间有一小部分重叠，但慢性效应往往远大于急性效应，所以应优先选择基于慢性效应的暴露一反应关系。当该数据不可得时，才能选择急性效应的暴露一反应关系。

（三）暴露参数（exposure factor）

暴露参数是用来描述人体经呼吸道、消化道和皮肤暴露于环境污染物的行为和特征的参数。暴露参数是决定人体对环境污染物的暴露剂量和健康风险的关键性参数，具有明显的地域和人种特征。在环境介质中化合物浓度准确定量的情况下，暴露参数值的选取越接近于评价目标人群的实际暴露状况，则暴露剂量的评价越准确，相应的流行病学研究和健康风险评价的结果也越准确。暴露参数包括呼吸速率、行为活动模式、不同季节和地点的影响。

1. 呼吸速率　国内极其缺乏关于各类人群长期和短期暴露呼吸速率的报道，常常采用美国 EPA 等国际机构推荐的参数。近些年来，中国环境科学研究院的段小丽专家团队，通过对《中国居民膳食结构与营养状况变迁的追踪研究》的研究，采用人体能量代谢估算法，计算得到我国各个年龄段居民的呼吸速率，如表 12-1 所示。我国城市居民无论男性还是女性 18 岁以前的呼吸速率都低于美国居民，而 18 岁以后则相反，比美国高出 22%左右，其主要原因可能是成年人作为劳动力的主体，劳动强度比美

国成年人高，导致呼吸速率也比美国略高。总而言之，在评价我国成年居民呼吸暴露剂量和健康风险时，如果采用美国EPA发布的呼吸速率参数将可能造成22%左右的误差。

表12-1 我国居民的呼吸速率

年龄（岁）	性别	不同活动强度下的呼吸速率（m^3/h）						呼吸速率（m^3/d）
		休息	坐	轻微	中度	重度	极重	
<6	男	0.14	0.17	0.29	0.57	0.86	1.43	5.71
	女	0.14	0.17	0.28	0.56	0.84	1.40	5.58
6～18	男	0.29	0.35	0.59	1.18	1.77	2.94	11.78
	女	0.28	0.34	0.57	1.14	1.70	2.84	11.36
18～60	男	0.48	0.57	0.95	1.90	2.85	4.75	19.02
	女	0.35	0.43	0.71	0.42	2.13	3.54	14.17
>60	男	0.29	0.35	0.58	1.15	1.73	2.88	11.53
	女	0.26	0.31	0.52	1.04	1.55	2.59	10.36

2. 行为活动模式 人体与空气中污染物的暴露情况还取决于人体的行为活动情况。描述时间一活动模式数据的定量信息时通常需要估算在室内外各种活动中经历的时间。这类信息一般通过回忆问卷和日记记录人的活动和微环境来获取，还可使用全球定位系统提供个人的位置信息。与空气污染物暴露相关的时间一活动模式参数包括人体暴露于空气的频率和时间。比如，室内外的停留时间等。这些信息与文化、种族、爱好、住址、性别、年龄、社会经济条件及个人喜好等因素有关。依据中国环境科学研究院的研究成果，我国成人的时间、地点活动信息如表12-2所示。

表12-2 我国成人的时间、地点活动模式（h/d）

时间	室内活动		室外活动	车内活动	其他
	家中	工作单位			
工作日	13.7	5.6	3.3	0.4	1.0
周末	17.9	—	4.4	—	1.7

3. 不同季节和地点的影响 空气污染存在较强的时空变异性，因而不同的地点、室内外、不同季节的污染水平存在差异。由于人一般70%～90%的时间在室内度过，因而室内的空气污染暴露情况显得尤其重要。Ji等学者基于对北京市居民的实地测量和模拟的方法，发现当关窗时室外源对室内$PM_{2.5}$的贡献为54%～63%；当开窗时，室外源对室内$PM_{2.5}$的贡献高达92%。当开窗时室内源（烹饪、吸烟等）对室内$PM_{2.5}$的贡献仅为4%，而当关窗时，贡献比可高达37%～46%。因此，研究结果说明开关窗模式对空气污染的个体暴露估计具有重要影响，可对流行病学研究中的暴露测量准确度造成重要影响。Yu等基于模型的方法，比较了北京地区居民的PAH来源，结果显示对于低分质量PAH，有多达85%的比例来源于食物，对于高分子量PAH，有57%的比例来自吸入暴露；对于低分子量PAH，气相和固相PAH均是重要的吸入暴露来源；对于高分子量PAH，固相是主要的来源。室内污染是个体暴露于空气污染的重要来源。Chen等同时测量了山西省的一批农村居民室内外PAH污染状况，结果发现室内空气中高分子量的PAH较高，颗粒相PAH在$PM_{2.5}$中含量最高，且使用生物燃料的厨房里含量高于其他地方。对于室外环境，Yan等比较了不同的北京市不同交通环境的颗粒物及其中的

PAH 浓度，结果显示在空调公交车和地面轻轨里颗粒物数量浓度较高，在地下轻轨的颗粒物质量浓度较高。与颗粒物质量浓度不同，地面交通的颗粒物质量浓度在午后最高。行人暴露于颗粒相 PAH 的水平是公交和地铁的 2～7 倍。空气污染物一般存在冬季高于夏季的现象。颗粒物中的致癌性成分 PAH 因而也呈现出较强的季节分布特征，Yue 等在太原的研究发现冬季颗粒物中的 PAH 最高，致癌风险和致癌强度最高。

4. 室内外渗透系数 人一般有 70%以上的时间待在室内，因而室内的颗粒物暴露对评价个体的综合暴露水平至关重要。仅依赖于室外监测或模拟的暴露水平并不能真实反映个体的综合暴露水平。然而，颗粒物从室外到室内的传输过程，受到开关门/窗、墙体缝隙、通风系统等的影响，存在不同程度的衰减情况。因而研究颗粒物的室内外渗透系数具有重要的现实意义。复旦大学在上海的研究发现，$PM_{2.5}$在夏季的渗透系数为 0.86，在冬季的渗透系数为 0.82，建筑类型和开关窗模式的影响比较大。中国疾控中心在北京的研究发现，在供暖季 $PM_{2.5}$渗透系数为 0.54，在非供暖季的渗透系数为 0.70；户外温度、开关窗和空调使用是重要的影响因素。

（四）暴露评价

精准的暴露评价工作是空气颗粒物健康风险评估的基石和保障。常用的方法包括，直接利用空气质量常规监测体系、社区加密监测点、土地利用回归模拟、卫星遥感反演等，最终建立家庭住址外的空气污染预测模型。当条件允许的时候，也可以采用暴露生物标志进行评价，但目前尚无成熟的技术可准确检测空气颗粒物的暴露生物标志。

1. 土地利用回归模型 土地利用回归模型（land use regression model，LUR）是基于当地的固定监测污染物浓度、土地利用信息、交通路网及流量、人群分布、气象、地理、绿化等数据，实现对区域内污染物浓度分布的预测方法。LUR 有几个重要的成分：监测数据、地理预测、模型的开发和验证。其中，监测点的选择应尽可能地反映污染物浓度的变化。目前大多数研究中，监测点的数量在 20～100个之间。国外已有为数不少的流行病学研究运用 LUR 预测的 PM 和 NO_2浓度，建立了空气污染长期暴露与人群不良健康结局的关系。国外的经验显示，LUR 预测的污染物浓度一般能解释 60%～85%（即 R^2在 60%～85%之间）的区域空气污染物浓度变化情况，高于传统的统计学差值模型，如 Kriging 法。

LUR 模型被认为是实现空气污染物长期暴露空间分布估计的最佳方法之一，但是我国目前尚无流行病学研究利用 LUR 模型估计空气污染暴露与人群健康结局的关系。此外，LUR 也有一些不足之处：①时间分辨率较低，因而难以运用在急性效应研究中；②不能反映污染物浓度的局部或短时极端变化，比如交通干道附近的空气污染浓度可出现明显的时间变化趋势；③进入模型的变量可能会导致一些混杂。

在国内，目前 LUR 的应用还很少，仅天津和上海有相关研究报道。Chen 等学者模拟了天津市 2006 年空气污染物浓度在 10 km×10 km 范围内的空间分布。结果显示，对 NO_2的预测效率在供暖季（R^2＝0.74）高于非供暖季（R^2＝0.61），对 PM_{10}的预测效率也是在供暖季（R^2＝0.72）高于非供暖季（R^2＝0.49），且在市区的预测效率高于郊区。在模型输入变量中，增加工业点源排放信息后，对全年 NO_2和 PM_{10}的模型预测效率（R^2）分别增加至 0.89 和 0.84。Meng 等学者运用 LUR 在上海建立了 2008 年到 2011 年的 NO_2空间分布模型（5 km×10 km），输入变量包括道路长度、工业源数量、农业面积、人口计数。模型 R^2为 0.82，高于空间插值模型算得的 R^2。

2. 卫星遥感反演技术 近几年来，卫星遥感反演技术在空气环境监测中的应用越来越多，其主要的原理是通过利用卫星测量空气散射、吸收和辐射的光谱特征值，反演出气溶胶光学厚度（AOD），从

而识别出空气组分及其含量，实现空气污染物监测。目前最常采用的 AOD 来自于美国宇航局 Terra 和 Aqua 卫星上搭载的中分辨率成像光谱仪（MODIS）所测量的数值。AOD 已被证实可良好估计近地面的颗粒物浓度水平。无论从全球、国家、地区，还是城市内部等多个尺度，均有研究显示 AOD 与近地面的颗粒物浓度水平存在高度的统计学相关性。遥感技术在环境监测中具有时间分辨率高、范围广、速度快、成本低，且便于进行长期性、周期性的动态监测等优点。但是，AOD 与颗粒物的关系还受到多个具有时间趋势的变量影响，如气象、颗粒物垂直和昼夜分布特征、颗粒物光谱特征等。

我国以 AOD 预测近地面空气污染浓度的研究并不多，其中主要集中在对颗粒物的预测。比如，Guo 等学者运用 MODIS 来源的 AOD 数据反演出我国华东地区 2007 年的 PM_{10} 浓度分布地图；Zheng 等学者基于 MODIS 来源的 AOD 数据模拟出珠江三角洲城市群地区的 PM_{10} 浓度地理分布和时间分布；Wang 等学者的研究发现，在校正垂直高度和湿度后，可提高 AOD 预测颗粒物的统计学效率。AOD 也可以应用于气态污染物的预测中。近年来，李令军利用 MOPITT 卫星资料及近地面监测数据，研究了北京奥运前后空气 CO 柱浓度及近地面质量浓度的分布及变化规律，发现 2008 年受奥运空气质量保障措施的影响，北京及周边五省市空气中 CO 柱浓度及近地面质量浓度同时大幅降低（分别为 19.3%和 46.7%，$p<0.05$）。余环等利用 Aura 卫星搭载的 OMI 仪器观测反演得到 2008 年奥运会期间华北地区的对流层 NO_2 柱浓度，发现在实施奥运空气质量保障方案后，北京市 NO_2 柱浓度（10×1 015 分子/cm^2）明显低于周边城市天津和唐山（分子数为 15×1 015～20×1 015 个/cm^2，而 2005—2007 年同期三城市浓度则大致相同），且在奥运期间（2008 年 7—8 月）下降了约 40%，证明了实施相关空气质量保障方案具有显著性效果。最近，Meng 等综合了卫星遥感反演、土地利用和气象数据，建立了混合效应模型，能以时空分辨率预测上海地区的 PM_{10} 浓度。

关于暴露评价的具体方法和案例介绍，请详见本书第二章“空气颗粒物的人群暴露评价”有关内容。

三、我国空气颗粒物健康风险评估案例介绍

国内外不少机构和学者评估了空气颗粒物的健康风险。尽管具体估计数字存在一定差别，但都反映了我国空气颗粒物对人群健康造成的重大损失。由于死亡是最稳定、最精确的健康结局，被最常用来评估空气污染的健康风险。

（一）全球疾病负担评估中的颗粒物健康风险评估结果

1990 年，WHO 首次发布了“全球疾病负担”（global burden of disease，GBD）评估报告，此后每隔十年发布一次，目的是了解人类疾病模式的转变规律，明确影响健康的主要危险因子，强调关注疾病负担较高的健康风险，制定恰当的公共政策，降低人群暴露风险给人类带来的潜在健康收益。自 2010 年起，GBD 每隔 2～3 年便会更新一下评估结果。GBD 主要选择 $PM_{2.5}$ 作为空气污染的指示物。在 2010 年和 2015 年发布的报告中，预计我国每年因 $PM_{2.5}$ 污染而过早死亡的人数分别为 120 万和 110 万。

GBD 对空气污染的评估有两个突出的优点：①在暴露评估方面，基于卫星遥感的气溶胶光学厚度数据和全球空气化学传输模型得到全球每个地理单元（近似 11km×11km）近地面空气中的 $PM_{2.5}$ 预测浓度，取两种估计值的算术平均，然后经地面 $PM_{2.5}$ 实测浓度校正，预测得到全球每个地理单元的 $PM_{2.5}$ 浓度水平。②采用了整合的暴露反应关系曲线。由于现有的 $PM_{2.5}$ 与慢性健康危害的流行病学证据多来源于 $PM_{2.5}$ 年平均浓度在 5～30 $\mu g/m^3$ 的发达国家，而污染程度较高的发展中国家却缺乏相应的研究。GBD 研究者将收集到的 $PM_{2.5}$ 与下呼吸道感染、呼吸道癌症、缺血性心脏病、脑血管病和慢性

阻塞性肺疾病的暴露反应关系，结合吸烟等高浓度场景的队列研究成果，以研究当地的 $PM_{2.5}$ 年均浓度为幂，允许该暴露反应关系函数按指数函数形式衰减。以指数函数化的暴露反应关系为基础，依据各地区的 $PM_{2.5}$ 污染水平截取不同的暴露反应关系系数进入健康风险评估。

（二）国内颗粒物健康风险评估结果

复旦大学的学者利用国内外流行病学研究报道的暴露反应关系，评估了我国 113 个环保重点城市的可吸入颗粒物（PM_{10}）导致的健康风险。结果显示，2006 年，PM_{10} 污染可导致 29.97 万例过早死亡、9.26 万例慢性支气管炎、762.51 万例内科门诊、16.59 万例心血管疾病住院和 8.90 万例呼吸系统疾病住院。复旦大学的研究团队，还应用伤残调整寿命年，评价了我国全部城市地区空气 PM_{10} 污染的人群健康效应。结果显示 2006 年空气颗粒物能引起我国城市居民（50.66±9.52）万例早逝，(15.66±4.12)万例慢性支气管炎患者、（1264.05±522.97）万例内科门诊患者、（9.99±5.04）万例心血管疾病住院患者和（7.20±0.82）万例呼吸系统疾病住院患者。

近年来，亦有其他研究利用 GBD 中所用的整合暴露反应关系，评估了我国空气污染的归因死亡。基于 GBD 得到 RR 值，Liu 等估计了我国空气污染在 1990 年可造成 92.6 万人死亡，到 2010 年时每年可造成 123.5 万人死亡。25 岁以上人群，脑中风死亡中有 35％可归因于 $PM_{2.5}$，缺血性心脏病死亡、肺癌死亡和 COPD 死亡的归因比例分别为 29.9％、27.2％和 21.0％。Song 等估计我国 2015 年的总死亡中有 15.5％可归因于 $PM_{2.5}$ 污染，约为 150 万人，高于 GBD 的估计结果；各死因中，脑中风、急性下呼吸道感染、缺血性心脏病、肺癌和 COPD 分别有 40.3％、33.1％、26.8％、23.1％和 18.7％归因于 $PM_{2.5}$ 污染。

空气颗粒物的健康风险评价有时还包括了健康经济损失评价。详见本书第十一章“空气颗粒物的人群疾病负担”中有关内容。

第二节　颗粒物组分的健康风险评价

空气颗粒物组分复杂，各组分的构成比例不一，毒性也存在较大差异，因而各组分的健康风险也存在较大差异。因资料所限，目前健康风险评价中关注较多的是多环芳烃和重金属组分。

一、多环芳烃

空气中的多环芳烃（polycyclic aromatic hydrocarbon，PAH）主要来源于各种含碳的有机物的热解和不完全燃烧，如煤、木柴、烟叶和石油产品的燃烧，烹调油烟以及各种有机废物的焚烧等。空气中的大多数 PAH 吸附在颗粒物表面，尤其是小于 5 μm 的颗粒物上，大颗粒物上的 PAH 很少。PAH 可与空气中的其他污染物形成二次污染物。例如，PAH 与空气中的 NO_2 或 HNO_3 形成硝基 PAH，后者由直接致突变作用。PAH 中有强致癌性的多为四到七环的稠环化合物。由于苯并［a］芘（BaP）是第一个被发现的环境化学致癌物，且致癌性很强，故常作为 PAH 的代表。BaP 占空气中致癌性 PAH 的 1％～20％。不同类型的 PAH 致癌活性依次为：BaP＞二苯并（a，h）蒽＞苯并（b）荧蒽＞苯并（j)荧蒽＞苯并（a）蒽。还有研究表明，一些 PAH 还有免疫毒性、生殖和发育毒性。

BaP 是唯一被证实可引起肺癌的 PAH。同时暴露在香烟烟雾、石棉、颗粒物等可增强致癌活性。BaP 需要在体内代谢活化后才能产生致癌作用。目前的研究认为，BaP 进入人体后，只有少部分以原形从尿或经胆汁随粪便排出体外。大部分经肝、肺细胞微粒体中的 P450 氧化成环氧化物。

流行病学研究显示，肺癌死亡率与空气中 BaP 水平呈显著正相关。李永红等对我国五城市空气

PAHs 污染水平的研究显示，五城市空气 PAHs 污染水平及其致癌和致突变风险具有一定的季节变化性。南京、武汉、深圳、哈尔滨和太原空气 PAHs 污染所致成人和儿童的终生致癌超额危险度分别为 1.09×10^{-4} 和 6.98×10^{-5}，5.37×10^{-5} 和 3.40×10^{-6}，0.80×10^{-6} 和 0.50×10^{-6}，1.75×10^{-6} 和 1.11×10^{-6}，1.67×10^{-5} 和 1.06×10^{-6}。焦海涛等对济南两社区空气中的多环芳烃研究表明，王舍人社区和十六里河社区空气 BaP 浓度为 8.37 ng/m^3、3.18 ng/m^3，分别是国标的 3.3 倍和 1.3 倍；两社区空气 PAHs 污染所致成人、儿童的终生致癌超额危险度分别为 0.73×10^{-5}、0.51×10^{-5} 和 0.22×10^{-5}、0.16×10^{-5}。费勇通过对湖州市空气多环芳烃的研究发现湖州市成人和儿童的超额致癌风险水平高于日常活动风险，其中成人超额致癌风险水平高于儿童。成人预期寿命损失为 44.5 分钟。冯利红对天津市空气多环芳烃的研究结果发现，天津市城区 $PM_{2.5}$ 中多环芳烃总浓度为 180.93 ng/m^3，总毒性等效浓度为 16.583 ng/m^3；农村 $PM_{2.5}$ 中多环芳烃总浓度为 1540.47 ng/m^3，总毒性等效浓度为 81.027 ng/m^3。城区和农村空气 $PM_{2.5}$ 中多环芳烃污染所致成人和儿童非致癌风险均较低，致癌风险农村地区（2.2×10^{-5}）高于城区（4.6×10^{-6}），农村地区致癌风险成人（2.2×10^{-5}）高于儿童（1.0×10^{-5}）。林海鹏等对宣威市空气中多环芳烃的研究发现，来宾镇和热水镇室内空气中 B [a] P 浓度严重超标，超标倍数分别为 132 倍和 64 倍；来宾镇室外空气中 B [a] P 浓度超标 3.7 倍；同 1979 年调查结果相比，两镇室内污染水平有所降低，但室外污染程度有所增加。当地成人和儿童的人群终生致癌超额危险度分别为 7.074×10^{-5} 和 4.877×10^{-5}，同 1979 年调查的污染水平相比，均降低一个数量级，但仍高于可接受水平（10^{-6}），且成人的致癌风险是儿童的 1～2 倍。宣威市室内空气多环芳烃污染严重，人群终生致癌超额危险度高于可接受水平。

我国 PAH 健康风险评价模型的主要包括暴露模型、毒性模型、风险模型、无阈模型 4 种。

（一）暴露模型

是针对人群暴露于介质中有害因子强度、频率、时间进行测量、估算或预测风险的过程。它分为非致癌类和致癌类，其健康风险评价建立在暴露评价的基础上，结合暴露一反应关系的相关因子进行计算。模型特点是暴露途径主要分为呼吸道、消化道和皮肤 3 种途径，暴露评价通过长期日暴露量（CDI）表征，需要输入的参数为污染物暴露参数，如暴露浓度（C）、暴露频率（EF）、暴露时间（ED）等，其目的是推导致癌斜率因子（SF）。这一方法的优点在于数据是较准确的实测数据，在数据全面、翔实的情况下，能建立暴露量与 PAHs 浓度之间的直接联系，且能够在不同人群中进行应用。但此方法需要进行大量 PAHs 浓度监测，人力、物力的不足难以克服。

（二）毒性模型

是采用具有致癌作用的苯并 [a] 芘（Bap），计算以 BaP 为参照的 PAHs 致癌等效浓度（TEQ）和致突变等效浓度（MEQ）。模型特点是计算 8 种 PAHs 的污染水平和致癌、致突变等效因子，因此该方法比单纯用 BaP 为代表来评价会更加准确和全面。但在监测过程中，有些城市监测不到相关物质的浓度，使得风险评价不够准确。

（三）风险模型

是指利用动物或人的定量资料，计算暴露产生的人群或目标人群危害风险，其将污染物分为基因毒物质和躯体毒物质，前者包括致癌类化学有毒物质和放射性污染物，后者为非致癌类化学有毒物质。风险模型特点为各种毒物对人体健康危害的毒性作用呈相加关系，而不是协同或拮抗关系，模型风险值为非化学致癌物质和化学致癌物质的总和。风险模型评价为健康风险管理提供了一个方便、统一的评价方法，但目前主要以动物为研究对象，对人的研究较少，特别是我国该方面研究基础比较薄弱。该模型采用国际辐射防护委员会（ICRP）推荐的 PAHs 健康危害最大年风险度可接受值（5.0×10^{-5}/

年）或瑞典环保局、荷兰建设和环境部推荐的最大可接受水平（1.0×10^{-6}/年）。

（四）无阈模型

是根据美国 IRIS 数据资料和 WHO 评价化学物质致癌性编制的分类系统，BaP 等无阈致癌化合物通过消化道、呼吸道进入人体所引起的健康风险评价模型，全称为无阈化学污染物健康风险评价模型。此类模型通常与毒性模型结合运用，日均暴露剂量（ADD）取决于环境介质中的 PAHs 浓度，如果浓度能准确定量，暴露参数值的选取越接近于实际毒性状况，则无阈模型健康评价结果越准确。无阈模型计算简单，便于操作；但由于毒理学和流行病学资料不完善，暴露参数因人而异，会给评价结果带来误差。

总之，我国进行了不少 PAHs 人体健康风险评价。然而，我国 PAHs 风险评价研究与国外相比还存在一定差距，主要包括以下几点：①目前我国尚无可供参考的相关暴露参数标准或手册，评价模型都是以引用国外模型为主，由于地域、人种及环境的差异，模型引用的参数能否代表和符合中国人群和环境的特征、是否存在健康风险评价结果的误差等还需验证；②缺乏颗粒物中 PAH 致癌的强有力流行病学证据；③我国环境中 PAHs 对人体健康的风险研究应受到足够重视，从研究区域、介质、手段上进一步加强。

二、重金属

金属元素是空气颗粒物的重要组成部分，主要来源包括自然源（火山喷发、风蚀、森林火灾和海洋等）和人为源（燃料燃烧、冶金工业、机动车尾气和垃圾焚烧等）。空气颗粒物中 75%～90%的重金属分布于 PM_{10} 中，一般粒径越小，重金属含量越高，对人体直接危害越大。空气颗粒物重金属通过呼吸进入人体后，可造成各种人体机能障碍，导致身体发育迟缓，甚至引发各种癌症。空气颗粒物中金属元素的健康危害风险水平已经引起人们普遍关注。

自 20 世纪 50 年代日本水俣湾发生第一次汞中毒事件后，对重金属的健康风险评价显示，重金属的年均超额危险度大小依次为 As＞Cr＞Cd＞Ni＞Pb＞Mn＞Zn＞Cu＞Hg。以铅为例，城市中的铅污染主要来自于含铅汽油的使用。含铅汽油燃烧后 85%的铅排入空气，机动车尾气排放对空气铅污染的贡献率高达 80%～90%。此外，来自铅锌矿开采冶炼、铅冶炼厂、蓄电池厂是城乡空气铅污染的又一重要来源。据统计，我国近十年来已累计有 15 000 吨铅排入空气、水环境中。据估计，空气铅浓度每升高 1 $\mu g/m^3$，血铅浓度将升高 50 $\mu g/L$。空气铅污染对城乡居民，尤其是儿童健康已产生了不良影响。2004 年实施的一项我国 15 城市 0～6 岁儿童血铅水平调查显示，儿童血铅的平均水平为 59.52 $\mu g/L$，血铅水平大于 100 $\mu g/L$ 的儿童占 10.45%。

我国许多学者对空气颗粒物中金属元素健康风险进行了研究。李敏等分析了广州市空气 $PM_{2.5}$ 中重金属污染。结果显示，广州番禺区空气 $PM_{2.5}$ 年均浓度为 5.03×10^{-2} mg/m^3 是 GB 3095—2012《环境空气质量标准》二级标准限值的 1.4 倍；$PM_{2.5}$ 中 9 种重金属元素的年均浓度范围为 5.10×10^{-8}～5.98×10^{-4} mg/m^3，由高到低依次为 Zn＞Pb＞Mn＞Cu＞As＞Ni＞Cr＞Cd＞Hg；As 浓度为 9.52×10^{-6} mg/m^3，是标准限值的 1.6 倍，Cd、Pb 低于限值，Hg 远低于限值。非致癌金属 Pb、Hg、Zn、Cu 和 Mn 对呼吸暴露人群的终生超额危险度在 1.28×10^{-10}～1.44×10^{-8} 之间，由高到低依次为 Pb＞Mn＞Zn＞Cu＞Hg，儿童＞成年男性＞成年女性；致癌金属 As、Cd、Cr 和 Ni 的终生患癌超额危险度在 2.92×10^{-8}～7.06×10^{-6} 之间，低于人群癌症风险阈值（10^{-4}），由高到低依次为 As＞Cr＞Cd＞Ni，成年男性＞成年女性＞儿童。杜金花等分析了深圳市 $PM_{2.5}$ 重金属健康风险。结果显示，致癌污染物 As、Cd、Cr、Ni 对成年男性的致癌风险最大，其次是成年女性和儿童；非致癌污染物 Pb、Hg、Zn、

Cu 和 Mn 对儿童的风险最大，其次是成年男性和成年女性。杨保华等分析了长沙市 $PM_{2.5}$ 中 As 与 Cd 致癌风险以及 Pb 和 Hg 非致癌风险。表明 Cd、Pb 和 Hg 超额危险度均低于可接受风险水平，而 As 超额危险度已接近风险水平，说明 As 是主要的潜在健康风险污染物。王文全等在乌鲁木齐市采暖季 PM_{10} 和 $PM_{2.5}$ 中 Cd 健康风险研究中。结果显示，PM_{10} 和 $PM_{2.5}$ 中 Cd 致癌风险均处于可接受水平。王钊等分析了天津市某社区老年人暴露于 $PM_{2.5}$ 中痕量元素的健康风险。结果显示，V、Cr、Mn、Cu、Zn 和 Pb 非致癌风险水平均小于 1，理论风险小；As 和 Cd 致癌风险超过了 1×10^{-6}，对人体健康风险不容忽视。李丽娟等分析了太原市采暖季 $PM_{2.5}$ 中重金属健康风险。结果显示，暴露途径以手口摄食为主，皮肤接触居中，呼吸吸入最小，儿童暴露风险高于成年人；$PM_{2.5}$ 中重金属不存在致癌风险，具有非致癌风险，儿童非致癌风险为 2.94，是成年人的 1.39 倍。胡子梅等分析了上海市 $PM_{2.5}$ 中重金属的健康风险。结果显示，5 种重金属（Cd、Cu、Pb、Zn、Cr）对成年男性的健康风险最大，其次为成年女性，对儿童青少年的健康风险最小；Cd 和 Cr 的风险指数高于 Cu、Pb 和 Zn。于云江等评价了兰州市 PM_{10} 中重金属的健康风险。结果显示，不同年龄段男性健康风险高于女性，儿童高于成年人，男性儿童致癌风险最高；夏季致癌风险和非致癌风险均在可接受水平内，冬季致癌风险高于 1×10^{-4}，所造成预期寿命损失为 0.51～2.17 d。针对特定污染场地环境和特殊情景，空气颗粒物中金属元素健康风险评价也不容忽视。董婷等对焦化厂 PM_{10} 中重金属健康风险进行评价。结果发现，成年人致癌风险高于儿童，而儿童非致癌风险高于成年人；工业区和学校致癌风险较大，居民区非致癌风险不容忽视；Cd、Cr 和 As 致癌风险较大，Mn 非致癌风险较大。汤驰等分析了机场周边 PM_{10} 中重金属的健康风险。结果显示，成人不存在非致癌风险，儿童存在非致癌风险；成人和儿童均存在致癌风险；Cr 是产生致癌和非致癌风险的主要重金属元素。

总之，我国空气颗粒物中金属元素健康风险评价主要集中在 PM_{10} 和 $PM_{2.5}$ 等单一粒径风险评价，评价的区域主要集中在典型城市、热点地区、特定场地环境等。

第三节　问题与展望

空气颗粒物的健康风险评价越来越多地应用于政策发展、公共卫生政策的制定、环境规章制度的建立和研究计划等方面。健康风险评价亦在成本一效益分析、成本一效果分析和风险交流等领域也起着重要作用。它在为流行病学、毒理学、临床医学、环境暴露评价等各个领域的风险定量评价提供各种信息的同时，也为风险分析带来了很多不确定性。我国当前的空气颗粒物健康风险评价亦存在一些亟待解决的问题。

首先，风险定量评价过程中一个重要的不确定性即来源于单位风险或暴露一反应关系函数的使用。与实验室研究不同，流行病学提供了基于真实情况下的人类研究证据，避免了动物实验中通常需要的种属和暴露剂量的外推过程，因此可以看作是健康风险评价的更合理资源。然而，应用基于流行病学研究的危险因素与人群健康效应之间定量关系时需考虑流行病学研究固有的局限性，如统计效能、偏倚、混杂以及无法控制的效应修饰作用。尤为重要的一点是，现有的颗粒物健康风险评估所用的暴露反应关系大多来自发达国家的研究结果，然而我国在颗粒物污染水平、理化特征、毒性大小、人群暴露模式和敏感性等方面均与发达国家存在明显差异，直接套用发达国家的流行病学研究结果显然会对我国的颗粒物健康风险评价带来重大挑战。我国目前已有数个大气污染前瞻性队列研究在开展，预期所得的颗粒物与居民死亡的暴露-反应关系将为我国未来的颗粒物健康风险评估提供坚实的基础。

其次，毒理学、临床和其他领域的研究数据在健康危险度特征分析、风险估计和因果关系的理解方面往往发挥着至关重要的作用。对于许多环境因素，合适的流行病学数据可能很少，因而风险分析

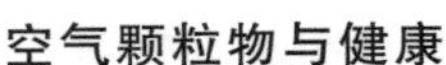

可能仅仅使用动物实验相关的研究数据。风险评价的时间跨度和相关的健康结局也会影响评价的不确定性。因此，对将来影响深远的环境变化进行风险评估可能会有更大的不确定性。与急性和亚慢性健康效应相比，具有较长潜伏期和临床前期的慢性健康结局的公众健康风险评价可能会更加困难。因此，我们应审慎对待那些基于动物毒理实验得出的颗粒物健康风险评估结果，并尽量弥补在人群流行病学上的研究空白。

最后，美国环保署曾经评估，在颁布《空气清洁法案》*Clean Air Act* 后，1990—2020 年间美国由于居民健康状况改善而获得的经济收益达 20 万亿美元，该评估为美国进一步加强空气质量管理、持续改善空气质量提供了强有力的支持。但我国尚缺少此类分析。我国需加强宏观经济评价方法学、环境政策与健康影响综合评价模型研究，模拟不同环境政策情景及其健康效应对国民经济系统的综合影响，帮助决策者在充分考虑环境对策对促进可持续发展的杠杆作用的前提下，优选能够在保证相对较大健康效益的同时、对我国经济增长负面影响较小的环境政策。

（陈仁杰）

参考文献

中　文

[1] 袭著革,李官贤,孙咏梅,等.烹调油烟雾诱导核酸氧化损伤及其标志物 8-羟基脱氧鸟苷的形成机制[J].环境与健康杂志,2003,20(5):259-262.

[2] 王秋林,王浩毅,王树人.氧化应激状态的评价[J].中国病理生理杂志,2005,21(10):2069-2074.

[3] 姜薇,赵晓红.大气可吸入颗粒物对肺组织损伤机制的研究进展[J].生命科学,2007,19(1):78-82.

[4] 郭潇繁,王汉宁,李典,等.空气颗粒物诱发哮喘的免疫调控机制研究进展[J].环境卫生学杂志,2008,35(5):264-267.

[5] 陈仁杰,陈秉衡,阚海东.我国 113 个城市空气颗粒物污染的健康经济学评价[J].中国环境科学,2010,30(3):410-415.

[6] 陈仁杰,陈秉衡,阚海东.应用伤残调整寿命年评价我国城市空气颗粒物污染的人群健康效应[J].中华预防医学杂志,2010,44(2):140-143.

[7] 高知义,李朋昆,赵金镯,等.大气细颗粒物暴露对人体免疫指标的影响[J].卫生研究,2010,39(1):50-52.

[8] 王文,张维忠,孙宁玲,等.中国血压测量指南[J].中华高血压杂志,2011,6(12):1101-1115.

[9] 杨克敌.环境卫生学[M].7 版.北京:人民卫生出版社,2012.

[10] 杨克敌,郑玉建.环境卫生学[M].7 版.北京:人民卫生出版社,2012.

[11] 吴少伟.大气 $PM_{2.5}$ 污染对健康个体呼吸和心血管系统影响的追踪研究[D].北京:北京大学,2012.

[12] 周明娟,郑劲平.肺功能检查临床实用方法指标及含义[J].中国实用内科杂志,2012,32(8):575-577.

[13] 黄山.心脏标志物临床与检验[M].1 版.北京:人民卫生出版社,2012.

[14] 马依彤,霍勇.心脏标志物临床应用进展[M].2 版.北京:人民卫生出版社,2013.

[15] 李丽娟,温彦平,彭林,等.太原市采暖季 $PM_{2.5}$ 中元素特征及重金属健康风险评价[J].环境科学,2014,35(12):4431-4438.

[16] 韩建彪,张志红,童国强,等.太原市大气 $PM_{2.5}$ 对哮喘患者炎症因子的影响[J].环境与健康杂志,2014,31(3):229-231.

[17] 王舜钦,杨钊,王慢想,等.机动车尾气污染对儿童神经行为功能影响的因子分析[J].环境与健康杂志,2014,31(12):1035-1038.

[18] 曾强,李国星,潘小川,等.大气污染与不良妊娠结局关系的研究进展[J].中华流行病学杂志,2014,35(10):1172-1176.

[19] 彭明军,曾其莉,岳苗苗,等.市场抽样口罩对空气 $PM_{2.5}$ 防护效果研究[J].中国消毒学杂志,2014,31(9):942-944.

[20] 牟喆,彭丽,杨丹丹,等.上海市天气和污染对儿童哮喘就诊人次的影响[J].中国卫生统计,2014,31(5):827-829.

[21] 许嘉.基于化学组分和来源解析的颗粒物室内外相关性及健康风险研究[D].南开大学,2014.

[22] 吴等等,宋志文,王琳,等.人工湿地污水处理系统春季空气微生物群落结构分析[J].中国环境科学,2014,34(12):3164-3174.

[23] 杨果.大气细颗粒物对大鼠呼吸系统急性损伤及生物标志物研究[D].苏州大学,2014.

[24] 邓兰.哈尔滨市冬季 $PM_{2.5}$ 影响因素分析[D].东北林业大学,2015.

[25] 龙燕,洪新如,孙庆华.空气颗粒物对妊娠和胎儿发育的影响[J].中华围产医学杂志,2015,18(1):57-60.

[26] 刘菁,刘学东,赵伟业,等.吸入 $PM_{2.5}$ 颗粒与气管内滴注 $PM_{2.5}$ 混悬液建立大鼠慢性阻塞性肺疾病模型的比较[J].中国临床医学,2015,22(4):482-485.

[27] 中华人民共和国国家统计局．2015 年中国统计年鉴[M]. 北京：中国统计出版社，2015.

[28] 郭新彪，杨旭．空气污染与健康[M]. 武汉：湖北科学技术出版社，2015.

[29] 刘世炜，周脉耕，王黎君，等．1990 年与 2010 年中国归因于室外空气污染的疾病负担分析[J]. 中华预防医学杂志，2015，49(4)：327-333.

[30] 郝吉明，尹伟伦，岑可法. 中国大气 $PM_{2.5}$ 污染防治策略与技术途径[M]. 北京：科学出版社，2016.

[31] 钱旭君，沈月平，贺天锋，等. 宁波市空气颗粒物与人群因心脑血管疾病死亡的时间序列研究 [J]. 2016，37(6)：841-845.

[32] 孙路遥，王继忠，彭书传，等. 暴露组及其研究方法进展[J]. 环境科学学报，2016，35(1)：27-37.

[33] 刘小凯，魏永杰，张保荣，等. 高浓度大气 PM 笛混悬液对大鼠鼻黏膜及上颌窦黏膜影响研究[J]. 口腔颌面修复学杂志，2017，18(3)：168-172.

[34] 赵利芳，张书源，佟金龙，等. $PM_{2.5}$ 和 SO_2 复合暴露对大鼠心脏病理学及炎症因子表达的影响[J]. 环境科学学报，2017，37(5)：2006-2011.

[35] 李鸿涛，祁建华，董立杰，等. 沙尘天气对生物气溶胶中总微生物浓度及粒径分布的影响[J]. 环境科学，2017，38(8)：3169-3177.

[36] 殷鹏，蔡玥，刘江美，等. 1990 与 2013 年中国归因于室内空气污染的疾病负担分析[J]. 中华预防医学杂志，2017，51(1)：53-57.

[37] 中华人民共和国环境保护部．2013-2016 中国环境状况公报．2014-2017.

英　　文

[1] Clancy L, Goodman P, Sinclair H, et al. Dockery D W Effect of air-pollution control on death rates in Dublin, Ireland: an intervention study [J]. Lancet.. 2002, 360(9341): 1210-1214.

[2] World Bank. Cost of pollution in China [R]. Washington D C: World Bank. 2007.

[3] Sun R, Gu D. Air Pollution, Economic development of communities, and health status among the elderly in urban China [J]. Am J Epidemiol. 2008, 168: 1311-1318.

[4] Langrish J P, Mills N L, Chan J K, et al. Beneficial cardiovascular effects of reducing exposure to particulate air pollution with a simple facemask[J]. Part Fibre Toxicol. 2009, 6(1): 8.

[5] Wilhelm F D, Jr A S, Possamai F P, et al. Antioxidant therapy attenuates oxidative stress in the blood of subjects exposed to occupational airborne contamination from coal mining extraction and incineration of hospital residues[J]. Ecotoxicology. 2010, 19(7): 1193.

[6] Wu S, Deng F, Niu J, et al. Association of heart rate variability in taxi drivers with marked changes in particulate air pollution in Beijing in 2008[J]. Environ Health Perspect. 2010, 118(1): 87-91.

[7] Li G, Zhou M, Cai Y, et al. Pan X Does temperature enhance acute mortality effects of ambient particle pollution in Tianjin City, China [J]. Sci Total Environ. 2011, 409(10): 1811-1817.

[8] Crouse D L, Peters P A, Van Donkelaar A, et al. Risk of nonaccidental and cardiovascular mortality in relation to long-term exposure to low concentrations of fine particulate matter: a Canadian national-level cohort study [J]. Environ Health Perspect. 2012, 120(5): 708-714.

[9] Dong GH, Qian Z M, Xaverius P K, et al. Association between long-term air pollution and increased blood pressure and hypertension in China [J]. Hypertension. 2013, 61(3): 578-584.

[10] Yang G, Wang Y, Zeng Y, et al. Rapid health transition in China, 1990-2010: findings from the Global Burden of Disease Study 2010[J]. Lancet. 2013, 381(9882): 1987-2015.

[11] Chen Y, Ebenstein A, Greenstone M, et al. Evidence on the impact of sustained exposure to air pollution on life expectancy from China's Huai River policy[J]. Proc Natl Acad Sci U S A. 2013, 110(32): 12936-12941.

[12] Gong J C, Zhu T, Kipen H, et al. Malondialdehyde in exhaled breath condensate and urine as a biomarker of air pollution induced oxidative stress[J]. J Expo Sci and Environ Epidemiol. 2013, 3(3): 322-327.

[13] Lin L Y, Chuang H C, Liu I J, et al. Reducing indoor air pollution by air conditioning is associated with improvements in cardiovascular health among the general population[J]. Sci Total Environ. 2013, 463-464(5): 176.

[14] Mortensen A, Lykkesfeldt J. Does vitamin C enhance nitric oxide bioavailability in a tetrahydrobiopterin-dependent manner? In vitro, in vivo and clinical studies[J]. Nitric Oxide. 2014, 36: 51-57.

[15] Bind M A, Lepeule J, Zanobetti A, et al. Air pollution and gene-specific methylation in the Normative Aging Study [J]. Epigenetics. 2014, 9(3): 448-458.

[16] M? ller P, Danielsen P H, Karottki D G, et al. Oxidative stress and inflammation generated DNA damage by exposure to air pollution particles[J]. Mutat Res Rev Mutat Res. 2014, 762: 133-166.

[17] Scarpa M C, Kulkarni N, Maestrelli P. The role of non-invasive biomarkers in detecting acute respiratory effects of traffic-related air pollution[J]. Clin Exp Allergy. 2014, 44(9): 1100-1118.

[18] Rosa M J, Yan B, Chillrud S N, et al. Domestic airborne black carbon levels and 8-isoprostane in exhaled breath condensate among children in New York City[J]. Environl Res. 2014, 135: 105-110.

[19] De Prins S, Dons E, Van Poppel M, et al. Airway oxidative stress and inflammation markers in exhaled breath from children are linked with exposure to black carbon[J]. Environ Int. 2014, 73: 440-446.

[20] Fleischer N L, Merialdi M, van Donkelaaar A, et al. Outdoor air pollution, preterm birth, and low birth weight: analysis of the world health organization global survey on maternal and perinatal health[J]. Environ Health Perspect. 2014, 122(6): 425-430.

[21] Beelen R, Stafoggia M, Raaschou-Nielsen O, et al. Long-term exposure to air pollution and cardiovascular mortality: an analysis of 22 European cohorts [J]. Epidemiology. 2014, 25(3): 368-378.

[22] Gan W Q, Allen R W, Brauer M, et al. Long-term exposure to traffic-related air pollution and progression of carotid artery atherosclerosis: a prospective cohort study [J]. BMJ Open. 2014, 4(4): e004743.

[23] Dong G H, Qian Z, Trevathan E, et al. Air pollution associated hypertension and increased blood pressure may be reduced by breastfeeding in Chinese children: The Seven Northeastern Cities Chinese Children's Study [J]. Int J Cardiol. 2014, 176: 956-961.

[24] Li G, Jiang L, Zhang Y, et al. The impact of ambient particle pollution during extreme-temperature days in Guangzhou City, China [J]. Asia Pac J Public Health. 2014, 26(6): 614-621.

[25] Wu S, Deng F, Wei H, et al. Association of cardiopulmonary health effects with source-appointed ambient fine particulate in Beijing, China: a combined analysis from the Healthy Volunteer Natural Relocation(HVNR) study [J]. Environ Sci Technol. 2014, 48(6): 3438-48.

[26] Xie J, He M, Zhu W. Acute effects of outdoor air pollution on emergency department visits due to five clinical subtypes of coronary heart diseases in Shanghai, China [J]. J Epidemiol. 2014, 24(6): 452-9.

[27] Schembari A, Nieuwenhuijsen M J, Salvador J, et al. Traffic-related air pollution and congenital anomalies in Barcelona [J]. Environ Health Perspect.. 2014, 122(3): 317-323.

[28] Zhang L W, Chen X, Xue X D, et al. Long-term exposure to high particulate matter pollution and cardiovascular mortality: a 12-year cohort study in four cities in northern China [J]. Environ Int. 2014, 62: 41-47.

[29] Zhao X, Sun Z, Ruan Y, et al. Personal black carbon exposure influences ambulatory blood pressure: Air pollution and cardiometabolic disease(AIRCMD-China) study [J]. Hypertension. 2014, 63(4): 871-877.

[30] Zhou M, Liu Y, Wang L, et al. Particulate air pollution and mortality in a cohort of Chinese men [J]. Environ Pollut. 2014, 186: 1-6.

[31] Kim E, Park H, Hong Y C, et al. Prenatal exposure to PM(1)(0) and NO(2) and children's neurodevelopment from

birth to 24 months of age: mothers and Children's Environmental Health(MOCEH) study[J]. Sci Total Environ. 2014,481:439-45.

[32] Lin H,Zhang Y,Liu T,et al. Mortality reduction following the air pollution control measures during the 2010 Asian Games[J]. Atmos Environ. 2014,91(7):24-31.

[33] Rich D Q,Liu K,Zhang J,et al. Differences in birth weight associated with the 2008 Beijing Olympics air pollution reduction: results from a natural experiment[J]. Environ Health Perspect. 2015,123(9):880-7.

[34] Kalkbrenner A E,Windham G C,Serre M L,et al. Particulate matter exposure,prenatal and postnatal windows of susceptibility,and autism spectrum disorders[J]. Epidemiology. 2015,26(1):30-42.

[35] Dong G H,Wang J,Zeng X W,et al. Interactions Between Air Pollution and Obesity on Blood Pressure and Hypertension in Chinese Children [J]. Epidemiology. 2015,26(5):740-747.

[36] Tong H,Rappold A G,Caughey M,et al. Dietary supplementation with olive oil or fish oil and vascular effects of concentrated ambient particulate matter exposure in human volunteers[J]. Environ Health Perspect. 2015,123(11):1173-9.

[37] Vieira J L,Guimaraes G V,Andre P A D,et al. Respiratory mask-filter prevents cardiovascular effects associated with diesel exhaust exposure: a randomized,prospective,double-blind,controlled,crossover study in heart failure(Filter-HF Trial)[J]. J Am Coll Cardiol. 2015,65(10):A883-A883.

[38] Koehler K A,Peters T M. New methods for personal exposure monitoring for airborne particles[J]. Curr Environ Health Rep. 2015,2(4):399-411.

[39] Lin W,Zhu T,Xue T,et al. Association between changes in exposure to air pollution and biomarkers of oxidative stress in children before and during the Beijing Olympics[J]. Am J Epidemiol. 2015,181(8):575-583.

[40] van Donkelaar A,Martin RV,Brauer M,et al. Use of satellite observations for long-term exposure assessment of global concentrations of fine particulate matter[J]. Environ Health Perspect. 2015,123(2):135-143.

[41] Chen R,Zhao A,Chen H,et al. Cardiopulmonary benefits of reducing indoor particles of outdoor origin: a randomized,double-blind crossover trial of air purifiers. J Am Coll Cardiol. 2015,65(21):2279-2287.

[42] Li H,Chen R,Meng X,et al. Short-term exposure to ambient air pollution and coronary heart disease mortality in 8 Chinese cities [J]. Int J Cardiol. 2015,197:265-70.

[43] Li TT,Cui LL,Chen C,et al. Air pollutant $PM_{2.5}$ related excess mortality risk assessment in Beijing,January 2013 [J]. Disease Surveillance. 2015,30:668-671.

[44] Qin X D,Qian Z,Vaughn M G,et al. Gender-specific differences of interaction between obesity and air pollution on stroke and cardiovascular diseases in Chinese adults from a high pollution range area: A large population based cross sectional study [J]. Sci Total Environ. 2015,529:243-248.

[45] Su C,Hampel R,Franck U,et al. Assessing responses of cardiovascular mortality to particulate matter air pollution for pre-,during- and post-2008 Olympics periods [J]. Environ Res. 2015,142:112-122.

[46] Tam W,Wong T,Wong A. Association between air pollution and daily mortality and hospital admission due to ischaemic heart diseases in Hong Kong [J]. Atmos Environ. 2015,20:360-368.

[47] Tanner J P,Salemi J L,Stuart A L,et al. Associations between exposure to ambient benzene and PM(2.5) during pregnancy and the risk of selected birth defects in offspring [J]. Environ Res. 2015,142:345-353.

[48] Tseng E,Ho W C,Lin M H,et al. Chronic exposure to particulate matter and risk of cardiovascular mortality: cohort study from Taiwan [J]. BMC Public Health. 2015,15:936.

[49] Wong C M,Lai H K,Tsang H,et al. Satellite-based estimates of long-term exposure to fine particles and association with mortality in elderly Hong Kong residents [J]. Environ Health Perspect. 2015,123:1167-1172.

[50] Wu S,Deng F,Huang J,et al. Does ambient temperature interact with air pollution to alter blood pressure? A repeat-

ed-measure study in healthy adults [J]. J Hypertens. 2015,33(12):2414-21.

[51] Wu Y C,Lin Y C,Yu H L,et al. Association between air pollutants and dementia risk in the elderly [J]. Alzheimers Dement(Amst). 2015,1(2):220-228.

[52] Janssen B G,Byun H M,Gyselaers W,et al. Placental mitochondrial methylation and exposure to airborne particulate matter in the early life environment:An ENVIRONAGE birth cohort study[J]. Epigenetics. 2015,10(6):536-544.

[53] Sun X,Luo X,Zhao C,et al. The association between fine particulate matter exposure during pregnancy and preterm birth:a meta-analysis[J]. BMC Pregnancy Childbirth. 2015,15(1):1-12.

[54] Su T C,Hwang J J,Shen Y C,et al. Carotid Intima-Media Thickness and Long-Term Exposure to Traffic-Related Air Pollution in Middle-Aged Residents of Taiwan:A Cross-Sectional Study. Environ Health Perspect. 2015,123(8):773-8.

[55] Crouse D L,Peters P A,Hystad P,et al. Ambient $PM_{2.5}$,O_3,and NO_2 Exposures and Associations with Mortality over 16 Years of Follow-Up in the Canadian Census Health and Environment Cohort(CanCHEC). [J]. Environ Health Perspect. 2015,123(11):1180.

[56] Yu Y,Li Q,Wang H,et al. Risk of human exposure to polycyclic aromatic hydrocarbons:A case study in Beijing, China. Environ Pollut. 2015,205:0-7.

[57] Marchini T,D'Annunzio V,Paz M L,et al. Selective TNF-alpha targeting with infliximab attenuates impaired oxygen metabolism and contractile function induced by an acute exposure to air particulate matter. Am J Physiol Heart Circ Physiol. 2015,309(10):H1621-8.

[58] Li S,Guo Y,Gail W. Acute Impact of Hourly Ambient Air Pollution on Preterm Birth:[J]. Environmental Health Perspectives. 2016,124(10):1623-1629.

[59] Deng Z,Chen F,Zhang M,et al. Association between air pollution and sperm quality:A systematic review and meta-analysis[J]. Environ Pollut. 2016,208(Pt B):663-669.

[60] Radwan M,Jurewicz J,Polańska K,et al. Exposure to ambient air pollution-does it affect semen quality and the level of reproductive hormones? [J]. Ann Hum Biol. 2016,43(1):50-56.

[61] Lafuente R,García-Blàquez N,Jacquemin B,et al. Outdoor air pollution and sperm quality[J]. Fertil Steril. 2016,106(4):880-896.

[62] Brook R,Sun Z,Brook JR,et al. Extreme air pollution conditions adversely affect blood pressure and insulin resistance:The Air Pollution and Cardiometabolic Disease Study[J]. Hypertension. 2016,67(1):77-85.

[63] Liu C,Yang C,Zhao Y,et al. Associations between long-term exposure to ambient particulate air pollution and type 2 diabetes prevalence,blood glucose and glycosylated hemoglobin levels in China[J]. Environment International. 2016, 92-93:416.

[64] Zheng C R,Li S,Ye C,et al. Particulate respirators functionalized with silver nanoparticles showed excellent real-time antimicrobial effects against pathogens[J]. Environ Sci Technol. 2016,50(13):7144-7151.

[65] Ku T,Ji X,Zhang Y,et al. $PM_{2.5}$,SO_2 and NO_2 co-exposure impairs neurobehavior and induces mitochondrial injuries in the mouse brain. Chemosphere. 2016 Nov; 163: 27-34. doi: 10. 1016/j. chemosphere. 2016. 08. 009. Epub 2016 Aug 10.

[66] Liu C,Yang C,Zhao Y,et al. Associations between long-term exposure to ambient particulate air pollution and type 2 diabetes prevalence,blood glucose and glycosylated hemoglobin levels in China[J]. Environ Int. 2016,92-93:416-421.

[67] Glasgow M L,Rudra C B,Yoo EH,et al. Using smartphones to collect time-activity data for long-term personal-level air pollution exposure assessment[J]. J Expo Sci Environ Epidemiol. 2016,26(4):356-364.

[68] Cai Y,Zhang B,Ke W,et al. Associations of Short-Term and Long-Term Exposure to Ambient Air Pollutants With Hypertension:A Systematic Review and Meta-Analysis [J]. Hypertension. 2016,68(1):62-70.

[69] Fang D,Wang Q,Li H,et al. Mortality effects assessment of ambient $PM_{2.5}$ pollution in the 74 leading cities of China [J]. Sci Total Environ. 2016,569-570:1545-1552.

[70] Huang F,Chen R,Shen Y,et al. The Impact of the 2013 Eastern China Smog on Outpatient Visits for Coronary Heart Disease in Shanghai,China [J]. Int J Environ Res Public Health. 2016,13(7).

[71] Lin H,Liu T,Xiao J,et al. Mortality burden of ambient fine particulate air pollution in six Chinese cities:Results from the Pearl River Delta study [J]. Environ Int. 2016,96:91-97.

[72] Su C,Breitner S,Schneider A,et al. Short-term effects of fine particulate air pollution on cardiovascular hospital emergency room visits:a time-series study in Beijing,China [J]. Int Arch Occup Environ Health. 2016,89(4):641-57.

[73] Zhang B,Liang S,Zhao J,et al. Maternal exposure to air pollutant $PM_{2.5}$ and PM_{10} during pregnancy and risk of congenital heart defects [J]. J Expo Sci Environ Epidemiol. 2016,26(4):422-427.

[74] Zhang Z,Laden F,Forman J P,et al. Long-Term Exposure to Particulate Matter and Self-Reported Hypertension:A Prospective Analysis in the Nurses' Health Study [J]. Environ Health Perspect. 2016,124(9):1414-1420.

[75] Zhou M,Wang H,Zhu J,et al. Cause-specific mortality for 240 causes in China during 1990-2013:a systematic subnational analysis for the Global Burden of Disease Study 2013 [J]. Lancet. 2016,387(10015):251-272.

[76] Basagana X,Esnaola M,Rivas I,et al. Neurodevelopmental Deceleration by Urban Fine Particles from Different Emission Sources:A Longitudinal Observational Study[J]. Environ Health Perspect. 2016;124(10):1630-6.

[77] Chiu Y H,Hsu H H,Coull B A,et al. Prenatal particulate air pollution and neurodevelopment in urban children:Examining sensitive windows and sex-specific associations[J]. Environ Int. 2016,87:56-65.

[78] Heusinkveld H J,Wahle T,Campbell A,et al. Neurodegenerative and neurological disorders by small inhaled particles [J]. Neurotoxicology. 2016,56:94-106.

[79] Joel D. Kaufman,Elizabeth W. Spalt,Cynthia L. Curl,et al. Advances in Understanding? Air Pollution? and? Cardiovascular Diseases:The Multi-Ethnic Study of Atherosclerosis and? Air Pollution? (MESA? Air). Glob Heart. 2016,11(3):343-352.

[80] Yoshida S,Ichinose T,Arashidani K,et al. Effects of Fetal Exposure to Asian Sand Dust on Development and Reproduction in Male Offspring. Int J Environ Res Public Health. 2016,13(11). Pii:E1173.

[81] Yuan X,Wang Y,Li L,et al. $PM_{2.5}$ induces embryonic growth retardation:Potential involvement of ROS-MAPKs-apoptosisand G0/G1 arrest pathways. Environ Toxicol. 2016,31(12):2028-2044.

[82] Li J,Sun S,Tang R,et al. Major air pollutants and risk of COPD exacerbations:a systematic review and meta-analysis [J]. Int J Chron Obstruct Pulmon Dis. 2016,11(11):3079-3091.

[83] Babadjouni R M,Hodis D M,Radwanski R,et al. Clinical effects of air pollution on the central nervous system; a review [J]. J Clin Neurosci. 2017,43:16-24.

[84] Chen R,Yin P,Meng X,et al. Fine particulate air pollution and daily mortality. a nationwide analysis in 272 Chinese cities[J]. American Journal of Respiratory and Ma ZW,Hu XF,Sayer AM,et al. Satellite-based spatiotemporal trends in $PM_{2.5}$ concentrations:China,2004-2013[J]. Environ Health Perspec. 2016,124(2):184-192. Critical Care Medicine. 2017,196(1):73-81.

[85] Winckelmans E,Nawrot T S,Tsamou M,et al. Transcriptome-wide analyses indicate mitochondrial responses to particulate air pollution exposure[J]. Environ Health. 2017,16(1):87.

[86] Li H,Cai J,Chen R,et al. Particulate matter exposure and stress hormone levels:a randomized,double-blind,crossover trial of air purification[J]. Circulation. 2017,136(7):618-627.

[87] Wang H,Song L,Ju W,et al. The acute airway inflammation induced by $PM_{2.5}$ exposure and the treatment of essential oils in Balb/c mice[J]. Sci Rep. 2017,7:44256.

[88] Li H,Cai J,Chen R,et al. Particulate matter exposure and stress hormone levels:a randomized,double-blind,cross-

over trial of air purification[J]. Circulation. 2017,136(7):618-627.

[89] Ebenstein A,Fan M,Greenstone M,et al. New evidence on the impact of sustained exposure to air pollution on life expectancy from China's Huai River Policy[J]. Proc Natl Acad Sci U S A. 2017,114(39):10384-10389.

[90] Huang C,Moran A E,Coxson P G,et al. Potential cardiovascular and total mortality benefits of air pollution control in urban China[J]. Circulation. 2017,136(17):1575-1584.

[91] Chen F,Fan Z,Qiao Z,et al. Does temperature modify the effect of PM10 on mortality? A systematic review and meta-analysis [J]. Environ Pollut. 2017,224:326-335.

[92] Chen R,Yin P,Meng X,et al. Fine particulate air pollution anddaily mortality. A nationwide analysis in 272 Chinese cities [J]. Am J Respir Crit Care Med. 2017,196(1):73-81.

[93] Chuang H C,Ho K F,Lin L Y,et al. Long-term indoor air conditioner filtration and cardiovascular health:A randomized crossover intervention study [J]. Environ Int. 2017,106:91-96.

[94] Lin H,Guo Y,Zheng Y,et al. Long-Term Effects of Ambient $PM_{2.5}$ on Hypertension and Blood Pressure and Attributable Risk Among Older Chinese Adults [J]. Hypertension. 2017,69(5):806-812.

[95] Liu C B, Hong X R, Shi M, et al. Effects of Prenatal PM10 Exposure on Fetal Cardiovascular Malformations in Fuzhou,China:A Retrospective Case-Control Study [J]. Environ Health Perspect. 2017,125(5):057001.

[96] Liu S T,Liao C Y,Kuo C Y,et al. The effects of $PM_{2.5}$ from Asian dust storms on emergency room visits for cardiovascular and respiratory diseases [J]. Int J Environ Res Public Health. 2017,14(4).

[97] Ma Y,Zhang H,Zhao Y,et al. Short-term effects of air pollution on daily hospital admissions for cardiovascular diseases in western China [J]. Environ Sci Pollut Res Int. 2017,24(16):14071-14079.

[98] Shao D,Du Y,Liu S,et al. Cardiorespiratory responses of air filtration:A randomized crossover intervention trial in seniors living in Beijing:Beijing Indoor Air Purifier StudY,BIAPSY [J]. Sci Total Environ. 2017,603-604:541-549.

[99] Xu Q,Wang S,Guo Y,et al. Acute exposure to fine particulate matter and cardiovascular hospital emergency room visits in Beijing,China [J]. Environ Pollut. 2017,220(Pt A):317-327.

[100] Yang B Y,Qian Z M,Vaughn M G,et al. Is prehypertension more strongly associated with long-term ambient air pollution exposure than hypertension? Findings from the 33 Communities Chinese Health Study [J]. Environ Pollut. 2017,229:696-704.

[101] Yin P,Brauer M,Cohen A,et al. Long-term Fine Particulate Matter Exposure and Nonaccidental and Cause-specific Mortality in a Large National Cohort of Chinese Men [J]. Environ Health Perspect. 2017,125(11):117002.

[102] Yin P,He G,Fan M,et al. Particulate air pollution and mortality in 38 of China's largest cities:time series analysis [J]. BMJ. 2017,356:j667.

[103] Tzivian L,Jokisch M,Winkler A,et al. Associations of long-term exposure to air pollution and road traffic noise with cognitive function-An analysis of effect measure modification[J]. Environ Int. 2017,103:30-8.

[104] Carré J,Gatimel N,Moreau J,et al. Does air pollution play a role in infertility?:a systematic review[J]. Environ Health. 2017,16(1):82.

[105] Merklinger-Gruchala A,Jasienska G,Kapiszewska M. Effect of Air Pollution on Menstrual Cycle Length-A Prognostic Factor of Women's Reproductive Health[J]. Int J Environ Res Public Health. 2017,14(7):816.

[106] Wu L,Jin L,Shi T,et al. Association between ambient particulate matter exposure and semen quality in Wuhan, China[J]. Environ Int. 2017,98(2017):219.

[107] Lao X Q,Zhang Z,Lau A K,et al. Exposure to ambient fine particulate matter and semen quality in Taiwan[J]. Occup Environ Med. 2017,oemed-2017,104529.

[108] Chen M,Liang S,Zhou H,et al. Prenatal and postnatal mothering by diesel exhaust $PM_{2.5}$-exposed dams differentially programmouse energy metabolism. Part Fibre Toxicol. 2017,14(1):3.

[109] Li H, Zhou L, Wang C, et al. Associations between air quality changes and biomarkers of systemic inflammation during the 2014 Nanjing Youth Olympics: a quasi-experimental study[J]. Am J Epidemiol. 2017, 185(12): 1-7.

[110] Xie Y, Zhao B, Zhao Y, et al. Reduction in population exposure to $PM_{2.5}$ and cancer risk due to $PM_{2.5}$-bound PAHs exposure in Beijing, China during the APEC meeting[J]. Environ Pollut. 2017, 225: 338-345.

[111] Day D B, Xiang J, Mo J, et al. Combined use of an electrostatic precipitator and a HEPA filter in building ventilation systems: effects on cardiorespiratory health indicators in healthy adults[J]. Indoor Air. 2017.

[112] Li H, Cai J, Chen R, et al. Particulate matter exposure and stress hormone levels: a randomized, double-blind, crossover trial of air purification[J]. Circulation. 2017, 136(7): 618.

[113] Cohen A J, Brauer M, Burnett R, et al. Estimates and 25-year trends of the global burden of disease attributable to ambient air pollution: an analysis of data from the Global Burden of Diseases Study 2015. Lancet. 2017, 389(10082): 1907-1918.

[114] Pan L, Wu S, Li H, et al. The short-term effects of indoor size-fractioned particulate matter and black carbon on cardiac autonomic function in COPD patients [J]. Environ Int.. 2018, 112: 261-268.

[115] Zhang Z, Guo C, Lau A K H, et al. Long-Term Exposure to Fine Particulate Matter, Blood Pressure, and Incident Hypertension in Taiwanese Adults [J]. Environ Health Perspect. 2018, 126(1): 017008.

[116] Wu S, Deng F, Niu J, et al. Association of heart rate variability in taxi drivers with marked changes in particulate air pollution in Beijing in 2008[J]. Environmental Health Perspectives, 2010, 118(1): 87-91.

[117] Huang W, Wang G, Lu S E, et al. Inflammatory and oxidative stress responses of healthy young adults to changes in air quality during the Beijing Olympics[J]. American Journal of Respiratory and Critical Care Medicine, 2012, 186(11): 1150-1159.

[118] Huo Q, Zhang N, Wang X, et al. Effects of ambient particulate matter on human breast cancer: is xenogenesisresponsible? [J]. PLoS One, 2013, 8(10): e76609.

[119] Yang G, Wang Y, Zeng Y, et al. Rapid health transition in China, 1990-2010: findings from the Global Burden of Disease Study 2010[J]. Lancet, 2013, 381(9882): 1987-2015.

[120] Chen Y, Ebenstein A, Greenstone M, et al. Evidence on the impact of sustained exposure to air pollution on life expectancy from China's Huai River policy[J]. Proceedings of the National Academy of Sciences of the United States of America, 2013, 110(32): 12936-12941.

[121] Liu C, Xu X, Bai Y, et al. Air pollution-mediated susceptibility to inflammation and insulin resistance: influence of CCR2 pathways in mice[J]. Environmental Health Perspectives, 2014, 122(1): 17-26.

[122] Huang M, Kang Y, Wang W, et al. Potential cytotoxicity of water-soluble fraction of dust and particulate matters and relation to metal(loid)s based on three human cell lines[J]. Chemosphere, 2015, 135: 61-66.

[123] Wei Y, Zhang J J, Li Z, et al. Chronic exposure to air pollution particles increases the risk of obesity and metabolic syndrome: findings from a natural experiment in Beijing[J]. FASEB journal: official publication of the Federation of American Societies for Experimental Biology, 2016, 30(6): 2115-2122.

[124] Chen R, Yin P, Meng X, et al. Fine particulate air pollution and daily mortality. a nationwide analysis in 272 Chinese cities[J]. American Journal of Respiratory and Critical Care Medicine, 2017, 196(1): 73-81.

[125] Li H, Cai J, Chen R, et al. Particulate matter exposure and stress hormone levels: a randomized, double-blind, crossover trial of air purification[J]. Circulation, 2017, 136(7): 618-627.

[126] Peng F, Xue C H, Hwang S K, et al. Exposure to fine particulate matter associated with senile lentigo in Chinese women: a cross-sectional study[J]. Journal of the European Academy of Dermatology and Venereology, 2017, 31(2): 355-360.

[127] Che W, Liu G, Qiu H, et al. Comparison ofimmunotoxic effects induced by the extracts from methanol and gasoline

engine exhausts in vitro[J]. Toxicology in Vitro, 2010, 24: 1119-1125.

[128] Gou P, Chang X, Zhonghui Y Z, et al. A pilot study comparing T-regulatory cell function among healthy children in different areas of Gansu, China[J]. Environmental Science and Pollution Research, 2017, 24: 22579-22586.

[129] Hong X, Liu C, Chen X, et al. Maternal exposure to airborne particulate matter causes postnatalimmunological dysfunction in mice offspring[J]. Toxicology, 2013, 306: 59-67.

[130] Li G, Cao Y, Sun Y, et al. Ultrafine particles in the airway aggravated experimental lung injury through impairment inTreg function[J]. Biochemical and Biophysical Research Communications, 2016, 478: 494-500.

[131] Ma J H, Song S H, Guo M, et al. Long-term exposure to $PM_{2.5}$ lowers influenza virus resistance via down-regulating pulmonary macrophage Kdm6a and mediates histones modification in IL-6 and IFN-b promoter regions[J]. Biochemical and Biophysical Research Communications, 2017, 493: 1122-1128.

[132] Zhao H, Li W, Gao Y, et al. Exposure to particular matter increases susceptibility to respiratory Staphylococcus aureus infection in rats via reducing pulmonary natural killer cells[J]. Toxicology, 2014, 325: 180-188.

[133] Zhao J, Gao Z, Tian Z, et al. The biological effects of individual-level $PM_{2.5}$ exposure on systemic immunity and inflammatory response in traffic policemen[J]. Occupational and Environmental Medicine, 2013, 70: 426-431.

[134] Zhang Y X, Liu Y, Xue Y, et al. Correlational study on atmospheric concentrations of fine particulate matter and children cough variant asthma[J]. European Review for Medical and Pharmacological Sciences, 2016, 20: 2650-2654.

[135] BrookR, Sun Z, Brook J R, et al. Extreme air pollution conditions adversely affect blood pressure and insulin resistance: The Air Pollution and Cardiometabolic Disease Study[J]. Hypertension, 2016, 67(1): 77-85.

[136] Gai H F, An J X, Qian X Y, et al. Ovarian damages produced by aerosolized fine particulate matter($PM_{2.5}$)pollution in mice: possible protective medications and mechanisms[J]. Chin Med J(Engl). 2017, 130(12): 1400-1410.

[137] Liu C, Yang C, Zhao Y, et al. Associations between long-term exposure to ambient particulate air pollution and type 2 diabetes prevalence, blood glucose and glycosylated hemoglobin levels in China[J]. Environment International, 2016, 92-93: 416-421.

[138] Xu J, Zhang W, Lu Z, et al. Airborne $PM_{2.5}$-induced hepatic insulin resistance by Nrf2/JNK-mediated signaling pathway[J]. International Journal of Environmental Research and Public Health. 2017, 14(7). pii: E787.

[139] Wang J, Xie P, Kettrup A, et al. Inhibition of progesterone receptor activity in recombinant yeast by soot from fossil fuel combustion emissions and air particulate materials[J]. Science of the Total Environment, 2005, 349(1-3): 120-128.

[140] Zhang X, Li F, Zhang L, et al. A longitudinal study of sick building syndrome(SBS)among pupils in relation toSO_2, NO_2, O_3 and PM_{10} in schools in China[J]. PLoS One. 2014, 9(11): e112933.

[141] Ding A, Yang Y, Zhao Z, et al. Indoor $PM_{2.5}$ exposure affects skin aging manifestation in a Chinese population[J]. Sci Rep. 2017, 7(1): 15329.

[142] Li Q, Yang Y, Chen R, et al. Ambient air pollution, meteorological factors and outpatient visits for eczema in Shanghai, China: a time-series analysis[J]. International Journal of Environmental Research and Public Health, 2016, 13(11)pii: E1106.

[143] Lee CW, Lin Z C, Hsu L F, et al. Eupafolin ameliorates COX-2 expression and PGE2 production in particulate pollutants-exposed humankeratinocytes through ROS/MAPKs pathways[J]. Journal of Ethnopharmacology. 2016, 189: 300-309.

[144] Mastrofrancesco A, Alfè M, Rosato E, et al. Proinflammatory effects of diesel exhaust nanoparticles on scleroderma skin cells[J]. Journal of Immunology Research, 2014, 2014: 138751.

[145] Zhao Y, Qian Z M, Wang J, et al. Does obesity amplify the association between ambient air pollution and increased blood pressure and hypertension in adults? Findings from the 33 Communities Chinese Health Study[J]. Interna-

tional Journal of Cardiology,2013,168(5):e148-150.

[146] Ebenstein A,Fan M,Greenstone M,et al. New evidence on the impact of sustained exposure to air pollution on life expectancy from China's Huai River Policy[J]. Proceedings of the National Academy of Sciences of the United States of America,2017,114(39):10384-10389.

[147] Pan L,Wu S,Li H,et al. The short-term effects of indoor size-fractioned particulate matter and black carbon on cardiac autonomic function in COPD patients[J]. Environment International,2018,112:261-268.

[148] Huang C,Moran A E,Coxson P G,et al. Potential cardiovascular and total mortality benefits of air pollution control in urban China[J]. Circulation,2017,136(17):1575-1584.

[149] Lai H K,Hedley A J,Repace J,et al. Lung function and exposure to workplace second-hand smoke during exemptions from smoking ban legislation:an exposure-response relationship based on indoor $PM_{2.5}$ and urinary cotinine levels[J]. Thorax,2011,66(7):615-623.

[150] Fleischer N L,Merialdi M,van Donkelaaar A,et al. Outdoor air pollution,preterm birth,and low birth weight:analysis of the world health organization global survey on maternal and perinatal health[J]. Environmental Health Perspectives,2014,122(6):425-430.

[151] Glasgow M L,Rudra C B,Yoo E H,et al. Using smartphones to collect time-activity data for long-term personal-level air pollution exposure assessment[J]. Journal of Exposure Science and Environmental Epidemiology,2016,26(4):356-364.

[152] Han Y Q,Zhu T,Guan T J,et al. Association between size-segregated particles in ambient air and acute respiratory inflammation[J]. Science of the Total Environment,2016,565:412-419.

[153] Koehler K A,Peters T M. New methods for personal exposure monitoring for airborne particles[J]. Current Environmental Health Reports,2015,2(4):399-411.

[154] Louis G M B,Smarr M M,Patel C J. The exposome research paradigm:an opportunity to understand the environmental basis for human health and disease [J]. Current Environmental Health Reports,2017,4:89-98.

[155] Ma Z W,Hu X F,Sayer A M,et al. Satellite-based spatiotemporal trends in $PM_{2.5}$ concentrations:China,2004-2013 [J]. Environmental Health Perspectives,2016,124(2):184-192.

[156] Ren A G,Qiu X H,Jin L,et al. Association of selected persistent organic pollutants in the placenta with the risk of neural tube defects[J]. Proceedings of the National Academy of Sciences of the United States of America,2011,108 (31):12770-12775.

[157] van Donkelaar A,Martin RV,Brauer M,et al. Use of satellite observations for long-term exposure assessment of global concentrations of fine particulate matter[J]. Environmental Health Perspectives,2015,123(2):135-143.

[158] Zou B,Wilson J G,Zhan B,et al. Air pollution exposure assessment methods utilized in epidemiological studies[J]. Journal of Environmental Monitoring,2009,11:475-490.

[159] Benowitz N L. Biomarkers of environmental tobacco smoke exposure[J]. Environmental Health Perspectives,1999,107:349-355.

[160] Montuschi P,Corradi M,Ciabattoni G,et al. Increased 8-isoprostane,a marker of oxidative stress,in exhaled condensate of asthma patients[J]. American Journal of Respiratory and Critical Care Medicine,1999,160(1):216-220.

[161] Kelly F J,Dunster C,Mudway I. Air pollution and the elderly:oxidant/antioxidant issues worth consideration[J]. European Respiratory Journal,2003,21(40 suppl):70s-75s.

[162] Jansen K L,Larson T V,Koenig J Q,et al. Associations between health effects and particulate matter and black carbon in subjects with respiratory disease[J]. Environmental Health Perspectives,2005,113(12):1741-1746.

[163] Vineis P,Husgafvel-Pursiainen K. Air pollution and cancer:biomarker studies in human populations[J]. Carcinogenesis,2005,26(11):1846-1855.

[164] Delfino R J, Staimer N, Gillen D, et al. Personal and ambient air pollution is associated with increased exhaled nitric oxide in children with asthma[J]. Environmental Health Perspectives, 2006, 114(11): 1736-1743.

[165] McCreanor J, Cullinan P, Nieuwenhuijsen M J, et al. Respiratory effects of exposure to diesel traffic in persons with asthma[J]. New England Journal of Medicine, 2007, 357(23): 2348-2358.

[166] Barraza-Villarreal A, Sunyer J, Hernandez-Cadena L, et al. Air pollution, airway inflammation, and lung function in a cohort study of Mexico City schoolchildren[J]. Environmental Health Perspectives, 2008, 116(6): 832-838.

[167] Romieu I, Barraza-Villarreal A, Escamilla-Nuñez C, et al. Exhaled breath malondialdehyde as a marker of effect of exposure to air pollution in children with asthma[J]. Journal of Allergy and Clinical Immunology, 2008, 121(4): 903-909.

[168] Rundell K W, Slee J B, Caviston R, et al. Decreased lung function after inhalation of ultrafine and fine particulate matter during exercise is related to decreased total nitrate in exhaled breath condensate[J]. Inhalation Toxicology, 2008, 20(1): 1-9.

[169] Li N, Xia T, Nel A E. The role of oxidative stress in ambient particulate matter-induced lung diseases and its implications in the toxicity of engineered nanoparticles[J]. Free Radical Biology and Medicine, 2008, 44(9): 1689-1699.

[170] Jain K K. The handbook of biomarkers[M]. Humana Press, 2010.

[171] Wilker E H, Baccarelli A, Suh H, et al. Black carbon exposures, blood pressure, and interactions with single nucleotide polymorphisms in microRNA processing genes[J]. Environmental health perspectives, 2010, 118(7): 943-948.

[172] Anderson J O, Thundiyil J G, Stolbach A. Clearing the air: a review of the effects of particulate matter air pollution on human health[J]. Journal of Medical Toxicology, 2012, 8(2): 166-175.

[173] Heal M R, Kumar P, Harrison R M. Particles, air quality, policy and health[J]. Chemical Society Reviews, 2012, 41(19): 6606-6630.

[174] Rich D Q, Kipen H M, Huang W, et al. Association between changes in air pollution levels during the Beijing Olympics and biomarkers of inflammation and thrombosis in healthy young adults[J]. JAMA, 2012, 307(19): 2068-2078.

[175] Manney S, Meddings C M, Harrison R M, et al. Association between exhaled breath condensate nitrate plus nitrite levels with ambient coarse particle exposure in subjects with airways disease[J]. Occupational and Environmental Medicine, 2012, 69(9): 663-669.

[176] Huang W, Wang G, Lu S E, et al. Inflammatory and oxidative stress responses of healthy young adults to changes in air quality during the Beijing Olympics[J]. American Journal of Respiratory and Critical Care Medicine, 2012, 186(11): 1150-1159.

[177] Patel M M, Chillrud S N, Deepti K C, et al. Traffic-related air pollutants and exhaled markers of airway inflammation and oxidative stress in New York City adolescents[J]. Environmental Research, 2013, 121: 71-78.

[178] Gong J C, Zhu T, Kipen H, et al. Malondialdehyde in exhaled breath condensate and urine as a biomarker of air pollution induced oxidative stress[J]. Journal of Exposure Science and Environmental Epidemiology, 2013, 3(3): 322-327.

[179] Bind M A, Lepeule J, Zanobetti A, et al. Air pollution and gene-specific methylation in the Normative Aging Study[J]. Epigenetics, 2014, 9(3): 448-458.

[180] Møller P, Danielsen P H, Karottki D G, et al. Oxidative stress and inflammation generated DNA damage by exposure to air pollution particles[J]. Mutation Research/Reviews in Mutation Research, 2014, 762: 133-166.

[181] Scarpa M C, Kulkarni N, Maestrelli P. The role of non-invasive biomarkers in detecting acute respiratory effects of traffic-related air pollution[J]. Clinical and Experimental Allergy, 2014, 44(9): 1100-1118.

[182] Rosa M J, Yan B, Chillrud S N, et al. Domestic airborne black carbon levels and 8-isoprostane in exhaled breath condensate among children in New York City[J]. Environmental Research, 2014, 135: 105-110.

[183] DePrins S, Dons E, Van Poppel M, et al. Airway oxidative stress and inflammation markers in exhaled breath from